新工科建设·电子信息类系列教材

U0094134

单片机原理及应用

编　著：桑胜举　吴月英　冯　斌

参　编：王太雷　沈　丁　钱　艺　张国锋

　　　　张秀红　赵晓宁　李　芳　叶长国

　　　　宗　栋　张　岩　栾云才　吴　蔚

　　　　房　桦　周京伟　贝依林

电子工业出版社

Publishing House of Electronics Industry

北京·BEIJING

内 容 简 介

本书以 80C51 单片机为典型机，详细介绍了 MCS-51 系列单片机的构成、工作原理、指令系统、汇编语言程序设计、中断技术、定时/计数器、串行口通信等内容，并结合应用实际，系统地介绍了 MCS-51 系列单片机的扩展技术，包括存储器扩展、I/O 口扩展、显示器与键盘接口、A/D 及 D/A 接口技术等。为顺应单片机技术的发展趋势，跟踪单片机技术的最新发展，满足不同层次的研究开发人员的需求，本书还详细介绍了 AT89 系列单片机及 C8051F 系列单片机的特点和应用。本书共 11 章，内容丰富，力求反映当前单片机的最新技术，在对单片机原理全面、准确叙述的基础上，加强了实践教学环节。为了便于初学者理解和掌握，本书在内容安排上采用循序渐进的论述方法，从基础理论到实践应用，并充分考虑所使用实例的典型性和实用性，期望读者在学习后，既能掌握单片机的一般原理和接口技术，又能掌握单片机应用系统的设计方法。为加强思政建设，本书融入了思政元素，并在每章之后提供了思政大纲，以供参考。

本书可作为高等院校计算机应用、自动化、仪器仪表、机电一体化等相关专业学生学习单片机原理的教材，亦可作为单片机应用系统设计、产品开发和电气维修工程技术人员的培训教材，同时也可作为单片机爱好者学习单片机原理的参考资料。

图书在版编目（CIP）数据

单片机原理及应用 / 桑胜举等编著. —北京：电子工业出版社，2022.7

ISBN 978-7-121-44033-5

Ⅰ. ①单… Ⅱ. ①桑… Ⅲ. ①单片微型计算机－高等学校－教材 Ⅳ. ①TP368.1

中国版本图书馆 CIP 数据核字（2022）第 133450 号

责任编辑：赵玉山
印　　刷：大厂聚鑫印刷有限责任公司
装　　订：大厂聚鑫印刷有限责任公司
出版发行：电子工业出版社
　　　　　北京市海淀区万寿路 173 信箱　邮编　100036
开　　本：787×1 092　1/16　印张：21　字数：532 千字
版　　次：2022 年 7 月第 1 版
印　　次：2022 年 7 月第 1 次印刷
定　　价：59.00 元

前　言

单片机作为典型的低端嵌入式系统，由于其微小的体积和极低的成本，广泛应用于家用电器、机器人、仪器仪表、工业控制、交通运输等领域，成为控制系统中普遍的应用技术。

为使广大读者熟悉和掌握 MCS-51 系列单片机技术，编著者结合自己多年的教学和科研实践，并参考了大量相关资料，编著了本书，力图从以往教材局限于具体单片机原理的解析上解脱出来，着重于技术的应用。本书共 11 章，以 MCS-51 系列单片机作为介绍对象，分别介绍 MCS-51 系列单片机结构原理、MCS-51 单片机指令系统、汇编语言程序设计、并行 I/O 口的使用、并行 I/O 口的扩展方法及使用、中断系统和定时/计数器、A/D 转换接口和 D/A 转换接口技术、键盘与显示器接口技术等内容。近年来，嵌入式微控制器融合了许多新的设计理念和传统计算机的技术成果，涌现出许多新型单片机系列芯片，呈百花齐放之势。具有系统编程（ISP）特性的片上系统（SoC）系列单片机——C8051F 脱颖而出。本书最后介绍了该系列单片机的特点及应用，期望能对读者起到抛砖引玉的作用。

本书本着理论必需、够用的原则，突出实用性、操作性，加强理论联系实际，语言上通俗易懂，做到了好教易学，以满足目前教学的实际需要。本书在编写过程中，在力求对单片机原理叙述全面、准确的基础上，加强了实践教学环节；从工程设计应用的角度出发，列举了大量的例题和实际操作课题，除提供常见的编程方法和接口电路外，还给出了简单实用的电路；从教学的实际需要出发，培养学生的创造能力、产品开发能力，力求达到理论与实践的统一。编著者在实际教学过程中，提出"1+X 案例贯通"实践教学模式，其中，"1"代表一类案例，案例的选择应具有代表性、应用性，而且贴近实际，以激发学生兴趣；"X"代表课程若干知识点。本书以霓虹灯控制为主流案例，从不同的角度、用不同的方法和知识点，对霓虹灯控制这一经典案例进行设计实现，使得任务前后贯通、知识点前后呼应，既能激发学生的学习兴趣，培养学生分析问题、解决问题的创新思维，又能提高学生解决复杂工程问题的能力。

本书结合全国高校思想政治工作会议和新时代全国高等学校本科教育工作会议精神，深度挖掘思政元素，将思政案例、名人轶事、历史典故、名言古训等融入其中，使广大读者在学习单片机的同时，感悟中华传统文化的博大精深，以期达到读书明志、陶冶情操、知行合一、思政先行的效果。每章以关键技术为切入点，分类列出了思政元素、思政目标，以及思政元素引入的方法、载体等，同时，将思政元素的素材、延伸解析等以电子版的形式呈现。广大读者可扫描每章的二维码获取资源。通过思政元素的交流学习，期望在家国情怀、人生担当、务实求真、工匠精神、自主创新、科技强国、职业规划、志存高远等方面与读者产生共鸣。

本书由桑胜举、吴月英、冯斌编著。参与本书编写的有：泰山学院的王太雷、沈丁、钱艺、张国峰、张秀红、李芳、叶长国、宗栋、张岩、栾云才、吴蔚、房桦、周京伟、贝依林，山东泰山职业技术学院赵晓宁等。书中所有图表由吴月英精心绘制，全书由桑胜举进行统稿。

本书得到山东省教育厅教学改革研究项目"应用型本科计算机硬件基础课程体系的改革与实践研究（鲁教高函 2015-12）"，山东省教育科学"十三五"规划 2019 年度课题"信息类专业计算机硬件课程体系及创新实践模式的校本化研究（YZ23019042）"，教育部产学合作协同育人计划项目"嵌入式与物联网协同创新平台的建设（201702059028）""应用型本科大学生创新创业培养模式的研究（201702059042）""新工科背景下人工智能专业教学体系和人才培养模式的研究（202101363019）""人工智能背景下物联网专业课程体系的教学改革研究（202101363020）""人工智能背景下大学生创新创业能力培养模式的研究（2021010646030）"，泰安市科技发展计划专项项目"环境探测球形机器人科研平台的构建"（201320629），泰安市科技发展计划项目"电磁驱动球形机器人动力性能研究（2020ZC313）""基于 OpenCV 的烟雾识别算法研究及嵌入式系统实现（2018GX0048）"，泰山学院教学改革项目"基于教育信息化 2.0 的大学生创新创业能力培养研究——以计算机类专业为例（201909）"，泰山学院青年基金项目"基于 OpenCV 的烟雾识别系统研究（QN-01-201701）"的大力支持，在此表示衷心的感谢！

本书配套电子资料包括课件、教案、习题解答、教学参考大纲、思政大纲和部分案例源代码，读者可登录华信教育资源网（www.hxedu.com.cn）注册后免费下载。

由于时间仓促，编著者水平有限，书中难免存在错误和不妥之处，敬请广大读者批评指正。

编著者

2022 年 5 月

目　录

第1章 绪 论

单片机技术是现代电子工程领域一门飞速发展的技术，应用于各种智能控制系统，它是自动化智能控制装置的核心技术，在智能仪器仪表、智能传感器、家电、计算机控制系统等领域被广泛应用。单片机技术是电子信息类学生必须掌握的一门技术，也是现代工科学生创新创业的一个有效工具。自20世纪70年代问世以来，单片机从4位发展到8位，又从16位迅速发展到32位，已成为计算机技术中的一个独特的分支。随着嵌入式技术、物联网技术的发展，传统的8位单片机的性能也得到了较大提高，处理能力比20世纪80年代提高了数百倍。单片机技术的发展以微处理器技术及超大规模集成电路技术的发展为先导，表现出较微处理器更具个性的发展趋势，已广泛应用于电子玩具、智能仪器仪表、数据采集与处理、物联网、航空航天等领域。

本章主要对单片机的基本概念、发展概况、特点与应用情况做一简单介绍，以便读者对单片机技术有较为全面的了解。

1.1 单片机技术的发展背景

电子计算机诞生于1946年，在其后漫长的历史进程中，计算机始终是供养在特殊机房中、用以实现数值计算的大型昂贵设备。直到20世纪70年代，微处理器（Micro Processor Unit，MPU）的出现，才使得计算机的应用出现了历史性的转折。以微处理器为核心的微型计算机以其小型、价廉、可靠性高的特点，迅速走出机房；而基于高速数值计算能力的微型机，表现出的智能化水平引起了控制类专业人士的兴趣，人们尝试着将微型机嵌入一个对象体系中，实现对象体系的智能化控制。

1. 现代计算机技术的两大分支

早期，人们勉为其难地将通用计算机系统进行改装，在大型设备中实现嵌入式应用，以实现对象的智能化控制。然而，对于众多的对象系统（如家用电器、仪器仪表、工控单元等），无法嵌入通用计算机系统，况且嵌入式系统与通用计算机系统的技术发展方向完全不同，因此，必须独立地发展嵌入式计算机系统，这就形成了现代计算机技术发展的两大分支——通用计算机系统与嵌入式计算机系统。

通用计算机系统的技术要求是高速、海量的数值计算，技术发展方向是总线速度的无限提升、存储容量的无限扩大；而嵌入式计算机系统的技术要求则是对象的智能化控制能力，技术发展方向是与对象系统密切相关的嵌入性能、控制能力与控制的可靠性。

如果说微型机的出现，使计算机进入现代计算机发展阶段，那么嵌入式计算机系统的诞生，则标志着计算机进入了通用计算机系统与嵌入式计算机系统两大分支的并行发展时代。嵌入式计算机系统则走上了一条完全不同的道路，即独立发展的、单芯片化的道路，承担起发展与普及嵌入式系统的历史任务，迅速地将传统的电子系统发展到智能化的现代电子系统时代。因此，现代计算机技术发展的两大分支的里程碑意义在于：它不仅形成了计算机发展的专业化分工，而且将发展计算机技术的任务扩展到传统的电子系统领域，使计算机成为进入人类社会全面智能化时代的有力工具。

2．单片机开创了嵌入式系统独立发展道路

传统微型计算机的体积、价位、可靠性都无法满足广大对象系统的嵌入式应用要求，因此，嵌入式系统必须走独立发展道路，这条道路就是单芯片化道路：将计算机集成在一个独立芯片上，从而开创了嵌入式系统独立发展的单片机时代。

单片机时代的嵌入式系统，大多基于 8 位单片机，实现最底层的嵌入式应用。大多数从事单片机应用的开发人员，都是对象系统领域中的电子系统工程师，加之单片机的出现，立即脱离了计算机专业领域，以"智能化"器件身份进入电子系统领域，没有带入"嵌入式系统"概念。因此，不少从事单片机应用的人，不了解单片机与嵌入式系统的关系，在谈到嵌入式系统时，往往理解成基于 32 位嵌入式处理器。这样，单片机与嵌入式系统形成了计算机领域的两个独立的名词。但单片机是典型的、独立发展起来的嵌入式系统，从学科建设的角度出发，应该把它统一到嵌入式系统领域范畴。考虑到原来单片机的电子系统底层应用特点，可以把嵌入式系统应用分成高端与低端，把原来的单片机应用理解成嵌入式系统的低端应用。

1.2 单片机的组成

1．微型计算机的组成

微型计算机（Microcomputer，简称微机），是计算机的一个重要分支。微型计算机系统由硬件系统和软件系统两大部分组成，微型计算机系统组成如图 1-1 所示。

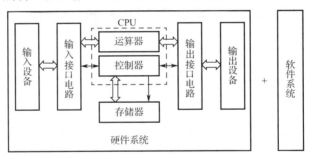

图 1-1 微型计算机系统组成

硬件系统是指构成微机系统的实体和装置，通常由运算器、控制器、存储器、输入接口电路和输入设备、输出接口电路和输出设备等组成。其中，运算器和控制器一般放在一个集成芯片上，是计算机的核心部分，统称中央处理器（Central Processing Unit，简称 CPU），是微机的核心部件，配上存放程序和数据的存储器、输入/输出（Input/Output，简称 I/O）接口电路及外部设备即构成微机的硬件系统。

① 运算器：运算器是计算机的运算部件，用于实现算术和逻辑运算。

② 控制器：控制器是计算机的指挥控制部件，使计算机各部分能自动协调地工作。

③ 存储器：存储器是计算机的记忆部件，用于存放程序和数据，可分为内存储器和外存储器。

④ 输入设备：输入设备用于将程序和数据输入计算机中，如键盘、鼠标等。

⑤ 输出设备：输出设备用于把计算机计算或加工的结果，以用户需要的形式显示或保存，如显示器、打印机。

软件系统是指微机系统所使用的各种程序的总体。人们通过软件系统对硬件系统进行控制并实现与外设进行信息交换，使微机按照人的意图完成预定的任务。软件系统与硬件系统共同构成

实用的微机系统，两者是相辅相成、缺一不可的。

2．单片微型计算机

单片微型计算机是指集成在一个芯片上的微型计算机，也就是把组成微型计算机的各种功能部件，包括 CPU、随机存取存储器 RAM（Random Access Memory）、只读存储器 ROM（Read Only Memory）、基本输入/输出接口电路、定时/计数器等部件制作在一块集成芯片上，构成一个完整的微型计算机，从而实现微型计算机的基本功能。单片机内部结构示意图如图 1-2 所示。

3．单片机应用系统及组成

单片机应用系统是以单片机为核心，配以输入、输出、显示、控制等外围电路和软件，能实现一种或多种功能的实用系统。单片机应用系统也是由硬件和软件组成的，硬件是应用系统的基础，软件则在硬件的基础上对其资源进行合理调配和使用，从而完成应用系统所要求的任务，单片机应用系统的组成如图 1-3 所示。

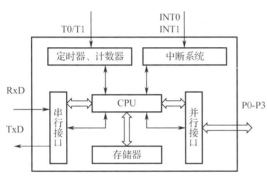

图 1-2　单片机内部结构示意图

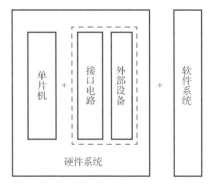

图 1-3　单片机应用系统的组成

由此可见，单片机应用系统的设计人员必须从硬件和软件两个角度来深入了解单片机，并将二者有机结合起来，才能形成具有特定功能的应用系统或整机产品。

1.3　单片机的特点及应用

单片机自问世以来，性能不断提高和完善，其资源不仅能满足很多应用场合的需要，而且具有集成度高、功能强、速度快、体积小、功耗低、使用方便、性能可靠、价格低廉等特点，因此，在工业控制、智能仪器仪表、数据采集和处理、通信系统、网络系统、汽车工业、国防工业、高级计算器具、家用电器等领域的应用日益广泛，并且正在逐步取代现有的多片微机应用系统，单片机的潜力越来越被人们所重视。

1.3.1　单片机的特点

单片机是在一块芯片上集成了一台微型计算机所需的 CPU、存储器、输入/输出部件和时钟电路等。由于单片机的结构形式及它所采取的半导体工艺，使其具有很多显著的特点，因而在各个领域都得到了迅猛的发展。单片机主要有如下特点。

① 小巧灵活、成本低、易于产品化，能组装成各种智能仪器仪表。

② 可靠性好，应用范围广。单片机芯片本身是按工业测控环境要求设计的，抗干扰性强，能适应各种恶劣的环境，这是其他机种无法比拟的。

③ 易扩展，容易构成各种规模的应用系统，控制功能强。单片机的逻辑控制功能很强，指令

系统有各种控制功能指令，可以对逻辑功能比较复杂的系统进行控制。

④ 具有通信功能，可以实现多机和分布式控制，形成控制网络和远程控制。

1.3.2 单片机的应用

由于单片机具有显著的优点，它已成为科技领域的有力工具，人类生活的得力助手，其应用遍及各个领域，主要体现在以下几个方面。

1．测控系统中的应用

测控系统特别是工业控制系统的工作环境恶劣，各种干扰也强，而且往往要求实时控制，故要求控制系统工作稳定、可靠、抗干扰能力强。由单片机的特点可以看出，单片机很适宜于测控领域，如炉子恒温控制、电镀生产线自动控制等。

2．智能仪表中的应用

用单片机制作的测量、控制仪表，能使仪表向数字化、智能化、多功能化、柔性化发展，并使监测、处理、控制等功能一体化，使得仪表便于携带和使用，同时降低了成本，提高了性价比，如数字式 RLC 测量仪、智能转速表、计时器等。

3．智能产品中的应用

单片机与传统的机械产品结合，使传统机械产品结构简化、控制智能化，构成新型的机、电、仪一体化产品，如数控车床、智能电动玩具、各种家用电器等。

4．在智能计算机外设中的应用

在计算机应用系统中，除通用外部设备（键盘、显示器、打印机）外，还有许多用于外部通信、数据采集、多路分配管理、驱动控制等的接口。如果这些外部设备和接口全部由主机管理，势必造成主机负担过重、运行速度降低，并且不能提高对各种接口的管理水平。如果用单片机专门对接口进行控制和管理，则主机和单片机就能并行工作，这不仅大大提高了系统的运算速度，单片机还可对接口信息进行预处理，以减少主机和接口间的通信密度、提高接口控制管理的水平。

1.4 单片机的发展历史

1．单片机技术发展历程

自 1971 年美国 Intel 公司首先推出 4 位微处理器以来，单片机经历了由 4 位机到 8 位机再到 16 位机的发展过程。它的发展到目前为止大致可分为 5 个阶段。

① 第 1 阶段（1971—1976 年）：单片机发展的初级阶段。

1971 年 11 月 Intel 公司首先设计出集成度为 2 000 只晶体管的 4 位微处理器 Intel 4004，并配有 RAM、ROM 和移位寄存器，构成了第一台微处理器，其次又推出了 8 位微处理器 Intel 8008，以及其他各公司相继推出的 8 位微处理器。

② 第 2 阶段（1976—1980 年）：低性能 8 位单片机阶段。

以 1976 年 Intel 公司推出的 MCS 48 系列为代表，采用将 8 位 CPU、8 位并行 I/O 接口、8 位定时/计数器、RAM 和 ROM 等集成于一块半导体芯片上的单片结构，其功能可满足一般工业控制和智能化仪器、仪表等的需要。

③ 第 3 阶段（1980—1983 年）：高性能 8 位单片机阶段。

高性能 8 位单片机带有串行口、多级中断处理系统、多个 16 位定时/计数器。片内 RAM、ROM 的容量加大，寻址范围可达 64KB，有些芯片内还带有 A/D 转换接口。

④ 第 4 阶段（1983 年至 20 世纪 80 年代末）：16 位单片机阶段。

1983 年 Intel 公司又推出了高性能的 16 位单片机 MCS 96 系列，由于采用了最新的制造工艺，使芯片集成度高达 12 万只晶体管。

⑤ 第 5 阶段（20 世纪 90 年代至今）：单片机在集成度、功能、速度、可靠性、应用领域等全方位向更高水平发展。

2．单片机技术的理解

单片机诞生于 20 世纪 70 年代，在不同的时期又称作 SCM、MCU、SoC 等。

单片微型计算机（Single Chip Microcomputer，SCM）阶段，主要寻求最佳的单片形态嵌入式系统的最佳体系结构。

微控制器（Micro Controller Unit，MCU）阶段，主要的技术发展方向是：不断扩展满足嵌入式应用时，对象系统要求的各种外围电路与接口电路，突显其对象的智能化控制能力。因此，发展 MCU 的重任不可避免地落在电气、电子技术厂家。在发展 MCU 方面,最著名的厂家当数 Philips 公司。Philips 公司以其在嵌入式应用方面的巨大优势，将 MCS-51 从单片微型计算机迅速发展到微控制器。

单片机是嵌入式系统的独立发展之路，也是向 MCU 阶段发展的重要因素，就是寻求应用系统在芯片上的最大化。因此，专用单片机的发展自然形成了（System on Chip，SoC）化趋势。随着微电子技术、IC 设计、EDA 工具的发展，基于 SoC 的单片机应用系统设计会有较大的发展。因此，对单片机的理解可以从单片微型计算机、单片微控制器延伸到单片应用系统。

1.5 单片机分类

1.5.1 按单片机功能分类

单片机按照其存储器配置状态可分为三种：片内 ROM 型、片内 EPROM 型、外接 EPROM 型。按其功能可分为以下几种类型。

（1）基本型

该类型的典型产品是 8051，其特性如下：8 位 CPU；片内 RAM 有 128 字节；片内 ROM 有 4KB 字节；21 个特殊功能寄存器；4 个并行 8 位并行 I/O 接口（也称为 I/O 口），一个全双工串行口；两个 16 位定时/计数器；5 个中断源、两个中断优先级；一个时钟振荡器和时钟电路。

（2）内部存储器增大的基本型

此种单片机的内部 RAM 和 ROM 容量比基本型单片机增大一倍，产品有 8052AH、8032AH、8752BH。

（3）低功耗基本型

这类产品型号中带有 "C" 字的单片机，采用 CHMOS 工艺，其特点为低功耗，产品有 80C51BH、80C31BH、87C51 等。

（4）高级语言型

如 8052AH-BASIC 芯片内固化有 MCS BASIC52 解释程序。

（5）可编程计数阵列（PCA）型

该类产品具有两个特点：一个是有 5 个比较/捕捉模块；另一个是有一个增强的多机通信接口。该类产品有 83C51FA、80C51FA、87C51FA、83C51FB 等。

（6）A/D 型

该系列单片机带有 8 路 8 位 A/D；半双工同步串行接口；拥有 16 位监视定时器；扩展了 A/D 中断和串行口中断，使中断源达到 7 个；具有振荡器失效检测功能。该类产品有 83C51GA、80C51GA、87C51GA 等。

（7）DMA 型

该产品分为两类：一类是 DMA、GSC 型，产品有 83C152JA、80C152JA、80C152B 等；另一类是 DMA、FIFO 型，产品有 83C452、80C452、87C452P 等。

（8）多并行口型

此类单片机是在 80C51 的基础上，新增了和 P1 口相同的 8 位准双向 P4 口和 P5 口，还增加了在内部具有上拉电阻的 8 位双向口 P6 口。该类产品有 83C451、80C451 等。

1.5.2 MCS-51 系列单片机

尽管单片机品种繁多，但无论是从世界范围或是从国内范围来看，使用最为广泛的应属 MCS-51 单片机。其引进历史较长、影响面较广、应用成熟，已被单片机控制装置的开发设计人员广泛接受。基于这一事实，本书以 MCS-51 系列单片机（8031、8051、8751 等）为研究对象，介绍单片机的硬件结构、工作原理及应用系统的设计。MCS-51 系列单片机共有十几种芯片，如表 1-1 所列。

表 1-1 MCS-51 系列单片机分类表

系列	片内 ROM 形式			片内存储器容量		寻址范围	I/O 特性			中断源
	无	ROM	EPROM	ROM	RAM		定时/计数器	并行口	串行口	
51 子系列	8031	8051	8751	4KB	128B	2×64KB	2×16	4×8	1	5
	80C31	80C51	87C51	4KB	128B	2×64KB	2×16	4×8	1	5
52 子系列	8032	8052	8752	8KB	256B	2×64KB	3×16	4×8	1	6
	80C32	80C52	87C52	8KB	256B	2×64KB	3×16	4×8	1	6

1. 51 子系列和 52 子系列

MCS-51 系列又分为 51 和 52 两个子系列，并以芯片型号的最末位数字作为标志。其中 51 子系列属基本型，而 52 子系列则属增强型。从表 1-1 可以看出，52 子系列相比 51 子系列增强了很多功能，具体体现在以下几方面：

● 片内 ROM 从 4KB 增加到 8KB；

● 片内 RAM 从 128 字节增加到 256 字节；

● 定时/计数器从 2 个增加到 3 个；

● 中断源从 5 个增加到 6 个。

在 52 子系列的内部 ROM 中以掩膜方式集成有 8KB BASIC 解释程序，这就是通常所说的 8052-BASIC。这意味着单片机已可以使用高级语言。该 BASIC 与基本 BASIC 相比，增加了一些控制语句，以满足单片机作为控制机的需要。

2．单片机芯片半导体工艺

MCS-51 系列单片机采用两种半导体工艺生产。一种是 HMOS 工艺，即高速度高密度短沟道 MOS 工艺。另外一种是 CHMOS 工艺，即互补金属氧化物的 HMOS 工艺。表 1-1 中芯片型号中带有字母"C"的，为 CHMOS 芯片，其余均为一般的 HMOS 芯片。

CHMOS 是 CMOS 和 HMOS 的结合，除保持了 HMOS 高速度和高密度的特点外，还具有 CMOS 低功耗的特点。例如，8051 的功耗为 630mW，而 80C51 的功耗只有 120mW。在便携式、手提式或野外作业仪器设备上低功耗是非常有意义的。因此，在这些产品中必须使用 CHMOS 的单片机芯片。

3．片内 ROM 存储器配置形式

MCS-51 单片机片内程序存储器有三种配置形式，即掩膜 ROM、EPROM 和无 ROM。这三种配置形式对应三种不同的单片机芯片，它们各有特点，也各有其适用场合，在使用时应根据需要进行选择。一般情况下，片内带掩膜 ROM 适用于定型大批量应用产品的生产；片内带 EPROM 适合研制产品样机；外接 EPROM 的方式适用于研制新产品。最近 Intel 公司又推出片内带 EEPROM 的单片机，可以在线写入程序。

1.6　单片机发展趋势

自 1976 年 9 月 Intel 公司推出 MCS-48 单片机以来，单片机就受到了广大用户的欢迎。因此，有关公司都争相推出各自的单片机，如 GI 公司推出 PIC1650 系列单片机，Rockwell 公司推出了与 6502 微处理器兼容的 R6500 系列单片机。它们都是 8 位机，片内有 8 位中央处理器（CPU）、并行 I/O 接口、8 位定时/计数器和容量有限的存储器（RAM、ROM），以及简单的中断功能。

1978 年下半年，Motorola 公司推出 M6800 系列单片机，Zilog 公司相继推出 Z8 系列单片机。1980 年，Intel 公司在 MCS-48 系列基础上又推出了高性能的 MCS-51 系列单片机。这类单片机均带有串行 I/O 接口，定时/计数器为 16 位，片内存储容量（RAM，ROM）都相应增大，并有优先级中断处理功能，单片机的功能、寻址范围都比早期的扩大了，它们是当时单片机应用的主流产品。

1982 年，Mostek 公司和 Intel 公司先后又推出了性能更高的 16 位单片机 MK68200 和 MCS-96 系列，NS 公司和 NEC 公司也分别在原有 8 位单片机的基础上推出了 16 位单片机 HPC16040 和 μPD783××系列。1987 年，Intel 公司又宣布了性能比 8096 高两倍的 CMOS 型 80C196，1988 年，推出了带 EPROM 的 87C196 单片机。由于 16 位单片机推出的时间较迟、价格昂贵、开发设备有限等多种原因，至今还未得到广泛应用。而 8 位单片机已能满足大部分应用的需要，因此，在推出 16 位单片机的同时，高性能的新型 8 位单片机也不断问世，如 Motorola 公司推出了带 A/D 和多功能 I/O 的 68MC11 系列，Zilog 公司推出了带有 DMA 功能的 Suqer8 系列，Intel 公司在 1987 年也推出了带 DMA 和 FIFO 的 UPI-452 系列等。

目前国际市场上 8 位、16 位单片机系列已有很多，但是，在国内使用较多的系列是 Intel 公司的产品，其中又以 MCS-51 系列单片机应用尤为广泛，而且还在更进一步发展完善，价格越来越低，性能越来越好。单片机技术正以惊人的速度向前发展，就市场上已出现的单片机而言，单片机的主要发展方向是单片机的制造工艺及技术，单片机的可靠性技术，及以单片机为核心的嵌入式系统。

1．单片机的技术发展

单片机的技术进步反映在其内部结构、功率消耗、外部电压及制造工艺等方面。

（1）内部结构的进步

在单片机内部已集成了越来越多的部件，这些部件包括一般常用的电路，如定时器、比较器、A/D 转换器、D/A 转换器、串行通信接口、Watchdog 电路、LCD 控制器等。有的单片机为了能构成控制网络或形成局部网，内部含有局部网络控制模块 CAN，例如，Infineon 公司的 C505C、C515C、C167CR、C167CS-32FM、81C90，Motorola 公司的 68HC08AZ 系列等，这类单片机十分容易构成网络，适用于较为复杂的控制系统。

为了能在变频控制中方便地使用单片机，形成最具经济效益的嵌入式控制系统，有的单片机内部还设置了专门用于变频控制的脉宽调制控制电路，如 Fujitsu 公司的 MB89850 系列、MB89860 系列，Motorola 公司的 MC68HC08MR16、MR24 系列等。在这些单片机中，脉宽调制电路有 6 个输出通道，可产生三相脉宽调制交流电压，且内部含有死区控制等功能。

目前，有的单片机已采用了所谓的三核（TrCore）结构：一是微控制器和 DSP 核；二是数据和程序存储器核；三是外围专用集成电路（ASIC）。这类单片机的最大特点是把 DSP 和微控制器同时制作在一个片上。虽然从结构定义上讲，DSP 属单片机的一种，但其作用主要反映在高速计算和特殊处理上，如快速傅立叶变换等。这类单片机一般采用 32 位的 MCU，而 DSP 采用 16 或 32 位结构，工作频率一般在 60MHz 以上，典型的有 Infineon 公司的 TC10GP，Hitachi 公司的 SH7410、SH7612 系列等。把 DSP 和传统单片机结合，大大提高了单片机的功能，这是目前单片机最大的进步之一。

（2）功耗、封装及电源电压的进步

现在，新的单片机的功耗越来越小，特别是很多单片机都设置了多种工作方式，包括等待、暂停、睡眠、空闲、节电等，如 Philips 公司的 P87LPC762 就是一个很典型的例子。在空闲时，其电流为 1.5μA，而在节电方式中，其电流只有 0.5μA。而在功耗上最令人惊叹的是 TI 公司的 MSP430 系列，它是一个 16 位的单片机系列，具有超低功耗工作方式，它有 LPM1、LPM3、LPM4 三种低功耗方式。当工作电源为 3V 时，如果工作在 LPM1 时，即使外围电路处于工作状态，由于单片机的 CPU 不活动，其振荡器处于 1～4MHz，这时电流也只有 50μA。在 LPM3 时，振荡器处于 32kHz，这时电流只有 1.3μA。在 LPM4 时，CPU、外围电路及振荡器都不活动，则电流只有 0.1μA。

随着贴片工艺的出现，单片机也大量采用了各种符合贴片工艺的封装方式，以减小体积。在这种形势下，Microchip 公司推出的 8 引脚的单片机就特别引人注目，如 PIC12CXXX 系列。它含有 0.5～2KB 的程序存储器、25～128B 的数据存储器、6 个 I/O 接口及一个定时器，有的还含 4 通道 A/D 转换器，完全可以满足一些低档系统的应用。

另外，扩大电源电压范围及在较低电压下仍然能够工作是当今单片机发展的目标之一。一般单片机均能在 3.3～5.5V 的条件下工作，而一些厂家已经生产出了可以在 2.2～6V 条件下工作的单片机，如 Fujitsu 公司的 MB89191～89195、MB89121～125A、MB89130 系列等。还有 TI 公司的 MSP430X11X 系列单片机的工作电压也低至 2.2V。

（3）工艺上的进步

现在的单片机基本上采用 CMOS 技术，大多数加工工艺采用了 0.6μm 以下的光刻技术。有些公司采用的光刻工艺更精密，如 Motorola 公司已采用 0.35μm 甚至是 0.25μm、0.18μm 技术，这些技术的进步大大提高了单片机的内部密度和可靠性。

2．以单片机为核心的嵌入式系统

单片机的另外一个名称就是嵌入式微控制器，原因在于它可以嵌入到任何微型或小型仪器或设备中。目前，把单片机嵌入式系统和 Internet 连接已是一种趋势。但是，Internet 一向采用一种

"肥服务器、瘦用户机"的技术。这种技术在互联网上存储及访问大量数据是合适的，但对于控制嵌入式器件就成"杀鸡用牛刀"了。要实现嵌入式设备和 Internet 连接，就需要把传统的 Internet 理论和嵌入式设备的实践都颠倒过来。为了使嵌入式设备能切实可行地与 Internet 连接，就要求专门为嵌入式微控制器设备设计网络服务器，使嵌入式设备可以和 Internet 相连，并通过标准网络浏览器进行过程控制。

为了把以单片机为核心的嵌入式系统和 Internet 相连，已有多家公司在这方面进行了深入研究，如 EmWare 公司和 TASKING 公司。

EmWare 公司提出了嵌入式系统入网的方案——EMIT 技术。这个技术包括三个主要部分：EmMicro，EmGateway 和网络浏览器。其中，EmMicro 是嵌入设备中的一个只占内存容量 1KB 的极小的网络服务器；EmGateway 作为一个功能较强的用户或服务器，用于实现对多个嵌入式设备的管理，还有标准的 Internet 通信接及网络浏览器的支持；网络浏览器使用 EmObjicts 进行显示和嵌入式设备之间的数据传输。如果嵌入式设备的资源足够，则 EmMicro 和 EmGateway 可以同时装入嵌入式设备中，实现 Internet 的直接接入。

TASKING 把 EmWare 的 EMIT 软件包和有关的软件配套集成，形成了一个集成开发环境，向用户提供了一个方便的开发环境。嵌入互联网联盟（ETIC，Embed the Internet Consortium）正在紧密合作，共同开发嵌入式 Internet 的解决方案。

3．单片机应用的可靠性技术发展

在单片机应用中，可靠性是首要因素。为了扩大单片机的应用范围和领域，提高单片机自身的可靠性是一种有效的方法。近年来，单片机的生产厂家在单片机设计上采用了各种提高可靠性的新技术，这些新技术主要表现在以下几点。

（1）EFT（Ellectrical Fast Transient）技术

EFT 技术是一种抗干扰技术，它是指在振荡电路的正弦信号受到外界干扰时，其波形上会迭加各种毛刺信号，如果使用施密特电路对其整形，则毛刺会成为触发信号，干扰正常的时钟。如果交替使用施密特电路和 RC 滤波电路，则可以消除这些毛刺，而令干扰作用失效，从而保证系统的时钟信号正常工作，这样，就提高了单片机工作的可靠性。Motorola 公司的 MC68HC08 系列单片机就采用了这种新技术。

（2）低噪声布线技术及驱动技术

在传统的单片机中，电源及地线在集成电路外壳的对称引脚上，一般在左上、右下或右上、左下的两对对称点上。这样，就使电源噪声穿过整块芯片，对单片机的内部电路造成干扰。现在，很多单片机都把地线和电源引脚安排在两条相邻的引脚上。这样，不仅降低了穿过整个芯片的电流，还方便用户在印制电路板上布置去耦电容，从而降低系统的噪声。

现在为了适应各种应用系统的需要，很多单片机的输出能力都有了很大提高，如 Motorola 公司的单片机的 I/O 接口的灌拉电流可达 8mA 以上，而 Microchip 公司的单片机可达 25mA。其他公司如 AMD、Fujitsu、NEC、Infineon、Hitachi、Atmel、Tosbiba 等基本上都在 8～20mA 的水平。这些电流较大的驱动电路集成到芯片内部，使单片机在工作时带来了各种噪声。为了减少这种影响，现在单片机采用了多个小管子并联等效于一个大管子的方法，并在每个小管子的输出端上串入不同等效阻值的电阻，这也就是所谓的"跳变沿软化技术"，从而能有效地消除大电流瞬变时产生的噪声。

（3）采用低频时钟

高频外时钟是噪声源之一，它不仅能对单片机应用系统产生干扰，还会对外界电路产生干扰，使系统的电磁兼容性不能满足要求。对于可靠性要求较高的系统，低频外时钟有利于降低系统的噪声。现在，在一些单片机中采用内部锁相环技术，就是在外部时钟较低时，也能产生较高的内部总线速度，从而既保证了速度又降低了噪声。Motorola 公司的 MC68HC08 系列及其 16/32 位单片机，就采用了这种技术以提高单片机的可靠性。

综上所述，单片机在目前的发展形势下，表现出了几大趋势：

① 可靠性及应用水平越来越高，和互联网连接已是一种明显的走向。

② 所集成的部件越来越多。有些公司的单片机已把语音、图像部件也集成到了单片机中，也就是说，单片机的意义只是在于单片集成电路，而不在于其功能了。

③ 功耗越来越低，且与模拟电路的结合越来越多。

随着半导体工艺技术的发展及系统设计水平的提高，单片机还会不断产生新的变化和进步，最终人们可能发现，单片机与微机系统之间的距离越来越小，甚至难以辨认。

1.7　单片机领域人才需求简析

随着时代的进步与科技的发展，单片机技术的实践应用日渐成熟，单片机的使用领域已十分广泛。由于单片机的体积比较小、质量小、结构简单，内部芯片作为计算机系统，功能完善，使用起来十分方便，可以模块化应用。同时，由于单片机具有集成度高、可靠性好、功耗低、数据处理能力强等特点，使得单片机成为自动化办公、智能仪表、实时工控、通信设备、导航系统、家用电器，甚至无人驾驶汽车、机器人控制、航空航天、尖端武器和国防军事等领域产品开发中的首要选择。工业生产中人们成功运用电子信息技术，让电子信息技术与单片机技术相融合，有效提高了单片机的应用效果。

单片机技术在电子产品领域的应用，既丰富了电子产品的功能，也为智能化电子设备的开发和应用提供了新的出路，实现了智能化电子设备的创新与发展。据不完全数据统计，2020 年，中国单片机行业市场规模约为 269 亿元。随着汽车电子、机器人、人工智能领域的快速发展，单片机及相关技术的需求将大幅增长。预计到 2026 年将达到 513 亿元以上。这一巨大的产品需求和极具发展潜力的国际市场，给单片机及相关技术产业的跨越式发展带来重大机遇。同时，面临的单片机技术开发与设计人才的匮乏困境也将更加明显。表 1-2 为 2022 年 4 月某网站公布的人才需求情况简表。从应用领域看，人才需求企业主要集中在五个领域：消费电子、计算机与网络、汽车电子、IC 卡与工业控制。

表 1-2　2022 年 4 月某网站公布的人才需求情况简表

岗　　位	地　　区	薪酬（万元）	月数（月）	年限（年）	学　历	保　险	规模（人）
单片机工程师	北京昌平	1.4～2.8	13	1～3	本科	五险一金	100～499
单片机开发	北京海淀	1.5～3.0	13	1～3	本科	五险一金	100～499
单片机开发	北京石景山	0.9～1.4	13	不限	本科	五险一金	20～99
单片机开发	北京石景山	1.2～2.4	13	不限	不限	五险一金	0～20
高级单片机开发	北京海淀	2.0～3.5	13	3～5	本科	五险一金	100～499
单片机开发	上海浦东	1.0～2.0	13	1～3	本科	五险一金	100～499
高级单片机开发	上海浦东	1.7～2.7	13	3～5	本科	五险一金	100～499
高级单片机开发	上海浦东	1.5～3.0	13	不限	本科	五险一金	1000～9999
单片机开发	上海闵行	1.2～2.4	13	1～3	本科	五险一金	20～99
单片机开发	上海徐汇	0.7～1.2	13	不限	本科	五险一金	0～20
单片机开发	广州黄埔	1.1～2.0	13	1～3	大专	五险一金	100～499

岗 位	地 区	薪酬 （万元）	月数 （月）	年限 （年）	学 历	保 险	规模 （人）
单片机开发	广州白云	0.9～1.2	13	1～3	本科	五险一金	100～499
单片机开发	广州番禺	1.0～1.5	13	1～3	本科	五险一金	20～99
高级单片机开发	广州白云	1.5～3.0	13	3～5	本科	五险一金	0～20
高级单片机开发	广州黄埔	1.5～1.6	13	3～5	本科	五险一金	500～999
单片机开发	深圳罗湖	1.0～1.5	13	1～3	本科	五险一金	20～99
高级单片机开发	深圳罗湖	1.5～3.0	13	3～5	本科	五险一金	100～499
高级单片机开发	深圳宝安	1.2～1.8	13	3～5	本科	五险一金	20～99
单片机开发	深圳南山	1.2～2.2	13	1～3	大专	五险一金	100～499
高级单片机开发	深圳福田	1.2～2.4	14	3～5	本科	五险一金	500～999
单片机开发	济南天桥	0.5～1.0		1～3	大专	五险一金	100～499
单片机开发	济南历城	0.7～1.2		1～3	本科	五险一金	100～499
高级单片机开发	济南历下	1.0～1.5		1～3	本科	五险一金	20～99
高级单片机开发	济南长清	1.1～2.0	13	3～5	本科	五险一金	20～99
单片机开发	青岛李沧	0.7～0.9		3～5	大专	五险一金	0～20
单片机开发	青岛城阳	0.8～1.2	13	1～3	本科	五险一金	20～99
单片机开发	青岛崂山	1.0～1.5		3～5	本科	五险一金	100～499
高级单片机开发	青岛崂山	1.5～2.0		1～3	大专	五险一金	0～20
高级单片机开发	青岛崂山	2.0～4.0	13	5～10	本科	五险一金	10000 人以上

本 章 小 结

本章主要介绍单片机的基本概念、发展概况、特点与应用情况等。

单片机系统是将 CPU、内存和 I/O 接口集成在一小块硅片上的微型应用系统，单片机应用系统由硬件和软件组成。单片机应用可理解成嵌入式系统的低端应用。

单片机经历了由 4 位机到 8 位机再到 16 位机的发展过程。它的发展大致可分为 5 个阶段，在不同的时期又称作 SCM、MCU、SoC 等。

单片机具有集成度高、功能强、速度快、功耗低、使用方便、性能可靠、价格低廉等特点，因此，在工业控制、智能仪器仪表、数据采集和处理、通信系统、网络系统、汽车工业、国防工业、家用电器等领域得到广泛的应用。

按存储器配置，单片机可分为片内 ROM 型、片内 EPROM 型、外接 EPROM 型。

MCS-51 系列又分为 51 和 52 两个子系列，并以芯片型号的最末位数字作为标志。其中 51 子系列属基本型，而 52 子系列则属增强型。

单片机的主要发展方向是单片机的制造工艺及技术、单片机的可靠性技术，以及以单片机为核心的嵌入式系统。

随着汽车电子、机器人、人工智能领域的快速发展，单片机及相关技术的需求将大幅增长。产品需求和极具发展潜力的国际市场，给单片机及相关技术产业的跨越式发展带来重大机遇。同时，面临的单片机技术开发与设计人才的匮乏困境也将更加明显。

【知识拓展与思政元素】家国情怀、社会责任、爱岗敬业、人生担当

序号	知识点	切入点	思政元素、目标	素材、方法和载体
1	单片机课程的地位、特点	硬件课程枯燥乏味	元素："天下事有难易乎？为之，则难者亦易矣；不为，则易者亦难矣。"只要有毅力、有恒心、有信心就能学好硬件类课程 目标：不畏艰难、坚持不懈、爱岗敬业	1. 关联讲解 2. 名言赏析
2	单片机的应用	单片机的应用无所不在	元素：单片机技术是创新的技术手段、应用型人才的捷径、解决复杂问题的工具 目标：创新驱动、技术方法	1. 案例切入、图片视频、主题讨论 2. 讨论：物联网、互联网+、VR、机器人、大数据、人工智能与单片机
3	单片机的发展	单片机技术人才需求	元素：人才紧缺，激发学生爱国情怀、社会责任感和使命感 目标：爱国情怀、社会责任	1. 案例切入、图片视频、主题讨论 2. 讨论：我国单片机需求调查报告
4	单片机课程的学习要求及方法	纪律要求、学习建议	元素：严格、按时、守约 目标：一丝不苟、工匠精神	1. 关联讲解、主题讨论 2. 大国工匠 3. 讨论：企业对人才的需求

扫描二维码下载【思政素材、延伸解析】

习　题　1

1-1　微处理器、微计算机、微处理机、CPU、单片机之间有何区别？

1-2　除了单片机这一名称，单片机还可称为什么？

1-3　单片机系统将普通计算机的哪几部分集成于一块芯片上？

1-4　单片机的发展大致分为哪几个阶段？

1-5　单片机根据存储器配置状态可分为哪几种类型？

1-6　简述单片机的特点及主要应用领域。

第 2 章　单片机的结构及原理

本章将以 MCS-51 系列单片机为典型例子，详细介绍单片机的结构、工作原理、存储器、时序及复位电路等内容。通过对这些内容的学习，读者在学习其他单片机时可以起到举一反三、触类旁通的作用。

2.1　80C51 单片机的基本结构

2.1.1　80C51 单片机的组成

MCS-51 单片机的典型芯片有 8031、8051、8751。8051 内部有 4KB ROM，8751 内部有 4KB EPROM，8031 片内无 ROM。除此之外，三者的内部结构及引脚完全相同。因此本节以 80C51 为例，说明单片机的内部组成及信号引脚。

1．80C51 单片机的基本组成

80C51 单片机的结构框图如图 2-1 所示。

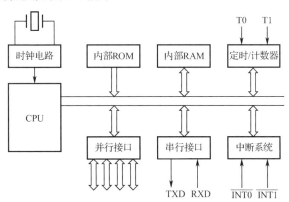

图 2-1　80C51 单片机结构框图

（1）中央处理器（CPU）

80C51 内部有一个功能很强的 8 位中央处理器，完成对指令的解释和运算，为指令执行提供所必需的运算、逻辑和控制线路。它由运算器、控制器和专用寄存器组等构成。

（2）内部数据存储器（内部 RAM）

80C51 芯片中共有 256 个 RAM 单元，能作为寄存器供用户使用的只是前 128 个单元，用于存放可读写的数据，它的后 128 个单元被专用寄存器占用。通常所说的内部数据存储器就是指前 128 个单元，简称内部 RAM（片内 RAM）。

（3）内部程序存储器（内部 ROM）

80C51 共有 4KB 掩膜 ROM，用于存放程序、原始数据或表格，因此称之为内部程序存储器，简称内部 ROM（片内 ROM）。

（4）定时/计数器

80C51 共有两个 16 位的定时/计数器，以实现定时或计数功能，并根据其定时或计数结果对

计算机进行控制。

（5）并行 I/O 接口

80C51 共有 4 个 8 位的 I/O 接口（P0、P1、P2、P3），用以实现数据的并行输入输出。如可以通过 P1 口连接 8 个发光二极管等。

（6）串行口

80C51 单片机有一个全双工的串行口，实现单片机和其他设备之间的串行数据传送。80C51 串行口，既可作为全双工异步通信收发器使用，也可作为同步移位器使用。

（7）中断控制系统

80C51 共有 5 个中断，即两个外部中断、两个定时/计数器中断、1 个串行中断。所有中断分为两个优先级别的中断，即高级中断和低级中断。

（8）时钟电路

80C51 芯片的内部有时钟电路，但石英晶体和微调电容需外接。时钟电路为单片机产生时钟脉冲序列。

2．80C51 的信号引脚

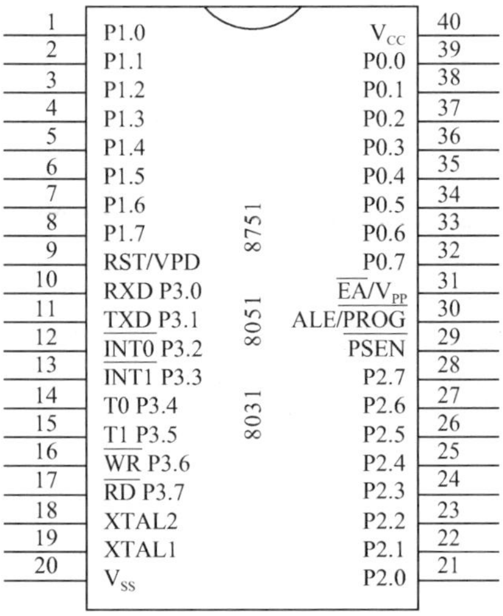

图 2-2　80C51 引脚排列

80C51 是标准的 40 引脚双列直插式集成电路芯片，引脚排列如图 2-2 所示。

（1）信号引脚介绍

P0.0～P0.7：P0 口 8 位双向口线，能驱动 8 个 LSTTL（低功耗 TTL）负载。

P1.0～P1.7：P1 口 8 位双向口线，能驱动 4 个 LSTTL（低功耗 TTL）负载。

P2.0～P2.7：P2 口 8 位双向口线，能驱动 4 个 LSTTL（低功耗 TTL）负载。

P3.0～P3.7：P3 口 8 位双向口线，能驱动 4 个 LSTTL（低功耗 TTL）负载。

ALE：地址锁存控制信号。

在系统扩展时，ALE 用于控制把 P0 口输出的低 8 位地址锁存起来，以实现低位地址和数据的隔离。此外由于 ALE 是以晶振六分之一的固定频率输出的正脉冲，因此可作为外部时钟或外部定时脉冲使用。

$\overline{PSEN}$：外部程序存储器读选通信号。在读外部 ROM 时 $\overline{PSEN}$ 有效（低电平），以实现外部 ROM 单元的读操作。

$\overline{EA}$：访问程序存储控制信号。当 $\overline{EA}$ 信号为低电平时，对 ROM 的读操作限定在外部程序存储器；而当 $\overline{EA}$ 信号为高电平时，则对 ROM 的读操作是先读内部程序存储器，并可延至外部程序存储器。

RST：复位信号。当输入的复位信号延续两个机器周期以上高电平时即为有效复位电平，用以完成单片机的复位初始化操作。

XTAL1 和 XTAL2：外接晶体引线端。当使用芯片内部时钟时，这两个引脚用于外接石英晶体和微调电容；当使用外部时钟时，用于接外部时钟脉冲信号。

（2）信号引脚的第二功能

由于工艺及标准化等原因，芯片的引脚数目是有限制的。例如，80C51 系列把芯片引脚数目限定为 40 条，但单片机为实现其功能所需要的信号线数目却远远超过此数，因此就出现了需要与可能的矛盾。"复用"是唯一可行的办法，所谓"复用"，就是给一些信号引脚赋以双重功能，如 P3 口线均具有第二功能。

① P3 口线的第二功能

P3 口的 8 条口线都定义有第二功能，如表 2-1 所示。

表 2-1　P3 口各引脚与第二功能表

引　脚	第　二　功　能	信　号　名　称
P3.0	RXD	串行数据接收
P3.1	TXD	串行数据发送
P3.2	$\overline{INT0}$	外部中断 0 申请
P3.3	$\overline{INT1}$	外部中断 1 申请
P3.4	T0	定时/计数器 0 的外部输入
P3.5	T1	定时/计数器 1 的外部输入
P3.6	$\overline{WR}$	外部 RAM 写选通
P3.7	$\overline{RD}$	外部 RAM 读选通

② EPROM 存储器程序固化所需要的信号

有内部 EPROM 的单片机芯片（例如 8751），为写入程序需提供专门的编程脉冲和编程电源，这些信号也是由信号引脚以第二功能的形式提供的，即

编程脉冲：30 脚（ALE/$\overline{PROG}$）

编程电源（25V）：31 脚（$\overline{EA}$/V_{PP}）

③ 备用电源引入

80C51 单片机的备用电源也是以第二功能的方式由 9 脚（RST/VPD）引入的。当电源发生故障，电压降低到下限值时，备用电源经此端向内部 RAM 提供电压，以保护内部 RAM 中的信息不丢失。

2.1.2　80C51 单片机的存储器

80C51 单片机与一般微机的存储器配置方式不同。一般微机通常只有一个逻辑空间，可以随意安排 ROM 或 RAM。访问存储器时，同一地址对应唯一的存储器空间，既可以使用 ROM 也可以使用 RAM，并用同类命令访问。而 80C51 单片机在物理结构上有 4 个独立的存储空间，即内部 RAM、ROM 和外部 RAM、ROM，但从用户使用的角度考虑，80C51 存储器逻辑地址空间分三类。

① 内部、外部统一编址的 64KB 程序存储器（MOVC）。

② 内部 256B 数据存储器（MOV）。

③ 外部 64KB 数据存储器（MOVX）。

在访问三个不同的逻辑空间时，采用不同形式的指令，以产生不同的存储器空间的选通信号。80C51 的存储器结构如图 2-3 所示。

80C51 的内部 RAM 共有 256 个单元，通常把这 256 个单元按其功能划分为两部分：低 128 单元（单元地址 00H～7FH）和高 128 单元（单元地址 80H～FFH）。

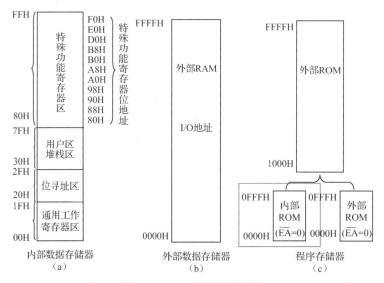

图 2-3　80C51 的存储器结构

1．内部数据存储器低 128 单元

低 128 单元的内部 RAM 的配置如图 2-4 所示，按其用途划分为三个区域。

地址范围	用途
30H～7FH	数据缓冲区
20H～2FH	位寻址区（00H～7FH）
18H～1FH	工作寄存器 3 区（R7～R0）
10H～17H	工作寄存器 2 区（R7～R0）
08H～0FH	工作寄存器 1 区（R7～R0）
00H～07H	工作寄存器 0 区（R7～R0）

图 2-4　内部 RAM 的配置

（1）通用工作寄存器区

80C51 共有四组通用寄存器，每组 8 个寄存单元（各为 8 位），各组都以 R0～R7 作寄存单元编号。寄存器常用于存放操作数及中间结果等，由于它们的功能及使用不预先规定，因此称之为通用寄存器，有时也叫工作寄存器。四组通用寄存器占据内部 RAM 的 00H～1FH 单元地址。在任一时刻，CPU 只能使用其中的一组寄存器，并且把正在使用的那组寄存器称之为当前寄存器组。到底使用的是哪一组，由程序状态字寄存器 PSW 中 RS1、RS0 位的状态组合来决定。

通用寄存器为 CPU 提供了就近数据存储的便利，有利于提高单片机的运算速度。此外，使用通用寄存器还能提高程序编制的灵活性，因此在单片机的应用编程中应充分利用这些寄存器，可简化程序设计，提高程序运行速度。

（2）位寻址区

内部 RAM 的 20H～2FH 单元，既可作为一般 RAM 单元使用，进行字节操作，也可以对单元中每一位进行操作，因此，把该区称之为位寻址区。位寻址区共有 16 个 RAM 单元，计 128 位，位地址为 00H～7FH。这种位寻址能力是 80C51 的一个重要特点，表 2-2 为内部 RAM 位寻址区的位地址表。

表 2-2　内部 RAM 位寻址区的位地址

单元地址	MSB	←		位地址		→		LSB
2FH	7FH	7EH	7DH	7CH	7BH	7AH	79H	78H
2EH	77H	76H	75H	74H	73H	72H	71H	70H
2DH	6FH	6EH	6DH	6CH	6BH	6AH	69H	68H
2CH	67H	66H	65H	64H	63H	62H	61H	60H
2BH	5FH	5EH	5DH	5CH	5BH	5AH	59H	58H
2AH	57H	56H	55H	54H	53H	52H	51H	50H
29H	4FH	4EH	4DH	4CH	4BH	4AH	49H	48H
28H	47H	46H	45H	44H	43H	42H	41H	40H
27H	3FH	3EH	3DH	3CH	3BH	3AH	39H	38H
26H	37H	36H	35H	34H	33H	32H	31H	30H
25H	2FH	2EH	2DH	2CH	2BH	2AH	29H	28H
24H	27H	26H	25H	24H	23H	22H	21H	20H
23H	1FH	1EH	1DH	1CH	1BH	1AH	19H	18H
22H	17H	16H	15H	14H	13H	12H	11H	10H
21H	0FH	0EH	0DH	0CH	0BH	0AH	09H	08H
20H	07H	06H	05H	04H	03H	02H	01H	00H

（3）用户区

在内部 RAM 低 128 单元中，通用寄存器占 32 个单元，位寻址区占 16 个单元，剩下 80 个单元，这就是供用户使用的一般 RAM 区，其单元地址为 30H～7FH。对用户 RAM 区的使用没有任何规定和限制，但在一般应用中常把堆栈开辟在此区中。

2．内部数据存储器高 128 单元

内部 RAM 的高 128 单元是供给专用寄存器使用的，其单元地址为 80H～FFH。因这些寄存器的功能已作专门规定，故称之为专用寄存器（Special Function Register，SFR），也称为特殊功能寄存器。80C51 共有 21 个专用寄存器，现把其中部分寄存器简单介绍如下。

（1）专用寄存器（SFR）

① 程序计数器（Program Counter，PC）。

PC 是一个 16 位的计数器，它的作用是控制程序的执行顺序。其内容为将要执行指令的地址，寻址范围达 64KB。PC 有自动加 1 功能，从而实现程序的顺序执行。PC 没有地址，是不可寻址的，因此用户无法对它进行读写。但可以通过转移、调用、返回等指令改变其内容，以实现程序的转移。

② 累加器（Accumulator，ACC）。

累加器 ACC 在程序中常简写为 A，它为 8 位寄存器，是最常用的专用寄存器，功能较多，地位重要。它既可用于存放操作数，也可用来存放运算的中间结果。80C51 单片机中大部分单操作数指令的操作数就取自累加器，许多双操作数指令中的一个操作数也取自累加器。

③ B 寄存器。

B 寄存器是一个 8 位寄存器，主要用于乘除运算。乘法运算时，B 是乘数。乘法操作后，乘积的高 8 位存于 B 中，除法运算时，B 是除数。除法操作后，余数存于 B 中。此外，B 寄存器也可作为一般数据寄存器使用。

④ 程序状态字（Program Status Word，PSW）。

程序状态字是一个 8 位寄存器，用于存程序运行中的各种状态信息。其中有些位状态是根据程序执行结果由硬件自动设置的，而有些位状态则使用软件方法设定。PSW 的位状态可以用专门指令进行测试，也可以用指令读出。一些条件转移指令将根据 PSW 有些位的状态，进行程序转移。PSW 的各位定义如下：

| PSW 位地址 | D7H | D6H | D5H | D4H | D3H | D2H | D1H | D0H |
| PSW 位名字 | CY | AC | F0 | RS1 | RS0 | OV | F1 | P |

各位的定义及使用介绍如下。

CY（PSW.7）：进位标志位。CY 是 PSW 中最常用的标志位，具有两方面的功能：一是存放算术运算的进位标志，在进行加或减运算时，如果操作结果最高位有进位或借位，则 CY 由硬件置"1"，否则清"0"；二是在位操作中，作累加位使用，如参与位传送、位与、位或等位操作，因此 CY 又被称为"位累加器"。

AC（PSW.6）：辅助进位标志位。在进行加减运算中，当由低 4 位向高 4 位进位或借位时，AC 由硬件置"1"，否则 AC 位被清"0"。

F1（PSW.1）、F0（PSW.5）：用户标志位。这是一个供用户定义的标志位，需要利用软件方法置位或复位。需要注意的是，F0 在程序中可以直接使用，而 F1 则不可以，如果需使用 F1 位，则需以 PSW.1 或者 D5H 的方式。

RS1 和 RS0（PSW.4，PSW.3）：寄存器组选择位。用于选择 CPU 当前工作的通用寄存器组。通用寄存器共有四组，其对应关系对应关系如表 2-3 所示。

表 2-3　通用寄存器对应关系

RS1	RS0	寄存器组	内部 RAM 地址
0	0	第 0 组	00H～07H
0	1	第 1 组	08H～0FH
1	0	第 2 组	10H～17H
1	1	第 3 组	18H～1FH

这两个选择位的状态是由软件设置的，被选中的寄存器组即为当前通用寄存器组。但当单片机上电复位后，RS1 RS0=00，即第 0 组寄存器为当前通用寄存器组。

OV（PSW.2）：溢出标志位。在带符号数加减运算中，OV=1 表示加减运算超出了累加器 A 所能表示的符号数有效范围（-128～+127），即产生了溢出，因此运算结果错误；否则，OV=0，表示运算正确，即无溢出产生。

在乘法运算中，OV=1 表示乘积超过 255，即乘积分别在 B 与 A 中；否则，OV=0，表示乘积只在 A 中。

在除法运算中，OV=1 表示除数为 0，除法不能进行；OV=0，表示除法可正常进行。

P（PSW.0）：奇偶标志位。表明累加器 A 内容的奇偶性，如果累加器 A 中有奇数个"1"，则 P 置"1"，否则置"0"。凡是改变累加器 A 中内容的指令均会影响 P 标志位。

在串行通信中常采用奇偶校验的办法来校验数据传输的可靠性。

⑤ 数据指针（DPTR）。

数据指针为 16 位寄存器，它是 80C51 中唯一一个 16 位寄存器。编程时，DPTR 既可以按 16 位寄存器使用，也可以按两个 8 位寄存器分开使用，即 DPH 代表 DPTR 高位字节、DPL 代表 DPTR 低位字节。

DPTR 通常在访问外部数据存储器时作地址指针使用，由于外部数据存储器的寻址范围为 64KB，故把 DPTR 设计为 16 位。

⑥ 堆栈指针（Stack Pointer，SP）。

堆栈是一个特殊的存储区，用来暂存数据和地址，它是按"先进后出"的原则存取数据的。堆栈共有两种操作：进栈和出栈。

80C51 单片机由于堆栈设在内部 RAM 中，因此 SP 是一个 8 位寄存器。系统复位后，SP 的内容为 07H，使得堆栈实际上从 08H 单元开始。但 08H～1FH 单元分别属于工作寄存器 1～3 区，若程序中要用到这些区，则最好把 SP 值改为 1FH 或更大的值。一般地，堆栈最好在内部 RAM 的 30H～7FH 单元中开辟。SP 的内容一旦确定，堆栈的位置也就确定下来。由于 SP 可设置为不同值，因此堆栈位置是浮动的。

其他的专用寄存器（如 TCON、TMOD、IE、IP、SCON、PCON、SBUF 等）将在以后章节中陆续介绍。

（2）专用寄存器的地址

80C51 系列单片机的 21 个专用寄存器中有 11 个专用寄存器是可以位寻址的。各寄存器的字节地址及位地址分布如表 2-4 所示。

表 2-4　80C51 专用寄存器字节地址及位地址分布

SFR	MSB			← 位地址/位定义 →				LSB	字节地址
B	F7	F6	F5	F4	F3	F2	F1	F0	F0H
ACC	E7	E6	E5	E4	E3	E2	E1	E0	E0H
PSW	D7	D6	D5	D4	D3	D2	D1	D0	D0H
	CY	AC	F0	RS1	RS0	OV	F1	P	
IP	BF	BE	BD	BC	BB	BA	B9	B8	B8H
	/	/	/	PS	PT1	PX1	PT0	PX0	
P3	B7	B6	B5	B4	B3	B2	B1	B0	B0H
	P3.7	P3.6	P3.5	P3.4	P3.3	P3.2	P3.1	P3.0	
IE	AF	AE	AD	AC	AB	AA	A9	A8	A8H
	EA	/	/	ES	ET1	EX1	ET0	EX0	
P2	A7	A6	A5	A4	A3	A2	A1	A0	A0H
	P2.7	P2.6	P2.5	P2.4	P2.3	P2.2	P2.1	P2.0	
SBUF									(99H)
SCON	9F	9E	9D	9C	9B	9A	99	98	98H
	SM0	SM1	SM2	REN	TB8	RB8	TI	RI	
P1	97	96	95	94	93	92	91	90	90H
	P1.7	P1.6	P1.5	P1.4	P1.3	P1.2	P1.1	P1.0	
TH1									(8DH)
TH0									(8CH)
TL1									(8BH)
TL0									(8AH)
TMOD	GAT	C/T	M1	M0	GAT	C/T	M1	M0	(89H)

SFR	MSB			← 位地址/位定义 →				LSB	字节地址
TCON	8F	8E	8D	8C	8B	8A	89	88	88H
	TF1	TR1	TF0	TR0	IE1	IT1	IE0	IT0	
PCON	SMOD	/	/	/	/	/	/	/	(87H)
DPH									(83H)
DPL									(82H)
SP									(81H)
P0	87	86	85	84	83	82	81	80	80H
	P0.7	P0.6	P0.5	P0.4	P0.3	P0.2	P0.1	P0.0	

表 2-4 中，凡字节地址不带括号的寄存器都是可进行位寻址的寄存器，而带括号的是不可位寻址的寄存器。全部专用寄存器可寻址的位共 83 位。这样加上位寻址区的 128 位，在 80C51 的内部 RAM 中共有 128+83=211 个可寻址位。

21 个专用寄存器零散地分布在内部 RAM 高 128 单元之中，尽管还余有许多空闲地址，但用户并不能使用。对专用寄存器只能使用直接寻址方式，书写时既可使用寄存器符号，也可使用寄存器单元地址。

3．内部程序存储器

MCS-51 系列单片机的程序存储器用于存放编好的程序和表格常数。8051 片内有 4KB 的 ROM，8751 片内有 4KB 的 EPROM，8031 片内无程序存储器。80C51 的片外最多能扩展 64KB 程序存储器，片内外的 ROM 是统一编址的。如 $\overline{EA}$ 端保持高电平，80C51 的程序计数器 PC 在 0000H～0FFFH 地址范围内（即前 4KB 地址）是执行内部 ROM 中的程序，当 PC 在 1000H～FFFFH 地址范围时，自动执行外部程序存储器中的程序，当 $\overline{EA}$ 保持低电平时，只能寻址外部程序存储器，外部存储器可以从 0000H 开始编址。

80C51 的程序存储器中有些单元具有特殊功能，使用时应予以注意，如 0000H～0002H 为程序开始执行单元。系统复位后，（PC）=0000H，单片机从 0000H 单元开始取指令执行程序。编程时，往往在这三个单元中存放一条无条件转移指令，以便直接转去执行指定的程序。

还有一组特殊单元是 0003H～002AH，共 40 个单元，这 40 个单元被均匀地分为五段，作为 5 个中断源的中断地址区。其中：

（1）0003H～000AH 外部中断 0 中断地址区；

（2）000BH～0012H 定时/计数器 0 中断地址区；

（3）0013H～001AH 外部中断 1 中断地址区；

（4）001BH～0022H 定时/计数器 1 中断地址区；

（5）0023H～002AH 串行中断地址区。

中断响应后，按中断种类，自动转到各中断区的首地址去执行程序。通常也是从中断地址区首地址开始存放一条无条件转移指令，以便中断响应后，转到中断服务程序的实际入口地址。

2.2　并行 I/O 口

80C51 共有 4 个 8 位的并行 I/O 口，每个端口都是 8 位准双向口，共占 32 根引脚。每个端口都包括一个锁存器（即专用寄存器 P0～P3)、一个输出驱动器和输入缓冲器。通常把 4 个端口笼统地表示为 P0~P3。P0~P3 具有字节寻址和位寻址功能。

80C51 单片机的 4 个 I/O 口在结构和特性上是基本相同的，但又各具特点。在无外部扩展存储器的系统中，这 4 个端口的每一位都可以作为准双向通用 I/O 口使用。在具有外部扩展存储器的系统中，P2 口作为高 8 位地址线，P0 口分时作为低 8 位地址线和双向数据总线分时复用。

80C51 单片机 4 个 I/O 口线路设计得非常巧妙，学习 I/O 口逻辑电路，不但有利于正确合理地使用端口，而且会对设计单片机外围逻辑电路有所启发。

2.2.1 P0 口

P0 口的口线逻辑电路如图 2-5 所示。

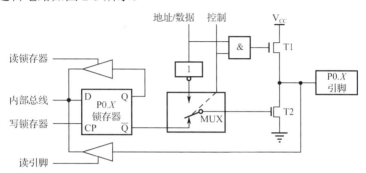

图 2-5 P0 口的口线逻辑电路

由图 2-5 可见，电路中包含有 1 个数据输出锁存器、2 个三态数据输入缓冲器、1 个数据输出的驱动电路和 1 个输出控制电路。当对 P0 口进行写操作时，由锁存器和驱动电路构成数据输出通路。由于通路中已有输出锁存器，因此数据输出时可以与外设直接连接，而无须再加数据锁存电路。

考虑到 P0 口既可以作为通用的 I/O 口进行数据的输入输出，也可以作为单片机系统的地址/数据线使用，在 P0 口的电路中有一个多路转接电路 MUX。在控制信号的作用下，多路转接电路可以分别接通锁存器输出或地址/数据线。当作为通用的 I/O 口使用时，内部的控制信号为低电平，封锁与门将输出驱动电路的上拉场效应管（FET）截止，同时使多路转接电路 MUX 接通锁存器 Q 端的输出通路。

当 P0 口作为输出口使用时，内部的写脉冲加在 D 触发器的 CP 端，数据写入锁存器，并向端口引脚输出。

当 P0 口作为输入口使用时，应区分"读引脚"和"读端口"两种情况。

"读引脚"就是读芯片引脚的数据，这时使用下方的数据缓冲器，由"读引脚"信号把缓冲器打开，把端口引脚上的数据从缓冲器通过内部总线读进来。使用传送指令（MOV）进行读口操作都属于这种情况。

"读端口"则是指通过上面的缓冲器读锁存器 Q 端的状态。在端口已处于输出状态的情况下，本来 Q 端与引脚的信号是一致的，这样安排是为了适应对口进行"读-改-写"操作指令的需要。例如"ANL P0，A"就属于这类指令，执行时先读入 P0 口锁存器中的数据，同 A 的内容进行逻辑与后，再把结果送回 P0 口。对于这类"读-改-写"指令，不直接读引脚而读锁存器是为了避免可能出现的错误。因为在端口已处于输出状态的情况下，如果端口的负载恰是一个晶体管的基极，导通了的 PN 结会把端口引脚的高电平拉低，这样直接引脚就会把本来的"1"误读为"0"。因此，当 P0 口进行一般的 I/O 输入时，必须先向电路中的锁存器写入"1"，使 FET 截止，以避免锁存器为"0"状态时对引脚读入的干扰。

当 P0 口进行一般的 I/O 输出时，由于输出电路是开漏电路，必须外接上拉电阻才能有高电平输出。

在实际应用中，P0 口一般作为单片机系统的地址/数据线使用，这要比作为一般 I/O 口应用简单。当输出地址或数据时，由内部发出控制信号，打开上面的与门，并使多路转接电路 MUX 处于内部地址/数据线与驱动场效应管栅极反相接通状态。这时的输出驱动电路由于上下两个 FET 处于反相，形成推拉式电路结构，使负载能力大为提高。而当输入数据时，数据信号则直接从引脚通过输入缓冲器进入内部总线。

2.2.2　P1 口

P1 口的口线逻辑电路如图 2-6 所示。

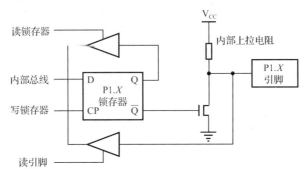

图 2-6　P1 口的口线逻辑电路

因为 P1 口通常是作为通用 I/O 口使用的，所以在电路结构上与 P0 口有一些不同之处。首先它不再需要多路转接电路 MUX；其次是电路的内部有上拉电阻，与场效应管共同组成输出驱动电路。因此，P1 口作为输出口使用时，已能向外提供推拉电流负载，无须再外接上拉电阻。当 P1 口作为输入口使用时，同样也需先向其锁存器写"1"，使输出驱动电路的 FET 截止。

2.2.3　P2 口

P2 口的口线逻辑电路如图 2-7 所示。

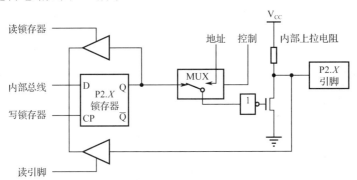

图 2-7　P2 口的口线逻辑电路

P2 口电路中比 P1 口多了一个多路转接电路 MUX，这又正好与 P0 口一样。P2 口可以作为通用 I/O 口使用，这时多路转接开头倒向锁存器 Q 端。但通常情况下，P2 口作为高位地址线使用，此时多路转接开头应倒向相反方向。

2.2.4 P3口

P3口的口线逻辑电路如图2-8所示。

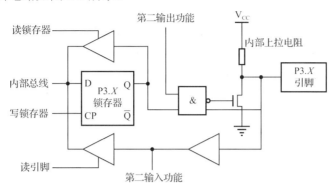

图2-8 P3口的口线逻辑电路

P3口的特点在于为适应引脚信号第二功能的需要，增加了第二功能控制逻辑。由于第二功能信号有输入和输出两类，因此分两种情况说明。

对于第二功能为输出的信号引脚，当作为I/O使用时，第二功能信号引线应保持高电平，与非门开通，以维持从锁存器到输出端数据输出通路的畅通。当输出第二功能信号时，该位的锁存器应置"1"，使与非门对第二功能信号的输出是畅通的，从而实现第二功能信号的输出。

对于第二功能为输入的信号引脚，在口线的输入通路上增加了一个缓冲器，输入的第二功能信号就从这个缓冲器的输出端取得。而作为I/O使用的数据输入，仍取自三态缓冲器的输出端。不管是作为输入口使用还是第二功能信号输入，输出电路中的锁存器输出和第二功能输出信号线都应保持高电平。

2.3 时钟电路与复位电路

时钟电路用于产生单片机工作所需要的时钟信号，而时序所研究的是指令执行中各地信号之间的相互关系。单片机本身就如一个复杂的同步时序电路，为了保证同步工作方式的实现，电路应在唯一的时钟信号控制下严格地按时序进行工作。单片机复位是使CPU和系统中的其他功能部件都处在一个确定的初始状态，并从这个状态开始工作。

2.3.1 时钟电路与时序

1. 时钟信号的产生

在80C51芯片内部有一个高增益反相放大器，其输入端为芯片引脚XTAL1，其输出端为引脚XTAL2。而在芯片的外部，XTAL1和XTAL2之间跨接晶体振荡器和微调电容，从而构成一个稳定的自激振荡器，这就是单片机的时钟电路，如图2-9所示。

时钟电路产生的振荡脉冲经过触发器进行二分频之后，才成为单片机的时钟脉冲信号。请特别注意时钟脉冲与振荡脉冲之间的二分频关系，否则会造成概念上的错误。

一般电容C1和C2取30pF左右，晶体振荡频率高，则系统的

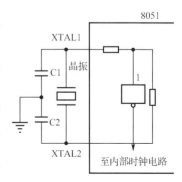

图2-9 单片机的时钟电路图

时钟频率也高，单片机运行速度也就快。80C51 的时钟频率范围是 1.2～12MHz。

2．外部引入脉冲信号

在由多片单片机组成的系统中，为了各单片机之间时钟信号的同步，应当引入唯一的公用外部脉冲信号作为各单片机的振荡脉冲。这时外部的脉冲信号是经 XTAL2 引脚注入的，由于 XTAL2 端逻辑电平不是 TTL 的，故需外接一上拉电阻，外接的时钟频率应低于 12MHz。其连接如图 2-10 所示。

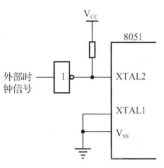

图 2-10　外部时钟源连接法

3．时序

时序是用定时单位来说明的。80C51 的时序定时单位共有 4 个，从小到大依次是：节拍、状态、机器周期和指令周期。下面分别加以说明。

（1）节拍与状态

时钟周期也称为振荡周期，定义为时钟脉冲频率的倒数，是单片机中最基本的、最小的时间单位。在一个时钟周期内，CPU 仅完成一个基本动作。

在 80C51 单片机中，把振荡脉冲的周期及时钟周期定义为一个节拍（用 P 表示）。振荡脉冲经过二分频后，时钟信号的周期定义为状态（用 S 表示）。这样，一个状态就包含两个节拍，前半周期对应的叫节拍 1（P1），后半周期对应的叫节拍 2（P2）。

若采用 1MHz 的时钟频率，则时钟周期为 1μs；若采用 4MHz 的时钟频率，则时钟周期为 250ns。显然，对于同一种机型的计算机，时钟频率越高，计算机的工作速度也越快。

（2）机器周期

在计算机中，为了便于管理，常把一条指令的执行过程划分为若干阶段，每个阶段完成一项工作。例如，取指令、存储器读、存储器写等，每一项工作称为一个基本操作。完成一个基本操作所需要的时间称为机器周期。80C51 采用定时控制方式，因此它有固定的机器周期。规定一个机器周期的宽度为 6 个状态，并依次表示为 S1～S6。因此一个机器周期总共有 12 个节拍，分别记作 S1P1，S1P2，…，S6P2。由于一个机器周期共有 12 个振荡脉冲周期，因此机器周期就是振荡脉冲的十二分频。当振荡脉冲频率为 12MHz 时，一个机器周期为 1μs；当振荡脉冲频率为 6MHz 时，一个机器周期为 2μs。

（3）指令周期

指令周期是最大的时序定时单位，执行一条指令所需要的时间称之为指令周期。它一般由若干个机器周期组成。不同的指令，所需要的机器周期数也不相同。通常，仅包含一个机器周期的指令称为单周期指令，包含二个机器周期的指令称为双周期指令等。振荡周期、机器周期、指令周期之间的关系如图 2-11 所示。

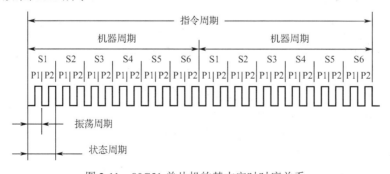

图 2-11　80C51 单片机的基本定时时序关系

指令的运算速度和指令所包含的机器周期有关,机器周期数越少的指令执行速度越快。80C51单片机通常可以分为单周期指令、双周期指令和四周期指令三种。四周期指令只有乘法和除法指令两条,其余均为单周期和双周期指令。

单片机执行任何一条指令时都可以分为取指令阶段和执行指令阶段。80C51 的取指/执行时序如图 2-12 所示。ALE 引脚上出现的信号是周期性的,在每个机器周期内两次出现高电平。第一次出现在 S1P2 和 S2P1 期间,第二次出现在 S4P2 和 S5P1 期间。ALE 信号每出现一次,CPU 就进行一次取指操作,但由于不同指令的字节数和机器周期数不同,因此取指令操作也随指令不同而有小的差异。

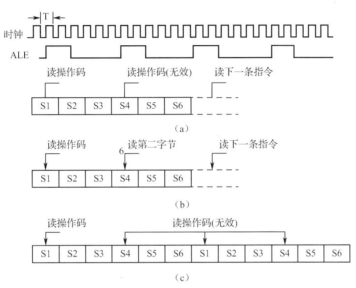

图 2-12   80C51 单片机的取指/执行时序

按照指令字节数和机器周期数,80C51 的 111 条指令可分为六类,分别是:单字节单周期指令、单字节双周期指令、单字节四周期指令、双字节单周期指令、双字节双周期指令、三字节双周期指令。

图 2-12(a)、(b)所示分别给出了单字节单周期和双字节单周期指令的时序。单周期指令的执行始于 S1P2,这时操作码被锁存到指令寄存器内。若是双字节指令,则在同一机器周期的 S4 读第二字节。若是单字节指令,则在 S4 仍有读出操作,但被读入的字节无效,且程序计数器 PC 并不增量。

图 2-12(c)给出了单字节双周期指令的时序,两个机器周期内进行 4 次读操作码操作。因为是单字节指令,后三次读操作都是无效的。

2.3.2 复位电路

单片机复位是使 CPU 和系统中的其他功能部件都处在一个确定的初始状态,并从这个状态开始工作,例如,复位后 PC=0000H,使单片机从第一个单元取指令。无论是在单片机刚开始接上电源时,还是断电后或者发生故障后都要复位。所以我们必须弄清楚 80C51 型单片机复位的条件、复位电路和复位后的状态。

单片机复位的条件是:必须使 RST/VPD 或 RST 引脚(9)加上持续 2 个机器周期(即 24 个振荡周期)的高电平。例如,若时钟频率为 12MHz,每个机器周期为 1μs,则只需 2μs 以上时间的高电平。在 RST 引脚出现高电平后的第二个机器周期执行复位。单片机常见的复位电路如图 2-13 所示。

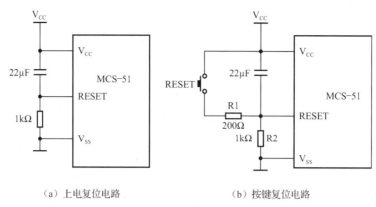

（a）上电复位电路   （b）按键复位电路

图 2-13　单片机常见的复位电路

图 2-13（a）为上电复位电路，它是利用电容充电来实现的。在接电瞬间，RST 端的电位与 V_{CC} 相同，随着充电电流的减少，RST 的电位逐渐下降。只要保证 RST 为高电平的时间大于 2 个机器周期，便能正常复位。

图 2-13（b）为按键复位电路。该电路除具有上电复位功能外，若要复位，只需按图 2-13（b）中的 RESET 键，此时电源 V_{CC} 经电阻 R1、R2 分压，在 RST 端产生一个复位高电平。单片机复位期间不产生 ALE 和 $\overline{PSEN}$ 信号，即 ALE=1 和 $\overline{PSEN}$ =1。这表明单片机复位期间不会有任何取指操作。复位后内部各专用寄存器状态如表 2-5 所示。

① 复位后 PC 值为 0000H，表明复位后程序从 0000H 开始执行。

② SP 值为 07H，表明堆栈底部在 07H。一般需重新设置 SP 值。

③ P0～P3 口为 FFH。P0～P3 口用作输入口时，必须先写入"1"。单片机在复位后，已使 P0～P3 口每一端线为"1"，为这些端线用作输入口做好了准备。

表 2-5　单片机复位后内部各专用寄存器状态

寄 存 器 名	内　　容	寄 存 器 名	内　　容
PC	0000H	TH0	00H
ACC	00H	TL0	00H
B	00H	TH1	00H
PSW	00H	TL1	00H
SP	07H	SBUF	不定
DPTR	0000H	TMOD	00H
P0～P3	FFH	SCON	00H
IP	×××00000B	PCON(HMOS)	0×××××××B
IE	0××00000B	PCON(CHMOS)	0×××0000B
TCON	00H		

注：表中×为不定数。

2.4　单片机的工作方式

80C51 的工作方式有复位方式、程序执行方式、节电工作方式及 EPROM 编程和校验方式。单片机不同的工作方式，代表单片机处于不同的状态。单片机工作方式的多少，是衡量单片机性能的一项重要指标。

2.4.1　复位方式

复位是单片机进入工作状态的初始化操作，使 CPU 和系统中其他部件都处于一个确定的初始状态，并从这个状态开始工作。另外，当程序运行错误或由于错误操作而使单片机进入死锁状态时，也可以通过复位进行重新启动。复位后，单片机内部寄存器的值被初始化，其值见表 2-5。

2.4.2　程序执行方式

程序执行方式是单片机的基本工作方式，由于单片机复位后 PC=0000H，所以程序总是从地址 0000H 开始执行。程序执行方式又可分为连续执行和单步运行两种。

（1）连续执行方式

连续执行方式是从指定地址开始连续执行程序存储器 ROM 中存放的程序，每读一次程序，PC 自动加 1。

（2）单步运行方式

单步运行方式是在单步运行键的控制下实现的，每按一次单步运行键，程序顺序执行一条指令。单步运行方式通常只在用户调试程序时使用，用于观察每条指令的执行情况。

2.4.3　节电工作方式

MCS-51 单片机中有 HMOS 和 CHMOS 两种工艺芯片，它们的节电运行方式不同，HMOS 单片机只有掉电工作方式，而 CHMOS 单片机具有掉电工作方式和空闲工作方式两种。单片机的节电工作方式，是由其内部的电源控制寄存器 PCON 控制的。PCON 寄存器的控制格式如表 2-6 所示。

表 2-6　PCON 寄存器的控制格式

位　　序	D7	D6	D5	D4	D3	D2	D1	D0
位 符 号	SMOD	—	—	—	GF1	GF0	PD	IDL

PCON 的各位定义如下：

- SMOD：串行口波特率倍率控制位（详见第 6 章串行口波特率一节）；
- GF1、GF0：通用标志位；
- PD：掉电方式控制位，PD=1，进入掉电工作方式；
- IDL：空闲方式控制位，IDL=1，进入空闲工作方式；

如同时将 PD 和 IDL 置 1，则进入掉电工作方式。PCON 寄存器的复位值为 0XXX0000，PCON.4～PCON.6 为保留位，用户不能对它们进行写操作。

1. 空闲工作方式

当程序将 PCON 的 IDL 位置 1 后，系统就进入了空闲工作方式。

空闲工作方式是在程序运行过程中，用户在 CPU 无事可做或不希望它执行程序时，进入的一种降低功耗的待机工作方式。在此工作方式下，单片机的工作电流可降到正常工作方式时电流的 15%左右。

在空闲工作方式时，振荡器继续工作，中断系统、串行口以及定时器模块由时钟驱动工作，但时钟不提供给 CPU。也就是说，CPU 处于待机状态，工作暂停。与 CPU 有关的 SP、PC、PSW、

ACC 的状态以及全部工作寄存器的内容均保持不变，I/O 引脚状态也保持不变。ALE 和 $\overline{PSEN}$ 保持逻辑高电平。

退出空闲方式的方法有两种：一种是中断退出；另一种是按键复位退出。

任何的中断请求被响应都可以由硬件将 PCON.0（IDL）清 0，从而中止空闲工作方式。当执行完中断服务程序返回时，系统将从设置空闲工作方式指令的下一条指令开始继续执行程序。另外，PCON 寄存器中的 GF0 和 GF1 通用标志可用来指示中断是在正常情况下或是在空闲方式下发生。例如，在执行设置空闲方式的指令前，先设置标志位 GF0（或 GF1）；当空闲工作方式被中断中止时，在中断服务程序中可检测标志位 GF0（或 GF1），以判断出系统是在什么情况下发生中断的，如 GF0（或 GF1）为 1，则判断是在空闲方式下进入中断的。

另一种退出空闲方式的方法是按键复位，由于在空闲工作方式下振荡器仍然工作，因此复位仅需 2 个机器周期便可完成。而 RST 端的复位信号直接将 PCON.0（IDL）清 0，从而退出空闲状态，CPU 则从进入空闲方式的下一条指令开始重新执行程序。在内部系统复位开始，还可以有 2～3 个指令周期，在这一段时间里，系统硬件禁止访问内部 RAM 区，但允许访问 I/O 口。一般地，为了防止对端口的操作出现错误，在设置空闲工作方式指令的下一条指令中，不应该是对端口写或对外部 RAM 写指令。

2．掉电工作方式

当 CPU 执行一条置 PCON.1 位（PD）为 1 的指令后，系统即进入掉电工作方式。

掉电的具体含义是指由于电源的故障使电源电压丢失或工作电压低于正常要求的范围值。掉电将使单片机系统不能运行，若不采取保护措施，就会丢失 RAM 和寄存器中的数据，为此单片机设置有掉电保护措施。具体做法是：检测电路一旦发现掉电，首先立即把程序运行过程中的有用信息转存到 RAM，然后启用备用电源维持 RAM 供电。

在掉电工作方式下，单片机内部振荡器停止工作。由于没有振荡时钟，因此，所有的功能部件都停止工作。但内部 RAM 区和特殊功能寄存器的内容被保留，端口的输出状态值都保存在对应的 SFR 中，ALE 和 $\overline{PSEN}$ 都为低电平。这种工作方式下的电流可降到 15μA 以下，最小可降到 0.6μA。

退出掉电方式的唯一方法是由硬件复位，复位时将所有的特殊功能寄存器的内容初始化，但不改变内部 RAM 区的数据。

在掉电工作方式下，V_{CC} 可以降到 2V，但在进入掉电方式之前，V_{CC} 不能降低。而在准备退出掉电方式之前，V_{CC} 必须恢复正常的工作电压值，并维持一段时间（约 10ms），使振荡器重新启动并稳定后方可退出掉电方式。

2.4.4　EPROM 编程和校验方式

对于内部程序存储器为 EPROM 型的单片机，如 8751 型单片机，需要一种对 EPROM 可以操作的工作方式，即用户可对片内的 EPROM 进行编程和校验。关于对片内 EPROM 编程和校验的具体方式，大家可参看有关资料。

2.5　单片机的工作过程

单片机的工作过程实质上是执行用户编制程序的过程，一般程序的机器码都已固化到存储器中，因此开机复位后，就可以执行指令。执行指令又是取指令和执行指令的周而复始的过程。

假设机器码 74H、E0H 已存在 0000H 开始的单元中，表示把 E0H 这个值送入 A 累加器。下面详细介绍单片机的工作过程。

1. 取指令过程

接通电源开机后，PC=0000H，取指令过程如下：

① PC 中的 0000H 送到片内的地址寄存器；

② PC 的内容自动加 1 变为 0001H 指向下一个指令字节；

③ 地址寄存器中的内容 0000H 通过地址总线送到存储器，经存储器中的地址译码选中 0000H 单元；

④ CPU 通过控制总线发出读命令；

⑤ 被选中单元的内容 74H 送至内部数据总线上，该内容通过内部数据总线送给单片机内部的指令寄存器。到此取指令过程结束，进入执行指令过程。

2. 执行指令的过程

执行指令的过程如下：

① 指令寄存器中的内容经指令译码器译码后，说明这条指令是取数命令，即把一个立即数送入累加器 A 中；

② PC 的内容 0001H 送地址寄存器，译码后选中 0001H 单元，同时 PC 的内容自动加 1 变为 0002H；

③ CPU 同样通过控制总线发出读命令；

④ 读出 0001H 单元的内容 E0H，经内部数据总线送至 A，至此本指令执行结束。PC=0002H，机器又进入下一条指令的取指令过程。一直重复上述过程直到程序中的所有指令执行完毕，这就是单片机的基本工作过程。

2.6 AT89 系列单片机简介

AT89 系列单片机是 ATMEL 公司的产品，该系列产品与 MCS-51 单片机是兼容的。AT89 系列单片机可分成标准型、低档型和高档型 3 类。

1. 标准型单片机

标准型单片机有 AT89C51、AT89LV51、AT89C52、AT89LV52 这 4 种型号。

标准型单片机的主要性能如下：

① 4KB 或 8KB 的 Flash 存储器，可进行 1000 次擦写操作；

② 128 或 256 字节的内部 RAM；

③ 32 条可编程 I/O 线；

④ 2~3 个 16 位定时/计数器；

⑤ 6~8 个中断源；

⑥ 3 级程序存储器保密；

⑦ 可编程串行接口；

⑧ 片内时钟振荡器。

2. 低档型单片机

在 AT89 系列单片机中，还有一类单片机，其基本部件结构和 AT89C51 差不多，只是 I/O 口数目、内部 Flash 存储器、内部 RAM 存储器等少些，这类单片机被称为 AT89 系列的低档型产品，如 AT89C1051、AT89C2051 两种型号。

AT89C1051 的 Flash 存储器只有 1KB，RAM 只有 64 字节，内部不含串行接口，中断响应只有 3 种，保密锁定位只有 2 位。AT89C2051 的 Flash 存储器只有 2KB，RAM 只有 128 字节，保密锁定位有 2 位。这些就是和标准型的 AT89C51 有区别的地方。

3. 高档型单片机

在 AT89 系列单片机中，还有的是在标准型的基础上增加了一些功能，形成高档型产品，如 AT89S8252。所增加的功能主要有如下几点。

① 8KBFlash 存储器，具有可下载功能；

② 2KB 的 EEPROM；

③ 9 个中断响应的能力；

④ SPI 接口；

⑤ 含有 Watchdog 定时器；

⑥ 双数据指针；

⑦ 含有从电源下降的中断恢复。

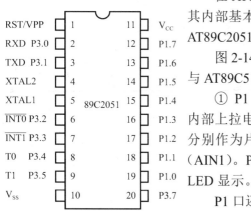

图 2-14   AT89C2051 的引脚图

在 AT89 系列单片机中，AT89C1051 和 AT89C2051 两种型号其内部基本结构与 AT89C51 类似，但其外部引脚只有 20 个，AT89C2051 的引脚图如图 2-14 所示。

图 2-14 中，AT89C2051 有 2 个双向 I/O 口 P1、P3 口，其功能与 AT89C51 和 AT89C52 有所不同。

① P1 口：P1 口是一 8 位双向 I/O 口。引脚 P1.2~P1.7 提供内部上拉电阻。P1.0 和 P1.1 要求外部上拉电阻。P1.0 和 P1.1 还分别作为片内精密模拟比较器的同相输入（AIN0）和反相输入（AIN1）。P1 口输出缓冲器可吸收 20mA 的电流，并能直接驱动 LED 显示。

P1 口还在 Flash 编程和程序校验期间接收代码数据。

② P3 口：P3 口的 P3.0~P3.5，P3.7 是带有内部上拉电阻的 7 个双向 I/O 口。P3.6 用于固定输入片内比较器的输出信号，且 P3.6 作为一通用 I/O 口，用户是不可访问的。P3 口缓冲器可吸收 20mA 电流。

P3 口还用于实现 AT89C2051 的各种功能。

P3 口还接收一些用于 Flash 存储器编程和程序校验的控制信号。

2.7 单片机最小应用系统

单片机的最小应用系统，是指能维持单片机运行的最简单配置的系统。这种系统成本低廉、结构简单，常用来构成简单的控制系统，如开关状态的输入/输出控制、LED 灯的驱动点亮等。

最小应用系统的功能取决于单片机芯片的配置情况。对于片内有 ROM/EPROM 的单片机，其最小应用系统为配有电源、晶振和复位电路的单个单片机；对于片内无 ROM/EPROM 的单片机，其最小系统除了外部配置电源、晶振和复位电路，还应当外接 EPROM 或 EEPROM 作为程序存储器用。

图 2-15 为基于 Proteus 仿真环境创建的 80C51 单片机最小应用系统。可以看出，该最小应用系统除了 80C51 单片机芯片外，还配置了由电容 C1、电容 C2 和晶振 X1 构成的振荡电路及由电

容 C3、电阻 R01、电阻 R02、复位键 BUTTON、电源和地构成的复位电路（含按键复位电路）。有了这些基本配置，单片机就可以进行正常工作，如进行软件调试等。

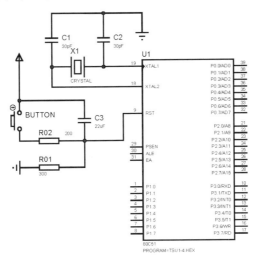

图 2-15　80C51 单片机最小应用系统

在图 2-15 的基础上根据应用需求进行拓展，就可构成单片机的应用系统。图 2-16 为利用单片机的 P1 口驱动 8 个 LED 的应用系统，利用该系统可以模拟仿真霓虹灯的驱动原理。

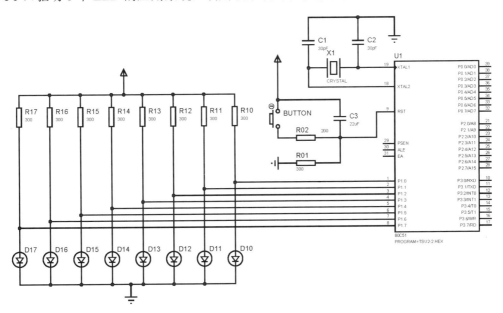

图 2-16　80C51 单片机的 P1 口驱动 8 个 LED 应用系统

【例 2.7.1】　根据图 2-16，编程实现交替点亮、熄灭 8 个 LED，模拟霓虹灯的闪烁效果（亮灭之间的时间间隔不做量化要求）。

实现程序如下：

START:	MOV	P1,#0	;赋值语句，熄灭 P1 口驱动的 8 个 LED
	ACALL	DELAY	;调用延时子程序指令达到延时效果
	MOV	P1,#0FFH	;赋值语句，点亮 P1 口驱动的 8 个 LED
	ACALL	DELAY	;调用延时子程序指令达到延时效果
	AJMP	START	;转移指令，循环执行

```
            SJMP      $              ;原地等待，防止跑飞
;100 毫秒延时程序（12Mhz）
DELAY:  MOV       R3,#1          ;1 机器周期
DEL3:   MOV       R2,#100        ;1 机器周期
DEL2:   MOV       R1,#250        ;1 机器周期
DEL1:   NOP                      ;1 机器周期
        NOP                      ;1 机器周期
        DJNZ      R1,DEL1        ;2 机器周期
        DJNZ      R2,DEL2        ;2 机器周期
        DJNZ      R3,DEL3        ;2 机器周期
        RET                      ;2 机器周期
        END
```

说明：通过本例，读者可在 Potrus 环境下，输入程序，验证实验效果，建立感性认识。具体指令的格式、作用和使用方法将在第 3 章进行详细讨论。

本 章 小 结

80C51 单片机由一个 8 位 CPU，一个片内振荡器及时钟电路，4KB ROM，128B 内部 RAM，21 个特殊功能寄存器，两个 16 位定时/计数器，4 个 8 位并行 I/O 口，一个串行输入/输出口和 5 个中断源等电路组成。

80C51 芯片共有 40 个引脚，除了电源、地、两个时钟输入/输出脚以及 32 个 I/O 口，还有 4 个控制引脚：ALE（低 8 位地址锁存允许）、$\overline{PSEN}$（外部 ROM 读选通）、RST（复位）、$\overline{EA}$（内、外部 ROM 选择）。

80C51 单片机片内有 256B 的数据存储器，它分为低 128B 的内部 RAM 区和高 128B 的特殊功能寄存器区，低 128B 的内部 RAM 又可分为工作寄存器区（00H～1FH）、位寻址区（20H～2FH）、数据缓冲器（30H～7FH）和 SFR 区（80H～FFH）。

80C51 单片机有 4 个 8 位的并行 I/O 口，它们在结构和特性上基本相同。当内部扩展 RAM 和 ROM 时，P0 口分时传送低 8 位地址和 8 位数据，P2 口传送高 8 位地址，P3 口常用于第二功能，通常情况下只有 P1 口用作一般的输入/输出引脚。

单片机的最小应用系统，是指能维持单片机运行的最简单配置的系统。这种系统成本低廉、结构简单，常用来构成简单的控制系统，如开关状态的输入/输出控制、LED 灯的驱动点亮等。

【知识拓展与思政元素】科技强国、历史使命、团队协作、脚踏实地

序号	知识点	切入点	思政元素、目标	素材、方法和载体
1	硬件芯片	我国芯片发展之路	元素："先天下之忧而忧，后天下之乐而乐。"忧国忧民、奋发图强的精神；伟人意识和探索精神 目标：科技强国、人生义务、社会责任、历史使命	1. 案例切入、名言赏析、图片视频、主题讨论 2. 中国半导体的研究发展史 3. 华为发展史 4. 讨论：图灵与图灵奖
2	单片机组成	整体和部分关系	元素：整体和部分在事物中的地位和功能是不同的，也是互相关联的，两者不能分离，而是相互影响和制约的 目标：全局意识、团队协作	1. 关联讲解、图片视频、主题讨论 2. 世界上第一台计算机与冯·诺依曼

序号	知识点	切入点	思政元素、目标	素材、方法和载体
3	硬件与软件关系	硬件是骨架，软件是思想	元素："千里之行，始于足下"，重视基础知识的重要性，培养学生稳扎稳打的做事态度 目标：稳扎稳打、步步为营	1. 关联讲解、经典名句、主题讨论 2. 讨论：往届毕业生成功案例
4	存储器原理	RISC 与 CISC 体系结构	元素：设计产品，在解决工程问题的前提下，引入成本意识、技术够用的原则 目标：好高骛远与脚踏实地	1. 关联讲解、图片视频、主题讨论 2. 电子产品设计实例：食堂饭卡识别系统的技术分析 3. 讨论：典型家用电器的技术分析

扫描二维码下载【思政素材、延伸解析】

习 题 2

2-1 MCS-51 单片机内部包含哪些主要部件？

2-2 在功能上、工艺上、程序存储器的配置上，MCS-51 单片机有哪些种类？

2-3 简要说明 MCS-51 与 AT89C51 的主要区别。

2-4 MCS-51 单片机的 P0～P3 口在结构上有何不同？

2-5 单片机的内部、外部存储器如何选择？

2-6 单片机的晶振频率为 12MHz，则单片机的机器周期为多少？

2-7 状态字寄存器各位的含义是什么？

2-8 请写出 8051 单片机五个中断源的入口地址以及对应的中断源。

2-9 内部 RAM 中，位地址为 30H 的位，该位所在字节的字节地址是多少？

2-10 若 A 中的内容为 63H，那么 P 标志位的值是多少？

2-11 MCS-51 单片机的控制信号有哪些？作用是什么？

2-12 AT89C51 单片机有多少特殊功能寄存器？

2-13 什么叫堆栈？堆栈指示器 SP 的作用是什么？单片机初始化后 SP 中的内容是什么？在程序设计时，为什么要对 SP 重新赋值？

2-14 数据指针 DPTR 和程序计数器 PC 都是 16 位寄存器，它们有什么不同之处？

2-15 8031 单片机在应用中，P2 口和 P0 口能否直接作为输入/输出口连接开关、指示灯之类的外围设备？为什么？

2-16 AT89 系列单片机的复位方式有几种？复位后单片机的状态如何？

2-17 AT89 系列单片机有哪几种节电方式？

2-18 如果手中仅有一台示波器，可通过观察哪个引脚的状态，来大致判断 MCS-51 单片机正在工作？

第3章 单片机的指令系统

计算机能够有条不紊地按照人们的意愿工作，原因在于人们给了它相应的命令。这些命令是由计算机所能识别的指令组成的，而指令是 CPU 用于控制功能部件完成某一动作的指示和信号。一台微机所具有的所有指令的集合，构成了微机的指令系统。它是表征计算机性能的重要指标之一。微机的指令系统越丰富，表明 CPU 的功能越强。

单片微型计算机系列、品种不同，其指令系统也存在着差异。本章将以 80C51 为例介绍单片机的指令系统的寻址方式、指令的格式及其功能。

3.1 指令系统简介

1. 80C51 指令格式

微型计算机的一条指令对应着一种基本操作。由于计算机只能识别二进制数，所以指令也必须用二进制形式来表示，称为指令的机器码或机器指令。以助记符表示的指令是计算机的汇编语言，使用汇编语言编写的程序称为汇编程序，汇编语言指令格式如下：

| 标号： | 操作码 | 操作数或操作数地址 | ;注释 |

标号：是程序员根据编程需要给指令设定的符号地址，可有可无；标号由 1～8 个字符组成，第一个字符必须是英文字母，不能是数字或其他符号；标号后必须用冒号。

操作码：表示指令的操作所要实现的功能，操作码用助记符表示，如 MOV 表示数据传送操作、ADD 表示加法操作等。

操作数：操作数地址表示参加运算的数据或数据的有效地址。操作数可用二进制数、十进制数或十六进制数表示。

操作数一般有以下几种形式：

① 无操作数项，操作数隐含在操作码中，如 RET 指令；

② 只有一个操作数，如 CPL　A 指令；

③ 有两个操作数，如 MOV　A，#00H 指令，操作数之间以逗号相隔；

④ 有三个操作数，如 CJNE　A，#00H，NEXT 指令，操作数之间也以逗号相隔。

操作数分为源操作数（指出操作数的来源）和目的操作数（表示操作结果存放单元的地址），如 MOV 指令中，写在左边的为目的操作数，写在右边的为源操作数。

注释：是对指令的解释说明，用以提高程序的可读性；注释前必须加分号，指令中的冒号、逗号、分号使用西文半角符号，否则编译会出现错误。

2. 80C51 指令系统概况

80C51 单片机的指令系统使用了 7 种寻址方式，包括 33 种功能，采用 42 种助记符，共 111 条指令。不同指令翻译成机器码后字节数也不尽相同。按照机器码字节个数，指令可以分为单字节、双字节、三字节三类指令，80C51 单片机指令系统包括 49 条单字节指令、46 条双字节指令和 16 条三字节指令。

这三类指令的字节分配格式如图 3-1 所示。

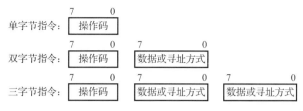

图 3-1　80C51 单片机指令字节分配格式

3. 指令助记符中的一些常用符号

为了便于阅读指令,对于 80C51 指令助记符中的一些常用符号,说明如下:

Rn:($n=0\sim7$),当前选定的工作寄存器 R0~R7

Ri:($i=0,1$),当前选定的工作寄存器中 R0、R1,一般用于间接寻址

direct:内部 RAM 单元或特殊寄存器的地址(8 位)

#data:8 位立即数

#data16:16 位立即数

addr16:16 位目的地址

addr11:11 位目的地址

rel:带符号的 8 位偏移量。rel 的范围为($-128\sim+127$)

bit:内部 RAM 或特殊功能寄存器中的位地址

@:间接寻址寄存器的前缀,如@Ri、@DPTR

/:位操作数的前缀,表示对该位操作数取反,如/bit

(x):寄存器或存储单元 x 的内容

((x)):以寄存器或存储单元 x 的内容作为地址的存储单元的内容

→:数据传送方向

3.2　寻 址 方 式

在指令系统中,操作数是指令的一个重要组成部分,它指定了参与运算的数据或数据所在的地址单元,找到参与运算的数据或数据所在地址的方式,称为寻址方式。所以寻址方式的任务就是如何灵活方便地找到所需要的地址。寻址方式越多,则计算机的功能就越强,灵活性亦越大,能更有效地处理各种数据。

80C51 指令系统的寻址方式包括立即数寻址、直接寻址、寄存器寻址、寄存器间接寻址、变址寻址、相对寻址和位寻址 7 种寻址方式,下面将逐一进行介绍。

1. 立即数寻址

在立即数寻址方式中,指令大多是双字节的。一般地,第一字节是操作码,第二字节是操作数,该操作数直接参与操作,所以又称立即数。立即数前面必须加"#"号,以区别立即数和直接地址。

例如,指令 MOV A,　#5FH 执行的操作是将立即数 5FH 送到累加器 A 中,该指令源操作数的寻址方式即立即数寻址。该指令的执行过程如图 3-2 所示。

图 3-2　立即数寻址示意图

【例 3.2.1】

MOV	P1, #52H	; 将立即数 52H 送 P1 口
MOV	20H, #53H	; 将立即数 53H 送内部 RAM 的 20H 单元
MOV	A, #0F0H	; 将立即数 0F0H 送累加器 A 中
MOV	R4, #0FH	; 将立即数 0FH 送寄存器 R4 中
MOV	R0, #20H	; 将立即数 20H 送寄存器 R0 中
ANL	A, #0FH	; 累加器 A 的内容与立即数 0FH 进行逻辑与操作
OR	A, #0F0H	; 累加器 A 的内容与立即数 0F0H 进行逻辑或操作

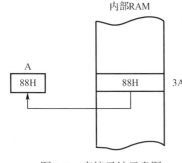

图 3-3　直接寻址示意图

2. 直接寻址

直接寻址是指把存放操作数的内存单元的地址直接写在指令中。在 80C51 单片机中，可以直接寻址的存储器主要有内部 RAM 区和特殊功能寄存器（SFR）区。

例如，指令 MOV　A，3AH 执行的操作是将内部 RAM 中地址为 3AH 的单元内容传送到累加器 A 中，其操作数 3AH 就是存放数据的单元地址，因此是直接寻址。指令的执行过程如图 3-3 所示。

【例 3.2.2】

MOV	R7, 3AH	; 将内部 RAM 3AH 单元中的数据传送至 R7 中
MOV	A, P0	; 将特殊功能寄存器 P0 中的数据传送至 A 中

说明：3AH 和 P0 等是以 direct 形式出现的直接地址。

3. 寄存器寻址

寄存器寻址是指将操作数存放于寄存器中，能用于该种寻址的寄存器包括工作寄存器 R0~R7、累加器 A、通用寄存器 B、数据指针寄存器 DPTR 等。

例如，指令 MOV　R1，A 的操作是把累加器 A 中的数据传送到寄存器 R1 中，其操作数存放在累加器 A 中，所以针对源操作数来说，该指令寻址方式为寄存器寻址。

如果程序状态寄存器 PSW 的 RS1 RS0=01（选中第二组工作寄存器，对应地址为 08H~0FH），设累加器 A 的内容为 20H，则执行 MOV　R1,A 指令后，内部 RAM 09H 单元的值就变为 20H，如图 3-4 所示。

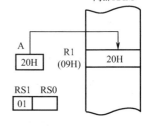

图 3-4　寄存器寻址示意图

【例 3.2.3】

MOV	A, R0	; 将 R0 中的数据传送至 A 中
MOV	P2, A	; 将累加器 A 的内容送到 P2 口

4. 寄存器间接寻址

寄存器间接寻址是指将存放操作数的内存单元地址放在寄存器中，指令中只给出该寄存器。执行指令时，首先根据寄存器的内容，找到所需要的操作数地址，其次由该地址找到操作数并完成相应操作。

在 80C51 指令系统中，用于寄存器间接寻址的寄存器有 R0、R1 和 DPTR，称为寄存器间接寻址寄存器。这些寄存器用作间接寻址寄存器时，前面必须加上符号 "@"。

例如，指令 MOV A, @R0 执行的操作是先将 R0 的内容作为内部 RAM 的地址，再将该地址单元中的内容取出来送到累加器 A 中。

设 R0=3AH，内部 RAM 3AH 中的值是 65H，则指令 MOV A, @R0 的执行结果是累加器 A 的值为 65H，该指令的执行过程如图 3-5 所示。

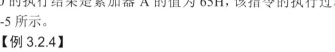

图 3-5　寄存器间址寻址示意图

【例 3.2.4】

MOV	A, @R1	;将以 R1 内容为地址的存储单元中的数据传送至 A 中
MOVX	A, @DPTR	;将外部 RAM DPTR 所指的存储单元中的数据传送至 A 中
MOV	P1, @R0	;将 R0 所指的存储单元的内容送 P1 口

5．变址寻址

变址寻址是指将基址寄存器与变址寄存器的内容相加，结果作为操作数的地址。在 80C51 中，DPTR 或 PC 作基址寄存器，累加器 A 作变址寄存器。该类寻址方式主要用于 ROM 查表操作。

例如：　MOVC　A, @A+DPTR

执行的操作是将累加器 A 和基址寄存器 DPTR 的内容相加，相加结果作为操作数存放的地址，再将操作数取出来送到累加器 A 中。

设累加器 A=02H，DPTR=0300H，外部 ROM（0302H）=55H，则指令 MOVC A, @A+DPTR 的执行结果是累加器 A 的内容为 55H。该指令的执行过程如图 3-6 所示。

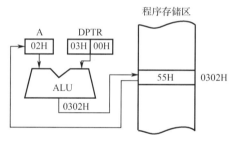

图 3-6　变址寻址示意图

说明：

● 变址寻址方式只能对程序存储器进行寻址，寻址范围可达 64 KB。

● 尽管变址寻址方式操作较为复杂，但变址寻址指令都是一字节指令。

● 变址寻址的指令只有 3 条：

MOVC	A, @A+DPTR
MOVC	A, @A+PC
JMP	@A+DPTR

6．相对寻址

相对寻址方式是为了实现程序的相对转移而设计的。相对寻址方式以 PC 的当前值（当前值是指执行完这条相对转移指令时 PC 的字节地址）作为基地址，加上指令中给定的偏移量所得结果作为转移地址。偏移量 rel 是 8 位带符号数。以下一条指令的 PC 值为起点，转移范围为+127～-128。例如：

| ORG | 2000H |
| SJMP | 2056H |

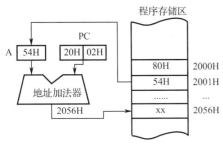

图 3-7 相对寻址示意图

该指令翻译成目标码为 80H 和 54H，存放在 2000H 和 2001H 处，当执行到该指令时，先从 2000H 取出指令，PC 自动变为 2002H；再把 PC 的内容与操作数 54H 相加，形成目标地址 2056H，再送回 PC，使得程序跳转到 2056H 单元继续执行。该指令的执行过程如图 3-7 所示。

说明：

偏移量 rel 是系统自动计算出来的，不出现在汇编语言的程序中。有些资料将该寻址方式的格式解释为 SJMP rel 或 JC rel 等都是不确切的，因为在指令中出现的地址，系统将作为绝对地址对待，事实上指令中出现的地址应为跳转的目标地址。

跳转的目标地址=PC 的当前值+rel

7．位寻址

上述介绍的指令都是按字节进行的操作，位寻址是指按字节的位进行的操作。80C51 单片机中，操作数不仅可以按字节为单位进行操作，也可以按位进行操作。当把某一位作为操作数时，这个操作数的地址称为位地址。

例如，指令 SETB 3DH 执行的操作是将内部 RAM 位寻址区中的 3DH 位置 1。

由于 3DH 对应着内部 RAM 27H 的第 5 位，设内部 RAM 27H 单元的内容是 00H，执行 SETB 3DH 后，该位变为 1，也就是 27H 单元的内容变为 20H。该指令的执行过程如图 3-8 所示。

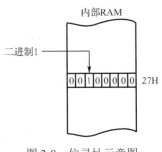

图 3-8 位寻址示意图

在进行位操作时，借助于进位位 C 作为"位操作累加器"。位地址与字节直接寻址中的字节地址形式完全一样，主要由操作码来区分，使用时需予以注意。

【例 3.2.5】

```
MOV    20H, C        ;20H←（CY），20H 是位地址的位地址
MOV    A, 80H        ;将特殊功能寄存器 P0 口中的数据传送至 A 中
```

（1）80C51 单片机位寻址方式的寻址范围

① 内部 RAM 中的位寻址区。单元地址为 20H～2FH，共 128 位，位地址为 00H～7FH。

② 特殊功能寄存器的可寻址位。可供位寻址的特殊功能寄存器有 11 个，有可寻址位 83 位。

（2）位寻址在指令中的表示方法

① 直接使用位地址。包括位寻址区的位地址 00H～7FH 和部分特殊功能寄存器的位地址。例如，PSW 寄存器第 5 位的地址为 D5H。

② 位名称表示法。专用寄存器中的一些寻址位是有符号名的，例如，PSW 寄存器的第 7 位可用 CY 或 C 表示。

③ 单元地址加位表示法。例如，2FH 单元的第 1 位，可表示为 2FH.1；D0H 单元（PSW）的第 5 位，表示为 D0H.5。

④ 专用寄存器名称加位表示法。例如，PSW 寄存器第 5 位，表示为 PSW.5。

在 80C51 单片机的指令系统中，指令对哪一个存储器空间进行操作，是由指令的操作码和寻址方式确定的。对程序存储器只能采用立即寻址和基址加变址寻址方式；对特殊功能寄存器只能采用直接寻址方式，不能采用寄存器间接寻址；位操作指令只能对位寻址区和能进行位寻址的 SFR

进行操作；访问外部扩展的数据存储器只能用 MOVX 指令，而内部 RAM 的低 128 字节（00H～7FH）既能用直接寻址，也能用寄存器间接寻址访问。

80C51 单片机的 7 种寻址方式及可寻址的存储器空间如表 3-1 所示。

表 3-1　寻址方式及可寻址的存储器空间

寻 址 方 式	可寻址空间
立即寻址	内部程序存储器
直接寻址	内部 RAM 低 128B、特殊功能寄存器 SFR
寄存器寻址	工作寄存器 R0～R7，A，B，DPTR
寄存器间接寻址	内部 RAM 低 128B（@R0、@R1）； 外部 RAM（@R0、@R1、@DPTR）
变址寻址	程序存储器（@A+PC、@A+DPTR）
相对寻址	程序存储器 256B 范围（PC+偏移量）
位寻址	内部 RAM 的 20H～2FH 字节地址中的所有位和部分特殊功能寄存器 SFR 的位

80C51 的 111 条指令，按照功能分为下列五大类：

- 数据传送类指令　　29 条
- 算术运算类指令　　24 条
- 逻辑运算类指令　　24 条
- 控制转移类指令　　17 条
- 位操作类指令　　　17 条

以下将分别介绍各类指令的助记符、功能及寻址方式。

3.3　数据传送类指令

数据传送操作是一种单片机最基本、最重要的操作之一。数据传送指令就是把源操作数传送到目的操作数的指令。数据传送指令是 80C51 单片机汇编语言程序设计中使用最频繁的指令，80C51 的数据传送操作可以在累加器 ACC、工作寄存器 R0～R7、内部数据存储器、外部数据存储器之间进行，其中对 A、R0～R7 的操作最多。

数据传送操作是指把数据从源地址传送到目的地址，源地址内容不变。数据属"复制"性质，而不是"搬家"。数据传送类指令不影响 CY、AC 和 OV 标志位，但若以累加器 A 作为目的操作数，将影响奇偶标志位 P。

数据传送类指令用到的操作码助记符有 MOV、MOVX、MOVC、XCH、XCHD、SWAP、PUSH、POP 共 8 种。源操作数可以采用立即寻址、直接寻址、寄存器寻址、寄存器间接寻址、变址寻址 5 种寻址方式，目的操作数可以采用直接寻址、寄存器寻址、寄存器间接寻址 3 种寻址方式。下面根据这些指令的特点分类进行介绍。

3.3.1　内部 RAM 传送指令

内部 8 位数据传送指令共 15 条，主要用于 80C51 单片机内部 RAM 与寄存器之间的数据传送。

指令基本格式:

```
MOV  <目的操作数>, <源操作数>
```

1. 以累加器 A 为目的地址的传送指令（4 条）

```
MOV     A, Rn              ; (Rn)→A, n=0~7
MOV     A, @Ri             ; ((Ri))→A, i=0, 1
MOV     A, direct          ; (direct)→A
MOV     A, #data           ; #data→A
```

功能：把源操作数的内容送入寄存器 ACC。

【例 3.3.1】 已知（A）=20H,（R0）=50H, 内部 RAM 中（40H）=30H,（50H）=10H 等单元的内容，请指出下列每条指令执行后，相应寄存器或存储单元内容的变化。

```
① MOV     A, #40H
② MOV     A, 40H
③ MOV     A, R0
④ MOV     A, @R0
```

解：

```
① MOV     A, #40H     ; 执行后（A）=40H
② MOV     A, 40H      ; 执行后（A）=30H
③ MOV     A, R0       ; 执行后（A）=50H
④ MOV     A, @R0      ; 执行后（A）=10H
```

2. 以通用寄存器 Rn（n=0~7）为目的地址的传送指令（3 条）

```
MOV Rn, A               ; (A)→Rn, n=0~7
MOV Rn, direct          ; (direct)→Rn, n=0~7
MOV Rn, #data           ; #data→Rn, n=0~7
```

功能：把源操作数的内容送入当前一组工作寄存器区的 R0~R7 中的某一个寄存器。注意，没有形如"MOV Rn, Rn"的指令。

3. 以直接地址为目的地址的传送指令（5 条）

```
MOV     direct, A           ; (A)→(direct)
MOV     direct, Rn          ; (Rn)→(direct), n=0~7
MOV     direct1, direct2    ; (direct2)→(direct1)
MOV     direct, @Ri         ; ((Ri))→(direct)
MOV     direct, #data       ; #data→(direct)
```

功能：把源操作数送入直接地址指出的存储单元。

4. 以寄存器间接地址为目的地址的传送指令（3 条）

```
MOV     @Ri, A              ; (A)→((Ri)), i=0,1
MOV     @Ri, direct         ; (direct)→((Ri)), i=0,1
MOV     @Ri, #data          ; #data→((Ri)), i=0,1
```

【例 3.3.2】 已知相应单元的内容，请指出下列指令执行后各单元内容相应的变化。

寄存器 R0	50H
寄存器 R1	66H
寄存器 R6	30H
内部 RAM:50H	60H
内部 RAM:66H	45H
内部 RAM:70H	40H

```
① MOV    A,      R6
② MOV    R7,     70H
③ MOV    70H,    50H
④ MOV    40H,    @R0
⑤ MOV    @R1,    #88H
```

解：

```
①MOV    A, R6          ；执行后 (A)=30H
②MOV    R7, 70H        ；执行后 (R7)=(70H)
③MOV    70H, 50H       ；执行后 (70H)=(50H)
④MOV    40H, @R0       ；执行后 (40H)=(50H)
⑤MOV    @R1, #88H      ；执行后 (66H)=88H
```

5. 16 位数据传送指令（1 条）

16 位数据传送指令是指以 DPTR 为目的操作数的数据传送指令。该指令是 80C51 中唯一的 16 位数据传送指令，立即数的高 8 位送入 DPH，低 8 位送入 DPL，格式如下：

```
MOV    DPTR, #data16      ；#data16→DPTR
```

3.3.2 外部 RAM 传送指令

```
MOVX    A, @DPTR        ；((DPTR))→A，读外部 RAM/IO
MOVX    A, @Ri          ；((Ri))→A，读外部 RAM/IO
MOVX    @DPTR, A        ；(A)→((DPTR))，写外部 RAM/IO
MOVX    @Ri, A          ；(A)→((Ri))，写外部 RAM/IO
```

功能：读外部 RAM 存储器或 I/O 中的一字节，或把 A 中一字节的数据写到外部 RAM 存储器或 I/O 中。MOV 后"X"表示单片机访问的是外部 RAM 存储器或 I/O。

注意：

① 访问外部 RAM 时只能用间接寻址方式，间接寻址寄存器为 DPTR、R0 和 R1；

② 外部 RAM 只能通过累加器 A 进行数据传送；

③ 若采用 DPTR 间接寻址，高 8 位地址（DPH）由 P2 口输出，低 8 位地址（DPL）由 P0 口输出，则寻址范围为 64KB；

④ 若采用 Ri（i=0,1）间接寻址，8 位地址由 P0 口输出，则可寻址片外 256 个单元的数据存储器。

【例 3.3.3】把外部数据存储器 2040H 单元中的数据传送到外部数据存储器 2560H 单元中去。

解：

```
MOV        DPTR, #2040H
MOVX       A, @DPTR           ；先将 2040H 单元的内容传送到 A 中
MOV        DPTR, #2560H
MOVX       @DPTR, A           ；再将 A 中的内容传送到 2560H 单元中
```

3.3.3 数据交换类指令

1. 字节交换指令（3条）

```
XCH      A, Rn          ; A↔Rn
XCH      A, direct      ; A↔(direct)
XCH      A, @Ri         ; A↔(Ri)，i=0,1
```

2. 半字节交换指令（1条）

```
XCHD      A, @Ri    ; (A)3-0↔(Ri)3-0
```

累加器的低 4 位与内部 RAM 低 4 位交换，高 4 位不变。

3. 累加器 A 中高 4 位和低 4 位交换（1条）

```
SWAP      A          ; (A)3-0↔(A)7-4
```

累加器的低 4 位与高 4 位交换。

【例 3.3.4】 设内部数据存储区 2AH、2BH 单元中连续存放有 4 个 BCD 码，试编写程序把这 4 个 BCD 码倒序排序。即

| a0 | a1 | a2 | a3 | → | a3 | a2 | a1 | a0 |

 2AH   2BH   2AH   2BH

解：

```
MOV      R0, #2AH      ; 将立即数 2AH 传送到寄存器 R0 中
MOV      A, @R0        ; 将 2AH 单元的内容传送到累加器 A 中
SWAP     A             ; 将累加器 A 中的高 4 位与低 4 位交换
MOV      @R0, A        ; 将累加器 A 的内容传送到 2AH 单元中
MOV      R1, #2BH      ; 
MOV      A, @R1        ; 将 2BH 单元的内容传送到累加器 A 中
SWAP     A             ; 将累加器 A 中的高 4 位与低 4 位交换
XCH      A, @R0        ; 将 A 中的内容与 2AH 单元的内容交换
MOV      @R1, A        ; 累加器 A 的内容传送到 2BH 单元
```

3.3.4 查表指令

查表指令共两条，用于读程序存储器中的数据表格，均采用基址寄存器加变址寄存器的间接寻址方式。

1. MOVC   A, @A+PC

以 PC 作基址寄存器，A 的内容作为无符号整数和 PC 中的内容（下一条指令的起始地址）相加后得到一个 16 位的地址，该地址指出的程序存储单元的内容送到累加器 A。

例如：(A)=30H，执行地址 1000H 处的指令

```
1000H: MOVC   A, @A+PC        ; 将程序存储器中 1031H 的内容送入 A
```

优点：本指令占用一字节，不改变特殊功能寄存器及 PC 的状态，根据 A 的内容就可以取出表格中的常数。

缺点：表格只能存放在该条查表指令后面的 256 个单元之内，表格的大小受到限制，且表格只能被一段程序所利用。

2．MOVC A，@A+DPTR

以 DPTR 作为基址寄存器，A 的内容作为无符号数和 DPTR 的内容相加得到一个 16 位的地址，把由该地址指出的程序存储器单元的内容送到累加器 A。

例如，(DPTR)=8100H　(A)=40H，执行指令"MOVC　A，@A+DPTR"相当于将 ROM 中 8140 单元的内容送入累加器 A。

本指令的执行结果只和指针 DPTR 及累加器 A 的内容有关，与该指令存放的地址及常数表格存放的地址无关，因此表格的大小和位置可以在 64KB 程序存储器中任意安排，一个表格可以为各个程序块公用。

3.3.5　堆栈操作指令

MCS-51 内部 RAM 中可以设定一个后进先出（Last In First Out，LIFO）的区域，称作堆栈。堆栈指针 SP 指出堆栈的栈顶位置。

1．进栈指令

```
PUSH    direct
```

先将栈指针 SP 加 1，然后把 direct 中的内容送到 SP 指示的内部 RAM 单元中。

例如，当（SP）=60H，（A）=30H，（B）=70H 时，执行：

```
PUSH    ACC              ; (SP)+1=61H→SP,    (A)→61H
PUSH    B                ; (SP)+1=62H→SP,    (B)→62H
```

结果：(61H)=30H,(62H)=70H,(SP)=62H

2．出栈指令

```
POP    direct
```

SP 指示的栈顶（内部 RAM 单元）内容送入 direct 字节单元中，栈指针 SP 减 1。

例如，当 (SP)=62H，(62H)=70H，(61H)=30H，执行：

```
POP    DPH              ; ((SP))→DPH,    (SP)-1→SP
POP    DPL              ; ((SP))→DPL,    (SP)-1→SP
```

结果：(DPTR)=7030H，(SP)=60H

注意：

① 堆栈是用户自己设定的内部 RAM 中的一块专用存储区，使用时一定先设堆栈指针，堆栈指针默认为 SP=07H。

② 堆栈遵循后进先出的原则安排数据。

③ 堆栈操作必须是字节操作，且只能直接寻址。将累加器 A 入栈、出栈指令可以写成：

```
PUSH/POP    ACC    或 PUSH/POP    0E0H
```

而不能写成：

```
PUSH/POP    A
```

【例 3.3.5】 设堆栈指针为 30H，先把累加器 A 和 DPTR 中的内容压入，然后根据需要再把它们弹出，编写实现该功能的程序段。

解：

MOV	SP, #30H	; 设置堆栈指针，(SP)=30H,为栈底地址
PUSH	ACC	; (SP)+1→SP, (SP)=31H, (ACC)→SP
PUSH	DPH	; (SP)+1→SP, (SP)=32H, (DPH)→SP
PUSH	DPL	; (SP)+1→SP, (SP)=33H, (DPL)→SP
……		
POP	DPL	; ((SP))→DPL, (SP)-1→SP, (SP)=32H
POP	DPH	; ((SP))→DPH, (SP)-1→SP, (SP)=31H
POP	ACC	; ((SP))→ACC, (SP)-1→SP, (SP)=30H

对于 80C51 的数据传送类指令，有以下几点需要说明：

① 内部 RAM 的前 128 字节、特殊功能寄存器之间可以互相传送数据，但最多只允许一个操作数使用寄存器间接寻址。

例如，若（R0）=30H，（R1）=3FH，将内部 RAM 3FH 单元的内容送到内部 RAM 的 30H 单元。可以使用指令 MOV @R0,3FH 或者 MOV 30H, 3FH 或者 MOV 30H, @R1，而不能使用 MOV @R0, @R1。

② 访问特殊功能寄存器必须采用直接寻址，不能采用寄存器间接寻址，否则会引起错误。

例如，将特殊功能寄存器 P0 的内容传送给 A 寄存器，只能使用指令 MOV A, P0 或 MOV A, 80H，不能使用指令 MOV R0, #80H 和 MOV A, @R0。

③ 80C51 指令系统没有提供 B 寄存器寻址方式（乘法指令例外）。

例如，MOV B, A 指令中，目的操作数是直接寻址方式，而不是寄存器寻址方式。

④ 注意累加器 A 和 ACC 两种写法的区别：A 为寄存器寻址方式，ACC 为直接寻址方式。
例如，

MOV	3FH, A	; 源操作数是寄存器寻址，双字节指令
MOV	3FH, ACC	; 源操作数是直接寻址，三字节指令

3.4 算术运算类指令

80C51 的算术运算类指令主要是对 8 位无符号数进行算术运算，包括加、减、乘、除、增量和减量指令；借助溢出标志，可对有符号数进行补码运算；借助进位标志，可进行多精度加、减运算；也可以对压缩 BCD 码进行运算。

算术运算指令会影响程序状态标志寄存器的有关位。例如，加法、减法运算指令执行结果影响 PSW 的溢出标志位 OV、半进位标志位 AC 和奇偶校验位 P；乘法、除法运算指令执行结果影响 PSW 的溢出标志位 OV、奇偶校验位 P；加 1、减 1 指令仅当目的操作数为 A 时，对 PSW 的奇偶校验位 P 有影响。算术运算类指令共有 24 条，下面分类进行介绍。

3.4.1 加法指令

1. 不带进位的加法指令

ADD	A, Rn	; (A) + (Rn) →A
ADD	A, direct	; (A) + (direct) →A
ADD	A, @Ri	; (A) + ((Ri)) →A
ADD	A, #data	; (A) +data→A

这组加法指令的功能是把所指出的源操作数内容和累加器 A 的内容相加，其结果放在累加器 A 中。

执行以上指令时，如果累加器 A 的 D7 向更高位有进位，则进位标志位 CY 置 1，否则清 0。如果 D3 有进位，则半进位标志位 AC 置 1，否则清 0。如果 D6 有进位而 D7 没有进位，或者 D6 没有进位而 D7 有进位，则溢出标志位 OV 置 1，否则清 0。OV 可由计算式 $OV=C7 \oplus C6$ 来确定，其中 C6、C7 分别为 D6 位或 D7 位向高位的进（借）位。

【例 3.4.1】 设（A）=53H，（R0）=0FCH。执行指令：

ADD　A, R0

```
          0  1  0  1  0  0  1  1
     +)   1  1  1  1  1  1  0  0
     ─────────────────────────────
     (1)  0  1  0  0  1  1  1  1
```

结果：（A）=4FH，CY=1，AC=0，OV=0，P=1。

OV 只对带符号数的运算有意义。往往在两个同符号数相加时，容易产生溢出。如两个正数相加，和为负数，或两个负数相加，和为正数，此时 OV=1，表示运算结果因溢出而发生错误。

2．带进位的加法指令

```
ADDC     A,   Rn       ;   (A) + (Rn) +CY→A
ADDC     A,   direct   ;   (A) + (direct) +CY→A
ADDC     A,   @Ri      ;   (A) + ( (Ri) ) +CY→A
ADDC     A,   #data    ;   (A) +data+CY→A
```

这 4 条指令的操作，除了指令中所规定的两个操作数参加运算，还要加上进位标志位 CY 的值。注意这里所指的 CY 值，是该指令执行前的值。当 CY=0 时，这 4 条指令的执行结果和不带进位的加法指令一样。

带进位的加法指令多用于多字节数的加法运算。低字节相加可能产生进位，从而影响 CY 值，可通过带进位加法指令将低字节的进位加到高字节上去。因此，多字节数做加法时，在进行高字节求和时，必须使用带进位的加法指令。

【例 3.4.2】 设（A）=85H，（20H）=0FFH，CY=1。执行指令：

ADDC　A, 20H

```
          1  0  0  0  0  1  0  1
          1  1  1  1  1  1  1  1
     +)                        1
     ─────────────────────────────
     (1)  1  0  0  0  0  1  0  1
```

结果：（A）=85H，CY=1，AC=1，OV=0，P=1。

说明：带进位加法指令对状态标志位的影响同不带进位的加法指令。

3．增量指令

```
INC      A          ;   (A) +1→A
INC      Rn         ;   (Rn) +1→Rn
INC      direct     ;   (direct) +1→(direct)
INC      @Ri        ;   ( (Ri) ) +1→(Ri)
INC      DPTR       ;   (DPTR) +1→DPTR
```

这组增量指令的功能是把所指出的操作数的内容加 1，再送回操作数中。若原来为 0FFH，将溢出为 00H，则不影响任何标志。操作数有寄存器寻址、直接寻址和寄存器间接寻址方式。当用本指令修改输出口 Pi(i=0,1,2,3)时，则原来数据口的值将从 Pi 口锁存器读入，而不是从引脚读入。

【例 3.4.3】 设（A）=0FFH, (R3)=0FH, (30H)=0F0H, (R0)=40H, (40H)=00H, （DPTR）=2000H。执行指令：

```
INC     A       ；（A）+1→A
INC     R3      ；（R3）+1→R3
INC     30H     ；（30H）+1→（30H）
INC     @R0     ；（（R0））+1→（R0）
INC     DPTR    ；（DPTR）+1→DPTR
```

结果：（A）=00H，（R3）=10H，（30H）=0F1H，（40H）=01H，(DPTR)=2001H，不改变 PSW 状态。

4．十进制调整指令

```
DA  A
```

二进制数的加法运算原则并不能适用于十进制数的加法运算，有时会产生错误结果。

十进制调整指令是一条专用的调整指令，用来对累加器 A 中的 BCD 码加法结果进行调整。BCD 码按二进制数逐位相加以后，必须经过此指令调整才能得到正确的结果。

例如：

3+6=9   0011+0101=1001   运算结果正确
7+8=15   0111+1000=1111   运算结果不正确
9+8=17   1001+1000=00001 C=1 结果不正确

二进制数加法指令不能完全适用于 BCD 码十进制数的加法运算，应对结果作有条件的修正，即十进制调整。

由于 BCD 码只用了十六进制的 10 个数字（0～9），另 6 个编码（A～F）没有用到，即十六进制的（1010，1011，1100，1101，1110，1111）为无效码，凡结果进入或者跳过无效码编码区时，其结果就是错误的。

调整的方法是把结果加 6 调整，即所谓的十进制调整修正：

① 若 A 的低 4 位大于 9 或者 AC=1，则进行低 4 位调整：（A）+06H→A，产生的进位加入高 4 位。

② 若 A 的高 4 位大于 9 或者 CY=1（包括由于低 4 位调整后导致的结果），则高 4 位也加 6 调整，即（A）+60H→A，若有进位标志位 CY 置 1，否则 CY 保持不变。

③ 累加器高 4 位为 9，低 4 位大于 9，则高 4 位和低 4 位分别加 6 修正。

【例 3.4.4】 （A）=56（BCD 码），（R5）=67（BCD 码），求其和。

当利用二进制加法指令 ADD A, R5 求和之后，结果为（A）=BDH。若不做调整，则结果不正确。所以必须再执行指令 DA A，对（A）低 4 位和高 4 位依次进行加 6 调整，符合十进制的加法结果为 123。

说明：由于十进制调整指令执行时要用到进位标志位 CY 和半进位标志位 AC，所以调整指令最好紧跟在 BCD 码作为加数的加法指令之后，以防止其他指令改变 CY 和 AC。在程序进行 BCD 码加法运算时，只需在加法指令之后加上一条 DAA 指令即可，而不必关心具体的调整过程。

3.4.2 减法指令

1．带进位减法指令

```
SUBB    A, Rn       ；（A）-（Rn）-CY→A
SUBB    A, direct   ；（A）-（direct）-CY→A
SUBB    A, @Ri      ；（A）-（（Ri））-CY→A
SUBB    A, #data    ；（A）-data-CY→A
```

这组带进位减法指令是从累加器 A 中减去指定的源操作数和进位标志,结果存于累加器 A 中。源操作数允许有寄存器寻址、直接寻址、寄存器间接寻址和立即寻址等寻址方式。

如果累加器 A 的 D7 位需借位,则置位 CY,否则清"0"CY。如果 D3 需借位,则置位 AC,否则清"0"AC。如果 D6 需借位而 D7 不需借位或 D7 需借位而 D6 不需借位,则置位溢出标志位 OV,否则清"0"OV。OV 可由计算式 OV=C7⊕C6 来确定,其中 C6、C7 分别为 D6 位或 D7 位向高位的借位。

【例 3.4.5】 设（A）=0C9H,（R2）=54H,CY=1。执行指令:

```
SUBB    A, R2
```

$$
\begin{array}{cccccccc}
1 & 1 & 0 & 0 & 1 & 0 & 0 & 1 \\
0 & 1 & 0 & 1 & 0 & 1 & 0 & 0 \\
 & & & & & & & 1 \\
\hline
0 & 1 & 1 & 1 & 0 & 1 & 0 & 0
\end{array}
$$

结果:（A）=74H,CY=0,AC=0,OV=1,P=0。

带进位减法指令对状态标志的影响与加法指令相同。

2．减 1 指令

```
DEC     A           ；（A）-1→A
DEC     Rn          ；（Rn）-1→Rn
DEC     direct      ；（direct）-1→（direct）
DEC     @Ri         ；（（Ri））-1→（Ri）
```

这组指令的功能是将指定的操作数的内容减 1,结果再送回操作数中。若操作数原来为 00H,减 1 后下溢为 0FFH,但不影响 CY（A 减 1 影响 P 除外）。

当本指令用于修改输出口,用作原始口数据的值将从 Pi（i=0,1,2,3）口锁存器读入,而不是从引脚读入。

【例 3.4.6】 设（A）=0FH,（R7）=19H,（30H）=00H,（R1）=40H,（40H）=0FFH。执行指令:

```
DEC     A           ；（A）-1→A
DEC     R7          ；（R7）-1→R7
DEC     30H         ；（30H）-1→（30H）
DEC     @R1         ；（（R1））-1→（R1）
```

结果:（A）=0EH,（R7）=18H,（30H）=0FFH,（40H）=0FEH。不影响其他标志。

3.4.3 乘法指令

```
MUL AB              ；（A）×（B）→BA
```

这条指令的功能是把累加器 A 和寄存器 B 中的无符号 8 位整数相乘，所得 16 位积的低位字节在累加器 A 中，高位字节在 B 中。如果积大于（0FFH），则置位溢出标志位 OV，否则清"0"OV。进位标志位 CY 总是清"0"。因此，可以在乘法指令运算之后，通过对 OV 的检测来决定是否有必要保存寄存器 B 的内容。

【例 3.4.7】 设（A）=50H，（B）=0A0H。执行指令：

```
MUL   AB              ; 结果：（B）=32H，（A）=00H，即积为 3200H。
```

3.4.4　除法指令

```
DIV   AB              ;（A）/（B）→A　余（B）
```

这条指令的功能是把累加器 A 中的 8 位无符号整数除以寄存器 B 中的 8 位无符号整数，所得商的整数部分存放在累加器 A 中，余数存放在寄存器 B 中。并将 CY 和 OV 清"0"。只有当除数B=0 时，OV 才置"1"，表示结果无意义，且 A 和 B 中内容不定。

【例 3.4.8】 设（A）=0FBH，（B）=12H。执行指令：

```
DIV   AB
```

结果：（A）=0DH，（B）=11H，CY=0，OV=0。

乘、除法指令是整个指令系统中执行时间最长的两条指令，需 4 个机器周期才能完成指令的操作。

3.5　逻辑运算类指令

逻辑运算类指令主要适用于对两个操作数按位进行逻辑操作，操作的结果送到累加器 A 或直接寻址地址单元。这类指令所执行的操作主要有"与""或""异或"，以及移位、取反、清除等。执行这些指令时，一般不影响状态字寄存器 PSW，仅当目的操作数为 ACC 时对奇偶标志位 P 有影响。

逻辑运算类指令共有 24 条，下面分类进行介绍。

3.5.1　基本逻辑操作

1．逻辑与指令

```
ANL    A, Rn         ;（A）∧（Rn）→A
ANL    A, direct     ;（A）∧（direct）→A
ANL    A, @Ri        ;（A）∧（（Ri））→A
ANL    A, #data      ;（A）∧data→A
ANL    direct, A     ;（direct）∧（A）→（direct）
ANL    direct, #data ;（direct）∧data→（direct）
```

这组指令的功能是在指出的操作数之间以位为基础的逻辑与操作，结果存放在目的操作数中。源操作数有寄存器寻址、直接寻址、寄存器间接寻址和立即寻址等寻址方式。当这类指令用于修改一个输出口的状态时，作为原始口数据的值将从输出口数据锁存器（P0～P3）读入，而不是读引脚状态。

【例 3.5.1】

```
ANL    A, R1         ;（A）∧（R1）→A
```

```
ANL     A, 70H        ; (A)∧(70H)→A
ANL     A, @R0        ; (A)∧((R0))→A
ANL     A, #07H       ; (A)∧07H→A
ANL     70H, A        ; (70H)∧(A)→(70H)
ANL     P1, #0F0H     ; (P1)∧0F0H→P1
```

【例 3.5.2】 设（A）=07H，（R0）=0FDH。执行指令：

```
ANL  A, R0
```

$$
\begin{array}{r}
0\ 0\ 0\ 0\ 0\ 1\ 1\ 1 \\
\wedge)\ 1\ 1\ 1\ 1\ 1\ 1\ 0\ 1 \\
\hline
0\ 0\ 0\ 0\ 0\ 1\ 0\ 1
\end{array}
$$

结果：（A）=05H

逻辑与运算常用作字节清零或对指定位清零。例如，执行 ANL A, #0 后，A=0；执行 ANL P0, #0FH 后，P0 口的高 4 位被清零，低 4 位保持不变。

2. 逻辑或指令

```
ORL     A, Rn           ; (A)∨(Rn)→A
ORL     A, direct       ; (A)∨(direct)→A
ORL     A, @Ri          ; (A)∨((Ri))→A
ORL     A, #data        ; (A)∨data→A
ORL     direct, A       ; (direct)∨(A)→(direct)
ORL     direct, #data   ; (direct)∨data→(direct)
```

这组指令的功能是在所指出的操作数之间执行以位为基础的逻辑或操作，结果存到目的操作数中。操作数有寄存器寻址、直接寻址、寄存器间接寻址和立即寻址方式。同 ANL 类似，用于修改输出口数据时，原始数据值为 I/O 口锁存器内容。

【例 3.5.3】

```
ORL     A, R7           ; (A)∨(R7)→A
ORL     A, 70H          ; (A)∨(70H)→A
ORL     A, @R1          ; (A)∨((R1))→A
ORL     A, #03H         ; (A)∨03H→A
ORL     70H, #7FH       ; (70H)∨7FH→(70H)
ORL     78H, A          ; (78H)∨(A)→(78H)
```

【例 3.5.4】 设（P1）=05H，（A）=33H。
执行指令：

```
ORL  P1, A
```

$$
\begin{array}{r}
0\ 0\ 0\ 0\ 0\ 1\ 0\ 1 \\
\vee)\ 0\ 0\ 1\ 1\ 0\ 0\ 1\ 1 \\
\hline
0\ 0\ 1\ 1\ 0\ 1\ 1\ 1
\end{array}
$$

结果：（P1）=37H

逻辑或运算常用作实现对某字节单元的某些位置 "1"，其余位不变。例如，执行 ORL P0, #0FH 后，P0 口的高 4 位保持不变，低 4 位被置 "1"。

3. 逻辑异或指令

```
XRL    A, Rn        ；（A）⊕（Rn）→A
XRL    A, direct    ；（A）⊕（direct）→A
XRL    A, @Ri       ；（A）⊕((Ri))→A
XRL    A, #data     ；（A）⊕ data→A
XRL    direct, A    ；(direct)⊕（A）→(direct)
XRL    direct, #data ；（direct）⊕ data→(direct)
```

这组指令的功能是在所指出的操作数之间执行以位为基础的逻辑异或操作，结果存放到目的操作数中去。

操作数有寄存器寻址、直接寻址、寄存器间接寻址和立即寻址等寻址方式，当这类指令用于修改一个输出口 Pi（i=0, 1, 2, 3）时，作为原始口数据的值将从输出口数据锁存器（P0～P3）读入，而不是读引脚状态。

【例 3.5.5】

```
XRL    A, R4        ；（A）⊕（R4）→A
XRL    A, 50H       ；（A）⊕（50H）→A
XRL    A, @R0       ；（A）⊕（(R0)）→A
XRL    A, #00H      ；（A）⊕00H→A
XRL    30H, A       ；（30H）⊕（A）→(30H)
XRL    40H, #0FH    ；（40H）⊕0FH→(40H)
```

【例 3.5.6】 设（A）=90H，（R3）=73H。执行指令 XRL A, R3，结果：（A）=0E3H。

$$
\begin{array}{r}
1\ 0\ 0\ 1\ 0\ 0\ 0\ 0 \\
\oplus)\ 0\ 1\ 1\ 1\ 0\ 0\ 1\ 1 \\
\hline
1\ 1\ 1\ 0\ 0\ 0\ 1\ 1
\end{array}
$$

逻辑异或运算可以用来比较两个数据是否相等。若两个数据异或结果为 0，则两数相等，否则两数不相等。此外异或运算还可以实现对某字节单元的某些位取反，其余位保持不变。例如，XOR P0, #0FH 指令执行后，P0 口的低 4 位取反，而高 4 位不变。当某个数据两次异或相同的数据时，其结果不变，利用这个原理可以实现对数据的加密和解密。加密时将需要加密的数据与一个特定的数据异或，以改变加密数据的本来面貌，解密时只需再异或一次这个数据就可以还原。

3.5.2 其他逻辑操作

1. 累加器清零指令

```
CLR  A  ; 00H→A
```

这条指令的功能是将累加器 A 清"0"，不影响 CY、AC、OV 等标志位。

2. 累加器取反指令

```
CPL  A  ;（Ā）→A
```

这条指令的功能是将累加器 ACC 的每一位逐位逻辑取反，原来为 1 的变 0，原来为 0 的变 1。不影响标志位。

3. 循环移位指令

80C51 单片机中，对累加器 A 的逻辑移位命令共有四条，分别为 RL、RR、RLC、RRC，这四条指令的操作也不影响其他标志位，如图 3-9 所示。

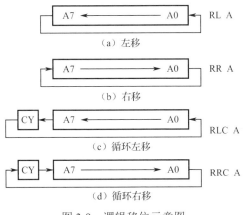

图 3-9　逻辑移位示意图

① RL　A 的功能是将累加器 ACC 的内容逐位向左移 1 位，ACC.7 循环移入 ACC.0，如图 3-9（a）所示。

② RR　A 的功能是将累加器 ACC 的内容逐位向右移 1 位，ACC.0 循环移入 ACC.7，如图 3-9（b）所示。

③ RLC　A 的功能是将累加器 ACC 的内容和进位标志位一起逐位向左移 1 位，ACC.7 移入进位位 CY，CY 移入 ACC.0，如图 3-9（c）所示。

④ RRC　A 的功能是将累加器 ACC 的内容和进位标志位一起逐位向右移 1 位，ACC.0 进入 CY，CY 移入 ACC.7，如图 3-9（d）所示。

循环移位指令可以实现数据各位的循环移位、循环检测等，也可实现对数据的乘 2、除 2 运算。

3.6　控制转移类指令

控制转移类指令用于完成程序的转移、子程序的调用与返回、中断返回等功能。指令运行的实质是改变程序计数器 PC 的值，使程序改变顺序执行状态，从而实现程序的分支、循环等功能。

80C51 指令系统中共有 17 条（不包括位操作类的 5 条转移指令）控制转移类指令。这类指令多数不影响程序状态寄存器，下面分类进行介绍。

3.6.1　无条件转移指令

在编写汇编程序时，对于初学者，无条件转移类指令是比较容易出错的一类指令。因此，本节的无条件转移指令给出了两种格式：汇编指令格式和机器指令变格式，以便于初学者在学习过程中，进行比较。

1. 短转移指令

① 汇编指令格式：AJMP　addr11

指令格式中的 addr11 是指给出的 16 位地址中，仅仅低 11 位有效，并不是表示在汇编指令中仅给出 11 位地址。在实际编程中，该指令一般有两种具体的表现形式：

● AJMP　目标指令的绝对地址
● AJMP　目标指令的标号

② 机器指令变格式：

a10 a9 a8　00001	a7 a6 a5 a4 a3 a2 a1 a0

短转移指令又称绝对转移指令，为二字节指令。实现 2KB 字节范围内的无条件转移。其中 a10～a0 为转移目标地址的低 11 位。通常称 a10～a8 为页地址，a7～a0 为页内地址，每一页含 256 个单元。也就是说，目标地址的确定由指令第一字节的高 3 位 a10～a8 和第二字节的 8 位 a7～a0 组成，指令操作码只占第一字节的低 5 位。而转移目标地址是以指令中的 11 位地址 addrll（a10～a0）替换当前 PC（该转移指令的下一条指令地址）的低 11 位（PC10～PC0）内容而形成的，由于 PC15～PC11 保持不变，因此由当前 PC 的高 5 位与指令代码中的低 11 位地址形成可转移的 16 位目标地址。

例如，若转移指令首地址 2002H，即 PC=2002H，则执行指令 AJMP 22A0H 后，PC=22A0H，程序转向 22A0H 单元执行。指令代码为：41A0H。

0100	0001	1010	0000

值得注意的是，程序转移的目标地址与 AJMP 指令的下一条指令首地址的高 5 位必须相同，即绝对转移范围是在以 AJMP 指令的下一条指令高 5 位地址所确定的 2KB 范围内。因此使用 AJMP 指令要格外小心，有时目标地址与当前 PC 地址相隔很近，却不能转移，原因在于这两个地址的高 5 位不相同。

例如，若 AJMP 指令的首地址为 0000H，它的下一条指令地址为 0002H，则这条转移指令的转移范围是 0000H～07FFH；若 AJMP 指令的首地址为 1FFCH，则它的下一条指令地址为 1FFCH+2=1FFEH，因此这条转移指令的转移范围是 1800H～1FFFH，无论如何也不可能转移到仅隔几个字节的 2000H 地址去；若 AJMP 指令的首地址为 1FFEH，则它的下一条指令地址为 1FFEH+2=2000H，因此这条转移指令的转移范围是 2000H～27FFH，与前面的情况相去甚远。

2．相对转移指令

① 汇编指令格式：SJMP　目标地址

在实际编程中，该指令一般有两种具体的表现形式：

● SJMP　目标指令的绝对地址
● SJMP　目标指令的标号

② 机器指令变格式：

1 0 0 0 0 0 0 0	相对地址 rel

偏移量 rel 是转移的目标地址与 PC 的当前值（该当前值是指执行完这条相对转移指令时 PC 的字节地址）的差，以补码的形式表示，转移范围为+127～-128。

执行时 PC 先加 2，再加上指令所提供的 8 位带符号数 rel（-128～+127），就得到了转移地址。因此，转移的地址范围是以下一条指令为起点的-128～+127 字节。这里，rel 为正数表示向高地址方向转移，rel 为负数表示向低地址方向转移，PC 为取出转移指令后程序计数器的值，即当前 PC 指向转移指令的下一条指令。

在程序汇编时由汇编程序自动计算并以补码形式填入偏移量。

偏移量 rel=目标地址-（源地址+2）

"源地址"为该转移指令的首地址，"2"表示该转移指令占两个字节。

● 偏移量 rel 为正，转向高地址，取值范围为 00H～7FH；

● 偏移量 rel 为负，转向低地址，取值范围为 80H～FFH。

【例 3.6.1】 KRD： SJMP   PKRD

如果 KRD 标号值为 0100H，即 SJMP 这条指令的机器码存放于 0100H 和 0101H 这两个单元中；标号 PKRD 值为 0123H，即跳转的目标地址为 0123H，则指令的第二个字节（相对偏移量）应为：

rel=0123H-（0100H+2H）=21H

指令机器码为：8021H

此外，在汇编语言程序设计中，在程序结束时，常常需要使程序"原地踏步"，即 SJMP 指令又转向跳转指令的首地址，使程序不断重复执行 SJMP 指令，又称为动态停机指令。在汇编语言中，常写成：

HALT： SJMP   HALT

或者

SJMP $

在汇编语言源程序中，$代表该指令的首地址。

3．长转移指令

① 汇编指令格式：LJMP   addr16

在实际编程中，该指令一般有两种具体的表现形式：

● LJMP   目标指令的绝对地址
● LJMP   目标指令的标号

② 机器指令变格式：

0 0 0 0 0 0 1 0	a15……a8（addr16 高 8 位）	a7……a0（addr16 低 8 位）

这条指令执行时把指令的第二和第三字节分别装入 PC 的高位和低位字节中，无条件地转向指定地址。转移的目标地址可以在 64KB 程序存储器地址空间的任何地方，不影响任何标志位。

例如：执行指令

LJMP   7100H

结果使程序无条件地转移到 7100H，不管这条长跳转指令存放在什么地方。

4．散转指令

① 汇编指令格式：JMP   @A+DPTR

② 机器指令变格式：

0 1 1 1 0 0 1 1

此条指令又称间接转移指令。其功能是把累加器中 8 位无符号数与数据指针 DPTR 的 16 位数相加，结果作为下一条指令地址送入 PC，不改变累加器和数据指针内容，也不影响标志位。利用这条指令能实现程序的散转。

【例 3.6.2】 设 A=30H，DPTR=4000H

执行指令 JMP   @A+DPTR 后，PC=4030H。

【例 3.6.3】如果累加器 A 中存放待处理命令编号（0～7），程序存储器中存放着标号为 PMTB

的转移表。则执行下面的程序，将根据 A 中命令编号转向相应的处理程序。

```
PM:       MOV     R1, A
          RL      A
          ADD     A, R1           ; (A) ×3→A
          MOV     DPTR, #PMTB     ; 转移表首地址→DPTR
          JMP     @A+DPTR
PMTB:     LJMP    PM0             ; 转向命令 0 处理入口
          LJMP    PM1             ; 转向命令 1 处理入口
          LJMP    PM2             ; 转向命令 2 处理入口
          LJMP    PM3             ; 转向命令 3 处理入口
          LJMP    PM4             ; 转向命令 4 处理入口
          LJMP    PM5             ; 转向命令 5 处理入口
          LJMP    PM6             ; 转向命令 6 处理入口
          LJMP    PM7             ; 转向命令 7 处理入口
```

3.6.2 条件转移指令

条件转移指令是依据某种特定条件转移的指令。当条件满足时则转移，当条件不满足时则顺序执行后面的指令。转移目的地址是在以下一条指令的起始地址为中心的 256 个字节范围中。当条件满足时，先把 PC 加到指向下一条指令的第一个字节地址，再把有符号的相对偏移量加到 PC 上，计算出转向地址。

1. 零条件转移指令

```
JZ      rel   ; (PC) +2→PC, 若 (A) =0, 则 (PC) +rel→PC
JNZ     rel   ; (PC) +2→PC, 若 (A) ≠0, 则 (PC) +rel→PC
```

在 80C51 的标志位中，没有零标志。这两条指令在执行时，根据累加器 A 的内容是零或非零，从而决定是否转移。有的指令虽然其执行结果并不影响任何标志位，但只要能影响累加器 A 的内容，就可以根据需要接着安排这种零条件转移指令。

偏移量 rel 的计算方法，同无条件相对转移指令。

2. 比较不相等转移指令

```
CJNE    A,      #data, rel
CJNE    A,      direct, rel
CJNE    Rn,     #data, rel
CJNE    @Ri,    #data, rel
```

这组指令是先对两个指定的操作数进行比较，根据比较的结果来决定是否转移到目的地址。若两个操作数不相等，则按给定的偏移量实现转移，并且还要根据两个操作数的相对大小来置位进位标志位 CY。

在指令操作码的后面，第一项是目的操作数，第二项是源操作数，第三项是偏移量。这 4 条指令的操作数寻址方式不同，但指令功能基本相同。

- 若目的操作数=源操作数，则（PC）+3→PC（程序顺序执行）；
- 若目的操作数>源操作数，则 0→CY，（PC）+3+rel→PC（程序转移）；
- 若目的操作数<源操作数，则 1→CY，（PC）+3+rel→PC（程序转移）。

这组指令的机器码均为 3 字节，其中第一字节为操作码（含目的操作数寻址方式）；第二字节为立即数或直接地址；第三字节为偏移量 rel。

3．减 1 非零转移指令

DJNZ	Rn，rel	；(PC)+2→PC，(Rn) −1→Rn，
		若(Rn) ≠0，则(PC)+rel→PC
DJNZ	direct，rel	；(PC)+3→PC，(direct) −1→(direct)，
		若(direct) ≠0，则(PC)+rel→PC

这两条指令的差别是第一操作数的寻址方式不同。指令的功能基本相同。指令执行时先将第一操作数减 1，并保存结果。若减 1 结果不为零，则按指令提供的偏移量实现转移；若为零，则继续顺序执行程序。

这类指令常用于循环程序中，对循环次数计数器每次减 1，若计数值不等于零则继续循环，若计数值等于零则结束循环，因此这类指令也称为循环控制指令。在使用此类指令前，先要将计数值预置在工作寄存器中或内部 RAM 直接地址单元中，然后再执行某段程序和减 1 判零指令。

【例 3.6.4】 从 P1.0 输出 15 个方波。

	MOV	R2，	#30	；预置方波数
LOOP：	CPL	P1.0		；P1.0 取反
	DJNZ	R2，	LOOP	；R2 减 1 不为零继续循环

此方波的周期为 6 个机器周期，高低电平之间各 3 个机器周期。（CPL P1.0 为 1 个机器周期，DJNZ R2，LOOP 为 2 个机器周期，两者之和为 3 个机器周期）。由于方波的高低电平时间相等，故在上例中，置方波的初值为 30（这里为十进制数）。

3.6.3 调用及返回指令

在程序设计中，常常把具有某种功能的公用程序段编成子程序。当主程序转向子程序时使用调用指令，而在子程序的最后安排一条返回指令，使子程序执行完后返回到主程序。为保证正确的返回，每次调用子程序时自动将下一条指令地址保存到堆栈中，返回时按先入后出，后入先出的原则把地址弹出，送到 PC 中。

1．调用指令

ACALL	addr11	；(PC)+2→PC，(SP)+1→SP，(PC)0～7→(SP)
		；(SP)+1→SP，(PC)8～15→(SP)，addr11→PC0～10
LCALL	addr16	；(PC)+3→PC，(SP)+1→SP，(PC)0～7→(SP)
		；(SP)+1→SP，(PC)8～15→(SP)，addr16→PC0～15

指令格式中的 addrll 是指给出的 16 位地址中，仅仅低 11 位有效，并不是表示在汇编指令中仅给出 11 位地址，可参见"绝对转移"的详细解释。

子程序调用指令完成两个功能：

① 将断点地址推入堆栈保护。

断点地址=PC+调用指令本身字节数

② 子程序的入口地址送 PC，实现转移到子程序。

该类指令的执行均不影响标志位。ACALL 指令为短调用指令，子程序入口地址距调用指令在 2KB 范围内，11 位调用地址的形成与 AJMP 指令相同。LCALL 指令为长调用指令，允许子程序放在 64KB 空间的任何地方。

子程序执行过程中再调用其他子程序称为子程序嵌套。图 3-10 所示的是两层子程序调用过程和堆栈中断点地址存放的情况。80C51 的堆栈是向上（高地址）生长的，断点地址存放的原则是断点低位存低地址，断点高位存高地址。

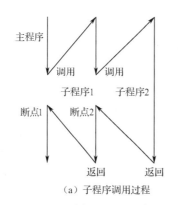

......
断点1地址的低8位
断点1地址的高8位
断点2地址的低8位
断点2地址的高8位
......

（a）子程序调用过程　　　　　　　（b）堆栈中的断点地址

图 3-10　子程序调用过程及堆栈中断点地址

【例 3.6.5】 若（SP）=60H，（PC）=2100H，则子程序 DELAY 的首地址为 2350H。执行下面指令

```
2100H:  ACALL    DELAY
```

执行过程：（PC）=（PC）+2=2102H，将 PC 压入堆栈，即(61H)=02H，（62H）=21H，（SP）=62H；用指令提供的 11 位地址 01101010000B(350H)替换 PC 的低 11 位，形成目的地址 0010001101010000B(2350H)，即进入 DELAY 子程序。

2．返回指令

子程序返回

```
RET              ; ((SP))→PC15~8, (SP) -1→SP
                 ; ((SP))→PC7~0，（SP）-1→SP
```

中断返回

```
RETI             ; ((SP))→PC15~8, (SP) -1→SP
                 ; ((SP))→PC7~0，（SP）-1→SP
```

RET 是子程序返回指令，RETI 是中断返回指令。两条指令的功能基本相同，其功能都是从堆栈中取出 16 位断点地址送 PC，使程序返回主程序。只是 RETI 指令除把栈顶的断点弹出送 PC 外，同时释放中断逻辑使之能接收同级的另一个中断请求。如果在执行 RETI 指令的时候，有一个较低级的或同级的中断已挂起，则 CPU 要在至少执行了中断返回指令之后的下一条指令才能去响应被挂起的中断。RET 指令总是安排在子程序的出口处，而 RETI 指令总是安排在中断处理程序的出口处。

3.6.4　空操作指令

```
NOP              ; (PC)+1→PC
```

这条指令的功能只是将 PC 值加 1，使程序继续往下执行，并不产生其他操作。其机器码为 1 字节，占用 1 个机器周期。常用于时间的等待、延时或为程序预留存储空间。

3.7　位操作指令

在 80C51 系列单片机内有一个布尔处理机，它以进位标志位 CY（程序状态字 PSW.7）作为位累加器 C，以 RAM 和 SFR 内的位寻址区的位单元作为操作数，进行位变量的传送、修改和逻辑等操作。因此，位操作指令也叫作布尔操作指令。

位操作，是 80C51 单片机的特色，也是 80C51 单片机适用于控制领域的原因之一。

3.7.1　位传送指令

```
MOV     C, bit              ; (bit)→C
MOV     bit, C              ; (C)→bit
```

这组指令主要用于直接寻址位与位累加器 C 之间的数据传送。其功能是由源操作数指出的位变量送到目的操作数的位单元中。其中一个操作数必须为位累加器 C，另一个可以是任何直接寻址的位，也就是说位变量传送必须经过 C 进行。

【例 3.7.1】

```
MOV     C, 06H             ; (20H).6→C
MOV     P1.0, C            ; (C)→P1.0
```

结果：(06H)→P1.0。

对于位寻址，有以下三种不同的写法：

第一种是直接地址写法，MOV　C，0D2H，其中 0D2H 表示 PSW 中的 OV 位。

第二种是点操作符写法，如 MOV　C，0D0H.2。

第三种是位名称写法，在指令格式中直接采用位定义名称，这种方式只适应于可以位寻址的 SFR，如　MOV　C,OV。当然还可以定义伪指令进行位操作。

3.7.2　位修改指令

```
CLR     C                  ; 0→C
CLR     bit                ; 0→bit
CPL     C                  ; ( C̄ )→C
CPL     bit                ; ( bit )→bit
SETB    C                  ; 1→C
SETB    bit                ; 1→bit
```

这组指令将操作数指出的位清"0"、取反、置"1"，不影响其他标志位。当直接寻址位为 P0～P3 端口的某一位时，具有"读出-修改-写入"的操作功能。

【例 3.7.2】

```
CLR     C                  ; 0→C
CLR     27H                ; 0→(24H).7
CPL     08H                ; (21H).0 →(21H).0
SETB    P1.7               ; 1→P1.7
```

3.7.3　位逻辑操作指令

1. 位逻辑与指令

```
ANL     C, bit     ; C∧bit→C
ANL     C, /bit    ; C∧/bit→C
```

这组指令功能是，如果源位的布尔值是逻辑 0，则进位标志位清"0"，否则进位标志位保持不变。操作数前的斜线"/"表示用寻址位的逻辑"非"作源值，但不影响源位本身值，不影响其他的标志位。源操作数只有直接位寻址方式。

【例 3.7.3】 设 P1 为输入口，P3.0 作输出口。执行下列命令：

MOV	C,	P1.0	; P1.0→C
ANL	C,	P1.1	; C∧P1.1→C
ANL	C,	/P1.2	; C∧$\overline{P1.2}$→C
MOV	P3.0,	C	; C→P3.0

结果：P3.0=P1.0∧P1.1∧$\overline{P1.2}$

2．位逻辑或指令

ORL	C, bit	; (C)∨bit→C
ORL	C, /bit	; (C)∨$\overline{bit}$→C

这组指令的功能是，如果源位的布尔值为 1，则置进位标志位，否则进位标志位 CY 保持原来的状态。同样斜线"/"表示逻辑"非"。

【例 3.7.4】 设 P1 为输出口。执行下列指令：

MOV	C, 00H	; (20H).0→C
ORL	C, 01H	; (C)∨(20H).1→C
ORL	C, 02H	; (C)∨(20H).2→C
ORL	C, 03H	; (C)∨(20H).3→C
ORL	C, 04H	; (C)∨(20H).4→C
ORL	C, 05H	; (C)∨(20H).5→C
ORL	C, 06H	; (C)∨(20H).6→C
ORL	C, 07H	; (C)∨(20H).7→C
MOV	P1.0, C	; (C)→P1.0

结果：内部 RAM 的 20H 单元中只要有一位为 1，P1.0 输出的就为高电平。

3.7.4 位判断转移类指令

JC	rel	; 若 CY=1，则 PC+2+rel→PC，否则继续
JNC	rel	; 若 CY=0，则 PC+2+rel→PC，否则继续
JB	bit, rel	; 若 bit=1，则 PC+3+rel→PC，否则继续
JNB	bit, rel	; 若 bit=0，则 PC+3+rel→PC，否则继续
JBC	bit, rel	; 若 bit=1，则 PC+3+rel→PC，0→bit，否则继续

第 1～2 条指令是判断进位标志位 CY 是否为"1"或"0"转移，当条件满足时转移，不满足时则继续执行程序。

第 3～5 条指令是判断直接寻址位是否为"1"或"0"转移，当条件满足时转移，不满足时继续执行程序。另外，最后一条指令是当条件满足转移的同时，还将该寻址位清零，也就是说，这条指令具有"读-修改-写"的功能。

3.8 基本命令应用举例

【例 3.8.1】图 3-11 为利用单片机的 P0 口、P1 口分别驱动 8 个 LED 的应用系统。利用数据传送命令实现 P0 口驱动 8 个 LED 从左到右依次点亮、而 P1 口驱动的 8 个 LED 为从右到左依次点亮，模拟较为复杂的霓虹灯效果。

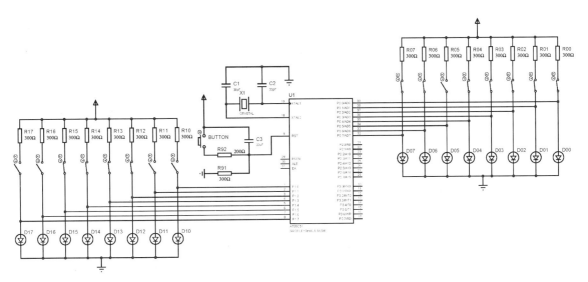

图 3-11　P0 口、P1 口分别驱动 8 个 LED 的应用系统

START:	MOV	P0,#10000000B	; 点亮对应 P0.7，可以采用 SETB P0.7 方法
	MOV	P1,#00000001B	; 点亮对应 P1.0，可以采用 SETB P1.0 方法
	ACALL	DELAY	; 调用延时
	MOV	P0,#01000000B	; 点亮对应 P0.6，可以采用 SETB P0.6 方法
	MOV	P1,#00000010B	; 点亮对应 P1.1，可以采用 SETB P1.1 方法
	ACALL	DELAY	; 调用延时
	MOV	P0,#00100000B	; 点亮对应 P0.5，可以采用 SETB P0.5 方法
	MOV	P1,#00000100B	; 点亮对应 P1.2，可以采用 SETB P1.2 方法
	ACALL	DELAY	; 调用延时
	MOV	P0,#00010000B	; 点亮对应 P0.4，可以采用 SETB P0.4 方法
	MOV	P1,#00001000B	; 点亮对应 P1.3，可以采用 SETB P1.3 方法
	ACALL	DELAY	; 调用延时
	MOV	P0,#00001000B	; 点亮对应 P0.3，可以采用 SETB P0.3 方法
	MOV	P1,#00010000B	; 点亮对应 P1,4，可以采用 SETB P1.4 方法
	ACALL	DELAY	; 调用延时
	MOV	P0,#00000100B	; 点亮对应 P0.2，可以采用 SETB P0.2 方法
	MOV	P1,#00100000B	; 点亮对应 P1.5，可以采用 SETB P1.5 方法
	ACALL	DELAY	; 调用延时
	MOV	P0,#00000010B	; 点亮对应 P0.1，可以采用 SETB P0.1 方法
	MOV	P1,#01000000B	; 点亮对应 P1.6，可以采用 SETB P1.6 方法
	ACALL	DELAY	; 调用延时
	MOV	P0,#00000001B	; 点亮对应 P0.1，可以采用 SETB P0.1 方法
	MOV	P1,#10000000B	; 点亮对应 P1.7，可以采用 SETB P1.7 方法
	ACALL	DELAY	; 调用延时
	AJMP	START	; 循环执行
	SJMP	$	; 原地等待，防止跑飞
; 100ms 延时程序		（12Mhz）;	
DELAY:	MOV	R3,#1	; 1 机器周期
DEL3:	MOV	R2,#100	; 1 机器周期

```
DEL2:    MOV      R1,#248              ; 1 机器周期
DEL1:    NOP                           ; 1 机器周期
         NOP                           ; 1 机器周期
         DJNZ     R1,DEL1              ; 2 机器周期
         DJNZ     R2,DEL2              ; 2 机器周期
         DJNZ     R3,DEL3              ; 2 机器周期
         RET                           ; 2 机器周期
         END
```

在本例的调试、运行过程中，通过关闭、断开与 P0 口、P1 口连接的开关，观察 LED 的受控情况，从而进一步理解第 2 章讲述的"P0 口作输出口时需要外接上拉电阻，而 P1 口、P2 口、P3 口无须外界上拉电阻"的知识点。

【例 3.8.2】 根据图 3-11 所示的 P0 口、P1 口分别驱动 8 个 LED 的应用系统原理图，利用移位命令实现 P0 口驱动 8 个 LED 从左到右依次点亮；同时，利用逻辑命令实现 P1 口驱动的 8 个 LED 闪烁点亮，以模拟霓虹灯效果。

```
         MOV      A,#10000000B         ; A 存储初始值
         MOV      P1,#0                ; 熄灭 P1 口 8 个 LED
START:
         MOV      P0,A                 ; 点亮对应 P1.0，可以采用 SETB P1.0 方法
         ACALL    DELAY                ; 调用延时
         RR       A                    ; A 的值右移位
         XRL      P1,#11111111B        ; P1 与 11111111B 异或，相当于取反操作
         ACALL    DELAY                ; 调用延时
         AJMP     START                ; 循环执行
         SJMP     $                    ; 原地等待，防止跑飞
; 100ms 延时程序     （12Mhz）;
DELAY:   MOV      R3,#1                ; 1 机器周期
DEL3:    MOV      R2,#100              ; 1 机器周期
DEL2:    MOV      R1,#248              ; 1 机器周期
DEL1:    NOP                           ; 1 机器周期
         NOP                           ; 1 机器周期
         DJNZ     R1,DEL1              ; 2 机器周期
         DJNZ     R2,DEL2              ; 2 机器周期
         DJNZ     R3,DEL3              ; 2 机器周期
         RET                           ; 2 机器周期
         END
```

本例中采用移位命令，实现 P0 口驱动 8 个 LED 从左到右依次点亮。通过与上例采用的数据传送命令实现方法比较，可发现对同样的任务，采用不同方法实现，程序的代码长度、复杂程度截然不同。因此，在实际应用中，应通过深入分析、调试和优化，选择最佳方法，以节省系统时间和空间，提高系统效率。

【例 3.8.3】 如图 3-12 所示，P0 口连接 LED 灯 D00～D07，P1 口连接 LED 灯 D10～D17；P3.0 连接按键 K1，P3.1 连接按键 K2，P3.3 连接按键 K3。根据下述要求，编程实现分别驱动 P0 口的 8 个 LED 和 P1 口的 8 个 LED 的流动、闪烁、熄灭、常亮状态，以模拟开关控制霓虹灯的原理。要求：

（1）程序启动（系统复位）后，所有 LED 灯常亮 1 秒；

（2）按键 K1，P0 口驱动的 LED 流动、P1 口驱动的 LED 闪烁；

（3）按键 K2，P1 口驱动的 LED 流动、P0 口驱动的 LED 闪烁；

（4）按键 K3，P1 口驱动的 LED 闪烁、P0 口驱动的 LED 闪烁；

（5）未按键，P1、P0 口驱动的 LED 均熄灭。

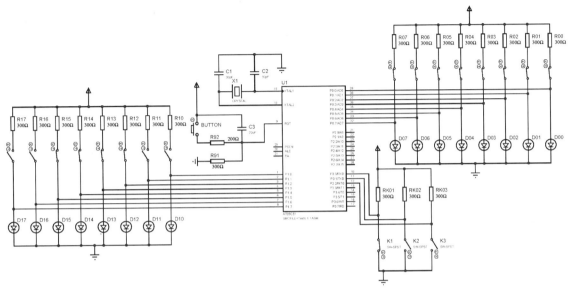

图 3-12　开关控制霓虹灯的原理图

MAIN:			; 系统复位后常凉 1 秒
	MOV	P0, #0FFH	; 设置 P0 口驱动的 LED 常亮值
	MOV	P1, #0FFH	; 设置 P1 口驱动的 LED 常亮值
	ACALL	DELAY	; 调用延时
	ACALL	DELAY	; 调用延时
	ACALL	DELAY	; 调用延时
	ACALL	DELAY	; 调用延时
	ACALL	DELAY	; 调用延时，调用多遍便于观察复位后效果
	MOV	A,#1	; 流动初始值
	MOV	20H,#0	; P0 口初值
	MOV	21H,#0	; P1 口初值
START:			
	JNB	P3.0,P0LIU	; 判断 P3.0 按键是否按下？
	JNB	P3.1,P1LIU	; 判断 P3.1 按键是否按下？
	JNB	P3.2,FLASH	; 判断 P3.2 按键是否按下？
DARK:	MOV	P1,#0	; 开关都未按下，熄灭所有灯
	MOV	P0,#0	; 开关都未按下，熄灭所有灯
	MOV	20H,#0	; 恢复 P0 口初值
	MOV	21H,#0	; 恢复 P1 口初值
	AJMP	START	; 返回
P0LIU:			; P0 右流动、P1 闪烁
	MOV	P0,A	; A 流动值送 P0

```
            XRL     21H,#0FFH          ; P1 口取反
            MOV     P1,21H             ; 21H 值送 P1
            ACALL   DELAY              ; 调用延时
            RR      A                  ; 右移 A
            AJMP    START              ; 返回
P1LIU:                                 ; P1 左流动、P0 闪烁
            MOV     P1,A               ; A 流动值送 P1
            XRL     20H,#0FFH          ; P0 口取反
            MOV     P0,20H             ; 20H 值送 P0
            ACALL   DELAY              ; 调用延时
            RL      A                  ; 左移 A
            AJMP    START              ; 返回

FLASH:                                 ; P0 闪烁、P1 闪烁
            XRL     20H,#0FFH          ; 20H 值取反
            MOV     P0,20H             ; 20H 值送 P0
            XRL     21H,#0FFH          ; 21H 值取反
            MOV     P1,21H             ; 21H 值送 P1
            ACALL   DELAY              ; 调用延时
            AJMP    START              ; 返回
; 200ms 延时程序    （12Mhz）;
DELAY:      MOV     R3,#2              ; 1 机器周期
DEL3:       MOV     R2,#100            ; 1 机器周期
DEL2:       MOV     R1,#248            ; 1 机器周期
DEL1:       NOP                        ; 1 机器周期
            NOP                        ; 1 机器周期
            DJNZ    R1,DEL1            ; 2 机器周期
            DJNZ    R2,DEL2            ; 2 机器周期
            DJNZ    R3,DEL3            ; 2 机器周期
            RET                        ; 2 机器周期
            END
```

本 章 小 结

　　程序由指令组成，一台计算机能够提供的所有指令的集合称为指令系统。指令有机器码指令和助记符指令两种形式，机器能够直接执行的指令是机器码指令。

　　寻找操作数地址的方式称为寻址方式。80C51 指令系统共使用了 7 种寻址方式：立即数寻址、直接寻址、寄存器寻址、寄存器间接寻址、变址寻址、相对寻址和位寻址等。

　　80C51 单片机指令系统包括 111 条指令，按功能可以划分为以下 5 类：数据传送指令（29 条）、算术运算指令（24 条）、逻辑运算指令（24 条）、控制转移指令（17 条）和位操作指令（17 条）。

　　本章简单介绍了 80C51 单片机的指令，对指令系统的概念和基本功能有了初步了解。通过 3 个实例介绍了基本命令的使用方法及编程应用。指令系统的熟练应用和深入编程在下一章的汇编语言程序设计中继续学习。

【知识拓展与思政元素】尊重规则、严谨科学、拼搏进取、辩证思维

序号	知识点	切入点	思政元素、目标	素材、方法和载体
1	指令格式	格式与规范	元素："其身正，不令而行；其身不正，虽令不从。"遵纪守法、规范做事 目标：道德规范、行为准则、尊重规则、严谨科学	1. 案例切入、经典名句、名人轶事、图片视频、主题讨论 2. 案例：邮件往来 3. 讨论：人文礼仪规范
2	散转指令	指令对比	元素：JMP@A+DPTR 与 C 语言的 Switch Case 对照理解 目标：善于总结、对照理解	1. 关联讲解、主题讨论 2. 讨论：对照学习方法
3	逻辑运算	数理逻辑运算的起源	元素："天行健，君子以自强不息"；逻辑运算与布尔 目标：自学成才、拼搏进取、拓宽视野，创新思维	1. 案例切入、经典名句、名人轶事、主题讨论 2. 讨论：布尔与布尔运算
4	逻辑命令应用	逻辑运算应用	元素：通过逻辑运算的应用看现象与本质，灵活运算，理论与实践相结合 目标：现象与本质、辩证思维、活学活用、理论与实践相结合	1. 关联讲解、主题讨论 2. 讨论：现象与本质
5	长转移与短转移	功能相似、字节数不同	元素：单片机紧凑、精简，精打细算 目标：优化程序、成本理念	1. 关联讲解、主题讨论 2. 讨论：精打细算、成本理念

扫描二维码下载【思政素材、延伸解析】

习 题 3

3-1 判断以下指令是否正确。

（1） MOV 28H, @R2 （2） DEC DPTR

（3） INC DPTR （4） CLR R0

（5） CPL R5 （6） MOV R0, R1

（7） PHSH DPTR （8） MOV F0, C

（9） MOV F0, Acc.3 （10） MOVX A, @R1

（11） MOV C, 30H （12） RLCR0

3-2 判断下列说法是否正确。

（A）立即寻址方式是操作数本身在指令中，而不是它的地址在指令中。

（B）指令周期是执行一条指令的时间。

（C）指令中直接给出的操作数称为直接寻址。

3-3 简述下列基本概念：指令、指令系统、程序、汇编语言指令。

3-4 MCS-51 单片机有哪几种寻址方式？这几种寻址方式是如何寻址的？

3-5 若需访问特殊功能寄存器和外部数据存储器，则应采用哪些寻址方式？

3-6 MCS-51 指令按功能可以分为哪几类？每类指令的作用是什么？

3-7 DA 指令有什么作用？如何使用？

3-8　已知 (A)=C9H，(B)=8DH，CY=1。执行指令"ADDC　A，B"的结果是什么？执行指令"SUBB　A，B"结果又是什么？

3-9　分析下面一段程序，请指出程序段的功能是什么？

```
PUSH    ACC
PUSH    B
POP     ACC
POP     B
```

3-10　在片内 RAM 中，已知（30H）=38H，（38H）=40H，（40H）=48H，（48）H=90H，试分析下段程序中各条指令的作用，说出按顺序执行完指令后的结果：

```
MOV     A, 40H
MOV     R1, A
MOV     P1, #0F0H
MOV     @R1, 30H
MOV     DPTR, #1234H
MOV     40H, 38H
MOV     R1, 30H
MOV     90H, R1
MOV     48H, #30H
MOV     A, @R1
MOV     P2, P1
```

3-11　已知程序执行前有 A=02H，SP=52H，（51H）=FFH，（52H）=FFH。下述程序执行后，请问：A=（　　　　），SP=（　　　　），（51H）=（　　　　），（52H）=（　　　　），PC=（　　　　）。

```
POP     DPH
POP     DPL
MOV     DPTR, #4000H
RL      A
MOV     B, A
MOVC    A, @A+DPTR
PUSH    ACC
MOV     A, B
INC     A
MOVC    A, @A+DPTR
PUSH    ACC
RET
ORG     4000H
DB      10H, 80H, 30H, 50H, 30H, 50H
```

3-12　试说明下段程序中每条指令的作用，当指令执行完后，R0 中的内容是什么？

```
MOV     R0, #0AFH
XCH     A, R0
SWAP    A
XCH     A, R0
```

3-13　写出完成如下要求的指令，但是不能改变未涉及位的内容。

（A）把 ACC.3，ACC.4，ACC.5 和 ACC.6 清"0"。

（B）把累加器 A 的中间 4 位清"0"。

（C）使 ACC.2 和 ACC.3 置"1"。

3-14 把累加器 A 中的低 4 位送到外部 RAM 的 2000H 单元中，试编程序。

3-15 利用乘法指令编写 15H×33H 的程序，将乘积的高 8 位存入 31H 单元，低 8 位存入 30H 单元。

3-16 编程将片内 35H～55H 单元中的内容送入到以 3000H 为首的存储区中。

3-17 设 5AH 单元中有一变量 X，请编写计算下述函数式的程序，结果存入 5B 单元。

$$Y = \begin{cases} X^2 - 1 & X < 10 \\ X + 8 & 10 \leq X \leq 15 \\ 41 & X > 15 \end{cases}$$

3-18 20H 单元开始有一无符号数据块，其长度在 20H 单元中，求出数据块中的最小值，并存入 21H 单元。

第4章 80C51汇编语言程序设计

第3章介绍了80C51单片机的指令系统,这些指令按工作要求有序地编排为一段完整的程序,计算机按照给定程序,逐条执行指令,完成某项规定的任务。本章主要介绍编写80C51汇编程序的方法。

4.1 概　　述

4.1.1 程序设计语言

计算机能执行的程序可以用很多语言来编写,但从语言的结构及其与计算机的关系来看,可分为三类: 机器语言、汇编语言和高级语言。

1. 机器语言

机器语言(Machine Language)是指直接用机器码编写程序、能够被计算机直接执行的机器级语言。机器码是一串由二进制代码"0"和"1"组成的二进制数据,执行速度快,但是可读性极差。机器语言一般只在简单的开发装置中使用,程序的设计、输入、修改和调试都很麻烦,且不易看懂,不便记忆,容易出错。为了克服这些缺点,产生了汇编语言。

2. 汇编语言

汇编语言(Assembly Language)是指用指令助记符代替机器码的编程语言。程序结构简单,执行速度快,程序易优化,编译后占用存储空间小,是单片机应用系统开发中最常用的程序设计语言。

第3章所举各例均为汇编语言程序,显然它比机器语言前进了一大步。因为汇编语言和机器语言一样都是面向机器的,因而它能把计算机的工作过程刻画得非常精细又具体。这样可以编制出结构紧凑、运行时间精确的程序。所以,这种语言非常适用于实时控制。

汇编语言的缺点是可读性比较差、调试周期长。只有熟悉单片机的指令系统,并具有一定的程序设计经验,才能研制出功能复杂的应用程序。因而,在对实时性要求不高的情况下,最好使用高级语言。

3. 高级语言

高级语言(High-Level　Language)是在汇编语言的基础上编写程序,例如 PL/M-51、Franklin C51、MBASIC 51 等,其优点是程序可读性强,通用性好,适用于不熟悉单片机指令系统的用户。高级语言编写程序的缺点是实时性不高,结构不紧凑,编译后占用存储空间比较大,这一点在存储器有限的单片机应用系统中没有优势。

4.1.2 汇编语言伪指令

汇编程序对用汇编语言写的源程序进行汇编时,还要提供一些汇编用的控制指令,例如要指定程序或数据存放的起始地址,要给一些连续存放的数据确定单元等。但是,这些指令在汇编时并不产生目标代码，不影响程序的执行，所以称为伪指令。本节介绍 80C51 单片机汇编常用的伪指令。

1. 定义起始地址伪指令 ORG

格式：ORG　操作数

说明：操作数为一个 16 位的地址，它指出了紧跟 ORG 后面的那条指令在程序存储器中的地址。在一个源程序中，可以多次定义使用 ORG 伪指令，但要求指定的地址由小到大安排，各段之间地址不允许重复。

【例 4.1.1】

地址	机器码		源程序清单	
			ORG　0000H	
0000H	022000		LJMP　MAIN	；上电转向主程序
			ORG　0023H	；串行口中断入口地址
0023H	02XXXX		LJMP　INTSER	；转中断服务程序
			ORG　2000H	；主程序
2000H	758920	MAIN:	MOV　TMOD, #20H	；设 T1 工作于方式 2
2003H	758DF3		MOV　TH1, #0F3H	；赋计数初值
2006H	758BF3		MOV　TL1, #0F3H	
2009H	D28E		SETB　TR1	；启动 T1

2. 定义赋值伪指令 EQU

格式：字符名称　EQU　操作数

说明：该指令用来给字符名称赋值。在同一个源程序中，任何一个字符名称都只能赋值一次。赋值以后，其值在整个源程序中的值是固定的，不可改变。字符名称必须先定义赋值后才能使用。其操作数可以是 8 位或 16 位的二进制数，也可以是事先定义的表达式。

【例 4.1.2】

ORG	0500H	
AA	EQU	R1	；定义 AA 与寄存器 R1 等价
A15	EQU	15H	；定义 A15 与 15H 等价
MOV	R0,	A15	；R0←（15H）
MOV	A,	AA	；A←（R1）
⋮		

3. 定义数据地址赋值伪指令 DATA

格式：字符名称　DATA　操作数

说明：DATA 伪指令功能和 EQU 相类似，它把右边"表达式"的值赋给左边的"字符名称"。这里的表达式可以是一个数据或地址，也可以是一个包含所定义字符名称在内的表达式。

DATA 伪指令和 EQU 伪指令从使用的角度是等价的，有的资料上说："EQU 定义的字符必须先定义后使用，而 DATA 伪指令没有这种限制"是不确切的，因 DATA 和 EQU 都可以先使用，后定义。

【例 4.1.3】

X	DATA	2000H	；2000H 赋值给 X
Y	DATA	3000H	；3000H 赋值给 Y

4. 定义字节数据伪指令 DB

格式：[标号：]DB　数据表

说明：该伪指令用来定义若干字节数据表，并从指定的地址单元开始存放在程序存储器中。数据表是由 8 位二进制数或由加单引号的字符组成的，中间用逗号间隔，每行的最后一个数据不用逗号。

DB 伪指令确定数据表中第一个数据的单元地址有两种方法：一是由 ORG 伪指令规定首地址；二是由 DB 前一条指令的首地址加上该指令的长度。

【例 4.1.4】

```
ORG   1000H
DB    76H, 73, 'D', 'A'   ; 在表示 ASCII 码字符时，要用‘’
DB    0ACH
```

则：

- （1000H）=76H
- （1001H）=49H
- （1002H）=44H
- （1003H）=41H
- （1004H）=ACH

5. 定义双字节数据伪指令 DW

格式：[标号：]DW　数据表

说明：DW 定义的是双字节数据，而 DB 定义的是单字节数据，其他用法都相同。在汇编时，每个双字节的高 8 位数据要排在低地址单元，低 8 位数据排在高地址单元。

【例 4.1.5】

```
ORG   2000H
DW    1256H, 7CH, 11
```

则：

- （2000H）=12H
- （2001H）=56H
- （2002H）=00H
- （2003H）=7CH
- （2004H）=00H
- （2005H）=0BH

6. 定义预留空间伪指令 DS

格式：[标号：]DS　操作数

说明：该伪指令用于告诉汇编程序，从指定的地址单元开始（如由标号指定首地址），保留由操作数设定的字节数空间作为备用空间。要注意的是，DB、DW、DS 伪指令只能用于程序存储器，而不能用于数据存储器。

【例 4.1.6】

```
TMP: DS  1
```

从标号 TMP 地址处开始保留 1 个存储单元（字节）。

7. 定义位地址赋值伪指令 BIT

格式：字符名称　BIT　位地址

说明：该伪指令只能用于有位地址的位（内部 RAM 或 SFR 中），把位地址赋予规定的字符名称。

【例 4.1.7】

```
P10    BIT    P1.0
ABC    BIT    20H
```

汇编后，位地址 P1.0、20H 分别与变量 P10 和 ABC 等价。

8. 定义汇编结束伪指令 END

格式：[标号：]END

说明：汇编结束伪指令 END 用来告诉汇编程序，此源程序到此结束。在一个程序中，只允许出现一条 END 伪指令，而且必须安排在源程序的末尾。

4.1.3 程序汇编方法

1. 汇编语言程序设计步骤

汇编语言程序设计步骤如下：

① 分析问题；

② 确定算法；

③ 设计程序流程图；

④ 分配内存工作单元，确定程序和数据区的起始地址；

⑤ 编写汇编语言程序；

⑥ 调试程序。

2. 汇编语言源程序的汇编和调试

用汇编语言编写的源程序称为汇编语言源程序。但是单片机不能直接识别汇编语言源程序，需要通过汇编将其转换成用二进制代码表示的机器语言程序，才能够识别和执行，这个翻译过程称为汇编。汇编通常由专门的汇编程序来进行，通过编译后自动得到对应于汇编语言源程序的机器语言目标程序，这个过程叫机器汇编。另外，还可人工汇编。

（1）机器汇编

汇编过程是将汇编语言源程序翻译成目标程序的过程。机器汇编通常在计算机上（与单片机仿真器联机）通过汇编程序实现。

① 利用软件包提供的编辑器或其他编辑器，输入汇编语言源程序，并以文件后缀为.ASM 的文件存盘。

② 将后缀为.ASM 的源程序文件编译生成列表文件（文件后缀为.LST），若编译时有语法错误，将不能生成列表文件。

③ 链接生成目标文件（文件后缀为.OBJ）、十六进制文件（文件后缀为.HEX），若没有列表文件，则将不能生成目标文件。

④ 利用软件包的通信功能，将目标文件或十六进制文件加载到单片机应用系统，或打印出目标文件，手工输入到单片机应用系统。

⑤ 利用软件包的程序调试功能，对目标程序进行调试运行。

有的软件包可将②、③两步合在一起编译链接，汇编自动生成.LST 文件、.HEX 文件和.OBJ 文件，有的软件包还能自动生成出错信息文件。

（2）手工汇编

由程序员根据 89C51 的指令集将汇编语言源程序的指令逐条人工翻译成机器码的过程叫人工汇编。通过人工查找指令表，将每一条指令的机器代码查出，并分配存储空间，计算地址偏移量，最后得到目标文件。

下面通过一个例子来介绍手工汇编的基本方法。

【例 4.1.8】 从内部 RAM 40H 单元开始存放 3 个无符号数，若 40H 单元的数等于 2BH，则把后面两单元的数相加，若 40H 单元的数等于 2DH，则把后面两单元的数相减，并将计算结果存放到 43H 单元中。如果 40H 单元非 2BH 或 2DH，则做出错处理，其出错结果为 FFH。试按要求编写源程序，并手工汇编成机器码。

其源程序及汇编过程如下：

地址	机器码		源程序清单	
			ORG	0000H
0000H:	020100		LJMP	MAIN
			ORG	0100H
0100H:	E540	MAIN:	MOV	A，40H
0102H:	B42B08①		CJNE	A，#2BH，MINUS
0105H:	E541	PLUS:	MOV	A，41H
0107H:	2542		ADD	A，42H
0109H:	F543		MOV	43H，A
010BH:	800F②		SJMP	CLOSE
010DH:	B42D09③	MINUS:	CJNE	A，#2DH，ERR
0110H:	C3		CLR	C
0111H:	E541		MOV	A，41H
0113H:	9542		SUBB	A，42H
0115H:	F543		MOV	43H，A
0117H:	8003④		SJMP	CLOSE
0119H:	7543FF	ERR:	MOV	43H，#0FFH
011CH:	80FE⑤	CLOSE:	SJMP	$
			END	

在汇编结果中，注有①②③④⑤的机器码分别表示对应指令的相对地址偏移量，由于偏移量的计算与当前指令地址和转移目的地址有关，所以其相对偏移量的地址计算如下：

rel=转移目的地址-当前指令的下一条指令首字节地址，结果用补码表示。

① 偏移量=010DH-0105H=08H，用补码表示为 08H。

② 偏移量=011CH-010DH=0FH，用补码表示为 0FH。

③ 偏移量=0119H-0110H=09H，用补码表示为 09H。

④ 偏移量=011CH-0119H=03H，用补码表示为 03H。

⑤ 偏移量=011CH-011EH=-2H，用补码表示为 0FEH。

上述汇编结果中的偏移量就是用这种方法计算出来的。

4.2 顺序程序设计

顺序程序是最简单、最基本的程序结构，其特点是按指令的排列顺序一条条地执行，直到全部指令执行完毕为止。本节通过实例介绍顺序程序的设计方法。

编写一个程序，一般需注意以下几个要点：

① 正确选择程序存放的地址。在编写程序时，一般要在程序开头用一条伪指令 ORG 指定程序的首地址。首地址应该避开单片机的系统保留地址，如复位地址和中断入口地址等，且要注意程序存储器的有效使用空间。

② 检查所用的指令是否合法，非法指令由于找不到机器码，是无法汇编的。

③ 程序要有一定的通用性且易于修改。

④ 为使程序在运行结束时，不会继续跑飞，可在程序的最后一行加一条指令，使程序暂停，如 SJMP $。

【例 4.2.1】 请编程将内部数据寄存器的 20H 单元和 30H 单元的内容互换。

程序如下：

```
        ORG     4000H       ; 设定起始地址
        LJMP    START       ; 转移至主程序
        ORG     4100H       ; 主程序起始地址
START:  MOV     R0, #20H    ; 设 R0 为第一数据指针
        MOV     A, @R0      ; 取第一个数
        MOV     R1, #30H    ; 设 R1 为第二数据指针
        XCH     A, @R1      ; 两数互相交换
        MOV     @R0, A      ; 把第二数存到第一数所在原单元
        SJMP    $           ; 程序暂停
        END
```

【例 4.2.2】 将两个 8 位无符号数相加，设其和仍为 8 位。

假设两个无符号数 X1、X2 分别存于内部 RAM 60H、61H 单元中，其和送入 62H 单元。程序如下：

```
        ORG     4000H
        MOV     R0, #60H    ; 设 R0 为数据指针
        MOV     A, @R0      ; 取 X1→A
        INC     R0          ; 取下一个数
        ADD     A, @R0      ; X1+X2→A
        INC     R0
        MOV     @R0, A      ; 保存结果
        END
```

【例 4.2.3】 将两位 BCD 码十进制数转换成相应的 ASCII 码，并存入相邻两个内部 RAM 单元中。

假设两位 BCD 码存放在内部 RAM 的 20H 单元，转换后的 ASCII 码存放于 21H 和 22H 单元，其中高位存放在 21H 单元。

十进制数 0～9 的 ASCII 码为 30H～39H。要完成题目要求，就是要将一字节内的两个 BCD 码拆开，放到另外两个单元的低 4 位，并在这两个单元的高 4 位赋以 0011，这样就完成 BCD 码的转换了。为此，我们可以先用 XCHD 指令将这个 BCD 码的个位与 22H 单元的低 4 位交换，并

将 22H 单元的高 4 位置为 0011，完成第一次转换；再用 SWAP 指令将高位 BCD 码换到低 4 位，并将高 4 位置为 0011，完成第二次转换。为了减少操作，应先使 22H 单元清零。工作寄存器使用 R0，便于使用变址寻址指令。程序如下：

```
ORG     4000H
MOV     R0, #22H          ; 立即数 22H→R0
MOV     @R0, #00H         ; 将 22H 单元清 "0"
MOV     A, 20H            ; BCD 码送 A
XCHD    A, @R0            ; 低位 BCD 码送 22H 单元
ORL     22H, #30H         ; 完成低位转换
SWAP    A                 ; 高位 BCD 码换到低 4 位
ORL     A, #30H           ; 完成高位转换
MOV     21H, A            ; 送高位 ASCII 码
END
```

此例也可先用除法指令（除以 10000B，相当于右移 4 位）求完成拆字。

【例 4.2.4】 设变量放在内部 RAM 的 60H 单元，取值范围为 00H～09H，要求编制查表程序，查出变量的平方值，并放入内部 RAM 的 61H 单元。

该程序为查表程序。查表技术是汇编语言程序设计的一个重要技术，通过查表避免了复杂的计算和编程。为实现查表，可以先在程序存储器的一些指定地址单元建立一张平方表，用数据指针 DPTR 指向表的首地址，A 存放变量值，利用查表指令 MOVC 即可求得，表中数据用 BCD 码存放。具体程序如下：

```
        ORG     4000H
START:  MOV     DPTR,#TAB         ; DPTR 指向表首地址
        MOV     A,60H             ; 取数
        MOVC    A,@A+DPTR         ; 查表
        MOV     61H,A             ; 保存
TAB:    SJMP    $
        DB      00H,01H,04H,09H,16H,    ; 定义 01H～09H 平方的 BCD 存储表
                25H,36H,49H,64H,81H
        END
```

图 4-1 数据拼拆题意分析示意图

【例 4.2.5】 数据拼拆程序。将内部 RAM 30H 单元中存放的 BCD 码十进制数拆开并变成相应的 ASCII 码，分别存放到 31H 和 32H 单元中。

（1）题意分析

题目要求如图 4-1 所示。

本题中，首先必须将两个数拆分开，然后再拼装成两个 ASCII 码。数字与 ASCII 码之间的关系是：高 4 位为 0011H，低四位即该数字的 8421 码。

（2）汇编语言源程序

```
ORG     0000H
MOV     R0, #30H
MOV     A, #30H
XCHD    A, @R0            ; A 的低 4 位与 30H 单元的低 4 位交换
MOV     32H, A            ; A 中的数值为低位的 ASCII 码；保存
MOV     A, @R0
```

```
SWAP    A                   ；将高位数据换到低位
ORL     A，#30H             ；与30H拼装成ASCII码
MOV     31H,A
END
```

【例4.2.6】4字节加法。将内部RAM 30H开始的4个单元中存放的4字节十六进制数和内部RAM 40H单元开始的4个单元中存放的4字节十六进制数相加，结果存放到40H开始的单元中。

（1）题意分析

题目的要求如图4-2所示。

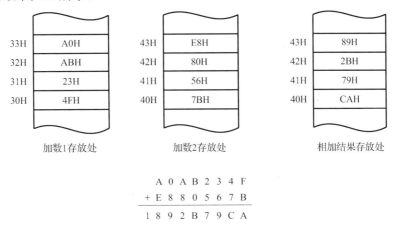

图4-2   4字节加法题意分析示意图

（2）汇编语言源程序

按照双字节加法的思路，实现4字节加法的源程序如下：

```
ORG     0000H
MOV     A，30H
ADD     A，40H              ；最低字节加法并送结果
MOV     40H，A
MOV     A，31H
ADDC    A，41H              ；第二字节加法并送结果
MOV     41H，A
MOV     A，32H
ADDC    A，42H              ；第三字节加法并送结果
MOV     42H，A
MOV     A，33H
ADDC    A，43H              ；第四字节加法并送结果，进位标志位在CY中
MOV     43H，A
END
```

显然，上面程序中每一步加法的步骤很相似，因此可以采用循环的方法来编程，使得源程序更加简洁，结构更加紧凑。

4.3 分支程序设计

一般地，简单的顺序结构程序只能解决一些简单的算术、逻辑运算，或者简单的查表、传送操作等。但实际问题往往是比较复杂的，总是伴随有逻辑判断或条件选择，要求计算机能根据给

定的条件进行判断，选择不同的处理路径，从而表现出某种智能。

根据程序要求改变程序执行顺序，即程序的流向有两个或两个以上的出口，根据指定的条件选择程序流向的程序结构称为分支程序结构。分支程序分为一般分支和散转两类，如图 4-3 所示为分支程序的结构示意图。

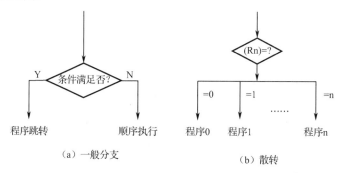

（a）一般分支 　　　　　　　　　　（b）散转

图 4-3　分支程序结构示意图

分支程序结构是通过执行条件转移指令来实现的。在 80C51 指令系统中，除了零条件转移、比较转移指令，还有一些位操作转移指令。把这些指令结合在一起使用，就可以完成多种条件判断，如正负判断、溢出判断、大小判断等，从而实现程序的分支。

4.3.1　一般分支程序设计

【例 4.3.1】　比较两个无符号数的大小。

设从外部存储单元 ST1 起存放两个无符号 8 位二进制数，要求比较其大小，将大数存入 ST1+2 单元中。程序流程图如图 4-4 所示。

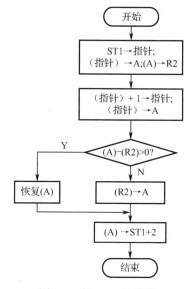

图 4-4　例 4.3.1 流程图

程序如下：

```
        ORG     4000H
START:  MOV     DPTR, #ST1        ; 设置数据指针
        MOVX    A, @DPTR          ; 取第一个数
        MOV     R2, A             ; 暂存于 R2
```

```
        INC      DPTR
        MOVX     A, @DPTR           ; 取第二个数
        CLR      C                  ; 清进位标志位
        SUBB     A, R2              ; 两数比较
        JNC      BIG2
        XCH      A, R2
BIG1:   INC      DPTR               ; 第一个数大
        MOVX     @DPTR, A           ; 存大数
        SJMP     $
BIG2:   MOVX     A, @DPTR           ; 第二个数大
        SJMP     BIG1
ST1:    EQU      2040H
        END
```

上面的程序中，用减法指令 SUBB 来比较两数的大小。由于这是一条带借位的减法指令，所以在执行该指令前，先要把进位标志位清零。用减法指令通过借位（CY）的值来判断两数的大小，是比较两个无符号数大小的常用方法。用减法指令比较大小，会破坏累加器 A 的内容，故在做减法前要先将 A 的内容保存起来。执行 JNC 指令后，形成了程序分支。通过无条件转移指令，可实现分支程序的汇合。

【例 4.3.2】 试编制计算符号函数 $y=\mathrm{SGN}(x)$ 的程序。

$$y = \begin{cases} 1 & \text{当} x > 0 \\ 0 & \text{当} x = 0 \\ -1 & \text{当} x < 0 \end{cases}$$

设自变量 x 已存入标号为 DATA 的单元，其值在 $-128 \leqslant x \leqslant 127$ 范围内。符号函数 y 存于 FSGN 单元中。

由于 x 是有符号数，其正负由符号位来决定。判断符号位是 0 还是 1，可利用 JB 或 JNB 指令。而判断 x 是否等于 0，则可利用累加器内容的零标志。把这两者结合起来使用，能完成本题的任务。程序流程图如图 4-5 所示。

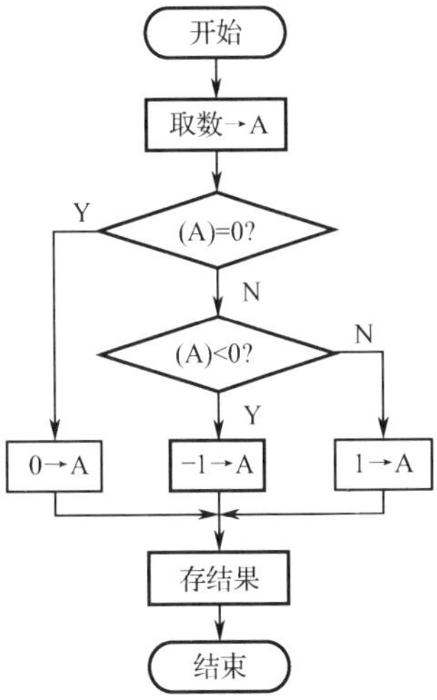

图 4-5 例 4.3.2 流程图

程序如下：

```
        ORG      4000H
START:  MOV      DPTR, #DATA        ; 取 x 值
        MOVX     A, @DPTR
        JZ       SUL                ; x=0, 转 SUL
        JB       ACC.7, NEG         ; 判断 x 的符号位, 为负转移
        MOV      A, #01H            ; 若 x>0, 则 1→A
        MOV      DPTR, #FSGN
SUL:    MOVX     @DPTR, A           ; 保存 y 值
        SJMP     $                  ; 等待处理
NEG:    MOV      A, #0FFH           ; 若 x<0, 则 -1→A
        SJMP     SUL
DATA:   DB       x                  ; x 为任意数
FSGN:   DB       n                  ; n 为任意数
        END
```

此例的分支结构与上例有所不同。例 4.3.1 程序只有一次判断，是单分支结构；而此例有两次判断，为多分支结构。

【例 4.3.3】 比较两个有符号数（三分支程序）。内部 RAM 的 20H 单元和 30H 单元各存放了一个 8 位有符号数，请比较这两个数的大小，根据比较结果点亮发光二极管（LED）。结果如下：

● 若（20H）=（30H），则 P1.0 引脚连接的 LED 发光（即 P1.0 为低电平）；
● 若（20H）>（30H），则 P1.1 引脚连接的 LED 发光（即 P1.1 为低电平）；
● 若（20H）<（30H），则 P1.2 引脚连接的 LED 发光（即 P1.2 为低电平）。

（1）题意分析

有符号数在计算机中的表示方式与无符号数是不同的：正数以原码形式表示，负数以补码形式表示，8 位二进制数的补码所能表示的数值范围为+127～-128。

计算机本身无法区分一串二进制码组成的数字是有符号数还是无符号数，也无法区分它是程序指令还是一个数据。编程员必须对程序中出现的每一个数据的含义非常清楚，并按此选择相应的操作。例如，数据 FEH 看作无符号数时，其值为 254；看作有符号数时，其值为-2。

比较两个有符号数 X 和 Y 的大小要比无符号数麻烦得多。这里提供一种比较思路：先判别两个有符号数 X 和 Y 的符号，如果 X、Y 两数符号相反，则非负数大；如果 X、Y 两数符号相同，将两数相减（$X-Y$），根据借位标志位 CY 进行判断即可。这一比较过程如图 4-6 所示。

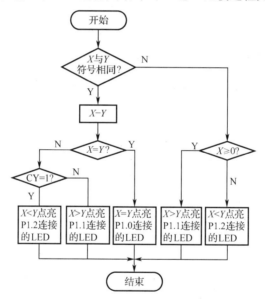

图 4-6 两个有符号数 X、Y 的比较过程流程图

（2）汇编语言源程序

X	DATA	20H	
Y	DATA	30H	
ORG	0000H		
MOV	A, X		
XRL	A, Y		; X 与 Y 进行异或操作
JB	ACC.7, NEXT1		; 累加器 A 的第 7 位为 1，
			; 二数符号不同，转移到 NEXT1
MOV	A, X		
CJNE	A, Y, NEQUAL		; X≠Y，转移到 NEQUAL
CLR	P1.0		; X=Y，点亮 P1.0 的 LED

```
                SJMP        FINISH
    NEQUAL: JC          XXY                 ; X<Y，转移到 XXY
                SJMP        XDY                 ; 否则，X>Y，转移到 XDY
                MOV         A，X
    NEXT1:  JNB         ACC.7，XDY          ; 判断 X 的 D7 位，以确定其正负
                CLR         P1.2                ; X<Y，点亮 P1.2 连接的 LED
    XXY:        SJMP        FINISH
                CLR         P1.1                ; X>Y，点亮 P1.1 连接的 LED
    XDY:        SJMP        $
    FINISH: END
```

（3）程序说明

本例中使用逻辑异或指令，对 X 与 Y 进行异或操作，那么 X 的符号位（X）.7 与 Y 的符号位（Y）.7 异或，结果如下：

若（X）.7 与（Y）.7 相同，则（X）.7 ⊕（Y）.7=0。

若（X）.7 与（Y）.7 不相同，则（X）.7 ⊕（Y）.7=1。

本例中，X 与 Y 的异或结果存放在累加器 A 中，因此判断 ACC.7 是否为零即可知道两个数的符号相同与否。

除了本例中使用的比较两个有符号数的方法，还可以利用溢出标志位 OV 的状态来判断两个有符号数的大小。具体算法如下：

若 $X-Y$ 为正数，则   OV=0 时 $X>Y$；OV=1 时 $X<Y$。

若 $X-Y$ 为负数，则   OV=0 时 $X<Y$；OV=1 时 $X>Y$。

4.3.2　散转程序设计

散转程序是一种多分支结构程序。它根据输入条件或运算结果来确定程序相应的转移方向。80C51 指令系统中的散转指令 JMP @A+DPTR，可以方便地编制散转程序，实现多分支结构的程序设计。下面介绍两种编程方法。

1．用转移指令表实现散转

在某些程序中，需要根据某一单元的值 0，1，2，…，n，相应地转向处理程序 0，处理程序 1，…，处理程序 n。这时可以用转移指令 AJMP 或 LJMP 组成一个顺序表格即转移指令表。先利用 JMP @A+DPTR 指令使程序进入转移指令表中相应的转移指令，然后执行该转移指令进入相应的分支程序。

【例 4.3.4】 试编写程序，根据 R6 的内容，使程序转向对应的处理程序。

```
（R6）=0, 转 PRGM0
（R6）=1, 转 PRGMl
…
（R6）=n, 转 PRGMn
```

（1）题意分析

先安排一个转移指令表 TAB1，存放转向程序的入口地址。假设采用 AJMP 指令，则每条转移指令占 2 字节。所以各转移指令地址之间相差 2 字节，实现散转前，A 中的值必须进行乘 2 修正。因此，编程时先把转移表首地址送 DPTR，再把转移标志（R6）乘 2 后，送累加器 A，利用指令 JMP @A+DPTR 实现程序的转移。

（2）汇编语言源程序

```
           ORG       6000H
PJl:       MOVD      PTR，TABl             ；把转移指令表首地址赋给地址指针
           MOV       A，R6                 ；分支程序号送A
           ADD       A，R6                 ；(R6)×2→A
           JNC       PJ11
           INC       DPH                  ；当(R6)×2≥256，DPTR高8位加1
PJ11:      JMP       @A+DPTR              ；转移指令表：转处理程序0
TAB1:      AJMP      PRGM0                ；转处理程序1
           AJMP      PRGM1
           …                             ；转处理程序n
           AJM       PRGMn                ；分支程序0
PRGM0:     …
PRGM1:     …
PRGM2:     …
…          …
PRGMn
           END
```

在上述程序中，若处理程序数 $n≥128$，则 R6 内容乘 2 后就有进位，应将此进位加到 DPTR 的高 8 位。

本例适用于散转表首地址 TABl 和处理程序入口地址 PRGM0，PRGMl，…，PRGMn 同处在 2KB 范围存储区内的情况。如果 n 个散转程序长度超过 2KB，可将短转移指令 AJMP 改为长转移指令 LJMP，这样散转程序范围可扩大到 64KB。但 LJMP 是 3 字节指令，这时应将（R6）乘 3 作为转移指令表的偏移量，同时也需要注意（R6）乘 3 后的进位处理。

2．用转移地址表实现散转

当程序转移范围比较大时，可使用转移地址表方法，即把每个处理程序的入口地址直接置于地址表内，先用查表指令找到对应的转向地址，再把此地址装入 DPTR 中。将累加器清零后，用指令 JMP　@A+DPTR 直接转向各个处理程序的入口。

【例 4.3.5】 根据 R2 的内容转向对应处理程序，处理程序的入口分别是 PR0～PRn。
程序清单：

```
           ORG       6000H
PJ2:       MOV       DPTR，#TAB2           ；把转移地址表首地址送DPTR
           MOV       A，R2
           ADD       A，R2                 ；(R2)×2→A
           JNC       PJ21
           INC       DPH                  ；若(R2)×2≥256，则DPH加1
PJ21:      MOV       R3，A                 ；(R2)×2暂存于R3
           MOVC      A，@A+DPTR            ；取高8位地址
           XCH       A，R3                 ；处理程序入口地址高8位暂存于R3
           INC       A
           MOVC      A，@A+DPTR            ；取低8位地址
           MOV       DPL，A                ；处理程序入口地址低8位送DPL
           MOV       DPH，R3               ；处理程序入口地址高8位送DPH
           CLR       A
           JMP       @A+DPTR              ；转向处理程序入口
```

```
TAB2:    DW     PR0, PR1, …, PRn        ; 散转地址表
PR0:     …                              ; 分支程序 0
PR1:     …                              ; 分支程序 1
…        …                              ; 分支程序 n
PRn:     …
         END
```

本例可实现 64KB 范围内的转移，散转数 *n* 小于 256。

3．三种无条件转移指令

三种无条件转移指令在应用上的区别有以下三点：

首先，转移距离不同，LJMP 可在 64KB 范围内转移，AJMP 指令可以在本指令取出后的 2KB 范围内转移，SJMP 的转移范围是以本指令为核心的−126～+129B。

其次，汇编后机器码的字节数不同，LJMP 是三字节指令，AJMP 和 SJMP 都是两字节指令。

最后，LJMP 和 AJMP 都是绝对转移指令，可以计算得到转移目的地址，而 SJMP 是相对转移指令，只能通过转移偏移量来进行计算。

选择无条件转移指令的原则是根据跳转的远近，尽可能选择占用字节数少的指令。例如动态暂停指令一般都选用 SJMP　$，而不用 LJMP　$。

散转程序除了转移指令表法，还可以采用地址偏移量表法、转向地址表法及利用"RET"指令（子程序返回指令）等。

4.3.3　分支程序设计实例

【例 4.3.6】根据内部 RAM　55H 和 65H 内容大小，确定 LED 左移、右移和闪烁状态（原理图参见图 3-11）。要求：

（1）当内部 RAM 中 65H 单元的内容小于 55H 单元的内容时，从右向左循环点亮 LED；

（2）当内部 RAM 中 65H 单元的内容大于 55H 单元的内容时，从左向右循环点亮 LED；

（3）当内部 RAM 中 65H 单元的内容等于 55H 单元的内容时，闪烁点亮所有 LED。

程序清单：

```
         ORG    0100H            ; 伪指令
MAIN:
         MOV    55H,#10          ; 初始化 55H 单元的值
         MOV    65H,#15          ; 初始化 65H 单元的值
START:   MOV    A,65H            ; 65H 单元的值赋给 A
         CJNE   A,55H,NOTEQ      ; 65H 单元的值与 55H 单元的值比较
         ACALL  FLASH            ; 65H 单元的值与 55H 单元的值相等，闪烁
         AJMP   NEXT
NOTEQ:   JC     SMALL            ; 65H 单元的值小于 55H 单元的值，左流动
LARGE:   ACALL  RIGHT            ; 65H 单元的值大于 55H 单元的值，右流动
         AJMP   NEXT
SMALL:   ACALL  LEFT             ; 左流动
NEXT:    INC    55H              ; 55H 单元的值+1
         MOV    R6,55H           ; 55H 单元的值暂存 R6
         CJNE   R6,#20,START     ; 55H 单元的值等于 20?
         MOV    55H,#10          ; 55H 单元的值重新初始化为 10
         SJMP   START            ; 转回到 START 重复执行
FLASH:   MOV    A,#00H           ; 闪烁子程序，初始化 A 为 00000000
```

```
           MOV      R7,#10H          ; R7 作为计数器，控制闪烁次数
FLASH1:    MOV      P1,A             ; 驱动 LED
           ACALL    DELAY            ; 调用延时
           CPL      A                ; 取反
           DJNZ     R7,FLASH1        ; 循环执行
           RET                       ; 子程序返回
LEFT:      MOV      A,#01H           ; 左流动子程序，初始化 A 为 00000001
           MOV      R7,#10H          ; R7 作为计数器，控制闪烁次数 10 次
LEFT1:     MOV      P1,A             ; 点亮对应灯
           ACALL    DELAY            ; 调用延时
           RL       A                ; 左移 A
           DJNZ     R7,LEFT1         ; 循环执行
           RET                       ; 子程序返回
RIGHT:     MOV      A,#80H           ; 右流动子程序，初始化 A 为 10000000
           MOV      R7,#10H          ; R7 作为计数器，控制闪烁次数 10 次
RIGHT1:    MOV      P1,A             ; 点亮对应灯
           ACALL    DELAY            ; 调用延时
           RR       A                ; 右移 A
           DJNZ     R7,RIGHT1        ; 循环执行
           RET                       ; 子程序返回
DELAY:     MOV      R3,#2            ; 1 机器周期
DEL3:      MOV      R2,#100          ; 1 机器周期
DEL2:      MOV      R1,#248          ; 1 机器周期
DEL1:      NOP                       ; 1 机器周期
           NOP                       ; 1 机器周期
           DJNZ     R1,DEL1          ; 2 机器周期
           DJNZ     R2,DEL2          ; 2 机器周期
           DJNZ     R3,DEL3          ; 2 机器周期
           RET                       ; 2 机器周期
           END
```

【例 4.3.7】 用散转程序设计的方法实现 LED 的依次点亮。根据 R6 内容循环点亮 P1 口驱动的 LED（原理图参见图 3-11）。要求：

;R6=0   点亮 P1.0

;R6=1   点亮 P1.1

;R6=2   点亮 P1.2

;R6=3   点亮 P1.3

;R6=4   点亮 P1.4

;R6=5   点亮 P1.5

;R6=6   点亮 P1.6

;R6=7   点亮 P1.7

;R6=8   点亮 P1.0

;R6=9   点亮 P1.1

;R6=10   点亮 P1.2

;R6=11   点亮 P1.3

;R6=12   点亮 P1.4

;R6=13   点亮 P1.5

;R6=14　点亮 P1.6
;R6=15　点亮 P1.7
……

程序清单：

	ORG	0100H	；程序开始
	MOV	R6,#0	；R6 初始化，赋初始值
START:	MOV	P1,#0	；熄灭所有
	MOV	DPTR,#TAB	；散转程序表
	MOV	B,#8	；因为 R6 加 1，防止散转超出范围，除 8 求余
	MOV	A,R6	；R6 赋给 A
	DIV	AB	；R6 除 8
	MOV	A,B	；余数赋给 A
	ADD	A,B	；A+A 赋给 A
	JNC	FLASH	；无进位则跳转
	INC	DPH	；有进位，DPH+1
FLASH:	JMP	@A+DPTR	；散转程序
TAB:	AJMP	P10	；A=0，转到 P10
	AJMP	P11	；A=1，转到 P11
	AJMP	P12	；A=2，转到 P12
	AJMP	P13	；A=3，转到 P13
	AJMP	P14	；A=4，转到 P14
	AJMP	P15	；A=5，转到 P15
	AJMP	P16	；A=6，转到 P16
	AJMP	P17	；A=7，转到 P17
	SJMP	$	；原地等待，防止跑飞
P10:	SETB	P1.0	；点亮 P1.0
	AJMP	NEXT	
P11:	SETB	P1.1	；点亮 P1.1
	AJMP	NEXT	
P12:	SETB	P1.2	；点亮 P1.2
	AJMP	NEXT	
P13:	SETB	P1.3	；点亮 P1.3
	AJMP	NEXT	
P14:	SETB	P1.4	；点亮 P1.4
	AJMP	NEXT	
P15:	SETB	P1.5	；点亮 P1.5
	AJMP	NEXT	
P16:	SETB	P1.6	；点亮 P1.6
	AJMP	NEXT	
P17:	SETB	P1.7	；点亮 P1.7
Next:	ACALL	DELAY	；调用延时
	INC	R6	；R6+1
	AJMP	START	；循环执行
	SJMP	$	；原地等待，防止跑飞
DELAY:	MOV	R3,#2	；1 机器周期
DEL3:	MOV	R2,#100	；1 机器周期
DEL2:	MOV	R1,#248	；1 机器周期
DEL1:	NOP		；1 机器周期

```
        NOP                    ；1 机器周期
        DJNZ    R1,DEL1        ；2 机器周期
        DJNZ    R2,DEL2        ；2 机器周期
        DJNZ    R3,DEL3        ；2 机器周期
        RET                    ；2 机器周期
        END
```

4.4 循环程序设计

在程序设计中，只有简单程序和分支程序是不够的。因为简单程序的每条指令只执行一次，而分支程序则根据条件的不同，会跳过一些指令，执行另一些指令。它们的特点是，每一条指令至多执行一次。在处理实际事务时，有时会遇到多次重复处理的问题，用循环程序的方法来解决就比较合适。采用循环程序，可以减少指令，节省存储单元，但并不节约 CPU 的执行时间。

4.4.1 循环程序结构

1. 循环程序组成

循环程序的特点是程序中含有可以重复执行的程序段。循环程序由以下四部分组成。

（1）初始化部分

程序在进入循环处理之前必须先设立初值，如循环次数计数器、工作寄存器及其他相关变量的初始值等，为进入循环处理做准备。

（2）循环体

循环体也称为循环处理部分，是循环程序的核心。循环体用于处理实际的数据，是重复执行部分。

（3）循环控制

在重复执行循环体的过程中，不断修改和判别循环变量，直到符合循环结束条件。一般情况下，循环控制有以下几种方式。

① 计数循环：若循环次数已知，用计数器计数来控制循环次数。循环次数在初始化部分预置，在控制部分修改，每循环一次计数器内容减 1 或加 1。

② 条件控制：若循环次数未知，一般通过设立结束条件来控制循环的结束。

③ 开关量与逻辑尺控制循环：这种方法经常用在过程控制程序设计中。

（4）循环结束处理

这部分程序用于存放执行循环程序所得结果及恢复各工作单元的初值等。

2. 循环程序的基本结构

循环程序通常有两种编程方法：一种是先处理后判断，另一种是先判断后处理，如图 4-7 所示。

① 先进入处理部分，再控制循环，如图 4-7（a）所示。这种结构至少执行一次循环体。

② 先控制循环，后进入处理部分，如图 4-7（b）所示。根据判断结果，控制循环执行与否，有时可以不

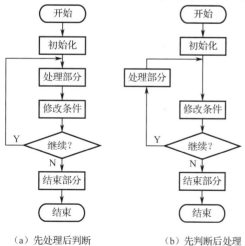

（a）先处理后判断   （b）先判断后处理

图 4-7 循环程序的结构示意图

进入循环体就退出循环。循环程序无论是先处理后判断，还是先判断后处理，其关键是控制循环的次数。循环次数的控制方法是根据实际情况来确定的，循环次数已知的，可以用计数器来控制；循环次数未知的，可以用某种条件控制。

3．多重循环结构程序

对于一些复杂问题，必须采用多重循环的程序结构，即循环程序中包含循环程序或一个大循环程序中包含多个小循环程序，称为多重循环程序结构，又称循环嵌套。

必须注意的是，在多重循环程序中，各重循环不能交叉，不能从外循环跳入内循环。

4．循环程序与分支程序的比较

循环程序本质上是分支程序的一种特殊形式，凡是分支程序可以使用的转移指令，循环程序一般都可以使用。而且，由于循环程序在程序设计中的重要性，单片机指令系统还专门提供了循环控制指令，如 DJNZ 等。下面通过实例说明循环程序设计。

4.4.2　循环程序实例

1．单重循环程序设计

1）循环次数已知

【例 4.4.1】　将内部 RAM 50H 单元开始的 40 个单元全部清 0。

设 R2 为循环计数器，控制循环次数，初值为 40（十进制数）；R0 为地址指针，指向 RAM 空间，初值为 50H。程序如下：

```
        ORG    6000H
        MOV    R0, #50H      ; 地址指针赋初值
        MQV    R2, #40       ; 循环计数器赋初值
LOOP:   MOV    @R0, #00H     ; 清 0 RAM 单元
        INC    R0            ; 修改地址指针
        DJNZ   R2, LOOP      ; 循环结束判断
        SJMP   $             ; 循环结束，等待处理
        END
```

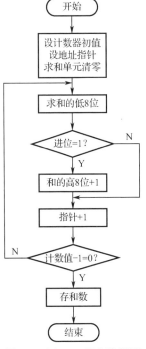

图 4-8　例 4.4.2 程序流程图

【例 4.4.2】　多个单字节数求和。

已知有 10 个单字节数，依次存放在内部 RAM 40H 单元开始的存储区中，要求把求和结果存入寄存器 R2、R3 中（高位存 R2，低位存 R3）。

在这一例子中，要重复进行加法运算，因此采用循环结构程序。循环次数就是数据块字节数，这是已知的。利用寄存器 R5 作为循环计数器，其初值为数据块长度 0AH；将数据块首地址送入寄存器 R0，以 R0 作为数据块的地址指针，采用间接寻址方式。每做一次加法之后，修改地址指针，以便取出下一个数来相加，并且使计数器 R5 减 1。直到 R5 减为 0 时，求和结束。程序流程图如图 4-8 所示。

程序清单如下：

```
        ORG    4000H
START:  MOV    R0,#40H       ; 设地址指针
        MOV    R5,#0AH       ; 计数器初值送 R5
SUM:    MOV    A,#00H        ; 累加器 A 清 0
        MOV    R2,A          ; 保存 A 值
```

LOOP:	ADD	A,@R0	; 求和
	JNC	LOOP1	; 和无进位转移
	INC	R2	; 若有进位，的高 8 位+1
LOOP1:	INC	R0	; 地址指针+1
	DJNZ	R5,LOOP	; 判循环结束条件
	MOV	R3,A	; 存和的低 8 位
	SJMP	$	
	END		

例 4.4.2 程序属于图 4-7（a）所示的结构，可以清楚地划分出循环程序的 5 部分。

【例 4.4.3】 从内存 BLOCK 单元开始有一个无符号数的数据块，其长度为 LEN，试求出其最大数，并存入 MAX 单元。

这是一个数据极值查找的任务，我们可采用依次进行比较和取代的方法来寻找最大值。具体做法是先取出第一个数作为基准，再和第二个数比较，若比较结果基准数大，则不做变动；若比较结果基准数小，则用大数来代替原基准数，然后再和下一个数比较。到比较结束时，基准数就是所求的最大数。

为了进行两数的比较，这里采用两数相减以后判断 CY 的值来确定哪个数大，这比用 CJNE 指令更简单些。比较时将基准数放在累加器 A 中。若 A 中先放入零，则比较次数等于 LEN；若 A 中先放入第一个数，则比较次数等于 LEN-1。采用 R2 作为计数器，R1 作为地址指针。这样可以得到程序流程图，如图 4-9 所示。

程序如下：

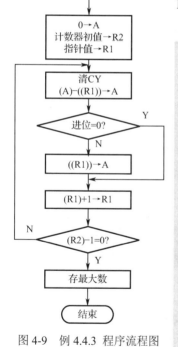

图 4-9　例 4.4.3 程序流程图

	ORG	4100H	
START:	CLR	A	; 清累加器 A
	MOV	R2, #LEN	; 置循环次数初值
	MOV	R1, #BLOCK	; 置数据块首地址
LOOP:	CLR	C	; 清 CY 位
	SUBB	A, @R1	; 用减法进行比较
	JNC	NEXT	; 若(A)>((R1))，则转移
	MOV	A, @R1	; 若(A)<((R1))，则((R1))→A
	SJMP	NEXT1	
NEXT:	ADD	A, @R1	; 恢复(A)值
NEXT1:	INC	R1	
	DJNZ	R2, LOOP	; 判循环结束条件
	MOV	MAX, A	; 存最大数
	SJMP	$	
LEN	EQU	0AH	
MAX	EQU	40H	
BLOCK	EQU	41H	
	END		

2）循环次数未知

以上几例都是循环次数已知的情况，以计数器的值变到零作为循环结束条件。另外有些循环程序事先并不知道循环次数，这时需要通过判断循环条件不成立或用建立标志的方法来控制循环程序的结束。

【例 4.4.4】 假设从内部 RAM 的 50H 单元开始，连续存放一串字符，以回车符（其 ASCII 码为 0DH）作为结束标志，要求测出该字符串的长度。

可将该字符串中的每一个字符与回车符依次相比，若不相等，则将统计字符串长度的计数器加 1，继续比较；若相等，则表示该字符串结束，这时计数器中的值就是字符串的长度。

程序如下：

```
        ORG    4200H
COUNT:  MOV    R2, #0FFH        ; 设计数器初值
        MOV    R0, #4FH         ; 设数据块初值
LOOP:   INC    R0
        INC    R2
        CJNE   @R0,#0DH,LOOP
        SJMP   $
        END
```

程序中用指令 CJNE　@R0,#0DH,LOOP 来实现字符串比较及控制循环的任务。由于在循环体中比较转移之前，将 R2 和 R0 的内容加 1，因此 R2 和 R0 的初值设置要减去 1。循环次数由对于循环条件的判断而定。当循环结束时，R2 中的内容就是字符串的长度。此例也可以用下面的方法来实现。

```
        ORG    4200H
COUNT:  MOV    R2, #00H         ; 设计数器初值
        MOV    R0, #50H         ; 设数据块初值
LOOP:   MOV    A, @R0
        SUBB   A, #0DH          ; 与回车符比较
        JZ     QUIT             ; 相等结束
        INC    R0
        INC    R2               ; 计数值加 1
        JMP    LOOP
QUIT:   SJMP   $                ; 结束，等待处理
        END
```

2．多重循环程序设计——延时程序设计

延时程序在单片机汇编语言程序设计中使用非常广泛，如键盘接口程序设计中的软件消除抖动、动态 LED 显示程序设计、LCD 接口程序设计、串行通信接口程序设计等。所谓延时，就是让 CPU 做一些与主程序功能无关的操作（例如将一个数字逐次减 1 直到为 0）来空耗掉 CPU 的时间。由于 CPU 执行每条指令的时间准确，所以执行整个延时程序的时间也可以精确计算出来。也就是说，可以写出延时长度任意且精度相当高的延时程序。

【例 4.4.5】 设计一个延时 1s 的程序，设单片机时钟晶振频率为 f_{osc}=6MHz。

（1）题意分析

延时程序的关键是计算延时时间，一般采用循环程序结构编程，通过确定循环程序中的循环次数和循环程序段两个因素来确定延时时间。对于循环程序段来讲，必须知道每一条指令的执行时间。首先需介绍几个重要的概念：时钟周期、机器周期和指令周期。

时钟周期（振荡周期）T 是计算机的基本时间单位，同单片机的晶振频率有关，一般为晶振频率的倒数，题目给定 f_{osc}=6MHz，那么 T=1/f_{osc}=166.7ns。

机器周期 T_1 是指 CPU 完成一个基本操作所需要的时间，如取指操作、读数据操作等，在 80C51 单片机中机器周期的计算方法为：T_1=12T=166.7ns×12=2μs。

指令周期是指执行一条指令所需要的时间，由于指令汇编后有单字节指令、双字节指令和三字节指令，因此指令周期没有确定值，一般为 1~4 个机器周期。附录的指令表中给出了每条指令所需的机器周期数，根据该表，可以计算每一条指令的指令周期。

现在，分析一下下面一段延时程序的延时时间：

```
DELAY1: MOV    R3,  #0FFH
DEL2:   MOV    R4,  #0FFH
DEL1:   NOP
        DJNZ   R4,  DEL1
        DJNZ   R3,  DEL2
        RET
```

经查指令表得到：

指令 MOV   R4,#0FFH、NOP、DJNZ 的指令周期分别为 1、1、2，所以执行时间分别为 2μs、2μs 和 4μs；NOP 为空操作指令，其功能是先取指、译码，然后不进行任何操作而进入下一条指令，经常用于产生一个机器周期的延迟，故其执行时间为 2μs。

延时程序段为双重循环，下面分别计算内循环和外循环的延时时间。

内循环：内循环的循环次数为 255（0FFH），延时时间为 255×(2+4)=1530μs

外循环：外循环的循环次数为 255（0FFH），循环一次的内容如下：

① MOV   R4,#0FFH   ;2μs
② 内循环   ;1530μs
③ DJNZ   R3,DEL2   ;4μs

外循环一次的时间为 1530μs+2μs+4μs=1536μs，循环 255 次，另外加上第一条指令

MOV   R3,#0FFH   ;2μs

因此总的循环时间为 2μs +（1530μs+2μs+4μs) ×255=391682μs ≈ 392ms。

以上是比较精确的计算方法，一般情况下，在外循环的计算中，经常忽略比较小的时间段，例如上面的外循环计算公式可简化为：

$$1530μs×255 = 390150μs ≈ 390ms$$

与精确计算值相比，误差为 2ms，在要求不是十分精确的情况下，这个误差是完全可以接受的。

（2）汇编语言源程序

```
DELAY:  MOV    R0,  #100      ;延时 1s 的循环次数
DEL2:   MOV    R1,  #10       ;延时 10ms 的循环次数
DEL1:   MOV    R2,  #7DH      ;延时 1ms 的循环次数
DEL0:   NOP
        NOP
        DJNZ   R2,  DEL0
        DJNZ   R1,  DEL1
        DJNZ   R0,  DEL2
        RET
```

通过以上分析，理解了延时时间的计算方法，本例我们使用三重循环结构。程序流程图如图 4-10 所示。内循环选择为 1ms，第二层循环延时 10ms（循环次数为 10），第三层循环延时 1s（循环次数为 100）。

一般情况下，延时程序作为一个子程序段使用，不会独立运行，否则单纯的延时没有实际意义。

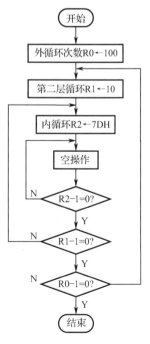

图 4-10　延时 1s 程序流程图

（3）程序说明

本例中第二层循环和外循环都采用了简化计算方法，关键是延时 1ms 的内循环程序如何编制。首先确定循环程序段的内容如下：

```
NOP                    ; 2μs
NOP                    ; 2μs
DJNZ      R2,DEL0      ; 4μs
```

内循环次数设为 count，计算方法如下：

$$（一次循环时间）× count = 1ms$$

从而得到　　count = 1ms/（2μs+2μs+4μs）= 125 = 7DH

本例提供了一种延时程序的基本编制方法，若需要延时更长或更短时间，只要采用更多重或更少重的循环即可。比如，采用 7 重循环，可实现一年的延时时间。

值得注意的是，延时程序的实现方式是白白占用 CPU 一段时间，此时不能做任何其他工作，就像机器在不停地空转一样，这是延时程序的最大缺点。若在延时过程中需要 CPU 做指定的其他工作，应采用单片机内部的硬件定时器中断或外接定时芯片（如 8253等）等方法。

3. 数据传送程序

【例 4.4.6】不同存储区域之间的数据块传输。将内部 RAM 30H单元开始的内容依次传送到外部 RAM 0100H 单元开始的区域，直到遇到传送的内容是 0 为止。

（1）题意分析

本例要解决的关键问题是数据块的传送和不同存储区域之间的数据传送。单一解决数据块的传送可采用循环程序结构，以条件控制结束；若要实现不同存储区域之间的数据传送，还需考虑采用间接寻址方式，以累加器 A 作为中间变量实现数据传输。程序流程图如图 4-11 所示。

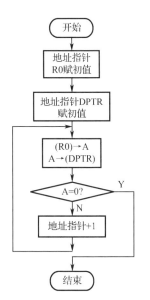

图 4-11　例 4.4.6 程序流程图

（2）汇编语言源程序

```
        ORG    0000H
        MOV    R0, #30H        ; R0 指向内部 RAM 数据区首地址
        MOV    DPTR, #0100H    ; DPTR 指向外部 RAM 数据区首地址
TRANS:  MOV    A, @R0          ; A←(R0)
        MOVX   @DPTR, A        ; （DPTR）←A
        CJNE   A, #00H, NEXT
        SJMP   FINISH          ; A=0，传送完成
NEXT:   INC    R0
        INC    DPTR            ; 修改地址指针
        AJMP   TRANS
FINISH: SJMP $                 ; 继续传送
        END
```

（3）程序说明

① 间接寻址指令。

在单片机指令系统中，对内部 RAM 读写数据有两种方式：直接寻址方式和间接寻址方式。

例如:

直接寻址方式:

```
MOV        A, 30H          ; 内部 RAM（30H）→ 累加器 A
```

间接寻址方式:

```
MOV        R0, #30H        ; 30H → R0
MOV        A, @R0          ; 内部 RAM（（R0））→ 累加器 A
```

对外部 RAM 的读写数据只有间接寻址方式，间接寻址寄存器有 R0、R1（寻址范围是 00H～FFH）和 DPTR（寻址范围为 0000H～FFFFH，整个外部 RAM 区）。

② 不同存储空间之间的数据传输。

80C51 系列单片机存储器结构的特点之一是存在四种物理存储空间，即内部 RAM、外部 RAM、内部 ROM 和外部 ROM。不同的存储空间是独立编址的，在传送指令中的区别在于不同的指令助记符，例如:

```
MOV        R0, #30H
MOV        A, @R0          ; 内部 RAM（30H）→ A
MOVX       A, @R0          ; 外部 RAM（30H）→ A
```

4.5 查表程序设计

在单片机汇编语言程序设计中，查表程序的应用是非常广泛的，如在 LED 显示程序和键盘接口程序设计中都用到了查表程序段。

【例 4.5.1】 在程序中定义一个 0～9 的平方表，利用查表指令找出累加器 A=05H 的平方值。

（1）题意分析

所谓表格，是指在程序中定义的一串有序的常数，如平方表、字型码、键码表等。因为程序一般都固化在程序存储器（通常是只读存储器 ROM 类型）中，因此可以说表格是预先定义在程序的数据区中，然后和程序一起固化在 ROM 中的一串常数。

查表程序的关键是表格的定义和如何实现查表。

（2）汇编语言源程序

```
          ORG        0000H
          MOV        DPTR, #TABLE        ; 表首地址 → DPTR（数据指针）
          MOV        A, #05              ; 05 → A
          MOVC       A, @A+DPTR          ; 查表指令, 25 → A, A=19H
          SJMP       $                   ; 程序暂停
TABLE:    DB         0,1,4,9,16,25,36,49,64,81   ; 定义 0～9 平方表
          END
```

（3）程序说明

从程序存储器中读数据时，只能先读到累加器 A 中，然后再送到题目要求的地方。单片机提供了两条专门用于查表操作的查表指令:

```
          MOVC       A, @A+DPTR          ; （（A）+DPTR）→ A
          MOVC       A, @A+PC            ; （PC）+1 → PC,（（A）+PC）→ A
```

DPTR 为数据指针，一般用于存放表首地址。

本例若采用指令 MOVC　A，　@A+PC 实现查找平方表，可参照以下源程序：

```
        ORG     0000H
        MOV     A, #05              ; 05→A
        ADD     A, #02              ; 修正累加器 A 的值
        MOVC    A, @A+PC           ; 25→A
        SJMP    $
TABLE:  DB      0,1,4,9,16,25,36,49,64,81   ; 定义 0～9 平方表
        END
```

【例 4.5.2】 用查表程序设计的方法编程实现 8 路彩灯的控制。原理图参见第 3 章的图 3-11，要求：

（1）8 路彩灯 D10～D17 从右到左依次点亮（间隔 1s），最后全亮；

（2）8 路彩灯 D10～D17 从左到右依次熄灭（间隔 1s），最后全灭；

（3）8 路彩灯 D10～D17 同时点亮，保持 1s；

（4）8 路彩灯 D10～D17 同时熄灭，保持 0.5s。

第（3）、（4）步重复 4 遍，最后整个程序再重复 10 遍。

程序清单：

```
        ORG     0000H
        LJMP    MAIN
        ORG     0100H
MAIN:   MOV     R7,#10             ; 总循环 N=10 次
LOOP:   MOV     R6,#16             ; 依次点亮熄灭
        MOV     R5,#4              ; 4 闪烁
        MOV     DPTR,#TABL
        MOV     R4,#0              ; 以上初始化
LOOP1:  MOV     A,R4               ; 循环点亮
        MOVC    A,@A+DPTR
        MOV     P1,A
        INC     R4
        LCALL   DELAY
        LCALL   DELAY
        DJNZ    R6,LOOP1
LOOP2:  MOV     P1,#00H            ; 亮灭闪烁
        LCALL   DELAY
        LCALL   DELAY
        MOV     P1,#0FFH
        LCALL   DELAY
        DJNZ    R5,LOOP2
        DJNZ    R7,LOOP
        SJMP    $
TABL:   DB 01H, 03H, 07H, 0FH, 1FH, 3FH, 7FH,0FFH
        DB 7FH, 3FH, 1FH, 0FH, 07H, 03H, 01H,00H
        ; 500ms 延时程序      (12Mhz);
DELAY:  MOV     R3,#5              ; 1 机器周期
DEL3:   MOV     R2,#100            ; 1 机器周期
DEL2:   MOV     R1,#248            ; 1 机器周期
```

```
DEL1:    NOP                         ;1 机器周期
         NOP                         ;1 机器周期
         DJNZ    R1,DEL1             ;2 机器周期
         DJNZ    R2,DEL2             ;2 机器周期
         DJNZ    R3,DEL3             ;2 机器周期
         RET                         ;2 机器周期
         END
```

4.6　子程序设计与堆栈技术

在实际程序编制中，对于一些常用的程序段，可将它们从程序中独立出来，以便由其他程序随时调用。这种独立的有一定功能的程序段称为子程序。调用子程序的源程序称为主程序。在80C51 指令系统中，提供了两条调用子程序指令 ACALL、LCALL 及一条返回主程序的指令 RET。

一个子程序在其运行过程中，还可以调用其他的子程序，这称为子程序嵌套。80C51 对子程序嵌套的层数没有限制，但要为堆栈容量所允许。

在编制子程序时，要注意以下几点：

① 子程序的首地址必须用符号地址，此符号地址也就是该子程序的名称。子程序的最后一定要置一条返回指令。

② 尽可能编成浮动地址程序，使用相对转移指令而不用绝对转移指令，以便于存放在存储区的任意位置。

③ 为了便于使用，每个子程序要有使用说明。其内容包括：

● 子程序功能的简要说明；

● 入口条件，就是指运行该子程序所需要的一些参数及其存放处；

● 所占用的寄存器和存储单元；

● 出口条件，就是指该子程序运行完毕后的结果及其存放处。

用户在调用子程序时，要注意以下两个问题：

① 子程序的入口条件和出口条件。主程序要根据子程序的入口条件提供所需的数据，放到指定的寄存器或存储单元；根据出口条件取得该子程序的运行结果。数据可以通过工作寄存器 R0～R7、SFR、内存单元或堆栈进行传递。

② 保护现场和恢复现场。主程序在调用子程序时，虽已对断点进行了保护，但对子程序中所用到的寄存器的内容未进行保护。因此，对于在主程序和子程序中都要用到的那些寄存器，在转移之前的主程序中或在子程序的起始部分，应将其内容压入堆栈，以保护这些寄存器的内容，这叫保护现场。在执行完子程序返回主程序前，还要恢复这些寄存器的内容，这叫恢复现场。一般通过堆栈操作指令或工作寄存器指令对现场进行保护和恢复。保护现场，一般用 PUSH 把欲保护的寄存器或内存单元地址的内容压入堆栈；而恢复现场，是用 POP 把欲恢复的寄存器或内存单元地址的内容弹出堆栈，使用时，要注意"先入后出"的原则（有关堆栈的概念及程序设计方法请参见 4.6.2 节）。

下面介绍子程序和堆栈的具体使用方法。

4.6.1　子程序实例

【例 4.6.1】 编程使 P1 口连接的 8 个 LED 按下面方式显示：从 P1.0 连接的 LED 开始，每个 LED 闪烁 10 次，再移向下一个 LED 闪烁 10 次，循环不止（原理图参见图 3-11）。

（1）题意分析

设 P1 口的各位与 LED 的负极相连，按照题目要求画出本例的程序流程图，如图 4-12 所示。在图 4-12 中，两次使用延时程序段，因此把延时程序编成子程序，以提交程序执行效率。

（2）汇编语言源程序

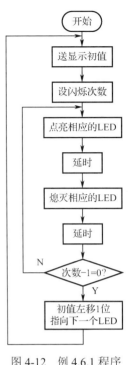

```
        ORG     0000H
MAIN:   MOV     A,  #0FEH       ; 送显示初值
LP:     MOV     R0,  #10        ; 送闪烁次数
LP0:    MOV     P1,  A          ; 点亮 LED
        LCALL   DELAY           ; 延时
        MOV     P1,  #0FFH      ; 熄灭 LED
        LCALL   DELAY           ; 延时
        DJNZ    R0,  LP0        ; 闪烁次数不够 10 次，继续
        RL      A               ; 否则 A 左移，下一个灯闪烁
        SJMP    LP              ; 循环不止
DELAY:  MOV     R3,  #0FFH      ; 延时子程序
DEL2:   MOV     R4,  #0FFH
DEL1:   NOP
        DJNZ    R4,  DEL1
        DJNZ    R3,  DEL2
        RET
        END
```

图 4-12　例 4.6.1 程序流程图

（3）程序说明

① 子程序调用和返回过程

在上例中，MAIN 为主程序，DELAY 为延时子程序。当主程序 MAIN 需要延时时，用一条调用指令 ACALL（或 LCALL）DELAY 即可。子程序 DELAY 的编制方法与一般程序遵循的规则相同，子程序的第一个语句必须有一个标号，如 DELAY，代表该子程序第一个语句的地址，也称为子程序入口地址，供主程序调用；子程序的最后一句必须是子程序返回指令 RET。

主程序两次调用子程序及子程序返回过程如图 4-13 所示。

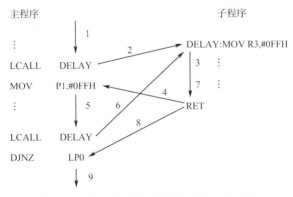

图 4-13　子程序两次调用及返回过程示意图

② 子程序嵌套。

修改上面的程序，将一个 LED 的闪烁过程也编成子程序形式。修改后的源程序如下：

```
        ORG     0000H
MAIN:   MOV     A,  #0FEH       ; 送显示初值
        ACALL   FLASH          ; 调闪烁子程序
```

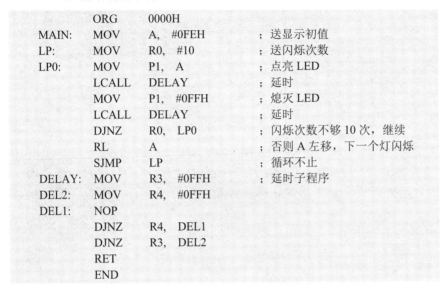

```
COUN:    RL      A               ; A 左移，下一个 LED 闪烁
         ACALL   FLASH           ; 循环不止
         SJMP    COUN            ; 送闪烁次数
FLASH:   MOV     R0, #10         ; 点亮 LED
FLASH1:  MOV     P1, A           ; 延时
         LCALL   DELAY
         MOV     P1, #0FFH       ; 熄灭灯
         LCALL   DELAY           ; 延时
         DJNZ    R0, FLASH1      ; 闪烁次数不够 10 次，继续
         RET
DELAY:   ; （略）                ; 延时子程序同前面
         ...
         END
```

上面的程序中，主程序调用了闪烁子程序 FLASH，闪烁子程序中又调用延时子程序 DELAY，这种主程序调用子程序、子程序又调用另外的子程序的程序结构，称为子程序的嵌套。一般来说，子程序嵌套层数理论上是无限的，但实际上，受堆栈深度的影响，嵌套层数是有限的。

与子程序的多次调用不同，嵌套子程序的调用过程如图 4-14 所示。

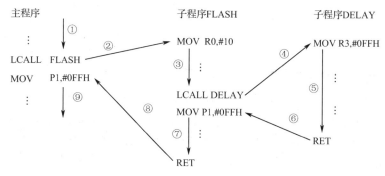

图 4-14　程序中嵌套子程序的执行过程

【例 4.6.2】　查表子程序。假设 a、b 均小于 10，计算 $c = a^2 + b^2$，其中 a 事先存在内部 RAM 的 31H 单元，b 事先存在 32H 单元，把 c 存入 33H 单元。

（1）题意分析

本例两次使用平方值的计算，可采用把求平方编为子程序的方法。

（2）汇编语言源程序

```
         ORG     0000H           ; 主程序
         MOV     SP, #3FH        ; 设置栈底
         MOV     A, 31H          ; 取数 a 存放到累加器 A 中作为入口参数
         LCALL   SQR
         MOV     R1, A           ; 出口参数，平方值存放在 A 中
         MOV     A, 32H
         LCALL   SQR
         ADD     A, R1
         MOV     33H, A
         SJMP    $
; 子程序: SQR
; 功能: 通过查表求出平方值 y=x²
```

```
                    ; 入口参数: x 存放在累加器 A 中
                    ; 出口参数: 求得的平方值 y 存放在 A 中
                    ; 占用资源: 累加器 A, 数据指针 DPTR
SQR:      PUSH    DPH                     ; 将主程序中 DPTR 的高 8 位放入堆栈
          PUSH    DPL                     ; 将主程序中 DPTR 的低 8 位放入堆栈
          MOV     DPTR, #TABLE            ; 重新使用 DPTR, 表首地址→DPTR
          MOV     A, @A+DPTR              ; 查表
          POP     DPL                     ; 将 DPTR 的低 8 位从堆栈中弹出
          POP     DPH                     ; 将 DPTR 的高 8 位从堆栈中弹出
          RET
TABLE:    DB      0,1,4,9,16,25,36,49,64,81    ; 定义 0～9 平方表
```

（3）执行程序

在运行程序之前，利用单片机开发系统先往内部 RAM 的 31H、32H 单元存放两个小于 10 的数，执行完之后结果在 33H 单元。

（4）程序说明

① 参数传递。

主程序调用查表子程序时，子程序需要从主程序中得到一个参数，即已知数 x，这个参数称为子程序的入口参数。查表子程序执行完以后，必须将结果传送给子程序，这个子程序向主程序传递的参数称为子程序的出口参数。

本例中入口参数和出口参数都是通过累加器 A 来传送的。

② 保护现场和恢复现场。

子程序在编制过程中经常会用到一些通用单元，如工作寄存器、累加器、数据指针 DPTR 及 PSW 等。而这些工作单元在调用它的主程序中也会用到，为此，需要将子程序用到的这些通用编程资源加以保护，称为保护现场。在子程序执行完后需恢复这些单元的内容，称为恢复现场。

本例中，保护和恢复现场是在子程序中利用堆栈操作实现的，在子程序的开始部分把子程序中要用到的编程资源都保护起来，返回指令之前恢复现场，这是一种比较规范的方法。

另外，也可以在主程序中实现保护和恢复现场。在调用子程序前保护现场，子程序返回后恢复现场，这种方式比较灵活，可以根据当时的需要确定要保护的内容。

③ 子程序的说明。

在查表子程序前，以程序注释的形式对子程序进行说明，说明内容如下。

子程序名：提供给主程序调用的名字。

子程序功能：简要说明子程序的主要功能。

入口参数：主程序需要向子程序提供的参数。

出口参数：子程序执行完之后向主程序返回的参数。

占用资源：该子程序中使用了哪些存储单元、寄存器等。

这些说明是写给程序员看的，供以后使用子程序时参考。

4.6.2　堆栈结构

1. 堆栈概念

堆栈实际上是内部 RAM 的一部分，堆栈的具体位置由堆栈指针 SP 确定。SP 是一个 8 位寄存器，用于存放堆栈的栈底（初始化）地址和栈顶地址。

单片机复位或上电时，SP 的初值是 07H，表示堆栈栈底为 07H，SP 中的地址增 1 后，存入

数据。SP 的值总是指向最后放进堆栈的一个数，此时，SP 中的地址称为栈顶地址。

2．堆栈操作

堆栈有两种最基本操作：向堆栈存入数据称为"入栈"或"压入堆栈"（PUSH），从堆栈取出数据称为"弹出堆栈"（POP）。堆栈中数据的存取采用后进先出方式，即后入栈的数据，弹出时先弹出，类似货栈堆放货物的存取方式，"堆栈"一词因此而得名。

由于单片机初始化的堆栈区域同第一组工作寄存器区重合，也就是说，当把堆栈栈底设在 07H 处时，就不能使用第一组工作寄存器，如果堆栈存入数据量比较大的话，甚至第二组和第三组工作寄存器也不能使用了。因此，在汇编语言程序设计中，通常把堆栈区的位置设在用户 RAM 区，如：

```
MOV     SP,  #30H                    ；将堆栈栈底设在内部 RAM 的 30H 处。
```

3．堆栈的功能

最初，堆栈是为了子程序调用和返回而设计的，执行调用指令（LCALL、ACALL）时，CPU 自动把断点地址压栈；执行返回指令 RET 时，自动从堆栈中弹出断点地址。

由于堆栈操作简单，程序员也经常用堆栈暂存中间结果或数据。只是使用时需要注意堆栈先进后出的特点。例如，例 4.6.2 的子程序 SQR 中，恢复现场的顺序就不能弄反，先保护的 DPH 后恢复出来。

另外，在子程序调用时，CPU 会自动利用堆栈保护现场和恢复现场。

4．堆栈操作与 RAM 操作的比较

堆栈作为内部 RAM 的一个特殊区域，有其独特性，为汇编语言程序设计提供了更多的方便。同内部 RAM 的操作相比较，使用堆栈有以下优点：

① 使用内部 RAM 必须知道单元具体地址，而堆栈只需设置好栈底地址，就可放心使用，无须再记住单元具体地址。

② 若需要重新分配内存工作单元，程序中使用内部 RAM 的地方，则单元地址都要进行修改，而堆栈只需修改栈底地址就行了。

③ 堆栈所特有的先进后出特点，使得数据弹出之后，存储单元自动回收、可再次使用，充分提高了内存的利用率；而内部 RAM 的操作是不可能实现自动回收再利用的，必须通过程序员的重新分配才能再次使用。

4.6.3 子程序结构

1．子程序的编程原则

在实际的单片机应用系统软件设计中，为了使程序结构更加清晰，易于设计、易于修改，增强程序可读性，往往都要使用子程序结构。子程序作为一个具有独立功能的程序段，编程时需遵循以下原则：

● 子程序的第一条指令必须有标号，明确子程序入口地址；

● 以返回指令 RET 结束子程序；

● 简明扼要的子程序说明部分；

● 通用性和可浮动性，尽可能避免使用具体的内存单元和绝对转移地址等；

● 注意保护现场和恢复现场。

2. 参数传递的方法

主程序调用子程序时，主程序和子程序之间存在着参数互相传递的问题。参数传递一般有以下三种方法：

① 寄存器传递参数，如例 4.6.2 那样，通过寄存器 A 传递入口参数和出口参数。

② 利用堆栈传递参数，源程序如下：

```
            ORG     0000H               ; 主程序
            MOV     SP, #3FH            ; 设置栈底
            PUSH    31H                 ; 取数 a 存放到堆栈中作为入口参数
            LCALL   SQR
            POP     ACC
            MOV     R1, A               ; 出口参数，平方值存放在 A 中
            PUSH    ACC
            LCALL   SQR1
            POP     ACC
            ADD     A, R1
            MOV     33H, A
            SJMP    $
; 子程序: SQR1
; 功能: 通过查表求出平方值 y=x²
; 入口参数: x 存放在堆栈中
; 出口参数: 求得的平方值 y 存放在堆栈中
; 占用资源: 累加器 A, 数据指针 DPTR
SQR1:       MOV     R0, SP              ; R0 作为参数指针
            DEC     R0                  ; 堆栈指针退回子程序调用前的地址
            DEC     R0
            XCH     A, @R0              ; 保护 ACC, 取出参数
            MOV     DPTR, #TABLE1       ; 表首地址→DPTR
            MOVC    A, @A+DPTR          ; 查表
            XCH     A, @R0              ; 查表结果放回堆栈中
            RET
TABLE1:     DB      0,1,4,9,16,25,36,49,64,81  ; 定义 0～9 平方表
            END
```

③ 利用地址传递参数。

将要传递的参数存放在数据存储器中，将其地址通过间接寻址寄存器传递，供子程序读取参数。

3. 子程序调用中应注意的问题

由于子程序调用过程中 CPU 自动使用了堆栈，因此，容易出现以下几种错误：

① 堆栈指针 SP 初值设置不当，堆栈初始化位置与第一组工作寄存器重合，如果以不同的方式使用了同一个内存区域，会导致程序乱套。

② 程序中的 PUSH 和 POP 没有配对使用，使 RET 指令执行时不能弹出正确的断点地址，造成返回错误。

③ 堆栈设置太小，栈操作增长太大，使栈区与其他内存单元重合。

4.6.4 代码转换程序

在计算机内部，任何数据最终都是以二进制形式表示的。但人们通过外部设备与计算机交换

数据采用的常常又是一些别的形式。例如标准的编码键盘和标准的显示器使用的都是 ASCII 码；人们习惯使用的是十进制数，在计算机中表示为 BCD 码等。因此，汇编语言程序设计中经常会碰到代码转换的问题，这里提供了 BCD 码、ASCII 码与二进制数相互转换的基本方法和子程序代码。

【例 4.6.3】 BCD 码转换为二进制数：把累加器 A 中的 BCD 码转换成二进制数，结果仍存放在累加器 A 中。

（1）题意分析

A 中存放的 BCD 码的范围是 0～99，转换成二进制数后是 00H～63H，所以仍然可以存放在累加器 A 中。本例采用将 A 中的高半字节（十位）乘以 10，再加上 A 的低半字节（个位）的方法。

（2）汇编语言源程序

```
; 入口参数：要转换的 BCD 码存在累加器 A 中
; 出口参数：转换后的二进制数存放在累加器 A 中
; 占用资源：寄存器 B
BCDBIN: PUSH    B               ; 保护现场
        PUSH    PSW
        PUSH    ACC             ; 暂存 A 的内容
        ANL     A, #0F0H        ; 屏蔽掉低 4 位
        SWAP    A               ; 将 A 的高 4 位与低 4 位交换
        MOV     B, #10
        MUL     AB              ; A*B→BA，A 中高半字节乘以 10
                                ; 乘积不会超过 256，因此乘积在 A 中
        MOV     B, A            ; 暂存到 B
        POP     ACC             ; 取原 BCD 码
        ANL     A, #0FH         ; 屏蔽掉高 4 位
        ADD     A, B            ; 个位数与十位数相加
        POP     PSW             ; 恢复现场
        POP     B
        RET
```

【例 4.6.4】 二进制数转换为 BCD 码，将累加器 A 中的二进制数 0～FFH 内的任一数转换为 BCD 码（0～255）。

（1）题意分析

BCD 码是每 4 位二进制数表示一位十进制数，本例所要求转换的最大 BCD 码为 255，表示成 BCD 码需要 12 位二进制数，超过了一个字节（8 位），因此我们把转换后的 12 位数据的高 4 位存放在 B 的低 4 位；低 8 位存放在 A 中，并把 B 的高 4 位清零。

转换的方法是将 A 中的数除以 100、10，所得商为百位数、十位数，余数为个位数。

（2）汇编语言源程序

```
; 入口参数：要转换的二进制数存在累加器 A 中（0～FFH）
; 出口参数：转换后的 BCD 码存放在 B（百位）和 A（十位和个位）中
BINBCD: PUSH    PSW
        MOV     B, #100
        DIV     AB              ; A/B→商在 A 中，余数在 B 中
        PUSH    ACC             ; 把商（百位数）暂存在堆栈中
        MOV     A, #10
        XCH     A, B            ; 余数交换到 A 中，B=10
        DIV     AB              ; A/B→商在 A 中，余数在 B 中
```

```
        SWAP    A               ; 十位数移到高半字节
        ADD     A, B            ; 十位数和个位数组合在一起
                                ; 百位数存放到 B 中
        POP     B
        POP     PSW
        RET
```

【例 4.6.5】 ASCII 码转换为二进制数，将累加器 A 中的十六进制数的 ASCII 码（0～9、A～F）转换成 4 位二进制数。

（1）题意分析

在单片机汇编程序设计中主要涉及十六进制的 16 个符号"0～F"的 ASCII 码同其数值的转换。ASCII 码是按一定规律表示的，数字 0～9 的 ASCII 码为该数值加上 30H，而"A～F"的 ASCII 码为该数值加上 37H。0～F 对应的 ASCII 码如下：

0～F	0	1	2	3	4	5	6	7	8	9	A	B	C	D	E	F
ASCI	30H	31H	32H	33H	34H	35H	36H	37H	38H	39H	41H	42H	43H	44H	45H	46H

（2）汇编语言源程序

```
; 入口参数：要转换的 ASCII 码（30H～39H，41H～46H）存放在 A 中
; 出口参数：转换后的 4 位二进制数（0～F）存放在 A 中
ASCBCD: PUSH    PSW             ; 保护现场
        PUSH    B
        CLR     C               ; 清 CY
        SUBB    A, #30H         ; ASCII 码减 30H
        MOV     B, A            ; 结果暂存 B 中
        SUBB    A, #0AH         ; 结果减 10
        JC      SB10            ; 如果 CY=1，则表示该值≤9
        XCH     A, B            ; 否则该值>9，必须再减 7
        SUBB    A, #07H
        SJMP    FINISH
SB10:   MOV     A, B
FINISH: POP     B               ; 恢复现场
        POP     PSW
        RET
```

【例 4.6.6】 二进制数转换为 ASCII 码，将累加器 A 中的一位十六进制数（A 中低 4 位，x0H～xFH）转换成 ASCII 码，还存放在累加器 A 中。汇编语言源程序如下：

```
; 入口参数：要转换的二进制数存放在 A 中
; 出口参数：转换后的 ASCII 码存放在 A 中
BINASC: PUSH    PSW             ; 保护现场
        ANL     A, #0FH         ; 屏蔽掉高 4 位
        PUSH    ACC             ; 将 A 暂存到堆栈中
        CLR     C               ; 清 CY
        SUBB    A, #0AH         ; A-10
        JC      LOOP            ; 判断有否借位
        POP     ACC             ; 如果没有借位，则表示 A≥10
        ADD     A, #37H
        SJMP    FINISH
LOOP:   POP     ACC             ; 否则 A<10
```

```
            ADD       A,  #30H
FINISH:     POP       PSW
            RET
```

4.6.5 算术运算子程序

单片机指令系统中提供了单字节二进制数的加、减、乘、除指令，对于多字节数和 BCD 码的四则运算则必须由用户自己编程实现，前面的例 4.2.6 给出了多字节无符号数加法程序，这里再提供一些简单的算法子程序。

【例 4.6.7】 单字节十进制数（BCD 码）减法程序。

已知工作寄存器 R6、R7 中有两个 BCD 码，R6 中的数作为被减数，R7 中的数作为减数，计算两数之差，并将差值存入累加器 A 中。

（1）题意分析

单片机指令系统中没有十进制减法调整指令，因此采用 BCD 补码运算法则，先把减法转换为加法：

$$被减数-减数 \to 被减数+减数的补数$$

然后对加法结果进行十进制加法调整。操作步骤如下：

① 求 BCD 减数的补数公式：9AH-减数。这里的 9AH 代表两位 BCD 码的模 100。

② 被减数加上减数的补数。

③ 对第②步的加法之和进行十进制加法调整，调整结果即所求的减法结果。

（2）汇编语言源程序

```
; 入口参数：被减数存放在 R6 中，减数存放在 R7 中
; 出口参数：差数存放在累加器 A 中
BCDSUB: CLRC
        MOV       A,  #9AH      ; 两位 BCD 模→A
        SUBB      A,  R7        ; 求减数的补数→A
        ADD       A,  R6        ; 被减数+减数的补数→A
        DA        A             ; 十进制加法调整
        CLR       C             ; 想一想为什么？
        RET
```

【例 4.6.8】 双字节无符号数乘法。

设被乘数存放在 R2、R3 寄存器中，乘数存放在 R6、R7 中，乘积存放在以 R0 内容为首地址的连续 4 个单元内。

（1）题意分析

设被乘数=6，乘数=5，相乘公式如下：

$$
\begin{array}{r}
1\ 1\ 0 \quad (b_2\ b_1\ b_0)\\
\times\ 1\ 0\ 1 \quad (c_2\ c_1\ c_0)\\
\hline
1\ 1\ 0\\
0\ 0\ 0\\
+\ 1\ 1\ 0\\
\hline
1\ 1\ 1\ 1\ 0
\end{array}
$$

把乘数（$c=c_2\ c_1\ c_0=101$）的每一位分别与被乘数（$b=b_2\ b_1\ b_0=110$）相乘，操作过程如下：

① 相乘的中间结果称为部分积，假设为 x，y（x 保存低位，y 保存高位），CY=0，x=0，y=0；

② c0=1，x=x+b= $b_2\ b_1\ b_0$；

③ x、y 右移一位，CY→x→y→CY，把 x 的低位移入 y 中，x=0 $b_2\ b_1$，y= b0；

④ c1=0，x=x+000；

⑤ CY→x→y→CY，x=00 b2，y= b1 b0；

⑥ c2=1，x=x+b=00 b2 + b2b1b0 = 111，CY=0，y = b1b0= 10；

⑦ 右移一次 CY→x→y→CY。

乘数的每一位都计算完毕，x 和 y 中的值合起来即为所求乘积。

由以上分析可见，对于 3 位二进制乘法，部分积 x、y 均为 3 位寄存器即可，这种方法称为部分积右移算法。部分积右移算法归纳如下：

① 将存放部分积的寄存器清 0，设置计数位数，用来表示乘数位数。

② 从最低位开始，检验乘数的每一位是 0 还是 1；若该位是 1，则部分积加上被乘数；若该位为 0，就跳过去不加。

③ 部分积右移 1 位。

④ 判断计数器是否为 0，若计数器不为 0，重复步骤②，否则乘法完成。

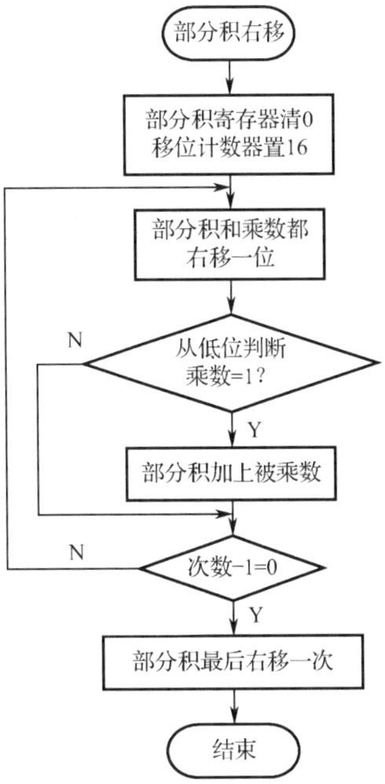

部分积右移算法的程序流程图如图 4-15 所示。

图 4-15　部分积右移算法的程序流程图

（2）汇编语言源程序

```
; 入口参数：被乘数存放在 R2、R3（R2 高位，R3 低位）寄存器中
; 乘数存放在 R6、R7（R6 高位，R7 低位）中
; 出口参数：乘积存放在 R4、R5、R6、R7 寄存器中（R4 为高位，R7 为低位）
DMUL:   PUSH    ACC             ; 保护现场
        PUSH    PSW
        MOV     R4, #0          ; 部分积清 0
        MOV     R5, #0
        MOV     R0, #16         ; 计数器清 0
        CLR     C               ; CY=0
NEXT:   ACALL   RSHIFT          ; 部分积右移一位，CY→R4→R5→R6→
                                ; R7→CY
        JNC     NEXT1           ; 判断乘数中相应的位是否为 0
        MOV     A, R5           ; 否则，部分积加上被乘数（双字节加法）
        ADD     A, R3
        MOV     R5, A
        MOV     A, R4
        ADDC    A, R2
        MOV     R4, A
NEXT1:  DJNZ    R0, NEXT        ; 移位次数若不为 0，转移到 NEXT
        ACALL   RSHIFT          ; 部分积右移一位
        POP     PSW             ; 恢复现场
        POP     ACC
        RET
                                ; 程序名：RSHIFT
                                ; 功能：部分积右移一位
                                ; 入口参数：部分积 R4 R5 R6 R7
                                ; 出口参数：CY→R4→R5→R6→R7→CY
RSHIFT: MOV     A, R4
        RRC     A               ; CY→R4→CY
        MOV     R4, A
```

```
            MOV     A,  R5
            RRC     A                       ; CY→R5→CY
            MOV     R5,  A
            MOV     A,  R6
            RRC     A                       ; CY→R6→CY
            MOV     R6,  A
            MOV     A,  R7
            RRC     A                       ; CY→R7→CY
            MOV     R7,  A
            RET
```

【例 4.6.9】 16 位/8 位无符号数除法。

被除数存放在 R6、R5（R6 高 8 位，R5 低 8 位）中，除数存放在 R2 中，商存放在 R5 中，余数存放在 R6 中。

（1）题意分析

与实现双字节乘法的部分积右移算法类似，双字节除法采用部分余数左移算法。该算法仿照手算的方法编程，基本思想如下：

手工算法中，习惯将余数右移对齐。在计算机中，保留了手工算法的特点，但采用部分余数左移的方法。部分余数左移算法流程图如图 4-16 所示。

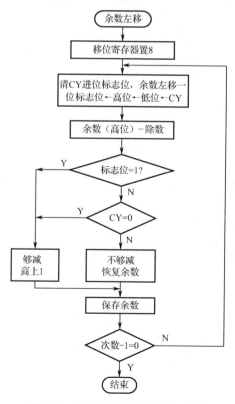

图 4-16　部分余数左移算法流程图

（2）汇编语言源程序。

```
; 程序名：DDIV
; 功能：16 位 / 8 位无符号数除法
; 入口参数：被除数存放在 R6、R5 中，除数存放在 R2 中
; 出口参数：商存放在 R5 中，余数存放在 R6 中
; 占用资源：位地址单元 07H 作为标志位暂存单元
DDIV:   PUSH    PSW
        MOV     R7, #08H            ; R7 为计数器初值寄存器, R7=08
DDIV1:  CLR     C                   ; 清 CY
        MOV     A, R5
        RLC     A                   ; 部分余数左移一位（第一次移位被除数）
        MOV     R5, A               ; CY←R5←R6←0
        MOV     A, R6
        RLC     A
        MOV     07H, C              ; 位地址 07H 用作标志位单元
        CLR     C
        SUBB    A, R2               ; 高位余数-除数
        JB      07H, NEXT           ; 若标志位为 1, 则够减
        JNC     NEXT                ; 没有借位, 也说明够减
        ADD     A, R2               ; 否则, 不够减, 恢复余数
        SJMP    NEXT1
        INC     R5                  ; 够减, 商上 1
NEXT:   MOV     R6, A               ; 保存余数
NEXT1:  DJNZ    R7, DDIV1
        POP     PSW
        RET
```

4.6.6 查找、排序程序

【例 4.6.10】内部 RAM 中数据检索程序设计。

内部 RAM 中有一数据块，R0 指向块首地址，R1 中为数据块长度，请在该数据块中查找关键字，关键字存放在累加器 A 中，若找到关键字，则把关键字在数据块中的序号存放到 A 中，若找不到关键字，则 A 中存放序号 00H。

（1）数据检索程序流程图

数据检索程序流程图如图 4-17 所示。

（2）汇编语言源程序

```
; 程序名：FIND
; 功能：内部 RAM 中数据检索
; 入口参数：R0 指向块首地址，R1 中为数据块长度，关键字存放在 A 中
; 出口参数：若找到关键字, 则把关键字在数据块中的序号存放到 A 中, 若找不到关键字,
;           则 A 中存放序号 00H
; 占用资源：R0, R1, R2, A, PSW
FIND:   PUSH    PSW
        PUSH    ACC
        MOV     R2  #00H
LOOP:   POP     ACC
        MOV     B, A
        XRL     A   @R0             ; 关键字与数据块中的数据异或操作
```

INC	R0	；指向下一个数
INC	R2	；R2 中的序号加 1
JZ	LOOP1	；找到
PUSH	B	
DJNZ	R1，LOOP	
MOV	R2，#00H	；未找到，R2 中存放 00
MOV	A，R2	
LOOP1: POP	PSW	
RET		

【例 4.6.11】 查找无符号数据块中的最大值。

内部 RAM 有一无符号数据块，工作寄存器 R1 指向数据块的首地址，其长度存放在工作寄存器 R2 中，求出数据块中的最大值，并存入累加器 A 中。

（1）题意分析

本题采用比较交换法求最大值。比较交换法先使累加器 A 清零，然后把它和数据块中的每个数逐一进行比较，只要累加器中的数比数据块中的某个数大就进行下一个数的比较，否则先把数据块中的大数传送到 A 中，再进行下一个数的比较，直到 A 与数据块中的每个数都比较完，此时 A 中便可得到最大值。程序流程图如图 4-18 所示。

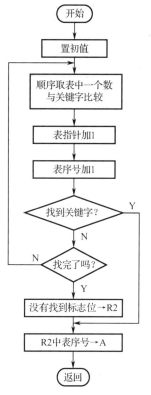

图 4-17　数据检索程序流程图

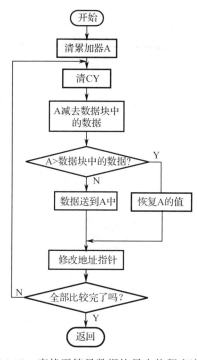

图 4-18　查找无符号数据块最大值程序流程图

（2）汇编语言源程序

；入口参数：R1 指向数据块的首地址，数据块长度存放在工作寄存器 R2 中
；出口参数：最大值存放在累加器 A 中
；占用资源：R1, R2, A, PSW
MAX:　　PUSH　　PSW

```
        CLR     A                ;清 A 作为初始最大值
LP:     CLR     C                ;清进位标志位
        SUBB    A, @R1           ;最大值减去数据块中的数
        JNC     NEXT             ;小于最大值，继续
        MOV     A, @R1           ;大于最大值，则用此值作为最大值
        SJMP    NEXT1
NEXT:   ADD     A, @R1           ;恢复原最大值
NEXT1:  INC     R1               ;修改地址指针
        DJNZ    R2, LP
        POP     PSW
        RET
```

【例 4.6.12】 内部 RAM 中数据块排序程序。

内部 RAM 有一无符号数据块，工作寄存器 R0 指向数据块的首地址，其长度存放在工作寄存器 R2 中，请将它们按照从大到小的顺序排列。

（1）题意分析

排序程序一般采用冒泡排序法，又称两两比较法。程序流程图如图 4-19 所示。

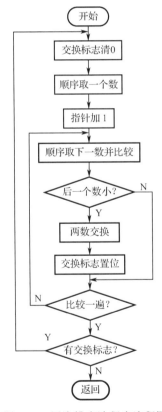

图 4-19 冒泡排序法程序流程图

（2）汇编语言源程序

```
; 入口参数：R0 指向数据块的首地址，数据块长度存放在工作寄存器 R2 中
; 出口参数：排序后数据仍存放在原来位置
; 占用资源：R0, R1, R2, R3, R5, A, PSW
; 位单元 00H 作为交换标志存放单元
BUBBLE: MOV     A, R0
```

```
          MOV    R1,  A              ; 把 R0 暂存到 R1 中
          MOV    A,  R2
          MOV    R5,  A              ; 把 R2 暂存到 R5 中
BUBB1:    CLR    00H                 ; 交换标志单元清 0
          DEC    R5                  ; 个数减 1
          MOV    A,  @R1
BUB1:     INC    R1
          CLR    C
          SUBB   A,  @R1             ; 相邻的两个数比较
          JNC    BUB2                ; 前一个数大，转移到 BUB2
          SETB   00H                 ; 否则，交换标志置位
          XCH    A,  @R1             ; 两数交换
          DEC    R1
          XCH    A,  @R1
          INC    R1
BUB2:     MOV    A,  @R1
          DJNZ   R5,  BUB1           ; 没有比较完，转向 BUB1
          INC    R0
          MOV    R1,  R0
          DEC    R2
          MOV    R5,  R2
          JB     00H,  BUBB1         ; 交换标志为 1，继续下一轮比较
          RET
          END
```

4.6.7　多位 BCD 码减法程序

80C51 单片机基本指令中给出了 BCD 加法调整指令 DAA，但未给出减法调整指令，然而，在工程实际应用中，BCD 的减法运算不可避免。本节通过下面例子讨论 BCD 减法调整的实现方法。

【例 4.6.13】有两组 BCD 码分别存放在内部 RAM 的 30H、31H、32H 单元和 38H、39H、3AH 单元，求它们的差并保存到内部 RAM 的 30H、31H、32H 单元中。（高位在前，低位在后。）

程序清单：

```
          ORG    0000H
          MOV    30H,#00H            ; 初始化
          MOV    31H,#20H
          MOV    32H,#00H            ; 设置被减数为 002010
          MOV    38H,#00H
          MOV    39H,#19H
          MOV    3AH,#99H            ; 设置减数为 001999
          MOV    R7,#03H             ; 设置字节数≤8 字节
          MOV    R0,#30H             ; 设置被减数起始地址（高字节地址）
          MOV    R1,#38H             ; 设置减数起始地址（高字节地址）
BCDSUB:                              ; BCD 减法子程序
          LCALL  NEG                 ; 减数 R1 十进制取补
          LCALL  BCDADD              ; 按多字节 BCD 码加法处理
          CPL    C                   ; 将补码加法的进位标志位转换成借位标志位
          MOV    F0,C                ; 保护借位标志位
          LCALL  NEG                 ; 恢复减数 R1 的原始值
```

	MOV	C,F0	; 恢复借位标志位
	SJMP	$	; 原地等待，防止跑飞
			; 10 进制数字求补子程序
NEG:	MOV	A,R7	; R7-1（字节数减 1）→R2
	DEC	A	
	MOV	R2,A	
	MOV	A,R1	; 保护指针，R0→R3
	MOV	R3,A	
NEG1:	CLR	C	; 清除进位标志位
	MOV	A,#99H	; 高字节取补，高字节求补
	SUBB	A,@R1	; 按字节十进制取补
	MOV	@R1,A	; 存回 R1 中
	INC	R1	; 调整数据指针
	DJNZ	R2,NEG1	; 处理完 R2 字节
	MOV	A,#9AH	; 最低字节单独取补
	SUBB	A,@R1	
	MOV	@R1,A	
	MOV	A,R3	; 恢复指针
	MOV	R1,A	
	RET		
			; BCD 加法调整子程序
BCDADD:	MOV	A,R7	
	MOV	R2,A	; R0、R1 分别指向被减数、减数最低字节
	ADD	A,R0	
	MOV	R0,A	; R0+R7→R0
	MOV	A,R2	
	ADD	A,R1	
	MOV	R1,A	; R1+R7→R1
	CLR	C	
BCD1:	DEC	R0	; 调整数据指针
	DEC	R1	
	MOV	A,@R0	
	ADDC	A,@R1	; 按字节相加
	DA	A	; 十进制调整
	MOV	@R0,A	; 和存回 R0 中
	DJNZ	R2,BCD1	; 处理完所有字节
	RET		
	END		

本 章 小 结

单片机汇编语言程序设计是单片机应用系统设计的重要组成部分。汇编语言程序基本结构包括顺序结构、分支结构、循环结构和子程序结构等。

程序设计的关键是掌握解题思路。程序设计的步骤一般分为：题意分析、画流程图、分配寄存器和内存单元、源程序设计、程序调试等。

程序设计中还要注意单片机软件资源的分配，内部 RAM、工作寄存器、堆栈、位寻址区等资源的合理分配对程序的优化、可读性和可移植性等起着重要作用。

【知识拓展与思政元素】由简到繁、循序渐进、全力以赴、善于积累

序号	知识点	切入点	思政元素、目标	素材、方法和载体
1	指令应用	简单指令到复杂任务	元素："万变不离其宗"，111 条汇编指令实现万千功能，解决复杂工程问题 目标：由简到繁、循序渐进、不忘初心、提升自我	1. 知识关联、经典名句、名人轶事、主题讨论 2. 讨论：由简到繁、循序渐进、不忘初心、提升自我
2	程序流程	流程与人生规划	元素："凡事预则立，不预则废。"引入大学生活的流程规划，培养有条理、有规划的良好品质 目标：人生目标、生涯规划	1. 知识关联、经典名句主题讨论 2. 讨论：大学生活规划
3	顺序程序	顺序执行与持之以恒	元素：从猎人与狗的故事引申分析"尽力而为与全力以赴" 目标：拼搏进取、全力以赴	1. 知识关联、主题讨论 2. 猎人与狗的故事 3. 讨论：尽力而为与全力以赴
4	分支程序	分支与调整	元素：子程序调用与调用资源 目标：自我反思、换位思考、适应社会	1. 知识关联、主题讨论 2. 充分利用可利用资源 3. 讨论：自我反思、换位思考、适应社会
5	循环程序设计	延时程序分析	元素："不积跬步，无以至千里。不积小流，无以成江海。""无厚不可积也，其大千里。"强调积累的重要性；知识积累与健康成长 目标：善于积累、成长比成功更重要	1. 案例启发、经典名句、名人轶事、知识关联、主题讨论 2. 案例：成功企业家经验 3. 讨论：成长比成功更重要

扫描二维码下载【思政素材、延伸解析】

习 题 4

4-1 用于程序设计的语言分为哪几种？它们各有什么特点？

4-2 下面是例 4.2.6 的另外一种实现方法，分析程序并画出程序流程图。

```
        ORG     0000H
        MOV     R0, #30H
        MOV     R1, #40H
        MOV     R2, #04H
        CLR     C
LOOP:   MOV     A, @R0
        ADDC    A, @R1
        MOV     @R1, A
        INC     R0
        INC     R1
        DJNZ    R2, LOOP
        SJMP    $
        END
```

4-3 将一个字节内的两个 BCD 码十进制数拆开并变成相应的 ASCII 码的程序段如下，给每一条指令加上注释，并说明 BCD 码和拆后的 ASCII 码各自存放在内部 RAM 的什么地方。

```
        MOV     R0,  #32H
        MOV     A,   @R0
        AND     A,   #0FH
        ORL     A,   #30H
        MOV     31H,  A
        MOV     A,   @R0
        SWAP    A
        AND     A,   #0FH
        ORL     A,   #30H
        MOV     32H,  A
        END
```

4-4 分析下面程序的功能。

```
X       DATA    30H
Y       DATA    32H
        MOV     A,  X
        JNB     ACC.7,  DAYU
        CPL     A
        ADD     A,  #01H
DAYU:   MOV     Y,  A
        SJMP    $
        END
```

4-5 分析下面程序，比较习题 4-4 和例 4.3.3 的程序，说明为什么可以用 CJNE 指令代替减法操作？

```
X       DATA    20H
Y       DATA    30H
        ORG     0000H
        MOV     A,  X
        CJNE    A,  Y,  NEQUA
NEQUAL: JC      L
        CLR     L1
        SJMP    P1.0
L1:     CLR     FINISH
FINISH: SJMP    P1.1
        END $
```

4-6 下面是实现有符号数比较的另一种方法的源程序清单，请画出程序流程图。

```
ONE     DATA    40H
TWO     DATA    41H
MAX     DATA    42H
        CLR     C
        MOV     A,  ONE
        SUBB    A,  TWO
        JZ      XMAX
        JB      ACC.7,  NEGG
        JB      OV,  YMAX
        SJMP    XMAX
NEGG:   JB      OV,  XMAX
```

```
YMAX:   MOV     A, TWO
        SJMP    DONE
XMAX:   MOV     A, ONE
DONE:   MOV     MAX, A
        SJMP    $
        END
```

4-7　分析散转指令的实现方法。除了用例题中的转移指令表法实现散转程序，还有地址偏移量表法、转向地址表法、利用 RET 指令散转等实现方法。用这 3 种方法实现如下功能：根据 R7 的状态分别转向 8 个功能键处理程序，设 R7 中为键号，依次为 0、1、2、3、4、5、6、7，分别转向 SB0、SB1、SB2、SB3、SB4、SB5、SB6、SB7 8 个键功能处理程序。

（1）地址偏移量表法。

```
        MOV     A, R7
        MOV     DPTR, #TAB
        MOVC    A, @A+DPTR
        JMP     @A+DPTR
TAB:    DB      SB0-TAB
        DB      SB1-TAB
        ⋮
        DB      SB7-TAB
SB0:    0 号键处理程序
SB1:    1 号键处理程序
        ⋮
SB7:    7 号键处理程序
```

（2）转向地址表法。

```
        MOV     DPTR, #TAB
        MOV     A, R7
        ADD     A, R7
        JNC     LP
        INC     DPH
LP:     MOV     R3, A
        MOVC    A, @A+DPTR
        XCH     A, R3
        INC     A
        MOVC    A, @A+DPTR
        MOV     DPL, A
        MOV     DPH, R3
        CLR     A
        JMP     @A+DPTR
TAB:    DW      SB0
        DW      SB1
        ⋮
        DW      SB7
SB0:    0 号键处理程序
SB1:    1 号键处理程序
        ⋮
SB7:    7 号键处理程序
```

（3）利用 RET 指令散转。

```
           MOV      SP,  #30H
           MOV      DPTR,  #TAB
           MOV      A,  R7
           ADD      A,  R7
           JNC      LP
           INC      DPH
LP:        MOV      R3,  A
           MOVC     A,  @A+DPTR
           XCH      A,  R3
           INC      A
           MOVC     A,  @A+DPTR
           PUSH     A
           MOV      A,  R3
           PUSH     A
           RET
TAB:       DW       SB0
           DW       SB1
            ⋮
           DW       SB7
SB0:       0 号键处理程序
SB1:       1 号键处理程序
            ⋮
SB7:       7 号键处理程序
```

分析上面三种散转方式的转移过程。

4-8 下列程序段经汇编后，从 1000H 开始的各有关存储单元的内容将是什么？

```
           ORG      1000H
TAB1       EQU      1234H
TAB2       EQU      3000H
           DB       "MAIN"
           DW       TAB1, TAB2, 70H
```

4-9 试编写一个程序，将内部 RAM 中 45H 单元的高 4 位清 0，低 4 位置 1。

4-10 分析下面程序：

已知程序执行前有 A=02H，SP=42H，（41H）=FFH，（42H）=FFH。下述程序执行后，请问 A=（   ）；SP=（   ）；（41H）=（   ）；（42H）=（   ）；PC=（   ）。

```
POP       DPH
POP       DPL
MOV       DPTR,  #3000H
RL        A
MOV       B,  A
MOVC      A,  @A+DPTR
PUSH      ACC
MOV       A,  B
INC       A
MOVC      A,  @A+DPTR
PUSH      ACC
```

```
RET
ORG        3000H
DB         10H, 80H, 30H, 80H, 50H, 80H
```

4-11   假定 A=83H,（R0）=17H,（17H）=34H, 执行以下指令后, A 的内容为（   ）。

```
ANL        A, #17H
ORL        17H, A
XPL        A, @R0
CPL        A
```

4-12   分析下面程序, 若 SP=60H, 则标号 LABEL 所在的地址为 3456H。LCALL 指令的地址为 2000H, 执行如下指令:

```
2000H      LCALL   LABEL
```

堆栈指针 SP 和堆栈内容发生了什么变化? PC 的值等于什么? 如果将指令 LCALL 直接换成 ACALL 是否可以? 如果换成 ACALL 指令, 可调用的地址范围是什么?

4-13   内部 RAM 的 30H 开始的单元中有 10B 的二进制数, 请编程求它们之和（和小于 256）。

4-14   用查表法编一个子程序, 将 R3 中的 BCD 码转换成 ASCII 码。

4-15   内部 RAM 的 40H 开始的单元内有 10B 二进制数, 编程找出其中最大值并存于 50H 单元中。

4-16   利用调用子程序的方法, 进行两个无符号数相加, 请编写主程序及子程序。

第 5 章　中 断 系 统

在计算机与外部设备交换信息时，存在着高速的 CPU 和低速的外设之间的矛盾。同时，外部设备随机或定时出现的紧急事件，也需要 CPU 能立即响应、处理。为了解决这一问题，在计算机中引入了"中断"技术。中断系统是计算机的重要组成部分，数据采集、实时控制、故障处理、计算机与外设间的数据传送等时间往往采用中断系统。本章主要介绍 8051 系列单片机的中断概念、中断处理过程及 8051 系列单片机中断初始化的方法。

5.1　中断系统概述

5.1.1　中断的概念

中断是通过硬件来改变 CPU 执行指令的顺序、方向的。计算机在执行程序的过程中，当出现 CPU 以外的某种任务时，由服务对象向 CPU 发出中断请求信号，要求 CPU 暂停当前程序的执行而转去执行相应的处理程序，待处理程序执行完毕后，再继续执行原来被中断的程序。这种由于外界的原因打断正在执行程序的情况称为"中断"。

"中断"之后所执行的相应的处理程序通常称为中断服务或中断处理子程序，原来正常运行的程序称为"主程序"。主程序被断开的位置称为"断点"。引起中断的原因或能发出中断申请的来源称为"中断源"。中断源要求服务的请求称为"中断请求"。

调用中断服务程序的过程类似于调用子程序，其区别在于调用子程序在程序中是事先安排好的；而中断服务程序的调用是随机的、事先无法确定的，因为"中断"发生与否是由外部因素决定的，程序中无法事先安排调用指令，因此，调用中断服务程序的过程是由硬件自动完成的。

5.1.2　中断的特点

计算机引入中断技术之后，主要有以下几方面的特点。

1.分时操作

中断可以解决高速的 CPU 与低速的外设之间的矛盾，使 CPU 和外设可以并行工作。CPU 在启动外设工作后继续执行主程序，同时外设也在工作，每当外设完成一项任务就发出中断申请，请求 CPU 中断它正在执行的程序，转去执行中断服务程序，中断处理完之后，CPU 恢复执行主程序，外设也继续工作。这样，CPU 可启动多个外设同时工作，大大提高了 CPU 的效率。

2.实时处理

在实时控制中，现场的各种参数、信息均可能随时间和现场而变化。这些外界变量可根据要求随时向 CPU 发出中断申请，请求 CPU 及时处理，如中断条件满足，CPU 马上就会响应进行相应的处理，从而实现实时处理。

3．故障处理

针对应急事件或故障，如掉电、存储出错、运算溢出等，可通过中断系统由故障源向 CPU 发出中断请求，再由 CPU 转到相应的故障处理程序进行处理。

5.1.3　中断系统的功能

1．实现中断响应和中断返回

当 CPU 收到中断请求后，能根据具体情况决定是否响应中断，若 CPU 没有更急、更重要的工作，则在执行完当前指令后响应这一中断请求。

CPU 中断响应过程如下：首先，将断点处的 PC 值（即下一条应执行指令的地址）压入堆栈保存，称为"保护断点"，由硬件自动完成。然后，将有关的寄存器内容和标志位状态压入堆栈保存，称为保护现场。保护现场的程序由用户根据实际需要编制。保护断点和现场后即可执行中断服务程序，执行完毕，CPU 由中断服务程序返回主程序。

中断返回过程如下：首先，恢复原保留寄存器的内容和标志位的状态，这称为"恢复现场"。同样，恢复现场的程序也由用户根据实际需要编制，一般地，恢复现场的程序须与保护现场的程序相对应。然后，再通过返回指令 RETI 恢复 PC 值，使 CPU 返回断点，这称为恢复断点。恢复现场和断点后，CPU 将继续执行原主程序，中断响应过程结束。中断响应过程流程图如图 5-1 所示。

2．实现优先权排队

通常，系统中有多个中断源，当有多个中断源同时发出中断请求时，要求计算机能确定哪个中断更紧迫，以便首先响应、处理。为此，计算机需给每个中断源规定优先级别，称为"优先权"。这样，当多个中断源同时发出中断请求时，优先权高的中断能优先被响应，只有优先权高的中断处理结束后才能响应优先权低的中断。

3．实现中断嵌套

当 CPU 响应某一中断时，若有优先权高的中断源发出中断请求，则 CPU 能中断正在执行的中断服务程序，并保留这个程序的断点，响应高级中断。高级中断处理结束以后，再继续执行被中断的中断服务程序，这个过程称为"中断嵌套"，中断嵌套流程图如图 5-2 所示。

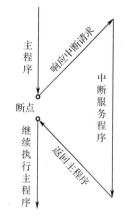
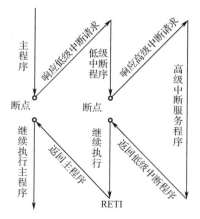

图 5-1　中断响应过程流程图　　　　图 5-2　中断嵌套流程图

5.2 中断源与中断寄存器

5.2.1 中断源

1．中断源分类

通常，计算机的中断源有如下几种。

① 一般的外设：如键盘、打印机等，它们通过接口电路向 CPU 发出中断请求。

② 实时时钟及计数信号：如定时时间到或计数满，则向 CPU 发出中断请求。

③ 故障源：当采样或运算结果溢出或系统掉电时，可通过报警、掉电等信号向 CPU 发出中断请求。

④ 为调试程序而设置的中断源：调试程序时，为检查中间结果或寻找问题所在，往往要求设置断点或进行单步工作，这些人为设置的中断源的申请与响应均由中断系统来实现。

2．80C51 中断请求源

80C51 中断系统可用图 5-3 来表示。

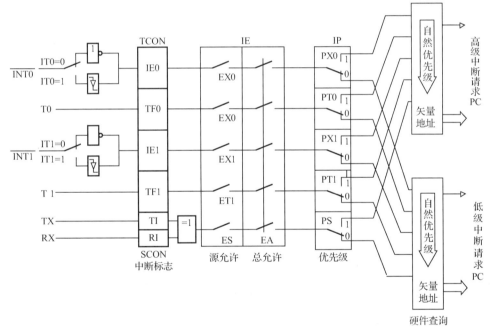

图 5-3　80C51 中断系统

80C51 的 5 个中断源详述如下。

① $\overline{\text{INT0}}$：外部中断 0 请求，由 P3.2 脚输入。通过 IT0 位（TCON.0）来决定是低电平有效还是下跳变有效。一旦输入信号有效，则向 CPU 申请中断，并建立 IE0 标志。

② $\overline{\text{INT1}}$：外部中断 1 请求，由 P3.3 脚输入。通过 IT1 位（TCON.2）来决定是低电平有效还是下跳变有效。一旦输入信号有效，则向 CPU 申请中断，并建立 IE1 标志。

③ TF0：定时器 T0 溢出中断请求。当定时器 T0 产生溢出时，定时器 T0 中断请求标志位（TCON.5）置位（由硬件自动执行），请求中断处理。

④ TF1：定时器 T1 溢出中断请求。当定时器 T1 产生溢出时，定时器 T1 中断请求标志位（TCON.7）置位（由硬件自动执行），请求中断处理。

⑤ RI 或 TI：串行中断请求。当接收或发送完一串行帧时，内部串行口中断请求标志位 RI（SCON.0）或 TI（SCON.1）置位（由硬件自动执行），请求中断。

5.2.2 中断寄存器

1．中断允许寄存器 IE

80C51 单片机的中断源在向 CPU 申请中断时，每一个中断源是否能被响应，是由其内部的中断允许寄存器 IE 控制的。IE 为特殊功能寄存器，它的字节地址为 A8H，可被位寻址，其各位及功能如下。

	D7	D6	D5	D4	D3	D2	D1	D0
IE(A8H):	EA	/	/	ES	ET1	EX1	ET0	EX0

① EX0（IE.0）：外部中断 0 中断请求允许位。EX0=1，允许外部中断 0 申请中断；EX0=0，禁止外部中断 0 申请中断。

② ET0（IE.1）：定时/计数器 T0 的溢出中断请求允许位。ET0=1，允许 T0 溢出申请中断；ET0=0，禁止 T0 申请中断。

③ EX1（IE.2）：外部中断 1 中断请求允许位。EX1=1，允许外部中断 1 申请中断；EX1=0，禁止外部中断 1 申请中断。

④ ET1（IE.3）：定时/计数器 T1 的溢出中断请求允许位。ET1=1，允许 T1 溢出申请中断；ET1=0，禁止 T1 申请中断。

⑤ ES（IE.4）：串行口中断请求允许位。ES=1，允许串行口申请中断；ES=0，禁止串行口申请中断。

⑥ EA（IE.7）：CPU 总的中断开放允许位，是 80C51 单片机所有中断能否触发的先决条件。EA=1，CPU 开放中断，允许所有中断源申请中断；EA=0，CPU 禁止中断，屏蔽所有的中断申请。

2．中断优先级控制寄存器 IP

80C51 单片机的多个中断源可根据要求设定为高、低两个优先级别，优先响应相对重要的、高优先级中断请求。中断优先级的设定，可以通过中断优先级控制寄存器 IP 来实现。IP 是特殊功能寄存器，字节地址为 B8H，它的每位也可被位寻址，其各位及功能如下。

	D7	D6	D5	D4	D3	D2	D1	D0
IE(B8H):	/	/	/	PS	PT1	PX1	PT0	PX0

① PX0：外部中断 0 中断优先级控制位。PX0=1，外部中断 0 定义为高优先级中断；PX0=0，外部中断 0 定义为低优先级中断。

② PT0：定时/计数器 T0 中断优先级控制位。PT0=1，T0 溢出中断定义为高优先级中断；PT0=0，T0 溢出中断定义为低优先级中断。

③ PX1：外部中断 1 中断优先级控制位。PX1=1，外部中断 1 定义为高优先级中断；PX1=0，外部中断 1 定义为低优先级中断。

④ PT1：定时/计数器 T1 中断优先级控制位。PT1=1，T1 溢出中断定义为高优先级中断；PT1=0，T1 溢出中断定义为低优先级中断。

⑤ PS：串行口中断优先级控制位。PS=1，串行口中断定义为高优先级中断；PS=0，串行口

中断定义为低优先级中断。

80C51 单片机内部还有一个由硬件查询序列确定的优先级结构。在 CPU 同时接收到几个同等优先级中断源的中断请求时，硬件查询序列确定优先响应哪一个中断申请。同一个优先级里，硬件的自然查询序列确定的优先级别排列如下。

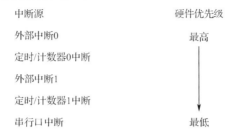

如果程序中没有中断优先级设置指令，则中断源按自然优先级进行排列。实际应用中常把 IP 寄存器和自然优先级相结合，使中断的使用更加方便、灵活。

80C51 单片机复位以后，特殊功能寄存器 IE、IP 的内容均为 00H。使用时，可由初始化程序对 IE、IP 编程，以确定是否开放 CPU 中断、允许哪些中断源申请中断和改变中断源的优先级别等。

3. 定时/计数器控制寄存器 TCON

TCON 为定时/计数器 T0 和 T1 的控制寄存器，并具有控制两个外部中断源、作为相应中断标志位的功能。其字节地址为 88H，可采用字节操作指令或位操作指令进行设置。其相关的位及功能如下：

	D7	D6	D5	D4	D3	D2	D1	D0
TCON(88H):	TF1	TR1	TF0	TR0	IE1	IT1	IE0	IT0

① IT0（TCON.0）：外部中断 0 触发方式控制位。IT0=0，外部中断 0 被设为电平触发方式；IT0=1，外部中断 0 被设为边沿触发方式。

② IE0（TCON.1）：外部中断 0 请求中断标志位。IE0=1，表示外部中断 0 向 CPU 申请中断；IE0=0，表示外部中断 0 没有向 CPU 申请中断。

当 IT0 位设置为电平触发方式时，CPU 将在每一个机器周期的 S5P2 时刻采样 $\overline{INT0}$（P3.2）的输入电平，当采样到低电平时，将标志位 IE0 置"1"，然后向 CPU 发出中断申请。采用电平触发方式时，外部中断源 0 必须保持低电平有效，直到该中断被 CPU 响应。同时在该中断服务程序执行完之前，外部中断源 0 的申请必须被撤除（由软件完成），否则将产生另一次中断。

当 IT0 位设置为边沿触发方式时，CPU 将在每一个机器周期的 S5P2 时刻采样 $\overline{INT0}$ 的输入电平。如果相继的两次采样，第一个机器周期中采样到 $\overline{INT0}$ 为高电平，接着的下个周期中采样到 $\overline{INT0}$ 为低电平，则将标志位 IE0 置"1"，然后向 CPU 发出中断申请。采用边沿触发方式时，因为每个机器周期采样一次外部输入电平，故采用边沿触发方式时，外部中断源输入的高、低电平时间都必须保持 12 个振荡周期以上，这样才能保证 CPU 可靠地检测到 $\overline{INT0}$ 上电平由高到低的跳变。

注意：CPU 检测到 $\overline{INT0}$ 引脚上出现中断请求的有效电平后，由硬件自动将标志位 IE0 置为"1"，向 CPU 申请中断。CPU 响应该中断时由硬件自动对 IE0 清"0"。

③ IT1（TCON.2）：外部中断 1 触发方式控制位。其功能和 IT0 类似。

④ IE1（TCON.3）：外部中断 1 请求中断标志位。其功能和 IE0 类似。

⑤ TF0（TCON.5）：定时/计数器 T0 的溢出中断标志位。TF0=1，表示 T0 定时时间到或计数

值满，T0 向 CPU 发出中断申请。T0 被启动以后，从初值开始加 1 计数，计数满溢出时将 TF0 置"1"，向 CPU 请求中断，CPU 响应该中断时，由硬件对 TF0 清"0"（也可以由查询程序清"0"）。

⑥ TF1（TCON.7）：定时/计数器 T1 的溢出中断标志位。其功能与 TF0 类似。

4. 串行口控制寄存器 SCON

SCON 是串行口控制寄存器，其字节地址为 98H。可采用字节操作指令或位操作指令进行设置。顾名思义，SCON 用于串行口中断的设置，8 位均与串行口通信息息相关。本章仅介绍两个相关位：RI 和 TI，其功能如下。

	D7	D6	D5	D4	D3	D2	D1	D0
SCON(98H):							TI	RI

RI（SCON.0）：接收中断标志位。

TI（SCON.1）：发送中断标志位。

在串行通信中，当串行口发送或接收完一帧数据后，由硬件自动将相应的 TI 或 RI 置为"1"，向 CPU 申请中断。CPU 响应串行口的中断时，并不能直接由硬件对标志位 TI 或 RI 清"0"，需用户在中断服务程序中采用软件方法对其清"0"。

RI 和 TI 两者逻辑"或"的结果也可作为单片机内部的一个中断源使用。

5.3 中断处理过程

中断处理过程可分为中断响应、中断处理和中断返回三个阶段。不同的计算机因其中断系统的硬件结构不同，中断响应的方式也有所不同。这里，仅以 80C51 单片机为例进行叙述。

5.3.1 中断响应

中断响应是 CPU 对中断源中断请求的响应，包括保护断点和将程序转向中断服务程序的入口地址（通常称为矢量地址）。CPU 并非任何时刻都能响应中断请求，而是在中断响应条件满足之后才会响应。

1. 中断响应条件

CPU 响应中断的条件有：

● 有中断源发出中断请求；

● 中断总允许位 EA = 1；

● 申请中断的中断源允许。

满足以上基本条件，但若有下列任何一种情况存在，则中断响应会受到阻断。

● CPU 正在响应同级或高优先级的中断；

● 当前指令未执行完；

● 正在执行 RETI 中断返回指令或访问专用寄存器 IE 和 IP 的指令。

若存在上述任何一种情况，则中断查询结果即被取消，CPU 不响应中断请求而在下一机器周期继续查询，否则，CPU 在下一机器周期响应中断。

CPU 在每个机器周期的 S5P2 期间查询每个中断源，并设置相应的标志位，在下一机器周期 S6 期间按优先级顺序查询每个中断标志，如查询到某个中断标志为 1，将在再下一机器周期 S1 期间按优先级进行中断处理。

2．中断响应过程

中断响应过程包括保护断点和将程序转向中断服务程序的入口地址。首先，中断系统通过硬件自动生成长调用指令（LCALL），该指令将自动把断点地址压入堆栈保护（不保护累加器 A、状态寄存器 PSW 和其他寄存器的内容）。然后，将对应的中断入口地址装入程序计数器 PC（由硬件自动执行），使程序转向该中断入口地址，执行中断服务程序。80C51 系列单片机各中断源的入口地址由硬件事先设定，分配如下：

中断源	入口地址
外部中断 0	0003H
定时器 T0 中断	000BH
外部中断 1	0013H
定时器 T1 中断	001BH
串行口中断	0023H

使用时，通常在这些中断入口地址处存放一条绝对跳转指令，使程序跳转到用户安排的中断服务程序的起始地址上去。

编写应用程序时，如果用到中断，则须将主程序跳过中断服务程序的入口，才能正确调用中断服务程序，中断才能正确被执行，可参考如下架构：

```
        ORG     0000H
        AJMP    MAIN
        ORG     0003H           ；外部中断 0 入口
        AJMP    PINT0           ；转向外部中断 0 服务程序
        ORG     000BH           ；定时器 0 中断入口
        AJMP    PTIME0          ；转向定时器 0 中断服务程序
        ORG     0013H           ；外部中断 1 入口
        AJMP    PINT1           ；转向外部中断 1 服务程序
        ORG     001BH           ；定时器 1 中断入口
        AJMP    PTIME1          ；转向定时器 0 中断服务程序
        ORG     0023H           ；串行口中断入口
        AJMP    PINTS           ；转向串行口中断服务程序
        ORG     0030H           ；T1 中断入口
MAIN:                           ；主程序
        ……
        ……
PINT0:  ORG     0500H           ；外部中断 0 中断服务程序
        ……
        ……
        RETI
PTIME0: ORG     0600H           ；定时器 0 中断服务程序
        ……
        ……
        RETI
PINT1:  ORG     0700H           ；外部中断 1 中断服务程序
        ……
        ……
        RETI
PTIME1: ORG     0800H           ；定时器 1 中断服务程序
```

```
             ......
             ......
             RETI
PINTS:   ORG      0800H              ;定时器 1 中断服务程序
             ......
             ......
             RETI
             END
```

5.3.2　中断处理

中断处理就是执行中断服务程序。中断服务程序从中断入口地址开始执行，到返回指令"RETI"为止，一般包括两部分内容，一是保护现场，二是完成中断源请求的服务。中断处理过程流程图如图 5-4 所示。

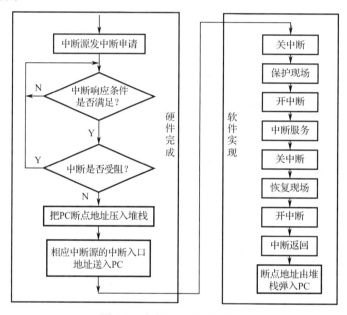

图 5-4　中断处理过程流程图

通常，主程序和中断服务程序都会用到累加器 A、状态寄存器 PSW 及其他一些寄存器，当 CPU 进入中断服务程序，用到上述寄存器时，会破坏原来存储在寄存器中的内容，一旦中断返回，将会导致主程序的混乱，因此，在进入中断服务程序后，一般要先保护现场，然后执行中断处理程序，在中断返回之前再恢复现场。

编写中断服务程序时还需注意以下几点。

① 各中断源的中断入口地址之间只相隔 8 字节，容纳不下普通的中断服务程序，因此，在中断入口地址单元通常存放一条无条件转移指令，可将中断服务程序转至存储器的其他任何空间。

② 若要在执行当前中断程序时禁止其他更高优先级中断，需先用软件关闭 CPU 中断，或用软件禁止相应高优先级的中断，在中断返回前再开放中断。

③ 在保护和恢复现场时，为了不使现场数据遭到破坏或造成混乱，一般规定此时 CPU 不再响应新的中断请求。因此，在编写中断服务程序时，要注意在保护现场前关中断，在保护现场后，若允许高优先级中断，则应开中断。同样，在恢复现场前也应先关中断，恢复之后再开中断。

④ 保护现场常用压入堆栈的方法，如：

```
PUSH    ACC
PUSH    DPH
PUSH    DPL
PUSH    PSW
```

⑤ 恢复现场常用弹出堆栈的方法，如：

```
POP    PSW
POP    DPL
POP    DPH
POP    ACC
```

5.3.3 中断返回

中断返回是指中断服务完成后，计算机返回原来断开的位置（即断点），继续执行原来的程序。中断返回由中断返回指令 RETI 来实现。该指令的功能是把断点地址从堆栈中弹出，送回程序计数器 PC，此外，还通知中断系统已完成中断处理，并同时清除优先级状态触发器。特别要注意不能用"RET"指令代替"RETI"指令。

5.3.4 中断响应时间

中断响应时间是指从中断请求标志位置位到 CPU 开始执行中断服务程序的第一条指令所持续的时间。CPU 并非每时每刻对中断请求都予以响应，另外，不同的中断请求其响应时间也是不同的。因此，中断响应时间形成的过程较为复杂。以外部中断 $\overline{INT0}$ 为例，CPU 在每个机器周期的 S5P2 期间采样其输入引脚 INT0 端的电平，如果中断请求有效，则置位中断请求标志位 IE0，然后在下一个机器周期再对这些值进行查询，这就意味着中断请求信号的低电平至少应维持一个机器周期。这时，如果满足中断响应条件，则 CPU 响应中断请求，在下一个机器周期执行一条硬件长调用指令"LCALL"，使程序转入中断矢量入口。该调用指令的执行时间是两个机器周期，因此，外部中断响应时间至少需要 3 个机器周期，这是最短的中断响应时间。

如果中断请求不能满足前面所述的 3 个条件而被阻断，则中断响应时间将延长。例如一个同级或更高级的中断正在进行，则附加的等待时间取决于正在进行的中断服务程序的长度。如果正在执行的一条指令还没有进行到最后一个机器周期，则附加的等待时间为 1～3 个机器周期（因为一条指令的最长执行时间为 4 个机器周期）。如果正在执行的指令是 RETI 指令或访问 IE 的指令，则附加的等待时间在 5 个机器周期之内（最多用一个机器周期完成当前指令，再加上最多 4 个机器周期完成下一条指令）。

若系统中只有一个中断源，则中断响应时间为 3～8 个机器周期。

5.4 中断触发方式

80C51 的外部中断（$\overline{INT0}$ 和 $\overline{INT1}$）可以通过编程对定时/计数器控制寄存器 TCON 中的 IT0 和 IT1 位进行清"0"或置"1"，控制触发方式为电平触发或负边沿触发。

若 IT0/IT1 为 0，则外部中断 $\overline{INT0}$ / $\overline{INT1}$ 为电平触发，由 $\overline{INT0}$ / $\overline{INT1}$ 引脚上所检测到的低电平（必须保持到 CPU 响应该中断时为止）触发。

若 IT0/IT1 为 1，则外部中断 $\overline{INT0}$ / $\overline{INT1}$ 由负边沿触发，即在相继的两个机器周期中，前一个周期从 $\overline{INT0}$ / $\overline{INT1}$ 引脚上检测到高电平，而在后一个周期检测到低电平，则置位 TCON 寄存器中的中断请求标志位 IE0/IE1，发出中断请求。

由于外部中断引脚在每个机器周期内被采样一次，所以中断引脚上的电平应至少保持 12 个振荡周期，以保证电平信号能被采样到。对于负边沿触发方式的外部中断，要求输入的负脉冲宽度至少保持 12 个振荡周期（若晶振频率为 6MHz，则宽度为 2μs），以确保检测到引脚上的电平跳变，而使中断请求标志位 IE0/IE1 置位。

对于电平触发的外部中断源，要求在中断返回前撤销中断请求（使引脚上的电平变高）是为了避免在中断返回后又再次响应该中断而出错。电平触发方式适用于外部中断输入为低电平，而且能在中断服务程序中撤销外部中断请求源的情况。

① 电平触发即 80C51 每执行完一个指令都将 $\overline{INT0}$ / $\overline{INT1}$ 的信号读入 IE0/IE1，因此，IE0/IE1 的中断请求信号随 $\overline{INT0}$ / $\overline{INT1}$ 引脚信号的变化而变化。如果 80C51 未能及时检测到送入 $\overline{INT0}$ / $\overline{INT1}$ 的中断请求信号，就会漏掉 $\overline{INT0}$ / $\overline{INT1}$ 的中断要求。

② 负边沿触发即只要检测到送至 $\overline{INT0}$ / $\overline{INT1}$ 上的信号由 1 变成 0 时，中断请求标志位 IE0/IE1 就被设定为 1，并且一直维持着 1，直到此中断请求被接收为止。

5.5 中断源的扩展

80C51 单片机仅有两个外部中断请求输入端 $\overline{INT0}$ 和 $\overline{INT1}$，在实际应用中，若外部中断源超过两个，则需扩充外部中断源，这里介绍两种简单可行的方法。

5.5.1 定时器扩展中断源

80C51 单片机有两个定时器，具有两个内中断标志和外计数引脚，如在某些应用中不被使用，则它们的中断可作为外部中断请求使用。此时，可将定时器设置成计数方式，计数初值可设为满量程，则它们的计数输入端 T0（P3.4）或 T1（P3.5）引脚上发生负跳变时，计数器加 1 便产生溢出中断。利用此特性，可把 T0 脚或 T1 脚作为外部中断请求输入线，而计数器的溢出中断作为外部中断请求标志。

【例 5.5.1】 将定时器 T0 扩展为外部中断源。

解：将定时器 T0 设定为方式 2（自动恢复计数初值），TH0 和 TF0 的初值均设置为 FFH，允许 T0 中断，CPU 开放中断，源程序如下：

```
MOV      TMOD, #06H
MOV      TH0, #0FFH
MOV      TL0, #0FFH
SETB     TR0
SETB     ET0
SETB     EA
...
```

当连接在 T0（P3.4）引脚的外部中断请求输入线发生负跳变时，TL0 加 1 溢出，TF0 置 1，向 CPU 发出中断申请，同时，TH0 的内容自动送至 TL0 使 TL0 恢复初值。这样，T0 引脚每输入一个负跳变，TF0 都会置 1，向 CPU 请求中断，此时，T0 脚相当于边沿触发的外部中断源输入线。同理，可将定时器 T1 扩展为外部中断源。

5.5.2 中断查询扩展

利用两根外部中断输入线（$\overline{INT0}$ 和 $\overline{INT1}$ 脚），每一中断输入线可以通过线或的关系连接多个外部中断源，同时，利用并行输入端口线作为多个中断源的识别线，其电路原理图如图 5-5 所示。

由图 5-5 可知，4 个外部扩展中断源通过 4 个 OC 门电路组成线或后再与 $\overline{\text{INT0}}$（P3.2）相连，4 个外部扩展中断源 EXINT0～EXINT3 中有一个或几个出现高电平则输出为 0，使 $\overline{\text{INT0}}$ 脚为低电平，从而发出中断请求，因此，这些扩充的外部中断源都是电平触发方式（高电平有效）。CPU 执行中断服务程序时，先依次查询 P1 口的中断源输入状态，然后转入相应的中断服务程序，4 个扩展中断源的优先级顺序由软件查询顺序决定，即最先查询的优先级最高，最后查询的优先级最低。

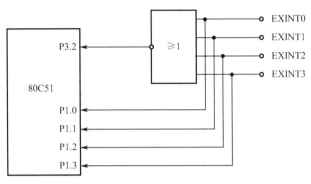

图 5-5　一个外部中断扩展成多个外部中断的原理图

中断服务程序如下：

```
              ORG    0003H                    ;外部中断 0 入口
              AJMP   INT0                     ;转向中断服务程序入口
              …
    INT0:     PUSH   PSW                      ;保护现场
              PUSH   ACC
              JB     P 1.0,   EXT0            ;中断源查询并转入相应中断服务程序
              JB     P1.1,    EXT1
    EXT1      JB     P1.2,    EXT2
              JB     P1.3,    EXT3
              POP    ACC                      ;恢复现场
    EXIT:     POP    PSW
              RETI
              …
    EXT0:     …                               ;EXINT0 中断服务程序
              AJMP   EXIT
    EXT1:     …      …                        ;EXINT1 中断服务程序
              AJMP   EXIT
    EXT2:     …      …                        ;EXINT2 中断服务程序
              AJMP   EXIT
    EXT3:     …      …                        ;EXINT3 中断服务程序
              AJMP   EXIT
```

同样，外部中断 1（$\overline{\text{INT1}}$）也可进行相应的扩展。

5.6　中断请求的撤除

在中断请求被响应前，中断源发出的中断请求是由 CPU 锁存在特殊功能寄存器 TCON 和 SCON 的相应中断标志位中的。一旦某个中断请求得到响应，CPU 必须把它的相应中断标志位复

位成 "0" 状态。否则，80C51 就会因为中断标志位未能得到及时撤除而重复响应同一中断请求，这是绝对不能允许的。

80C51 有 5 个中断源，分属于 3 种中断类型。这 3 种类型是：外部中断、定时器溢出中断和串行口中断。对于这 3 种中断类型的中断请求，其撤除方法是不相同的。

5.6.1　撤除定时器溢出中断

TF0 和 TF1 是定时器溢出中断标志位（见 TCON），它们因定时器溢出中断源的中断请求的输入而置位，因定时器溢出中断得到响应而自动复位成 "0" 状态。因此，定时器溢出中断源的中断请求是自动撤除的，用户根本不必专门为它们撤除。

5.6.2　撤除串行口中断

TI 和 RI 是串行口中断的标志位，中断系统不能自动将它们撤除。为防止 CPU 再次响应这类中断，用户应在中断服务程序的适当位置处通过如下指令将它们撤除。

```
CLR    TI                  ；撤除发送中断
CLR    RI                  ；撤除接收中断
```

若采用字节型指令，则也可采用如下指令：

```
ANL    SCON, #0FCH         ；撤除发送和接收中断
```

5.6.3　撤除外部中断

外部中断可分为边沿触发型和电平触发型。

对于边沿触发型的外部中断 0 或 1，CPU 在响应中断后由硬件自动清除其中断标志位 IE0 或 IE1，无须采取其他措施。

对于电平触发型的外部中断，其中断请求撤除方法较复杂。因为对于电平触发型的外部中断，CPU 在响应中断后，硬件不会自动清除其中断请求标志位 IE0 或 IE1，同时，也不能用软件将其清除，所以，在 CPU 响应中断后，应立即撤除 $\overline{INT0}$ 或 $\overline{INT1}$ 引脚上的低电平。否则，就会引起重复中断而导致错误。而 CPU 又不能控制 $\overline{INT0}$ 或 $\overline{INT1}$ 引脚的信号，因此，只有通过硬件再配合相应软件才能解决这个问题。图 5-6 是一种可行方案。

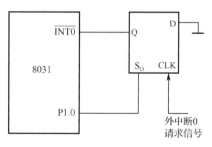

图 5-6　撤除外部中断请求的电路

由图 5-6 可知，外部中断请求信号不直接加在 $\overline{INT0}$ 或 $\overline{INT1}$ 引脚上，而是加在 D 触发器的 CLK 端。由于 D 端接地，当外部中断请求的正脉冲信号出现在 CLK 端时，Q 端输出为 0，$\overline{INT0}$ 或 $\overline{INT1}$ 为低，外部中断向单片机发出中断请求。利用 P1 口的 P1.0 作为应答线，当 CPU 响应中断后，可在中断服务程序中采用两条指令来撤除外部中断请求。

```
ANL    P1, #0FEH
ORL    P1, #01H
```

第一条指令使 P1.0 为 0，因 P1.0 与 D 触发器的异步置 1 端 SD 相连，Q 端输出为 1，从而撤除中断请求。第二条指令使 P1.0 变为 1，继续受 CLK 控制，即新的外部中断请求信号又能向单片机申请中断。第二条指令是必不可少的，否则，将无法再次形成新的外部中断。

5.7 中断初始化

80C51 中断系统功能，是可以通过上述特殊功能寄存器统一管理的，中断系统初始化是指用户对这些特殊功能寄存器中的各控制位进行赋值。

1. 中断系统初始化

中断系统初始化步骤：

① 开中断；

② 设定中断源的中断优先级；

③ 若为外部中断，则应规定低电平还是负边沿的中断触发方式。

【例 5.7.1】 请写出 $\overline{\text{INT1}}$ 为低电平触发的中断系统初始化程序。

解：

（1）采用位操作指令。

```
SETB    EA
SETB    EX1                    ; 开外部中断 1
SETB    PX1                    ; 令外部中断 1 为高优先级
CLR     IT1                    ; 令外部中断 1 为电平触发
```

（2）采用字节型指令。

```
MOV     IE,   #84H             ; 开外部中断 1
ORL     IP,   #04H             ; 令外部中断 1 为高优先级
ANL     TCON,  #0FBH           ; 令外部中断 1 为电平触发
```

显然，采用位操作指令进行中断系统初始化是比较简单的，因为用户不必记住各控制位寄存器中的确切位置，而各控制位名称是比较容易记忆的。

2. 外部中断设定的步骤

外部中断设定的步骤如下：

```
ORG     03H                    ; 外部中断的起始地址
JMP     EXT                    ; 中断时跳至中断子程序 EXT
MOV     IE,   #10000001B       ; 外部中断 0 中断使能
MOV     IE,   #10000100B       ; 开外部中断 1 中断使能
MOV     IP,   #00000001B       ; 外部中断 0 中断优先
MOV     IP,   #00000100B       ; 开外部中断 1 中断优先
MOV     TCON,  #00000000B      ; 设定外部中断 0 为电平触发
MOV     TCON,  #00000001B      ; 设定开外部中断 0 为负边沿触发
MOV     TCON,  #00000000B      ; 设定开外部中断 1 为电平触发
MOV     TCON,  #00000100B      ; 设定开外部中断 1 为负边沿触发
```

3. TIMER0 或 TIMER1 的中断请求

当计数溢出时会设定 TFX=1，而对 80C51 提出中断请求。TIMER0 或 TIMER1 中断请求设定的步骤如下：

```
ORG     0BH                    ; 设定中断起始地址 TIMER0
ORG     1BH                    ; 设定中断起始地址  TIMER1
```

MOV	TMOD,	#XXXXXXXXB	; 定时工作方式
MOV	TH1(0),	#XXXXXXXXB	; 设定计数值 TH0 或 TH1
MOV	TL1(0),	#XXXXXXXXB	; 设定计数值 TL0 或 TL1
MOV	IE,	#1000X0X0	; 设定中断使能

5.8 应用举例

【例 5.8.1】中断控制 8 路彩灯原理图如图 5-7 所示，$\overline{INT0}$、$\overline{INT1}$ 上各自连接一个按键，P1 口驱动 8 个 LED，利用中断控制 8 路 LED 闪烁、左流动、右流动的效果。要求：

（1）正常情况左流动；

（2）按 $\overline{INT0}$ 一次变为右流动；

（3）再按 $\overline{INT0}$ 一次变为左流动；；

（4）按 $\overline{INT1}$ 闪烁；

（5）以上交替进行。

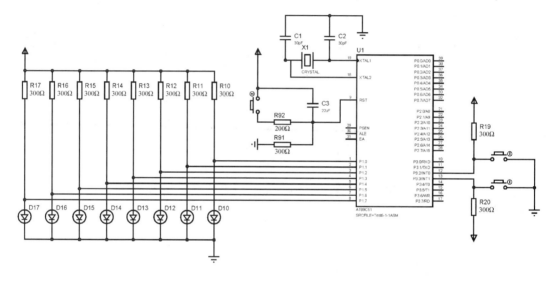

图 5-7 中断控制 8 路彩灯原理图

程序清单：

F1	BIT	PSW.1	; 定义位 PSW.1 为 F1,系统识别 F0 不识别 F1
	ORG	0000H	
	AJMP	MAIN	; 转移到主程序
	ORG	0003H	; 外部中断 0 服务程序入口
	CPL	F0	; 标志位 F0 取反，以控制流动方向
	CLR	F1	; 清除标志位 F1
	MOV	A,#80H	; ACC 初始化
	RETI		; 中断返回
	ORG	0013H	; 外部中断 1 服务程序入口
	SETB	F1	; 置位中断标志位 F1，为闪烁服务
	RETI		; 中断返回
	ORG	0100H	
MAIN:	SETB	EX0	; 开外部中断 0
	SETB	EX1	; 开外部中断 1

```
            SETB     EA                    ; 开中断总允许位
            SETB     IT0                   ; 设置外部中断 0 为下降沿触发
            SETB     IT1                   ; 设置外部中断 1 为下降沿触发
            SETB     F0                    ; 初始化 F0
            MOV      A,#80H                ; ACC 初始化
RSTART:                                    ;
            JB       F1,FLASH              ; F1 为 1 转 FLASH
            JB       F0,LEFT               ; F0 为 1 转 LEFT
RIGHT:                                     ; 从左向右循环点亮子程序
RIGHT1:     MOV      P1,A
            ACALL    DELAY
            RR       A
            AJMP     RSTART
LEFT:                                      ; 从右向左右环点亮子程序
LEFT1:      MOV      P1,A
            ACALL    DELAY
            RL       A
            AJMP     RSTART
FLASH:                                     ; 闪烁子程序
            MOV      P1,#0
            ACALL    DELAY
            MOV      P1,#0FFH
            ACALL    DELAY
            AJMP     RSTART
; 100ms 延时程序    （12MHz）;
DELAY:      MOV      R3,#1                 ; 1 机器周期
DEL3:       MOV      R2,#100               ; 1 机器周期
DEL2:       MOV      R1,#248               ; 1 机器周期
DEL1:       NOP                            ; 1 机器周期
            NOP                            ; 1 机器周期
            DJNZ     R1,DEL1               ; 2 机器周期
            DJNZ     R2,DEL2               ; 2 机器周期
            DJNZ     R3,DEL3               ; 2 机器周期
            RET                            ; 2 机器周期
            END
```

【例 5.8.2】 如图 5-7 所示，$\overline{INT0}$、$\overline{INT1}$ 上各自连接一个按键。利用 $\overline{INT0}$ 按键模拟监控楼宇人员进出情况，每按 $\overline{INT0}$ 一次，表示楼宇进了一个人。超过 10 人报警，报警方式为 8 路 LED 闪烁，相关人员进行处理后，并按 $\overline{INT1}$ 键，恢复正常。$\overline{INT0}$、$\overline{INT1}$ 均为下降沿有效。要求：

（1）正常情况 8 路 LED 从右到左流动；

（2）按 $\overline{INT0}$ 10 次（产生 10 次中断），8 个 LED 闪烁；

（3）按 $\overline{INT1}$ 重新恢复正常情况，

（4）闪烁时，按 $\overline{INT0}$ 不计数。

程序清单：

```
FBIT        BIT      00H                   ; 定义位 00H 为闪烁标志位
NBIT        BIT      01H                   ; 定义位 01H 为正常标志位
            ORG      0000H
            AJMP     MAIN                  ; 转移到主程序
```

```
            ORG      0003H              ; 外部中断 0 服务程序入口
            JB       FBIT,RETOK         ; 闪烁时, 按 INT0 不计数, 去掉本句将计数
            INC      R7                 ; 按 INT0, R7 计数一次相当于进一个人
            CJNE     R7,#10,RETOK       ; 比较是否满足 10 个人
            MOV      R7,#0              ; 是, 计数器清零
            SETB     FBIT               ; 置位中断标志位
    RETOK:  RETI                        ; 中断返回
            ORG      0013H              ; 外部中断 1 服务程序入口
            CLR      FBIT               ; 清除中断标志位
            RETI                        ; 中断返回
            ORG      0100H
    MAIN:                               ; 主程序
            SETB     EX0                ; 开外部中断 0
            SETB     EX1                ; 开外部中断 1
            SETB     EA                 ; 开中断总允许位
            SETB     IT0                ; 设置外部中断 0 为下降沿触发
            SETB     IT1                ; 设置外部中断 1 为下降沿触发
            SETB     NBIT
            MOV      A,#80H             ; ACC 初始化
            MOV      R7,#0              ; 计数器清零初始化
    RSTART: JB       FBIT, FLASH
            JB       NBIT, LEFT
    RIGHT:                              ; 从左向右循环点亮子程序
    RIGHT1: MOV      P1,A
            ACALL    DELAY
            RR       A
            AJMP     RSTART
    LEFT:                               ; 从右向左循环点亮子程序
    LEFT1:  MOV      P1,A
            ACALL    DELAY
            RL       A
            AJMP     RSTART
    FLASH:                              ; 闪烁子程序
            MOV      P1,#0
            ACALL    DELAY
            MOV      P1,#0FFH
            ACALL    DELAY
            AJMP     RSTART
    ; 100ms 延时程序    (12MHz);
    DELAY:  MOV      R3,#1              ; 1 机器周期
    DEL3:   MOV      R2,#100            ; 1 机器周期
    DEL2:   MOV      R1,#248            ; 1 机器周期
    DEL1:   NOP                         ; 1 机器周期
            NOP                         ; 1 机器周期
            DJNZ     R1,DEL1            ; 2 机器周期
            DJNZ     R2,DEL2            ; 2 机器周期
            DJNZ     R3,DEL3            ; 2 机器周期
            RET                         ; 2 机器周期
            END
```

在上例中, $\overline{INT0}$、$\overline{INT1}$ 上各自连接一个按键。利用 $\overline{INT0}$ 按键模拟监控楼宇人员进出情况,但现实中, 楼宇可能会有多个进出口, 仅仅一个键模拟人员进出显然不能胜任。因此, 需对外部

中断进行扩展。根据图 5-5 的外部中断扩展原理，通过或非门对 $\overline{INT0}$ 进行扩展，扩展后的中断控制 8 路彩灯原理图如图 5-8 所示。按键 B0、B1、B2、B3 经过四输入或非门后连接到 $\overline{INT0}$，按键 B0、B1、B2、B3 中任何一个键被按下，都会向 $\overline{INT0}$ 申请中断，从而达到了中断扩展的目的。

【例 5.8.3】外部中断扩展编程。根据图 5-8 所示的终端原理图，模拟监控楼宇人员进出情况。B0、B1、B2、B3 中任何一个键被按下，表示楼宇进了一个人，四个按键按下次数累计超过 10 次表示楼宇进入人员超过 10 人，从而报警。报警方式为 8 个 LED 闪烁，相关人员进行处理后，并按 $\overline{INT1}$ 键，恢复正常。$\overline{INT0}$、$\overline{INT1}$ 均为下降沿有效。要求：

（1）正常情况 8 个 LED 从右到左流动；

（2）$\overline{INT0}$ 申请中断 10 次，8 个 LED 闪烁；

（3）按 $\overline{INT1}$ 键重新恢复正常情况；

（4）闪烁时，按 $\overline{INT0}$ 键不计数。

程序清单：本例的程序可采用与【例 5.8.2】完全相同的程序，在此不再列出。

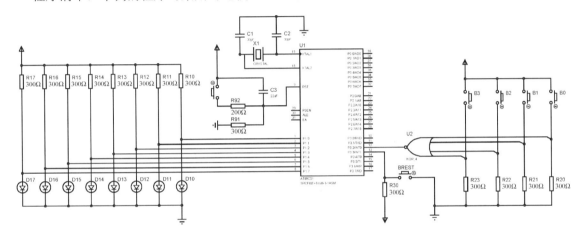

图 5-8　扩展后的中断控制 8 路彩灯原理图

本 章 小 结

中断是单片机中的一个重要概念。中断是指当机器正在执行程序的过程中，一旦遇到某些异常情况或特殊请求时，先暂停正在执行的程序，转入必要的处理（中断服务子程序），处理完毕后，再返回到原来被停止程序的间断处（断点）继续执行。引起中断的事情称为中断源，80C51 单片机提供了 5 个中断源：$\overline{INT0}$、$\overline{INT1}$、TF0、TF1 和串行中断请求。中断请求的优先级由用户编程和内部优先级共同确定，中断编程包括中断入口地址设置、中断源优先级设置、中断开放或关闭、中断服务子程序等。本章通过两个实例详细介绍了中断过程、中断编程方法及应用。

【知识拓展与思政元素】锲而不舍、因地制宜、程序可返、人生无"悔"

序号	知识点	切入点	思政元素、目标	素材、方法和载体
1	中断概念	随机事件、任务响应	元素：日常生活的中断例子；整体与局部关系 目标：全局观念、因地制宜、调整目标	1. 知识关联、主题讨论 2. 讨论：整体目标与局部目标

序号	知识点	切入点	思政元素、目标	素材、方法和载体
2	中断处理	优先级	元素：无论工作还是学习都要养成良好的习惯，能够根据事情的紧急程度进行优先排序 目标：面对困境、随机应变	1. 知识关联、主题讨论 2. 讨论：克服困难与随机应变
3	中断返回	程序断点	元素："锲而舍之，朽木不折；锲而不舍，金石可镂。"返回与逃逸；程序后悔 目标：程序可返、人生无"悔"	1. 知识关联、经典名句、名人轶事、主题讨论 2. 讨论：人生的"断点"能否返回

扫描二维码下载【思政素材、延伸解析】

习 题 5

5-1 什么是中断？51 单片机有哪几个中断源？各自对应的中断入口地址是什么？中断入口地址与中断服务子程序入口地址有区别吗？

5-2 试编写一段对中断系统初始化的程序，使之允许$\overline{INT0}$、$\overline{INT1}$、T0、串行口中断，且使 T0 中断为高优先级中断。

5-3 下列说法错误的是（　　）。

（A）各中断源发出的中断请求信号，都会标记在 IE 寄存器中

（B）各中断源发出的中断请求信号，都会标记在 TMOD 寄存器中

（C）各中断源发出的中断请求信号，都会标记在 IP 寄存器中

（D）各中断源发出的中断请求信号，都会标记在 TCON 与 SCON 寄存器中

5-4 80C51 单片机响应外部中断的典型时间是多少？在哪些情况下，CPU 将推迟对外部中断请求的响应？

5-5 试分析以下几个中断优先级的排列顺序（级别由高到低）是否有可能实现？若能，应如何设置中断源的中断优先级别？若不能，试述理由。

（1）T0、T1、$\overline{INT0}$、$\overline{INT1}$、串行口；

（2）串行口、$\overline{INT0}$、T0、$\overline{INT1}$、T1；

（3）$\overline{INT0}$、T1、$\overline{INT1}$、T0、串行口；

（4）$\overline{INT0}$、$\overline{INT1}$、串行口、T0、T1；

（5）串行口、T0、$\overline{INT0}$、$\overline{INT1}$、T1；

（6）$\overline{INT0}$、$\overline{INT1}$、T0、串行口、T1；

（7）$\overline{INT0}$、T1、T0、$\overline{INT1}$、串行口。

5-6 中断查询确认后，在下列各种 8031 单片机运行情况中，能立即进行响应的是（　　）。

（A）当前正在进行高优先级中断处理

（B）当前正在执行 RETI 指令

（C）当前指令是 DIV 指令，且正处于取指令的机器周期

（D）当前指令是 MOV A，R3

5-7 在 MCS-51 中，需要外加电路实现中断撤除的是（　　）。

（A）定时中断

（B）脉冲方式的外部中断

（C）外部串行中断

（D）电平方式的外部中断

5-8　下列说法正确的是（　　　　）。

（A）同一级别的中断请求按时间的先后顺序响应

（B）同一时间同一级别的多中断请求，将形成阻塞，系统无法响应

（C）低优先级中断请求不能中断高优先级中断请求，但是高优先级中断请求能中断低优先级中断请求

（D）同级中断不能嵌套

5-9　单片机响应中断后，产生长调用指令 LCALL，执行该指令的过程包括：首先把（　　　　　）的内容压入堆栈，以进行断点保护，然后把长调用指令的 16 位地址送（　　　　　），使程序执行转向（　　　　）中的中断地址区。

5-10　中断服务子程序返回指令 RETI 和普通子程序返回指令 RET 有什么区别？

5-11　已知负跳边脉冲从 51 单片机 P3.3 引脚输入，且该脉冲数少于 65535 个，试利用 $\overline{\text{INT1}}$ 中断，统计输入脉冲个数。脉冲数存在内部 RAM 30H（低位）和 31H（高位），并调用数据处理子程序 WORK 和显示子程序 DIR（已知，可直接调用）显示，要求用边沿触发方式。

5-12　有 5 台外围设备，分别为 EX1～EX5，均需要中断。现要求 EX1 与 EX2 的优先级为高，其他的优先级为低，请用 51 单片机实现，要求画出电路图并编制程序（假设中断信号为低电平），要执行相应的中断服务子程序 WORK1～WORK5。

第6章 定时/计数器

单片机应用于检测、控制及智能仪器等领域时，常需要实现精确的定时控制，也常需要计数器对外界事件进行计数。80C51内部的两个定时/计数器，即定时器0和定时器1。通过合理设计、编程，可以实现精确定时和计数功能。

6.1 定时/计数器的结构与工作原理

6.1.1 定时/计数器的结构

80C51单片机内部有两个16位的可编程定时/计数器，称为定时器0（T0）和定时器1（T1），可编程选择其作为定时器用或作为计数器用。此外，工作方式、定时时间、计数值、启动、中断请求等都可以由程序设定，其逻辑结构图如图6-1所示。

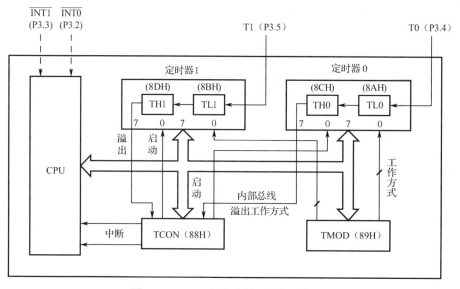

图6-1 80C51定时/计数器逻辑结构图

由图6-1可知，80C51定时/计数器由定时器0、定时器1、定时器方式寄存器TMOD和定时器控制寄存器TCON组成。

T0、T1是16位加法计数器，分别由两个8位专用寄存器组成：T0由TH0和TL0构成，T1由TH1和TL1构成。TL0、TL1、TH0、TH1的访问地址依次为8AH、8BH、8CH、8DH，每个寄存器均可单独访问。T0或T1用作计数器时，对芯片引脚T0（P3.4）或T1（P3.5）上输入的脉冲计数，每输入一个脉冲，加法计数器加1；而T0或T1用作定时器时，对内部机器周期脉冲计数，由于机器周期是定值，故计数值确定了，时间也随之确定。

TMOD、TCON与T0、T1间通过内部总线及逻辑电路连接，TMOD用于设置定时器的工作方式，TCON用于控制定时器的启动与停止。

6.1.2　定时/计数器的工作原理

当定时/计数器作定时器使用时，输入的时钟脉冲是由晶体振荡器的输出经 12 分频后得到的，所以定时/计数器也可看作对机器周期的计数器（因为 80C51 单片机每个机器周期包含 12 个振荡周期，故每经过一个机器周期，计数器加 1，可以把输入的时钟脉冲看成机器周期信号）。故其定时频率为系统晶振频率的 1/12，即 12 分频。若系统晶振频率为 12MHz，则机器周期为：

$$T = \frac{1}{12 \times 10^6 \times 1/12} = 1\mu s$$

定时器每接收一个输入脉冲的时间也为 1μs，这是最短的定时周期。适当选择定时器的初值可获取不同的定时时间，满足各种定时需要。当设置了定时器的工作方式并启动定时器工作后，定时器就按设定的工作方式独立工作，不再占用 CPU 的运行时间。当定时/计数器计数满时，计数溢出并向 CPU 申请中断。

当定时/计数器作计数器使用时，计数器对来自输入引脚 T0（P3.4）和 T1（P3.5）的外部信号计数，外部脉冲的下降沿将触发定时/计数器计数。当系统检测到 T0 或 T1 引脚上的电平由高跳变到低时，对应的计数器就加 1（每个机器周期的 S5P2 采样定时/计数器引脚输入，当采样值在相邻两个机器周期检测到由高到低的下降沿时，计数器自动加 1）。加 1 操作发生在检测到这种跳变后的一个机器周期中的 S3P1。因此，需要两个机器周期来识别一个从"1"到"0"的跳变。故最高计数频率为晶振频率的 1/24。这就要求输入信号的电平要在跳变后至少应在一个机器周期内保持不变，以保证在给定的电平再次变化前能够被采样一次。

6.2　定时/计数器相关寄存器

在启动定时/计数器工作之前，CPU 必须对定时/计数器相关寄存器进行正确的参数设置，定时/计数器才可以按照预定的设置进行工作，这个过程称为定时/计数器的初始化。定时/计数器的初始化主要通过方式寄存器 TMOD 和控制寄存器 TCON 完成。改变 TMOD 或 TCON 的参数后，在下一条指令的第一个机器周期的 S1P1 设置才起作用。

6.2.1　方式寄存器 TMOD

TMOD 为 T1、T2 的工作方式寄存器，其格式如下：

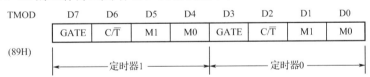

TMOD 的字节地址为 89H，因此不能进行位操作，只能用字节指令设置定时器工作方式，高 4 位定义 T1，低 4 位定义 T0，它们的含义完全相同。复位时，TMOD 所有位均置 0。

① GATE：门控位。当 GATE=0 时，软件控制位 TR0 或 TR1 置 1 即可启动定时器；当 GATE=1 时，除了软件控制位 TR0 或 TR1 须置 1，还须 $\overline{INT0}$ 或 INT1 为高电平方可启动定时器，即允许通过外中断 $\overline{INT0}$ 、$\overline{INT1}$ 启动定时器。

② C/$\overline{T}$：功能选择位。C/$\overline{T}$=0 时，设置为定时器工作方式；C/$\overline{T}$=1 时，设置为计数器工作方式。

③ M1 和 M0 为定时器的工作方式选择位，其定义如表 6-1 所示。

表 6-1　定时器工作方式的定义

M1　M0	工 作 方 式	功 能 说 明
0　　0	方式 0	13 位计数器
0　　1	方式 1	16 位计数器
1　　0	方式 2	自动再装入 8 位计数器
1　　1	方式 3	定时器 0：分成两个 8 位计数器 定时器 1：停止计数

例如：设置定时器 1 工作于方式 1，定时工作方式与外部中断无关，则 M1=0、M0=1，C/$\overline{\text{T}}$、GATE=0，则高 4 位应为 0001；定时器 0 未用，低 4 位可随意置数，但低两位不可为 11（因在方式 3 时，定时器 1 停止计数），一般将其设为 0000。因此，指令形式为"MOV　TMOD，#10H"。

6.2.2　控制寄存器 TCON

TCON 的作用是控制定时器的启动、停止，标志定时器的溢出和中断情况。定时器控制字 TCON 的格式如下：

	8FH	8EH	8DH	8CH	8BH	8AH	89H	88H
TCON（89H）：	TF1	TR1	TF0	TR0	IE1	IT1	IE0	IT0

TCON 的字节地址为 88H，可以位寻址，各位含义如下：

① TF1（TCON.7）：定时器 1 溢出标志位。当定时器 1 计数满产生溢出时，由硬件自动置 TF1=1。在中断允许时，向 CPU 发出定时器 1 的中断请求，进入中断服务程序后，由硬件自动清 0。在中断屏蔽时，TF1 可作查询测试用，此时只能由软件清 0。

② TR1（TCON.6）：定时器 1 运行控制位。由软件置 1 或清 0 来启动或关闭定时器 1。当 GATE=1，且 $\overline{\text{INT1}}$ 为高电平时，TR1 置 1 启动定时器 1；当 GATE=0 时，TR1 置 1 即可启动定时器 1。

③ TF0（TCON.5）：定时器 0 溢出标志位。其功能及操作情况同 TF1。

④ TR0（TCON.4）：定时器 0 运行控制位。其功能及操作情况同 TR1。

⑤ IE1（TCON.3）：外部中断 1（$\overline{\text{INT1}}$）请求标志位。

⑥ IT1（TCON.2）：外部中断 1 触发方式选择位。

⑦ IE0（TCON.1）：外部中断 0（$\overline{\text{INT0}}$）请求标志位。

⑧ IT0（TCON.0）：外部中断 0 触发方式选择位。

TCON 中的低 4 位用于控制外部中断，与定时/计数器无关，已在中断系统一章中介绍。当系统复位时，TCON 的所有位均被清 0。TCON 可以位寻址，清溢出标志位或启动定时器都可以用位操作指令，如"SETB　TR1""JBC　TF1，PROG1"等。

6.3　定时/计数器的工作方式

由前述内容可知，通过对 TMOD 中 M0、M1 位进行设置，可选择 4 种工作方式。下面对这 4 种工作方式逐一进行介绍。

6.3.1　方式 0

方式 0 构成一个 13 位定时/计数器。定时器 0 在方式 0 时的逻辑结构图如图 6-2 所示。定时器 1 的结构和操作与定时器 0 完全相同。

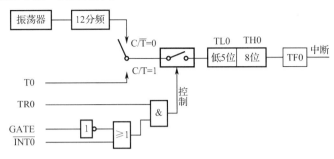

图 6-2　T0 在方式 0 时的逻辑结构图

由图 6-2 可知，16 位加法计数器（TH0 和 TL0）只用了其中的 13 位：TH0 占高 8 位，TL0 占低 5 位（只用低 5 位，高 3 位未用）。当 TL0 低 5 位溢出时自动向 TH0 进位，而 TH0 溢出时向中断位 TF0 进位（硬件自动置位），并申请中断。

当 C/$\overline{\text{T}}$=0 时，多路开关连接 12 分频器输出，T0 对机器周期计数。此时，T0 为定时器。其定时时间为：

$$（M-\text{T0初值}）\times \text{时钟周期} \times 12 = （8192-\text{T0初值}）\times \text{时钟周期} \times 12$$

当 C/$\overline{\text{T}}$=1 时，多路开关与 T0（P3.4）相连，外部计数脉冲由 T0 脚输入，当外部信号电平发生由 0 到 1 的负跳变时，计数器加 1，此时，T0 为计数器。

当 GATE=0 时，或门被封锁，$\overline{\text{INT0}}$ 信号无效。或门输出常 1，打开与门，TR0 直接控制定时器 0 的启动和关闭。TR0=1，接通控制开关，定时器 0 从初值开始计数直至溢出。溢出时，16 位加法计数器为 0，TF0 置位，并申请中断。如要循环计数，则定时器 0 需重置初值，且需用软件将 TF0 复位。

当 GATE=1 时，与门的输出由 $\overline{\text{INT0}}$ 的输入电平和 TR0 位的状态确定。若 TR0=1，则与门打开，外部信号电平通过 $\overline{\text{INT0}}$ 引脚直接开启或关断定时器 0，当 $\overline{\text{INT0}}$ 为高电平时，允许计数，否则停止计数；若 TR0=0，则与门被封锁，控制开关被关断，停止计数。

6.3.2　方式 1

定时器 0 工作于方式 1 时，其逻辑结构图如图 6-3 所示。

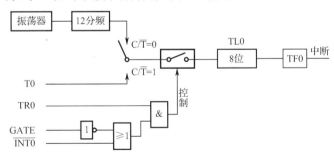

图 6-3　T0 在方式 1 时的逻辑结构图

方式 1 构成一个 16 位定时/计数器，其结构与操作几乎与方式 0 完全相同，唯一的差别是二者计数位数不同。作定时器用时其定时时间为：

$$（M-\text{T0初值}）\times \text{时钟周期} \times 12 = （65536-\text{T0初值}）\times \text{时钟周期} \times 12$$

6.3.3 方式 2

定时器 0 工作于方式 2 时，其逻辑结构图如图 6-4 所示。

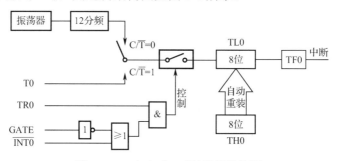

图 6-4　T0 在方式 2 时的逻辑结构图

方式 2 中 16 位加法计数器的 TH0 和 TL0 具有不同功能，其中，TL0 是 8 位计数器，TH0 是重置初值的 8 位缓冲器。

当计数器计数满溢出后，计数器复位为 0，要进行新一轮计数还须重置计数初值。这不仅导致编程麻烦，而且影响定时时间精度。方式 2 具有初值自动装入功能，避免了上述缺陷，适合用作较精确的定时脉冲信号发生器。其定时时间为：

$$（M - T0初值）×时钟周期×12 =（256 - T0初值）×时钟周期×12$$

方式 2 中 16 位加法计数器被分割为两个，TL0 用作 8 位计数器，TH0 用以保持初值。在程序初始化时，TL0 和 TH0 由软件赋予相同的初值。一旦 TL0 计数溢出，TF0 将被置位。同时，TH0 中的初值装入 TL0，从而进入新一轮计数，如此重复循环。

6.3.4 方式 3

定时器 0 工作于方式 3 时，其逻辑结构图如图 6-5 所示。

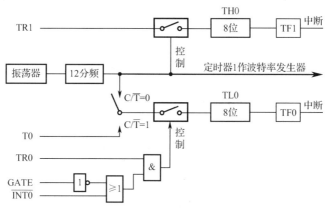

图 6-5　T0 在方式 3 时的逻辑结构图

在方式 3 中，定时器 0 被分解成两个独立的 8 位计数器 TL0 和 TH0。其中，TL0 占用原 T0 的控制位、引脚和中断源，即 C/$\overline{\text{T}}$、GATE、TR0、TF0 和 T0（P3.4）引脚、$\overline{\text{INT0}}$（P3.2）引脚。除计数位数不同于方式 0、方式 1 外，其功能、操作与方式 0、方式 1 完全相同，可定时，亦可计数。而 TH0 占用原定时器 1 的控制位 TF1 和 TR1，同时还占用了 T1 的中断源，其启动和关闭仅受 TR1 置 1 或清 0 控制，TH0 只能对机器周期进行计数，因此，TH0 只能用作简单的内部定时，不能对外部脉冲进行计数，是定时器 0 附加的一个 8 位定时器。二者的定时时间分别为：

- TL0：$(M - \text{TL0初值}) \times 时钟周期 \times 12 = (256 - \text{TL0初值}) \times 时钟周期 \times 12$
- TH0：$(M - \text{TH0初值}) \times 时钟周期 \times 12 = (256 - \text{TH0初值}) \times 时钟周期 \times 12$

在方式 3 中，定时器 1 仍可设置为方式 0、方式 1 或方式 2。但由于 TR1、TF1 及 T1 的中断源已被定时器 0 占用，此时，定时器 1 仅由控制位 C/$\overline{\text{T}}$ 切换其定时或计数功能，当计数器计满溢出时，只能将输出送往串行口。在这种情况下，定时器 1 一般用作串行口波特率发生器或不需要中断的场合。因定时器 1 的 TR1 被占用，因此其启动和关闭较为特殊，当设置好工作方式时，定时器 1 即自动开始运行，若要停止操作，只需送入一个设置定时器 1 为方式 3 的方式命令字即可。

6.4　定时/计数器的初始化

6.4.1　初始化步骤

80C51 内部定时/计数器是可编程序的，其工作方式和工作过程均可由 80C51 通过程序对它进行设定和控制。因此，80C51 在定时/计数器工作前必须先对它进行初始化。初始化步骤为：

① 根据要求先给 TMOD 送一个方式控制字，以设定定时/计数器的相应工作方式。

② 根据实际需要给定时/计数器选送定时器初值或计数器初值，以确定需要定时的时间和需要计数的初值。

③ 根据需要给中断允许寄存器 IE 选送中断控制字，并给中断优先级寄存器 IP 选送中断优先级字，以开放相应中断并设定中断优先级。

④ 给定时器控制寄存器 TCON 送命令字，以启动或禁止定时/计数器的运行。

6.4.2　计数器初值的计算

定时/计数器可用软件随时随地启动和关闭，启动时它就自动加 "1" 计数，一直到计数满，即全为 "1"，若不停止，计数值从全 "1" 变为全 "0"，同时将计数溢出位置 "1"，并向 CPU 发出定时器溢出中断申请。工作方式不同，其最大的定时时间和计数次数不同。这样在使用中就会出现两个问题：

（1）需要的定时时间比定时器最长的定时时间短，或需要的计数值比计数器最大计数次数小，应如何处理？

（2）需要的定时时间比定时器最长的定时时间长，或需要的计数值比计数器最大计数次数大，应如何编程？

要解决以上第一个问题，需要给定时/计数器一个非零初值，使得定时/计数器从初值开始计数，这样就可得到比定时/计数器最长的定时时间（或计数次数）还要短的时间（或计数次数）。解决第二个问题需用循环程序解决，即通过循环程序让定时/计数器产生多次中断，以达到所需的定时时间（或计数次数）。例如，1s 的定时中断，可先用定时器产生 50ms 的定时，再循环 20 次就可达到 1s 定时要求。由上可见，解决问题的关键在于初值的计算。下面具体讨论计数器的初值计算的方法。

我们把计数器从初值开始做加 1 计数到计满为全 1 所需要的计数值设定为 C，计数初值设定为 X，设 M 为计数器模值（最大计值），由此可得到如下的计算通式：

$$X = M - C$$

M 和计数器工作方式有关。在方式 0 时，M 为 2^{13}；在方式 1 时，M 为 2^{16}；在方式 2 和方式 3 时，M 为 2^8。

6.4.3 定时器初值的计算

在定时器模式下，计数器由单片机脉冲经 12 分频后计数。因此，定时器定时时间 T 的计算公式为：

$$T=12(T_M-T_C)/f_{OSC}$$

式中，T_M 为计数器从 0 开始加 1 计数到计满为全 1 所需要的时间，T_M 与定时器的工作方式有关；f_{OSC} 是单片机晶体振荡器的频率，T_C 为定时器的定时初值。

若设 $T_C=0$，则定时器定时时间为最长定时时间。由于 T_{Mmax} 的值和定时器工作方式有关，因此不同工作方式下定时器的最长定时时间也不一样。设单片机系统的晶体振荡器频率 f_{OSC} 为 12MHz，则最长定时时间为：

- 方式 0 时　　　　　　　　　　$T_{Mmax}=2^{13}\times1\mu s=8.192ms$
- 方式 1 时　　　　　　　　　　$T_{Mmax}=2^{16}\times1\mu s=65.536ms$
- 方式 2 和 3 时　　　　　　　　$T_{Mmax}=2^8\times1\mu s=0.256ms$

6.4.4 初始化实例

【例 6.4.1】 假设系统采用的时钟频率为 12MHz，试编程实现 8051 单片机的定时器 1 工作于方式 0 实现 1s 的延时。

解：因方式 0 采用 13 位计数器，其最长定时时间为 $8192\times1\mu s=8.192ms$，因此，定时时间不可能选择超过 10ms，可选择定时时间为 5ms，再循环 200 次。由于定时时间为 5ms，定时器计数值则为 5000，那么，定时器 1 的初值 X 为：

$$X=M-\text{计数值}=8192-5000=3192=C78H=0110001111000B$$

因 13 位计数器中 TL1 的高 3 位未用，应填写 0，TH1 占高 8 位，所以，X 的值应为：

$$X=0110001100011000B=6318H$$

即 TH1=63H，TL1=18H，又因采用方式 0 定时，故 TMOD 可为 00H。

定时器 1 工作于方式 0 实现 1s 的延时程序如下：

```
DELAY:  MOV     R3,  #200           ; 置 5ms 计数循环初值
        MOV     TMOD,  #00H         ; 设定时器 1 以方式 0 工作
        MOV     TH1,  #63H          ; 置定时器初值
        MOV     TL1,  #18H
        SETB    TR1                 ; 启动 T1
LP1:    JBC     TF1, LP2            ; 查询计数溢出
        SJMP    LP1                 ; 未到 5ms 继续计数
LP2:    MOV     TH1,  #63H          ; 重新置定时器初值
        MOV     TL1,  #18H
        DJNZ    R3, LP1             ; 未到 1s 继续循环
        RET                         ; 返回主程序
```

【例 6.4.2】假设系统采用的时钟频率为 6MHz，试编程实现 8051 单片机的定时器 0 工作于方式 1 实现 1s 的延时。

解：由于主频频率为 6MHz，则 T0 的最长定时时间为：

$$T_{Mmax}=2^{16}\times2\mu s=131.072ms$$

用定时器获得 100ms 的定时时间，经 10 次循环得到 1s 的延时，可算得 100ms 定时的定时初值：

$$(2^{16}-T_C)\times2\mu s=100ms=100000\mu s$$
$$T_C=2^{16}-50000=15536=3CB0H$$

定时器 0 工作于方式 1 实现 1s 的延时程序如下：

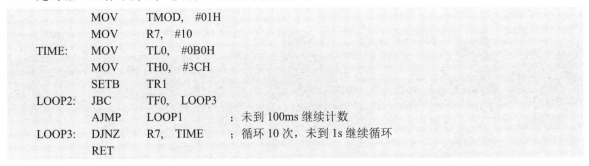

```
            MOV    TMOD, #01H
            MOV    R7, #10
TIME:       MOV    TL0, #0B0H
            MOV    TH0, #3CH
            SETB   TR1
LOOP2:      JBC    TF0, LOOP3
            AJMP   LOOP1          ; 未到 100ms 继续计数
LOOP3:      DJNZ   R7, TIME       ; 循环 10 次，未到 1s 继续循环
            RET
```

【例 6.4.3】假设系统采用的时钟频率为 6MHz，T1 作定时器，工作于方式 1，定时时间为 10ms；T0 作计数器，工作于方式 2，计数一次就引发中断，试编写其初始化程序。

解：T1 的定时时间为：$(2^{16} - T_{C1}) \times 2\mu s = 10ms$，则得 $T_{C1} = EC78H$。

T0 工作于方式 2，最大计数值为 2^8，其初值为 $(2^8 - T_{C2}) = 1$，得 $T_{C2} = 255 = FFH$。由于定时器 0 工作于方式 2，具有初值自动重装功能，因此，TH0 = TL0 = FFH。

初始化程序如下：

```
MOV    TMOD, #16H      ; T1 定时，方式 1；T0 计数，方式 2
MOV    TL0, #0FFH      ; T0 时间常数送 TL0
MOV    TH0, #0FFH      ; T0 时间常数送 TH0
MOV    TL1, #78H       ; T1 时间常数（低 8 位）送 TL1
MOV    TH1, #0ECH      ; T1 时间常数（高 8 位）送 TH1
SETB   TR0             ; 置 TR0 为 1，允许 T0 启动
SETB   TR1             ; 置 TR1 为 1，允许 T1 启动
```

6.5 定时/计数器的编程和应用

【例 6.5.1】图 6-6 为单片机 P0 口驱动 8 路 LED 原理图，根据要求设计程序。要求如下：

开始时 P0.0 亮，延时 0.2s 后左移至 P0.1 亮，如此左移 7 次后至 P0.7 亮，再延时 0.2s 右移至 P0.6 亮，如此右移 7 次后至 P0.0 亮（时钟频率 f_{osc} 为 12MHz）。

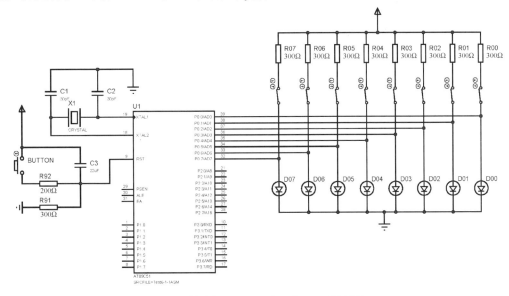

图 6-6 单片机 P0 口驱动 8 路 LED 原理图

方法 1：延时时间 0.2s，使 T0 在方式 0 下工作。

程序如下：

```
                ORG     0000H           ; 起始地址
                MOV     TMOD, #00H      ; 设定 T0 工作在方式 0 下
START:  CLR     C               ; C=0
                MOV     A, #0FFH        ; ACC=FFH，左移初值
                MOV     R2, #08         ; R2=08，设左移 8 次
LOOP:   RLC     A               ; 左移一位
                MOV     P0, A           ; 输出至 P0
                MOV     R3, #100        ; 0.2s
                ACALL   DELAY           ; 2000μs
                DJNZ    R2, LOOP        ; 左移 8 次
                MOV     R2, #07         ; R2=07，设右移 7 次
LOOP01: RRC     A               ; 右移一位
                MOV     P0, A           ; 输出至 P0
                MOV     R3, #100        ; 0.2s
                ACALL   DELAY           ; 2000μs
                DJNZ    R2, LOOP01      ; 右移 7 次
                JMP     START
DELAY:  SETB    TR0             ; 启动 TIMER0 开始计时
AGAIN:  MOV     TL0, #10H       ; 设定 TL0 的值
                MOV     TH0, #0C1H      ; 设定 TH0 的值
LOOP2:  JBC     TF0, LOOP3      ; TF0 是否为 1，是则跳到 LOOP3
                                ; 并清 TF0
                AJMP    LOOP2           ; 不是则跳到 LOOP2
LOOP3:  DJNZ    R3, AGAIN       ; R3 是否为 0？不是则跳到 AGAIN
                CLR     TR0             ; 是则停止 TIMR0 计数
                RET
                END
```

方法 2：延时时间 0.2s，使 T0 在方式 1 下工作。

程序如下：

```
                ORG     0000H           ; 起始地址
                MOV     TMOD, #01H      ; 设定 T0 工作在方式 1 下
START:  CLR     C               ; C=0
                MOV     A, #0FFH        ; ACC=FFH，左移初值
                MOV     R2, #08         ; R2=08，设左移 8 次
LOOP:   RLC     A               ; 左移一位
                MOV     P0, A           ; 输出至 P0
                MOV     R3, #20         ; 0.2s
                ACALL   DELAY           ; 10000μs
                DJNZ    R2, LOOP        ; 左移 8 次
                MOV     R2, #07         ; R2=07，设右移 7 次
LOOP01: RRC     A               ; 右移一位
                MOV     P0, A           ; 输出至 P0
                MOV     R3, #20         ; 0.2s
                ACALL   DELAY           ; 10000μs
                DJNZ    R2, LOOP01      ; 右移 7 次
```

```
          JMP     START
DELAY:   SETB    TR0              ; 启动 TIMER0 开始计时
AGAIN:   MOV     TL0, #0F0H       ; 设定 TL0 的值
         MOV     TH0, #0D8H       ; 设定 TH0 的值
LOOP2:   JBC     TF0, LOOP3       ; TF0 是否为 1, 是则跳到 LOOP3, 并
                                  ; 清除 TF0
         AJMP    LOOP2            ; 不是则跳到 LOOP2
LOOP3:   DJNZ    R3, AGAIN        ; R3 是否为 0? 不是则跳到 AGAIN
         CLR     TR0              ; 是则停止 TIMR0 计数
         RET
         END
```

方法 3: 延时时间 0.2s, 使 T0 在方式 2 下工作。

程序如下:

```
          ORG     0000H            ; 起始地址
          MOV     TMOD, #02H       ; 设定 T0 工作在方式 2 下
START:   CLR     C                ; C=0
         MOV     A, #0FFH         ; ACC=FFH, 左移初值
         MOV     R2, #08          ; R2=08, 设左移 8 次
LOOP:    RLC     A                ; 左移一位
         MOV     P0, A            ; 输出至 P0
         MOV     R4, #04          ; 200ms
A1:      MOV     R3, #200         ; 50ms
         ACALL   DELAY            ; 250μs
         DJNZ    R4, A1
         DJNZ    R2, LOOP         ; 左移 8 次
         MOV     R2, #07          ; R2=07, 设右移 7 次
LOOP01:  RRC     A                ; 右移一位
         MOV     P0, A            ; 输出至 P0
         MOV     R4, #04          ; 200ms
A2:      MOV     R3, #200         ; 50ms
         ACALL   DELAY            ; 250μs
         DJNZ    R4, A2
         DJNZ    R2, LOOP01       ; 右移 7 次
         JMP     START
DELAY:   SETB    TR0              ; 启动 TIMER0 开始计时
AGAIN:   MOV     TL0, #6          ; 设定 TL0 的值
         MOV     TH0, #6          ; 设定 TH0 的值
LOOP2:   JBC     TF0, LOOP        ; TF0 是 1, 则跳到 LOOP3, 并清 TF0
         AJMP    LOOP2            ; 不是则跳到 LOOP2
LOOP3:   DJNZ    R3, AGAIN        ; R3 是否为 0? 不是则跳到 AGAIN
         CLR     TR0              ; 是则停止 TIMR0 计数
         RET
         END
```

方法 4: 延时时间 0.2s, 使 T0 在方式 3 下工作。

程序如下:

```
          ORG     0000H            ; 起始地址
          MOV     TMOD, #03H       ; 设定 T0 工作在方式 3 下
```

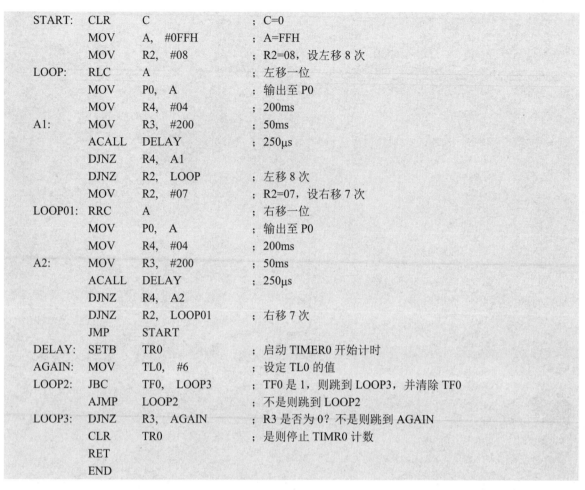

START:	CLR	C	; C=0
	MOV	A, #0FFH	; A=FFH
	MOV	R2, #08	; R2=08，设左移 8 次
LOOP:	RLC	A	; 左移一位
	MOV	P0, A	; 输出至 P0
	MOV	R4, #04	; 200ms
A1:	MOV	R3, #200	; 50ms
	ACALL	DELAY	; 250μs
	DJNZ	R4, A1	
	DJNZ	R2, LOOP	; 左移 8 次
	MOV	R2, #07	; R2=07，设右移 7 次
LOOP01:	RRC	A	; 右移一位
	MOV	P0, A	; 输出至 P0
	MOV	R4, #04	; 200ms
A2:	MOV	R3, #200	; 50ms
	ACALL	DELAY	; 250μs
	DJNZ	R4, A2	
	DJNZ	R2, LOOP01	; 右移 7 次
	JMP	START	
DELAY:	SETB	TR0	; 启动 TIMER0 开始计时
AGAIN:	MOV	TL0, #6	; 设定 TL0 的值
LOOP2:	JBC	TF0, LOOP3	; TF0 是 1，则跳到 LOOP3，并清除 TF0
	AJMP	LOOP2	; 不是则跳到 LOOP2
LOOP3:	DJNZ	R3, AGAIN	; R3 是否为 0？不是则跳到 AGAIN
	CLR	TR0	; 是则停止 TIMR0 计数
	RET		
	END		

【例 6.5.2】 图 6-7 为 555 组成单稳态触发电路原理图。在 T0 端接由 555 组成的方波振荡器，提供计数脉冲。T0 每输入脉冲 1 次，则 P1 的 LED 会做 BCD 码加 1 的变化，P1.3～P1.0 为个位，P1.7～P1.4 为十位。设单片机时钟频率 f_{OSC} 为 12MHz。

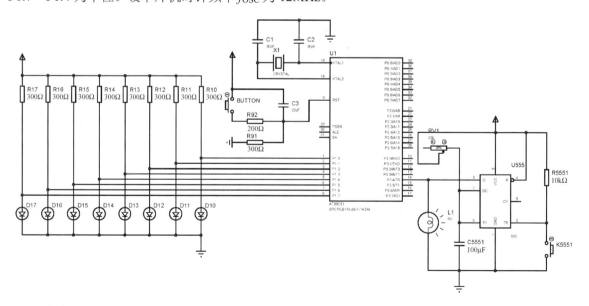

图 6-7　555 组成单稳态触发电路原理图

方法 1：T0 工作在方式 2 计数模式下。

程序如下：

```
            ORG     0000H
            MOV     P1,  #0                ;熄灭所有灯
START:      MOV     R2,  #00H              ;计数指针
            MOV     TMOD,  #00000110B      ;设定方式 2 计数模式
LOOP:       MOV     TH0,  #0FFH           ;设定计数 1 次
            MOV     TL0,  #0FFH
            SETB    TR0                    ;启动计数器
LOOP1:      JBC     TF0, LOOP3             ;溢出吗？是则跳到 LOOP3
            JMP     LOOP1                  ;不是则跳到 LOOP1
LOOP3:      MOV     A,  R2                 ;计数指针加 1
            ADD     A,  #01H
            DA      A                      ;进行 BCD 码调整
            MOV     R2,  A                 ;存入 R2
            MOV     P1,  A                 ;输出至 P1
            AJMP        LOOP1
            END
```

方法 2：T0 在方式 1 的计数工作方式下。

程序如下：

```
            ORG     0000H
            MOV     P1,  #0                ;熄灭所有灯
START:      MOV     R2,  #00H              ;计数指针
            MOV     TMOD,  #00000101B      ;设定方式 1 计数模式
LOOP:       MOV     TH0,  #0FFH           ;设定计数 1 次
            MOV     TL0,  #0FFH
            SETB    TR0                    ;启动计数器
LOOP1:      JBC     TF0, LOOP3             ;溢出吗？是则跳到 LOOP3
            JMP     LOOP1                  ;不是则跳到 LOOP1
LOOP3:      MOV     A,  R2                 ;计数指针加 1
            ADD     A,  #01H
            DA      A                      ;进行 BCD 码调整
            MOV     R2,  A                 ;存入 R2
            MOV     P1,  A                 ;输出至 P1
            MOV     TH0,  #0FFH           ;重赋初值
            MOV     TL0,  #0FFH
            AJMP    LOOP1
            END
```

T0 在方式 2 和方式 3 的程序略。

【例 6.5.3】 低频信号发生器驱动原理如图 6-8 所示。

设计一个控制程序，使 80C51 的 P1 口输出 8 路低频方波脉冲，频率分别为 100Hz、50Hz、25Hz、20Hz、10Hz、5Hz、2Hz、1Hz。

使用定时器 T0 工作于方式 1，产生 5ms 的定时，若晶振频率选 11.0592MHz，则 5ms 相当于 4608 个机器周期。

T0 的初值 T_{C0} 应为：$T_{C0} = 65536 - 4608 = 60928$。用十六进制数表示为 $T_{C0} = 0EE00H$。

对应于 P1.0～P1.7，设立 8 个计数变量（单元），计数变量（单元）初值分别为 1、2、4、5、10、20、50、100，由 T0 的溢出中断服务程序对它们进行减"1"操作，当减为零时恢复计数变量（单元）初值，并使相应的口线改变状态，这样就使 P1 口输出所要求的方波。

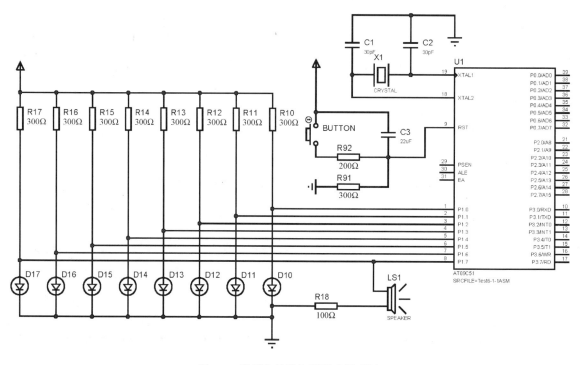

图 6-8   低频信号发生器驱动原理图

程序如下：

```
              ORG     0000H
START:  AJMP    MAIN
              ORG     0BH              ; T0 中断服务程序入口
              AJMP    PTF0

              ORG     0030H
MAIN:   MOV     SP, #70          ; 主程序：栈指针初始化
              MOV     31H, #2          ; 各路计数变量（单元）置初值
              MOV     32H, #4
              MOV     33H, #5
              MOV     34H, #10
              MOV     35H, #20
              MOV     36H, #50
              MOV     37H, #100
              MOV     TMOD, #1         ; T0 方式 1 定时
              MOV     TL0, #0          ; 初值→T0
              MOV     TH0, #0EEH
              MOV     IE, #82H         ; 允许 T0 中断
              SETB    TR0              ; 允许 T0 计数
              SJMP    $                ; 踏步，通常 CPU 处理其他工作

              ORG     0500H            ; T0 中断服务程序
```

PTF0:	MOV	TH0,	#0EEH	; 初值→T0
	MOV	TL0,	#0H	
	CPL	P1.0		;
	DJNZ	31H,	PF01	; 对各路计数变量（单元）进行计数
	MOV	31H,	#2	
	CPL	P1.1		; 输出相反
PF01:	DJNZ	32H,	PF02	; 计数变量（单元）减为 0，恢复计数初值
	MOV	32H,	#4	
	CPL	P1.2		
PF02:	DJNZ	33H,	PF03	
	MOV	33H,	#5	
	CPL	P1.3		
PF03:	DJNZ	34H,	PF04	
	MOV	34H,	#10	
	CPL	P1.4		
PF04:	DJNZ	35H,	PF05	
	MOV	35H,	#20	
	CPL	P1.5		
PF05:	DJNZ	36H,	PF06	
	MOV	36H,	#50	
	CPL	P1.6		
PF06:	DJNZ	37H,	PF07	
	MOV	37H,	#100	
	CPL	P1.7		
PF07:	RETI			
	END			

运行以上程序，可以发现，P1 口驱动的 8 个 LED 按不同的频率交替点亮。同时，蜂鸣器按所连接的引脚波形频率发出蜂鸣声。连接不同的引脚，发出声音的频率也不同。

【例 6.5.4】 波形展宽程序。

设 T0(P3.4)输入低频的窄脉冲信号，要求在 T0(P3.4)输入发生负跳变时，P1.0 输出一个 $500\mu s$ 的同步脉冲。

若晶振频率为 6MHz，$500\mu s$ 相当于 250 个机器周期。

P1.0 的初态为高电平，T0 以方式 2 对外部事件计数，初值为 0FFH。T0 输入发生负跳变时，产生溢出，程序查询到 TF0 为 1 时，T0 改变为 $500\mu s$ 的定时器的工作方式，并使 P1.0 输出低电平，T0 溢出后恢复 P1.0 高电平，T0 又工作于外部事件计数方式。I/O 波形和 T0 方式变换如图 6-9 所示。

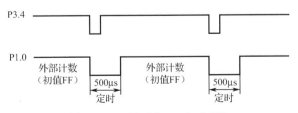

图 6-9 I/O 波形和 T0 方式变换

程序如下：

	MOV	P1, #0FFH	; P1 口初始为高电平
START:	MOV	TMOD, #00000110B	; T0 工作于方式 2，计数器

```
          MOV      TH0,  #0FFH          ; T0 计数器初值 TH0 为 FFH
          MOV      TL0,  #0FFH          ; T0 计数器初值 TL0 为 FFH
          SETB     TR0                  ; 启动 T0 计数器
LOOP1:    JBC      TF0, PT01            ; 查询 TF0
          SJMP     LOOP1
PT01:     CLR      P1.0                 ; P1.0 输出低电平
          CLR      TR0                  ; 计数器停止计数, 1 个机器周期
          MOV      TMOD, #00000010B     ; T0 工作于方式 2, 定时器, 2 个机器周期
          MOV      TH0,  #11H           ; T0 定时 500us 初值 TH0 为 11H, 2 个机器周期
          MOV      TL0,  #11H           ; T0 定时 500us 初值 TL0 为 11H, 2 个机器周期
          SETB     TR0                  ; 启动 T0 计数器, 1 个机器周期
LOOP2:    JBC      TF0, PT02            ; 查询 TF0, 2 个机器周期
          SJMP     LOOP2
PT02:     SETB     P1.0                 ; P1.0 输出高电平, 1 个机器周期
          CLR      TR0
          SJMP     START
          END
```

从执行 CPL P1.0 到 SETB P1.0 除定时器定时外, 还执行了 11 个机器周期。所以, P1.0 负脉冲宽度为:

$$[(2^8-17)+11]\times2\mu s=500\mu s$$

程序实现仿真原理可参见图 6-7。由于 500ms 难以观察出 LED 的变化, 调试本程序时, 建议将 500us 调整为 100ms。相应地, 上述程序中设置定时模式的参数可以修改为:

```
          MOV      TMOD, #00000001B     ; T0 工作于方式 1、100ms 定时器
          MOV      TH0,  #3CH           ; T0 定时 100ms 初值 TH0 为 3CH
          MOV      TL0,  #0B0H          ; T0 定时 100ms 初值 TL0 为 B0H
```

以上例子中, 对定时/计数器中断的使用, 采用的是查询方式, 没有真正发挥"中断"的优势, 下面例子将采用调用中断服务子程序的方式使用定时/计数器中断, 请读者对照理解。

【例 6.5.5】 利用定时器中断使 P1 口驱动的 LED 闪烁, 亮灭时间间隔为 100ms。原理图如图 6-8 所示。要求:

(1) 利用中断的方法实现延时;

(2) 定时器 0 工作于方式 0 (13 位)、定时方式、门控位为 0;

(3) 系统频率 12MHz。

根据以上条件, T0 发生一次中断最长的定时时间为 8.192ms; 本程序设每次中断为 5ms, 延时 100ms, 需中断 20 次。

程序如下:

```
          ORG      0000H
          AJMP     MAIN                 ; 转移到主程序
          ORG      000BH                ; 定时器 0 中断服务程序入口
          AJMP     P_T0                 ; 转移到定时器 0 中断子程序
MAIN:
          SETB     ET0                  ; 开定时器 0 中断
          SETB     EA                   ; 开中断总允许位
          MOV      TMOD,#0              ; 定时器 0 和 1: 工作于方式 0, 定时模式, 门控位 0
          MOV      TH0,#63H             ; 定时时间为一次 5ms, 13 位初始值为 6318H
          MOV      TL0,#18H
```

```
        SETB    TR0                 ; 启动定时器 0
        MOV     R1,#20              ; R1 计数器，20 次
        MOV     A,#0                ; A 初始化，首先灯为灭的状态
        SJMP    $                   ; 原地等待，此处可加其他任务
P_T0:                               ; 定时器 0 中断子程序
        DJNZ    R1,DEL2             ; 是否发生了 20 次中断，即是否到 100ms
        CPL     A                   ; 到了 100ms，A 取反
        MOV     P1,A                ; 亮、灭交替
DEL1:   MOV     R1,#20              ; 初始化计数寄存器 R1
DEL2:   MOV     TH0,#63H            ; 重新给 13 位定时器 0 赋初始值 6318H
        MOV     TL0,#18H
        RETI                        ; 中断返回
        END
```

【例 6.5.6】 外部中断与定时器中断的综合应用。

如图 6-10 所示，$\overline{INT0}$、$\overline{INT1}$ 和定时器 1 上各自连接一个按键。利用 T1 按键模拟监控楼宇人员进出情况，每按 T1 一次，表示楼宇进了一个人。超过 5 人报警，报警方式为 8 个 LED 闪烁，相关人员进行处理后，并按 $\overline{INT1}$ 键，恢复正常，$\overline{INT0}$、$\overline{INT1}$ 均为下降沿有效。要求：

（1）利用定时器 0 中断定时、定时器 1 中断计数、外部中断 0 切换方向、外部中断 1 由闪烁状态转流动状态。

（2）正常情况下，从左到右流动；

（3）定时器 0 定时 100ms 控制 LED 流动、闪烁时间间隔；

（4）定时器 1 引脚按键 5 次发生中断，LED 灯由正常的流动变为闪烁；

（5）$\overline{INT0}$ 切换，按一次 $\overline{INT0}$ 键，由左流动变为右流动；再按一次 $\overline{INT0}$ 键变为左流动；

（6）$\overline{INT1}$ 复位，LED 灯由闪烁变为流动状态。

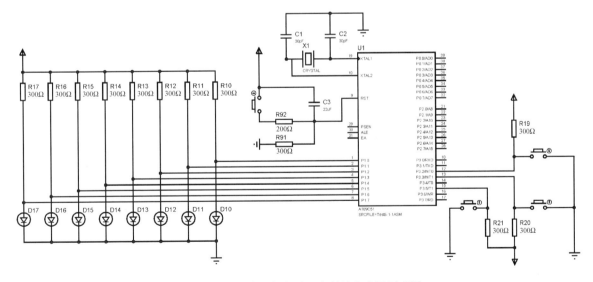

图 6-10 外部中断与定时器中断综合应用原理图

解：设系统频率为 12MHz，定时器 1 工作于方式 2（8 位自动重装）、计数模式；门控位为 0；计数次数为 5；

定时器 0 发生一次中断最长的定时时间为 8.192ms；本程序设每次中断为 5ms，延时 100ms，T0 需中断 20 次。

程序如下：

```
LRFLAG      BIT       10H              ;定义位 10H 为左右流动标志位，可以为 00H～70FH
FLRFLAG     BIT       11H              ;定义位 11H 为闪烁标志位，可以为 00H～70FH
            ORG       0000H
            AJMP      MAIN             ;转移到主程序
            ORG       0003H            ;外部中断 0 服务程序入口
            CPL       LRFLAG           ;标志位 LRFLAG 取反，以控制流动方向
            CLR       FLRFLAG          ;清除标志位 FLRFLAG
;           MOV       A,#80H           ;ACC 初始化
            RETI                       ;中断返回
            ORG       000BH            ;定时器 0 中断服务程序入口
            AJMP      P_T0             ;转移到定时器 0 中断服务程序
            ORG       0013H            ;外部中断 1 服务程序入口
            CLR       FLRFLAG          ;复位中断标志位 FLRFLAG，由闪烁变为流动
            RETI                       ;中断返回
            ORG       001BH            ;定时器 1 中断服务程序入口
            SETB      FLRFLAG          ;置位中断标志位 FLRFLAG，由流动变为闪烁
            RETI                       ;中断返回
            ORG       0100H
MAIN:
            MOV       TMOD,#60H        ;定时器 1：工作于方式 2，计数模式，门控位 0
                                       ;定时器 0：工作于方式 0，定时模式，门控位 0
            MOV       TH1,#0FBH        ;按 T1（P3.5）5 次中断闪烁，初值=251（FBH）
            MOV       TL1,#0FBH        ;TH0 和 TL0 赋相同的值（方式 2 自动重装）
            MOV       TH0,#63H         ;定时时间一次为 5ms，循环 20 次
            MOV       TL0,#18H
            SETB      EX0              ;开外部中断 0
            SETB      EX1              ;开外部中断 1
            SETB      ET0              ;开定时器中断 T0
            SETB      ET1              ;开定时器中断 T1
            SETB      EA               ;开中断总允许位
            SETB      IT0              ;设置外部中断 0 为下降沿触发
            SETB      IT1              ;设置外部中断 1 为下降沿触发
            SETB      TR0              ;启动定时器 0
            SETB      TR1              ;启动定时器 1
            SETB      LRFLAG           ;初始化 LRFLAG，此处可用 CLR LRFLAG
            CLR       FLRFLAG          ;初始化 FLRFLAG
            MOV       R1,#20           ;R1 为计数器，20 次
            MOV       A,#01H           ;ACC 初始化，此处可用 MOV A,#80H
            MOV       R5,#0            ;R5 为定时器 0 中断次数计数器（20 次）
            MOV       R6,#0            ;R6 为 LED 闪烁初始值，首先灯为灭的状态
            SJMP      $                ;原地等待，防止跑飞
P_T0:                                  ;定时器 0 中断子程序
            INC       R5               ;R5+1
            CJNE      R5,#20,NOK       ;到 20 次处理闪烁、流动，否则中断返回
            JB        FLRFLAG,FLASH    ;闪烁标志为 1 则转到闪烁子程序
            JB        LRFLAG,RIGHT     ;流动标志为 1 则转到右流动子程序
LEFT:                 ;左流动子程序      ;流动标志为 0 则执行左流动子程序
            RL        A                ;左移位
```

```
            MOV     P1,A              ; A 的值赋给 P1 口
            AJMP    OK                ; 转移到 OK 子程序处理
RIGHT:                    ;右流动子程序      ; 流动标志为 1 则执行右流动子程序
            RR      A                 ; 右移位
            MOV     P1, A             ; A 的值赋给 P1 口
            AJMP    OK                ; 转移到 OK 子程序处理
FLASH:                                ; 闪烁子程序
            PUSH    ACC               ; 保护 A，因为 A 的值记录了 LED 流动的位置
            MOV     A, R6             ; 取 LED 闪烁状态（R6 的值）
            CPL     A                 ; A 取反，改变亮、灭状态
            MOV     P1, A             ; A 的值赋给 P1 口
            MOV     R6, A             ; 存 LED 闪烁状态（存入 R6）
            POP     ACC               ; 恢复 A，以便于恢复 LED 流动的位置
        ;   XRL     06H,#0FFH         ; 异或运算，R6 内容取反，此处只能用 06H
        ;   MOV     P1,R6             ; R6 的值赋给 P1 口，可以用这两句代替前面 6 句
OK:
            MOV     R5,#0             ; 初始化定时器 0，中断次数计数器 R5 的值=0
NOK:        MOVTH0,#63H               ; 重新赋 T0 初始值
            MOVTL0,#18H               ; 因为 T0 每发生 1 次中断，初始值就破坏了
            RETI                      ; T0 中断子程序返回用 RET
            END
```

【例 6.5.7】 简易顺序控制器监控程序。

在一个简易顺序控制器中，用 80C51 P1 口上的 8 个继电器来控制一个机械装置的 8 个机械动作，要求 P1 口输出如图 6-11 所示的波形，现在为这个控制器配一个监控程序。

根据 P1 口的输出波形，可划分为 16 个状态，用一个工作单元记录 P1 口当前的状态数（初值为 0）。把 16 个状态的输出数据和持续时间以表格形式存放于程序存储器中。利用定时器 0 产生 10ms（时间单位）的定时，在 T0 的中断服务程序中对当前状态的时间计数器进行计数。当计数器减 1 到 0 时，计算下一个状态，查表取出持续时间常数装入当前时间计数器，取出数据输出到 P1 口。这样便使 P1 口输出规定的波形，实现对机械装置的操作控制。下列程序包括主程序和 T0 中断服务程序。在主程序中，用踏步指令代替 CPU 的其他操作。在实际应用中，CPU 还执行系统状态的监视等操作（如人工干预、机械装置异常状态输入处理等）。

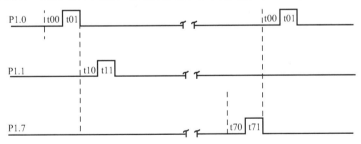

图 6-11　简易顺序控制器输出波形

程序如下：

```
            ORG     0000h
START:      SJMP    MAIN              ; 转主程序
            ORG     0BH
            LJMP    PTEO              ; 转 T0 中断服务程序
            ORG     40H
```

```
MAIN:   MOV     P1, #0              ; 主程序，P1 口和栈指针初始化
        MOV     SP, #70H
        MOV     20H, #0            ; 状态数初始化
        ACALL   GNI                ; 取时间常数
        MOV     TMOD, #1           ; 定时器 0 和中断初始化
        MOV     TH0, #0DCH
        MOV     TL0, #0
        MOV     IE, #82H
        SETB    TR0
        SJMP    $                  ; 踏步
PTEO:   MOV     TH0, #0DCH         ; 中断服务程序
        PUSH    ACC
        PUSH    PSW
        MOV     A, 31H
        JZ      PTOA
        DEC     31H                ; 计数器低位减 1
PTOR:   POP     PSW
        POP     ACC
        RETI
PTOA:   MOV     A, 31H
        JZ      PTOB               ; 计数器减为 0 转 PTOB
        DEC     30H                ; 计数器高位减 1
        DEC     31H
        SJMP    PTOR
PTOB:   MOV     A, 20H             ; 计算下一个状态数
        INC     A
        ANL     A, #0FH
        MOV     20H, A
        ACALL   SPRI               ; 调用对 P1 口操作子程序
        ACALL   GNI                ; 调用取时间常数子程序
        SJMP    PTOR
SPRI:   MOV     A, 20H             ; P1 口操作子程序
        ADD     A, #3              ; 根据状态数取数据→P1 口
        MOVC    A, @A+PC
        MOV     P1, A
        RET
        DB      00H, 01H, 00H, 02H, 04H, 00H, 08H, 00H
        DB      10H, 00H, 20H, 00H, 40H, 00H, 80H
GNI:    MOV     A, 20H             ; 取时间常数子程序
        ANL     A, #0FH
GNIO:   RL      A
        MOV     B, A
        ADD     A, #9
        MOVC    A, @A+PC
        MOV     30H, A             ; 查表得高位→30H
        MOV     A, B
        ADD     A, #4
        MOVC    A, @A+PC
GNI1:   MOV     31H, A
```

• 148 •

```
                RET
GNTB:       DW      2000, 2200, 2400, 2600
            DW      2800, 3000, 3200, 3400
            DW      3600, 3800, 4000, 4200
            DW      4400, 4600, 4800, 5000
            END
```

本例可参照图 6-8 或图 6-10 绘制原理图，并进行调试、仿真，观察运行效果。

本 章 小 结

80C51 单片机内部有两个可编程定时/计数器 T0 和 T1，每个定时/计数器有 4 种工作方式：方式 0～方式 3。方式 0 是 13 位的定时/计数器，方式 1 是 16 位的定时/计数器，方式 2 是初值重载的 8 位定时/计数器，方式 3 只适用于 T0，将 T0 分为两个独立的定时/计数器，同时 T1 可以作为串行接口波特率发生器。不同位数的定时/计数器其最大计数值也不同。

对于定时/计数器的编程包括设置方式寄存器、初值及控制寄存器。初值由定时时间及定时/计数器的位数决定。本章通过用以上 4 种工作方式设计实例，详细介绍了定时/计数器的工作原理、编程方法及应用。

【知识拓展与思政元素】诚信守时、分秒必争、工匠精神、精益求精

序号	知 识 点	切 入 点	思政元素、目标	素材、方法和载体
1	定时器控制	时间设定	元素：子在川上曰："逝者如斯夫，不舍昼夜。""一年之计在于春，一日之计在于晨。"强调时间的重要性；启发诚信守时的职业道德和职业素养 目标：珍惜时间、分秒必争、诚信守时	1. 知识关联、经典名句、名人轶事、案例启发、主题讨论 2. 案例：竞标的关键因素 3. 讨论：中国速度。我国高铁无论是技术方面还是运营方面都处于世界领先水平，增强民族自豪感
2	定时器应用	秒表设计	元素：精益求精的工匠精神及创新精神 目标：精益求精	1. 知识关联、案例启发 2. 案例：精益求精，汽车工业案例

扫描二维码下载【思政素材、延伸解析】

习 题 6

6-1 如果采用的晶振的频率为 3MHz，定时/计数器工作在方式 0、1、2 下，其最长定时时间各为多少？

6-2 定时/计数器作计数器模式使用时，对外界计数频率有何限制？

6-3 定时/计数器的工作方式 2 有什么特点？适用于什么应用场合？

6-4 判断下列说法是否正确？

（1）功能寄存器 SCON，与定时/计数器的控制无关。

（2）特殊功能寄存器 TCON，与定时/计数器的控制无关。

（3）特殊功能寄存器 IE，与定时/计数器的控制无关。

（4）特殊功能寄存器 TMOD，与定时/计数器的控制无关。

6-5 若 f_{osc} =6MHz，要求 T1 定时 10ms，选择方式 0，装入时间初值后 T1 计数器自启动。计算时间初值 x，并填入 TMOD、TCON 和 TH1、TL1 的值。

6-6 要求 T0 工作在计数器方式（方式 0），计满 1 000 个数申请中断。计算计数初值 X 并填写 TMOD、TCON 和 TH0、TL0。

6-7 已知 51 单片机，f_{osc} =6MHz，试编写程序，利用 T0 和 P1.7 产生如图 6-12 所示的连续矩形脉冲。

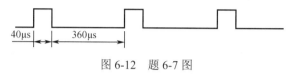

图 6-12 题 6-7 图

6-8 测量 $\overline{INT1}$ 引脚（P3.3）输入的正脉冲宽度，假设正脉冲宽度不超过定时器的值。

6-9 试编制程序，使 T0 每计满 500 个外部输入脉冲后，由 T1 定时，在 P1.0 输出一个脉宽 10ms 的正脉冲（假设在 10ms 内外部输入脉冲少于 500 个），f_{osc} =12MHz。

第7章 串 行 接 口

80C51 系列单片机内部有一个串行通信接口（P3.0 和 P3.1），通过该串行接口可以实现与其他计算机系统的串行通信。本章将介绍串行接口的概念、原理及 80C51 的串行接口（串行口）的结构、原理和应用。

7.1 串行通信基础

在实际工作中，计算机的 CPU 与外部设备之间、计算机与计算机之间常常需要交换信息（数据），所有这些信息交换均可称为数据通信。

计算机之间的基本数据通信方式有两种，即并行通信和串行通信。一般地，可根据信息传送的距离决定采用哪种通信方式。例如，计算机与外部设备通信时，如果通信距离较小，则可采用并行数据通信方式；当通信距离较大时，一般要采用串行数据通信方式。80C51 单片机具有并行和串行两种基本数据通信方式。

① 并行通信：数据的各位同时进行传送（发送或接收）的通信方式。其优点是数据传送速度快；其缺点是数据有多少位，就需要多少根传送线。图 7-1（a）为 80C51 单片机与外设间 8 位数据并行通信的连接方法。

② 串行通信：数据的各位一位一位顺序传送的通信方式。其优点是数据传送线少，这就大大降低了传送成本，特别适用于远距离通信。其缺点是传送速度较低。图 7-1（b）为串行数据通信方式的连接方法。

（a）并行通信　　　　　　　　　　　　　　（b）串行通信

图 7-1　两种通信方式的连接方法

7.1.1 串行通信的分类

按照串行数据的时钟控制方式，串行通信可分为异步通信和同步通信两类。

1. 异步通信（Asynchronous Communication）

在异步通信中，数据通常是以字符为单位组成字符帧传送的。字符帧由发送端一帧一帧地发送，每一帧数据是低位在前，高位在后，通过传输线被接收端一帧一帧地接收。发送端和接收端可以由各自独立的时钟来控制数据的发送和接收，这两个时钟彼此独立，互不同步。下面介绍与异步通信相关的两个概念。

（1）字符帧（Character Frame）

在异步通信中，接收端是依靠字符帧格式来判断发送端是何时开始发送，何时结束发送的。

字符帧格式是异步通信的一个重要指标。

字符帧也叫数据帧，由起始位、数据位、奇偶校验位和停止位四部分组成，如图 7-2 所示。

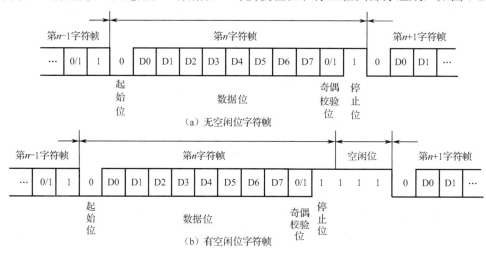

图 7-2　异步通信的字符帧格式

① 起始位：位于字符帧开头，只占 1 位，为逻辑低电平，用于向接收设备表示发送端开始发送一帧信息。

② 数据位：紧跟起始位之后，用户根据情况可取 5 位、6 位、7 位或 8 位，低位在前高位在后。

③ 奇偶校验位：位于数据位之后，仅占 1 位，用来表征串行通信中采用奇校验还是偶校验，由用户决定。

④ 停止位：位于字符帧最后，为逻辑高电平。通常可取 1 位、1.5 位或 2 位，用于向接收端表示一帧字符信息已经发送完，也为发送下一帧做准备。

在串行通信中，两相邻字符帧之间可以没有空闲位，也可以有若干空闲位，这由用户来决定。图 7-2（b）表示有 3 个空闲位的字符帧格式。

（2）波特率（Baud Rate）

异步通信的另一个重要指标为波特率。波特率为每秒钟传送二进制数码的位数，也叫比特数，单位为 bit/s，即位/秒。波特率用于表征数据传输的速率，波特率越高，数据传输速率越快。但波特率和字符的实际传输速率不同，字符的实际传输速率是每秒内所传字符帧的帧数，和字符帧格式有关。通常，异步通信的波特率为 50～9 600bit/s。

异步通信的优点是不需要传送同步时钟，字符帧长度不受限制，故设备简单。缺点是字符帧中因包含起始位和停止位而降低了有效数据的传输速率。

2．同步通信（Synchronous Communication）

同步通信是一种连续串行传送数据的通信方式，一次通信只传输一帧信息。这里的信息帧和异步通信的字符帧不同，通常有若干个数据字符，如图 7-3 所示。图 7-3（a）为单同步字符帧结构，图 7-3（b）为双同步字符帧结构，但它们均由同步字符、数据字符和校验字符 CRC 三部分组成。在同步通信中，同步字符可以采用统一的标准格式，也可以由用户约定。

同步通信的数据传输速率较高，通常可达 56 000bit/s 或更高，其缺点是要求发送时钟和接收时钟必须保持严格同步。

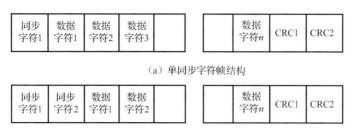

（a）单同步字符帧结构

（b）双同步字符帧结构

图 7-3　同步通信的字符帧结构

7.1.2　串行通信的制式

按照数据传送方向，串行通信可分为单工（Simplex）、半双工（Half Duplex）和全双工（Full Duplex）3 种制式。图 7-4 为 3 种制式的示意图。

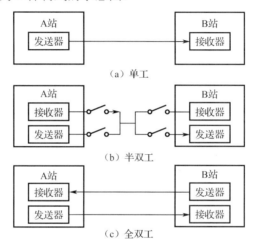

（a）单工

（b）半双工

（c）全双工

图 7-4　单工、半双工和全双工 3 种制式示意图

在单工制式下，通信线的一端接发送器，一端接接收器，数据只能按照一个固定的方向传送，如图 7-4（a）所示。

在半双工制式下，系统的每个通信设备都由 1 个发送器和 1 个接收器组成，如图 7-4（b）所示。在这种制式下，数据能从 A 站传送到 B 站，也可以从 B 站传送到 A 站，但是不能同时在两个方向上传送，即只能一端发送，一端接收。其收发开关一般是由软件控制的电子开关。

全双工通信系统的每端都有发送器和接收器，可以同时发送和接收，即数据可以在两个方向上同时传送，如图 7-4（c）所示。

在实际应用中，尽管多数串行通信接口电路具有全双工功能，但一般情况只工作于半双工制式下，这种用法简单、实用。

7.1.3　串行通信的接口电路

串行接口电路的种类和型号很多。能够完成异步通信的硬件电路称为通用异步接收器/发送器（Universal Asychronous Receiver/Transmitter，UART）；能够完成同步通信的硬件电路称为通用同步接收器/发送器（Universal Sychronous Receiver/Transmitter，USRT）；既能够完成异步又能完成同步通信的硬件电路称为通用同步/异步接收器/发送器（Universal Sychronous/Asychronous Receiver/Transmitter，USART）。

从本质上说，所有的串行接口电路都是以并行数据形式与 CPU 接口，以串行数据形式与外部逻辑接口的。它们的基本功能都是从外部逻辑接收串行数据，转换成并行数据后传送给 CPU，或从 CPU 接收并行数据，转换成串行数据后输出到外部逻辑。

7.2 通信总线标准及其接口

在单片机应用系统中，数据通信主要采用异步串行通信。在设计通信接口时，必须根据需要选择标准接口，并考虑传输介质、电平转换等问题。采用标准接口后，能够方便地把单片机和外设、测量仪器等有机地连接起来，从而构成一个测控系统。如当需要单片机和 PC 通信时，通常采用 RS-232 接口进行电平转换。

异步串行通信接口主要有三类：RS-232C 接口，RS-449、RS-422A 和 RS-423A 标准接口及 20mA 电流环接口。下面详细介绍三种接口标准。

7.2.1 RS-232C 接口

RS-232C 是使用最早、应用最多的一种异步串行通信总线标准。它是美国电子工业协会（EIA）1962 年公布、1969 年最后修订而成的。其中，RS 表示 Recommended Standard，232 是该标准的标识号，C 表示最后一次修订。

RS-232C 主要用来定义计算机系统的一些数据终端设备（Data Terminal Equipment，DTE）和数据电路终接设备（Data Circuit-terminating Equipment，DCE）之间的电气性能。如 CRT、打印机与 CPU 的通信大都采用 RS-232C 接口，80C51 单片机与 PC 的通信也采用该种类型的接口。由于 80C51 系列单片机本身有一个全双工的串行接口，因此该系列单片机用 RS-232C 串行接口总线非常方便。

RS-232C 串行接口总线适用于：设备之间的通信距离不大于 15m，传输速率最大为 20kbit/s。

1. RS-232C 信息格式标准

RS-232C 采用串行格式，信息格式如图 7-5 所示。该标准规定：信息的开始为起始位，信息的结束为停止位；信息本身可以是 5、6、7、8 位，再加一位奇偶校验位。

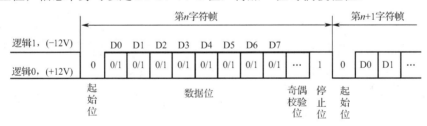

图 7-5 RS-232C 信息格式

2. RS-232C 电平转换器

RS-232C 规定了自己的电气标准，由于它是在 TTL 电路之前研制的，所以它的电平不是+5V 和地，而采用负逻辑，即：

逻辑 "0"：+5V～+15V

逻辑 "1"：-15V～-5V

因此，RS-232C 不能和 TTL 电平直接相连，使用时必须进行电平转换，否则将使 TTL 电路烧坏，实际应用时必须注意！常用的电平转换集成电路是传输线驱动器 MC1488 和传输线接收器

MC1489。

MC1488 内部有三个与非门和一个反相器，供电电压为±12V，输入为 TTL 电平，输出为 RS-232C 电平，MC1489 内部有四个反相器，供电电压为±5V，输入为 RS-232C 电平，输出为 TTL 电平。

另一种常用的电平转换电路是 MAX232，图 7-6 为 MAX232 引脚图。

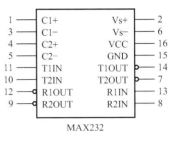

图 7-6 MAX232 引脚图

3．RS-232C 总线规定

RS-232C 标准总线为 25 根，采用标准的 D 型 25 芯插头座，现在 25 芯插头座已很少采用，一般简化为 9 芯 D 型插座。读者欲了解其引脚安排的详细知识，可参阅相关资料。在简单的全双工系统中，仅用发送数据、接收数据和信号地三根线即可，对于 80C51 单片机，利用其 RXD（串行数据接收端）线、TXD（串行数据发送端）线和一根地线，就可以构成符合 RS-232C 接口标准的全双工通信口。

7.2.2 RS-449、RS-422A、RS-423A 标准接口

RS-232C 虽然应用广泛，但因为推出较早，在现代通信系统中存在着数据传输速率低、传输距离短、各信号间易产生串扰等缺点。因此，EIA 制定了新的标准 RS-449，该标准除了与 RS-232C 兼容，在提高传输速率、增加传输距离、改善电气性能方面有了很大改进。

1．RS-449 标准接口

RS-449 是 1977 年公布的标准接口，在很多方面可以代替 RS-232C 使用，两者的主要差别在于信号在导线上的传输方法不同。RS-232C 是利用传输信号与公共地的电压差，而 RS-449 是利用信号导线之间的信号电压差。RS-449 规定了两种接口标准连接器，一种为 37 脚，另一种为 9 脚。

RS-449 可以不使用调制解调器，它比 RS-232C 传输速率高，通信距离长，且由于 RS-449 系统用平衡信号差传输高速信号，所以噪声低，又可以多点或者使用公共线通信，故 RS-449 通信电缆可与多个设备并联。

2．RS-422A、RS-423A 标准

RS-422A 文本给出了 RS-449 中对于通信电缆、驱动器和接收器的要求，规定了双端电气接口形式，其标准是双端线传送信号。它通过传输线驱动器，将逻辑电平变换成电位差，完成发送端的信息传递；通过传输线接收器，把电位差变换成逻辑电平，完成接收端的信息接收。RS-422A 比 RS-232C 传输距离长、速度快，传输速率最大可达 10Mbit/s。在此速率下，电缆的允许长度为 12m，如果采用低速率传输，最大距离可达 1 200m。

RS-422A 和 TTL 进行电平转换最常用的芯片是传输线驱动器 SN75174 和传输线接收器 SN75175，这两种芯片的设计都符合 EIA 标准 RS-422A，采用+5V 电源供电。

RS-422A 接口电路如图 7-7 所示，发送器 75174 将 TTL 电平转换为标准的 RS-422A 电平；接收器 75175 将 RS-422A 接口信号转换为 TTL 电平。

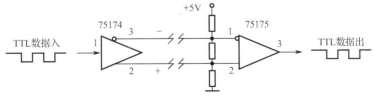

图 7-7 RS-422A 接口电路

RS-423A 和 RS-422A 文本类似，也给出了 RS-449 中对于通信电缆、驱动器和接收器的要求。RS-423A 给出了不平衡信号差的规定，而 RS-422A 给出的是平衡信号差的规定。RS-422A 标准接口的最大传输速率为 100kbit/s，电缆的允许长度为 90m。

RS-423A 也需要进行电平转换，常用的驱动器和接收器为 3691 和 26L32。其接口电路如图 7-8 所示。

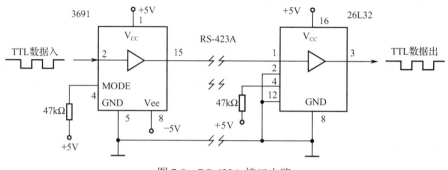

图 7-8　RS-423A 接口电路

7.2.3　20mA 电流环接口

20mA 电流环是目前串行通信中广泛使用的一种接口电路，电流环串行通信接口的最大优点是低阻传输线对电气噪声不敏感，而且易实现光电隔离，因此在长距离通信时要比 RS-232C 优越得多。图 7-9 是一个实用的 20mA 电流环接口电路。它是一个加上光电隔离的电流环传送和接收电路。在发送端，将 TTL 电平转换为环路电流信号，在接收端又转换成 TTL 电平。

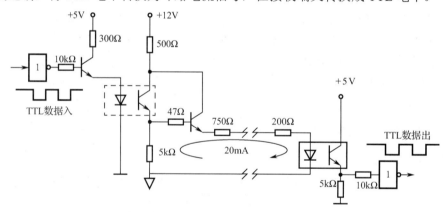

图 7-9　20mA 电流环接口电路

上面我们介绍了三类接口，在计算机进行串行通信时，还要注意以下两点。

1．通信速度和通信距离

通常的标准串行接口，都有满足可靠传输时的最大通信速度和传送距离指标，但这两个指标具有相关性，适当降低传输速度，可以提高通信距离，反之亦然。例如，采用 RS-232C 标准进行单向数据传输时，最大的传输速度为 20kbit/s，最大的传输距离为 15m。而采用 RS-422 标准时，最大的传输速度可达 10Mbit/s，适当降低传输速度，传输距离可达 1 200m。

2．抗干扰能力

通常选择的标准接口，在保证不超过其使用范围时都有一定的抗干扰能力，以保证可靠的信号传输。但在一些工业测控系统中，通信环境十分恶劣，因此在通信介质选择、接口标准选择时，要充分考虑抗干扰能力，并采取必要的抗干扰措施。例如，在长距离传输时，使用 RS-422 标准，能有效地抑制共模信号干扰；使用 20mA 电流环技术，能大大降低对噪声的敏感程度。在高噪声污染的环境中，使用光纤介质可减少噪声的干扰，通过光电隔离可以提高通信系统的安全性。

7.3　80C51 的串行接口

80C51 内部有一个可编程全双工串行通信接口，它具有 UART 的全部功能，该接口不仅可以同时进行数据的接收和发送，也可作同步移位寄存器使用。该串行口有 4 种工作方式，帧格式有 8 位、10 位和 11 位，并能设置各种波特率。本节将对其结构、工作方式和波特率进行讨论。

7.3.1　80C51 串行接口结构

80C51 内部有两个独立的接收、发送缓冲器 SBUF，SBUF 属于特殊功能寄存器。发送缓冲器只能写入不能读出，接收缓冲器只能读出不能写入，二者共用一个字节地址（99H）。串行口结构示意图如图 7-10 所示。

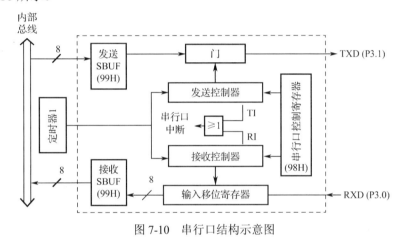

图 7-10　串行口结构示意图

与 80C51 串行口有关的特殊功能寄存器有 SBUF,SCON,PCON，下面分别详细地对这 3 个寄存器进行讨论。

1. 串行口数据缓冲器 SBUF

SBUF 是两个在物理上独立的接收、发送寄存器，两个缓冲器共用一个地址 99H，通过对 SBUF 的读、写指令来区别是对接收缓冲器还是发送缓冲器进行操作。CPU 在写 SBUF 时，就是修改发送缓冲器；读 SBUF，就是读接收缓冲器的内容。接收或发送数据，是通过串行口对外的两条独立收发信号线 RXD（P3.0）、TXD（P3.1）来实现的。

发送数据时，是由一条写缓冲器的指令（MOV SBUF, A）把数据写入串行口的发送缓冲器 SBUF 中，然后从 TXD 端一位一位地向外部发送。同时，接收端 RXD 也可以一位一位地接收外部数据，当收到一个完整的数据后通知 CPU，再由一条指令（MOV A, SBUF）把接收缓冲器 SBUF 的数据读入累加器。因此，可以同时发送、接收数据，为全双工制式。

2. 串行口控制寄存器 SCON

收发双方都有对 SCON 的编程，SCON 用来控制串行口的工作方式和状态，可以位寻址，字节地址为 98H。单片机复位时，SCON 被清零。其格式如下：

SCON（98H）	9FH	9EH	9DH	9CH	9BH	9AH	99H	98H
	SM0	SM1	SM2	REN	TB8	RB8	TI	RI

REN：允许串行接收位，由软件置位或清零。REN=1 时，允许接收。REN=0 时，禁止接收。

TB8：发送数据的第 9 位。在方式 2 和方式 3 中，由软件置位或复位，可作奇偶校验位。在多机通信中，可作为区别地址帧或数据帧的标志位使用。一般地，发送地址帧时 TB8 为 1，发送数据帧时 TB8 为 0。

RB8：接收数据的第 9 位，功能同 TB8。正常情况下，接收方的 RB8 与发送方的 TB8 相等。

TI：发送中断标志位。在方式 0 中，发送完 8 位数据后，由硬件置位；在其他方式中，在发送停止位之初由硬件置位。因此 TI 是发送完一帧数据的标志，可以用指令 JBC TI, rel 来查询是否发送结束。TI=1 时，即向 CPU 申请中断，响应中断后都必须由软件清除 TI。查询和中断方法的应用在 7.4.2 节介绍。

RI：接收中断标志位。在方式 0 中，接收完 8 位数据后，由硬件置位；在其他方式中，在接收停止位的中间由硬件置位。同 TI 一样，也可以通过 JBC RI, rel 来查询是否接收完一帧数据。RI=1 时，也可申请中断，响应中断后都必须由软件清除 RI。

SM0、SM1 为串行方式选择位，定义如表 7-1 所示。

表 7-1　SM0、SM1 串行方式选择位的定义

SM0	SM1	工作方式	功能	波特率
0	0	方式 0	8 位同步移位寄存器	$f_{osc}/12$
0	1	方式 1	10 位 UART	可变
1	0	方式 2	11 位 UART	$f_{osc}/64$ 或 $f_{osc}/32$
1	1	方式 3	11 位 UART	可变

SM2：多机通信控制位，用于方式 2 和方式 3 中。在方式 2 和方式 3 处于接收时，若 SM2=1，RB8=0，不激活 RI，即 RI=0；若 SM2=1，且 RB8=1 时，则置 RI=1。在方式 2、方式 3 处于接收或发送方式时，若 SM2=0，无论接收到第 9 位 RB8 为 0，还是为 1，TI, RI 都以正常方式被激活。在方式 1 处于接收时，若 SM2=1，则只有收到有效的停止位后，RI 置 1。在方式 0 中，SM2 应为 0。

3．电源及波特率选择寄存器 PCON

PCON 主要是为 CHMOS 型单片机的电源控制而设置的专用寄存器，不可以位寻址，字节地址为 87H。在 HMOS 的 80C51 单片机中，PCON 除最高位外其他位都是虚设的。其格式如下：

PCON（87H）	D7	D6	D5	D4	D3	D2	D1	D0
	SMOD	×	×	×	GF1	GF0	PD	IDL

与串行通信有关的只有 SMOD 位。SMOD 为波特率选择位。在方式 1、方式 2 和方式 3 时，串行通信的波特率与 SMOD 有关。当 SMOD=1 时，通信波特率乘 2。当 SMOD=0 时，波特率不变，其他各位用于电源管理，在此不再赘述。

7.3.2　80C51 串行接口的工作方式

80C51 的串行口有 4 种工作方式，通过对 SCON 中的 SM1、SM0 位来决定，参见表 7-1。

1．方式 0

在方式 0 下，串行口作同步移位寄存器用，波特率固定为 $f_{osc}/12$。串行数据从 RXD（P3.0）端输入或输出，同步移位脉冲由 TXD（P3.1）送出，这种方式常用于 I/O 口扩展。

（1）发送

当一个数据写入串行口发送缓冲器 SBUF 时，串行口将 8 位数据以 $f_{osc}/12$ 的波特率从 RXD 引脚输出（低位在前），发送完后，置中断标志位 TI 为 1，并向 CPU 请求中断。在再次发送数据之前，必须由软件清 TI 为 0，具体接线图如图 7-11 所示。74LS164 为串入并出移位寄存器。

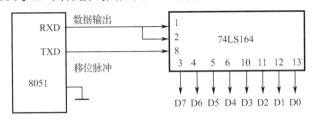

图 7-11　方式 0 用于扩展 I/O 口输出接线图

（2）接收

在满足 REN=1 和 RI=0 的条件下，串行口即开始从 RXD 端以 $f_{osc}/12$ 的波特率输入数据（低位在前），当接收完 8 位数据后，置中断标志位 RI 为 1，请求中断。在再次接收数据之前，必须由软件清 RI 为 0。具体接线图如图 7-12 所示。其中，74LS165 为并入串出移位寄存器。

串行控制寄存器 SCON 中的 TB8 和 RB8 在方式 0 中未用。值得注意的是，每当发送或接收完 8 位数据后，硬件会自动置 TI 或 RI 为 1，CPU 响应 TI 或 RI 中断后，必须由用户用软件清 0。在方式 0 中，SM2 必须为 0。

关于串行口方式 0 在扩展 I/O 口方面的应用，本书不再介绍软件编程。

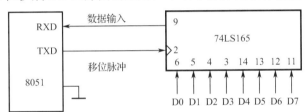

图 7-12　方式 0 用于扩展 I/O 口输入接线图

2．方式 1

在方式 1 下，串行口为波特率可调的 10 位通用异步接口 UART，发送或接收一帧信息，包括 1 位起始位 0，8 位数据位和 1 位停止位 1。其帧格式如图 7-13 所示。

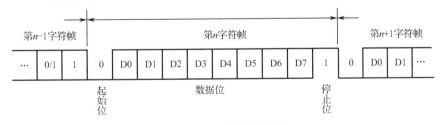

图 7-13　10 位的帧格式

（1）发送

发送时，数据从 TXD 输出，当数据写入发送缓冲器 SBUF 后，启动发送器发送。当发送完一帧数据后，置中断标志位 TI 为 1。方式 1 所传送的波特率取决于定时器 1 的溢出率和 PCON 中的 SMOD 位，波特率的确定将在下一节讨论。

（2）接收

接收时，由 REN 置 1 允许接收，串行口采样 RXD，当采样 1 到 0 的跳变时，确认是起始位"0"，就开始接收一帧数据。当 RI=0 且停止位为 1 或 SM2=0 时，停止位进入 RB8 位，同时置中断标志位 RI；否则信息将丢失。所以，以方式 1 接收时，应先用软件清除 RI 或 SM2。

3. 方式 2

方式 2 下，串行口为 11 位 UART，传送波特率与 SMOD 有关。发送或接收一帧数据包括 1 位起始位 0，8 位数据位，1 位可编程位（用于奇偶校验）和 1 位停止位 1。其帧格式如图 7-14 所示。

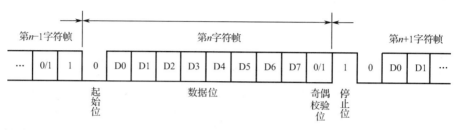

图 7-14   11 位的帧格式

（1）发送

发送时，先根据通信协议由软件设置 TB8，然后用指令将要发送的数据写入 SBUF，则启动发送器。写 SBUF 的指令，除了将 8 位数据送入 SBUF 外，同时还将 TB8 装入发送移位寄存器的第 9 位，并通知发送控制器进行一次发送。一帧信息即从 TXD 发送，在送完一帧信息后，TI 被自动置 1，在发送下一帧信息之前，TI 必须由中断服务程序或查询程序清 0。

（2）接收

当 REN=1 时，允许串行口接收数据。数据由 RXD 端输入，接收 11 位的信息。当接收器采样到 RXD 端的负跳变，并判断起始位有效后，开始接收一帧信息。当接收器接收到第 9 位数据后，若同时满足以下两个条件：RI=0；SM2=0 或接收到的第 9 位数据为 1，则接收数据有效，8 位数据送入 SBUF，第 9 位送入 RB8，并置 RI=1。若不满足上述两个条件，则信息丢失。

4. 方式 3

方式 3 为波特率可变的 11 位 UART 通信方式。除了波特率以外，方式 3 和方式 2 完全相同。

7.3.3   80C51 串行接口的波特率

在串行通信中，收发双方对传送的数据速率即波特率要有一定的约定。通过之前的论述可知，80C51 单片机的串行口通过编程可以有 4 种工作方式。其中，方式 0 和方式 2 的波特率是固定的，方式 1 和方式 3 的波特率是可变的，由定时器 1 的溢出率决定。

1. 方式 0 和方式 2

在方式 0 中，波特率为时钟频率的 1/12，即 $f_{OSC}/12$，固定不变。

在方式 2 中，波特率取决于 PCON 中的 SMOD 值。当 SMOD=0 时，波特率为 $f_{OSC}/64$；当 SMOD=1 时，波特率为 $f_{OSC}/32$，即

$$波特率 = \frac{2^{SMOD}}{64} \cdot f_{OSC}$$

2. 方式 1 和方式 3

在方式 1 和方式 3 下，波特率由定时器 1 的溢出率和 SMOD 共同决定，即

$$波特率=\frac{2^{SMOD}}{32}\cdot T1\text{的溢出率}$$

其中，T1 的溢出率取决于单片机定时器 1 的计数速率和定时器的预置值。计数速率与 TMOD 寄存器中的 $C/\overline{T}$ 位有关。当 $C/\overline{T}=0$ 时，计数速率为 $f_{osc}/12$；当 $C/\overline{T}=1$ 时，计数速率为外部输入时钟频率。

实际上，当定时器 1 作波特率发生器使用时，通常工作在方式 2 下，即自动重装的 8 位定时器，此时 TL1 作计数用，自动重装的值在 TH1 内。设计数的预置值（初始值）为 X，那么每过 $256-X$ 个机器周期，定时器溢出一次。为了避免溢出而产生不必要的中断，此时应禁止 T1 中断。

$$溢出周期=\frac{12}{f_{osc}}\cdot(256-X)$$

溢出率为溢出周期的倒数，所以

$$波特率=\frac{2^{SMOD}}{32}\cdot\frac{f_{osc}}{12(256-X)}$$

表 7-2 列出了各种常用的波特率及获得办法。

表 7-2　定时器 T1 产生的常用波特率及获得办法

波特率	f_{osc}	SMOD	定时器 T1		
			$C/\overline{T}$	方式	初始值
方式 0：1Mbit/s	12MHz	×	×	×	×
方式 2：375kbit/s	12MHz	1	×	×	×
方式 1、方式 3：62.5kbit/s	12MHz	1	0	2	FFH
19.2kbit/s	11.059MHz	1	0	2	FDH
9.6kbit/s	11.059MHz	0	0	2	FDH
4.8kbit/s	11.059MHz	0	0	2	FAH
2.4kbit/s	11.059MHz	0	0	2	F4H
1.2kbit/s	11.059MHz	0	0	2	E8H
137.5bit/s	11.986MHz	0	0	2	1DH
110bit/s	6MHz	0	0	2	72H
110bit/s	12MHz	0	0	1	FEEBH

下面我们来分析一段小程序的波特率：

```
MOV    TMOD,   #20H
MOV    TL1,    #0F4H
MOV    TH1,    #0F4H
SETB   TR1
```

若采用 11.0592MHz 的晶振，分析 TMOD 的设置，对照表 7-2，可知串行通信的波特率应为 2 400bit/s。

7.4　80C51 单片机之间的通信

80C51 单片机之间的串行通信主要可分为双机通信和多机通信，本节主要介绍双机通信。

7.4.1 双机通信硬件电路

如果通信的两个单片机系统距离较近，可以将它们的串行口直接相连，实现双机通信，如图 7-15 所示。

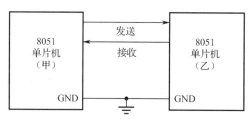

图 7-15　双机异步通信接口电路

为了增加通信距离，减少通道和电源干扰，可以在通信线路上采用光电隔离的方法，利用 RS-422 标准进行双机通信，实用的接口电路如图 7-16 所示。

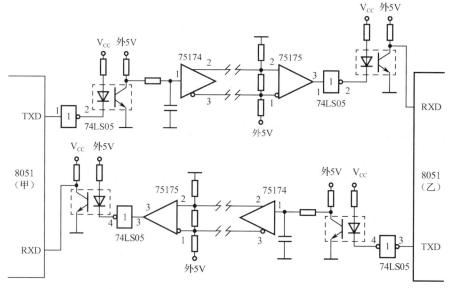

图 7-16　RS-422 双机异步通信接口电路

发送端的数据由串行口 TXD 端输出，通过 74LS05 反向驱动，经光电耦合器送到驱动芯片 75174 的输入端，75174 将输出的 TTL 信号转换为符合 RS-422 标准的差动信号输出，经传输线（双绞线）将信号送到接收端，接收芯片 75175 将差动信号转换为 TTL 信号，通过反向后，经光电耦合器到达接收机串行口的接收端。

每个通道的接收端都有 3 个电阻 R1、R2、R3。R1 为传输线的匹配电阻，取值为 $100\Omega \sim 1k\Omega$，其他两个电阻是为了解决第一个数据的误码而设置的匹配电阻。值得注意的是，光电耦合器必须使用两组独立的电源，只有这样才能起到隔离、抗干扰的作用。

7.4.2 双机通信软件编程

对于双机异步通信的程序通常采用两种方式：查询方式和中断方式。下面分别介绍这两种方式。

1. 查询方式

【例 7.4.1】 请编程实现：将甲机外部 RAM 的 1000H～101FH 单元的数据块从串行口输出。

乙机接收甲机发送过来的数据块，并存入内部 50H～6FH 单元。

（1）甲机发送

甲机采用方式 2 发送，TB8 为奇偶校验位，发送波特率 375kHz，晶振频率 12MHz，SMOD=1，发送子程序参考如下：

```
           MOV    SCON, #80H      ; 设置串行口按方式 2 工作
           MOV    PCON, #80H      ; SMOD=1
           MOV    DPTR, #1000H    ; 设数据块指针
           MOV    R7, #20H        ; 设数据块长度
START:     MOVX   A, @DPTR        ; 取数据给 A
           MOV    C, P
           MOV    TB8, C          ; 奇偶校验位 P 给 TB8
           MOV    SBUF, A         ; 数据送 SBUF，启动发送
WAIT:      JBC    TI, CONT        ; 若发送完，清 TI
           AJMP   WAIT            ; 未完等待
CONT:      INC    DPTR            ; 更新数据单元
           DJNZ   R7, START       ; 循环发送至结束
           RET
```

（2）乙机接收

接收过程要求判断 RB8。若出错，置 F0 标志位为 1。正确则置 F0 标志位为 0，然后返回。在进行双机通信时，两机应采用相同的工作方式和波特率。

接收子程序参考如下：

```
           MOV    SCON, #80H      ; 设置串行口为方式 2
           MOV    PCON, #80H      ; SMOD=1
           MOV    R0, #50H        ; 设置数据块指针
           MOV    R7, #20H        ; 设置数据块长度
           SETB   REN             ; 启动接收
WAIT:      JBC    RI, READ        ; 若接收完一帧，清 RI，读入数据
           AJMP   WAIT            ; 未完等待
READ:      MOV    A, SBUF         ; 读入一帧数据
           JNB    PSW.0, PZ       ; 奇偶校验位为 0 则转
           JNB    RB8, ERR        ; P=1, RB8=0, 则出错
           SJMP   RIGHT           ; 二者全为 1，则正确
PZ:        JB     RB8, ERR        ; P=0, RB8=1, 则出错
RIGHT:     MOV    @R0, A          ; 正确，存放数据
           INC    R0              ; 更新地址指针
           DJNZ   R7, WAIT        ; 判断数据块是否接收完
           CLR    PSW.5           ; 接收正确，且接收完清 F0 标志位
           RET                    ; 返回
ERR:       SETB   PSW.5           ; 出错，置 F0 标志位为 1
           RET                    ; 返回
```

在上述查询方式的双机通信中，因为发送双方单片机的串行口均按方式 2 工作，所以帧格式是 11 位的，收发双方采用奇偶校验位 TB8 来进行校验。传送数据的波特率与定时器无关，因此，程序中没有涉及定时器的编程。

2．中断方式

在实际应用中，双机通信的接收方都采用中断的方式来接收数据，以提高 CPU 的工作效率；发送方仍然采用查询方式发送。

【例 7.4.2】编程将甲机片内 60H～6FH 单元的数据块从串行口发送，在发送之前将数据块长度发送给乙机，乙机接收甲机发送的数据，并存入以 2000H 开始的外部数据存储器中。

（1）甲机发送

上例的通信程序，收发双方是采用奇偶校验位 TB8 来进行校验的，这里介绍一种用累加校验和进行校验的方法。当发送完 16 字节后，再发送一个累加校验和。定义双机串行口以方式 1 工作，晶振频率为 11.059MHz，波特率为 2 400bit/s，定时器 1 按方式 2 工作，经计算或查表 7.2 得到定时器预置值为 0F4H，SMOD=0。

发送子程序参考如下：

	MOV	TMOD, #20H	；设置定时器 1 以方式 2 工作
	MOV	TL1, #0F4H	；设置预置值
	MOV	TH1, #0F4H	
	SETB	TR1	；启动定时器 1
	MOV	SCON, #50H	；设置串行口以方式 1 工作，允许接收
START:	MOV	R0, #60H	；设置数据指针
	MOV	R5, #10H	；设置数据长度
	MOV	R4, #00H	；累加校验和初始化
	MOV	SBUF, R5	；发送数据长度
WAIT1:	JBC	TI, TRS	；等待发送
	AJMP	WAIT1	
TRS:	MOV	A, @R0	；读取数据
	MOV	SBUF, A	；发送数据
	ADD	A, R4	
	MOV	R4, A	；形成累加校验和
	INC	R0	；修改数据指针
WAIT2:	JBC	TI, CONT	；等待发送一帧数据
	AJMP	WAIT2	
CONT:	DJNZ	R5, TRS	；判断数据块是否发送完
	MOV	SBUF, R4	；发送累加校验和
WAIT3:	JBC	TI, WAIT4	；等待发送
	AJMP	WAIT3	
WAIT4:	JBC	RI, READ	；等待乙机回答
	AJMP	WAIT4	
READ:	MOV	A, SBUF	；接收乙机数据
	JZ	RIGHT	；00H，发送正确，返回
	AJMP	START	；发送出错，重发
RIGHT:	RET		

（2）乙机接收

乙机接收采用中断方式。首先接收数据长度，接着接收数据，当接收完 16 字节后，接收累加校验和校验码，进行校验。数据传送结束后，根据校验结果向甲机发送一个状态字，00H 表示正确，0FFH 表示出错，出错则甲机重发。

设置两个标志位（7FH，7EH 位）来判断接收到的信息是数据块长度、数据，还是累加校验和。

接收程序参考如下：

```
            ORG     0000H
            LJMP    CSH                 ; 转初始化程序
            ORG     0023H
            LJMP    INTS                ; 转串行口中断程序
            ORG     0100H
CSH:        MOV     TMOD, #20H          ; 设置定时器 1 以方式 2 工作
            MOV     TL1, #0F4H          ; 设置预置值
            MOV     TH1, #0F4H
            SETB    TR1                 ; 启动定时器 1
            MOV     SCON, #50H          ; 串行口初始化
            SETB    7FH                 ; 置长度标志位为 1
            SETB    7EH                 ; 置数据块标志位为 1
            MOV     31H, #20H           ; 规定外部 RAM 的起始地址
            MOV     30H, #00H
            MOV     40H, #00H           ; 清累加校验和寄存器
            SETB    EA                  ; 允许串行口中断
            SETB    ES
            LJMP    MAIN                ; MAIN 为主程序, 根据用户要求编写
            …
INTS:       CLR     EA
            CLR     RI                  ; 关中断
            PUSH    A                   ; 清中断标志位
            PUSH    DPH                 ; 保护现场
            PUSH    DPL
            JB      7FH, CHANG          ; 判断是数据块长度吗
            JB      7EH, DATA           ; 判断是数据块吗
SUM:        MOV     A, SBUF             ; 接收累加校验和
            CJNZ    A, 40H, ER          ; 判断接收是否正确
            MOV     RA, #00H            ; 二者相等, 正确, 向甲机发送 00H
            MOV     SBUF, A
WAIT1:      JNB     TI, WAIT1
            CLR     TI
            SJMP    RETURN              ; 发送完, 转到返回
ERR:        MOV     A, #0FFH            ; 二者不相等, 错误, 向甲机发送 FFH
            MOV     SBUF, A
WAIT2:      JNB     TI, WAIT2
            CLR     TI
            SJMP    AGAIN               ; 发送完, 转重新开始
CHANG:      MOV     A, SBUF             ; 接收长度
            MOV     41H, A              ; 长度存入 41H 单元
            CLR     7FH                 ; 清长度标志位
            SJMP    RETURN              ; 转返回
DATA:       MOV     A, SBUF             ; 接收数据
            MOV     DPH, 31H            ; 存入外部 RAM
            MOV     DPL, 30H
            MOVX    @DPTR, A
            INC     DPTR                ; 修改外部 RAM 的地址
            MOV     31H, DPH
            MOV     30H, DPL
```

	ADD	A, 40H	；形成累加校验和，放在 40H 单元
	MOV	40H, A	
	DJNZ	41H, RETURN	；判断数据块是否接收完
	CLR	7EH	；接收完，清数据块标志位
	SJMP	RETURN	
AGAIN:	SETB	7FH	；恢复标志位，重新开始接收
	SETB	7EH	
	MOV	31H, #20H	；恢复外部 RAM 起始地址
	MOV	30H, #00H	
	MOV	40H, #00H	；累加校验和寄存器清零
RETURN:	POP	DPL	；恢复现场
	POP	DPH	
	POP	A	
	SETB	EA	；开中断
	RETI		；返回

在上述应用中，收发双方串行口均按方式 1 即 10 位的帧格式进行通信，在一帧信息中，没有可编程的奇偶校验位，因此收发双方采用传送数据的累加校验和进行校验。

7.4.3 多机通信

8051 串行口的方式 2 和方式 3 有一个专门的应用领域，即多机通信。这一功能通常采用主从式多机通信方式，在这种方式中，用一台主机和多台从机。主机发送的信息可以传送到各个从机或指定的从机，各从机发送的信息只能被主机接收，从机与从机之间不能进行通信。图 7-17 是多机通信连接示意图。

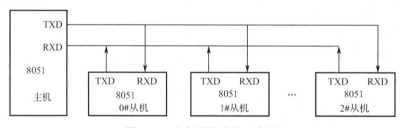

图 7-17　多机通信连接示意图

多机通信的实现，主要依靠主、从机之间正确地设置与判断 SM2 和发送或接收的第 9 位数据来（TB8 或 RB8）完成。

在单片机串行口以方式 2 或方式 3 接收时，若 SM2=1，则表示置多机通信功能位，这时有两种情况：

① 接收到第 9 位数据为 1。此时数据装入 SBUF，并置 RI=1，向 CPU 发中断请求。

② 接收到第 9 位数据为 0。此时不产生中断，信息将被丢失。若 SM2=0，则接收到的第 9 位信息无论是 1 还是 0，都产生 RI=1 的中断标志，接收的数据装入 SBUF。根据这个功能，就可以实现多机通信。

在编程前，首先要给各从机定义地址编号，如分别为 00H、01H、02H 等。在主机发送一个数据块给某个从机时，它必须先送出一个地址字节，以辨认从机。编程实现多机通信的过程如下：

① 主机发送一帧地址信息，与所需的从机联络。主机应置 TB8 为 1，表示发送的是地址帧。例如：

```
MOV  SCON, #0D8H   ；设串行口按方式 3 工作，TB8=1，允许接收
```

② 所有从机初始化设置 SM2=1，处于准备接收一帧地址信息的状态。

```
MOV  SCON, #0F0H   ; 设串行口按方式 3 工作，SM2=1，允许接收
```

③ 各从机接收到地址信息，因为 RB8=1，故置中断标志位 RI。中断后，首先判断主机送过来的地址信息与自己的地址是否相符。对于地址相符的从机，置 SM2=0，以接收主机随后发来的所有信息；对于地址不相符的从机，保持 SM2=1 的状态，对主机随后发来的信息不理睬，直到发送新的一帧地址信息。

④ 主机发送控制指令和数据信息给被寻址的从机。其中，主机置 TB8 为 0，表示发送的是数据或控制指令。对于没选中的从机，因为 SM2=1，RB8=0，所以不会产生中断，对主机发送的信息不接收。

7.5 PC 和单片机之间的通信

在数据处理和过程控制应用领域，通常需要一台 PC 来管理一台或若干台以单片机为核心的智能测量控制仪表，也就是要实现 PC 和单片机之间的通信。本节介绍 PC 和单片机的通信接口设计和软件编程。

7.5.1 通信接口设计

PC 与单片机之间可以由 RS-232C、RS-422A 或 RS-423A 等接口相连，关于这些标准接口的特征我们已经在前面的章节中介绍过。

在 PC 系统内都装有异步通信适配器，利用它可以实现异步串行通信。该适配器的核心元件是可编程的 Intel 8250 芯片，它使 PC 有能力与其他具有标准的 RS-232C 接口的计算机或设备进行通信。而 80C51 单片机本身具有一个全双工的串行口，因此只要配以电平转换的驱动电路、隔离电路就可组成一个简单可行的通信接口。同样，PC 和单片机之间的通信也分为双机通信和多机通信。

PC 和单片机最简单的连接是零调制三线经济型。这是进行全双工通信所必需的最少线路。因为 80C51 单片机输入、输出电平为 TTL 电平，而 PC 配置的是 RS-232C 标准接口，二者的电气规范不同，所以要加电平转换电路。常用的有 MC1488、MC1489 和 MAX232，图 7-18 给出了采用 MAX232 芯片的 PC 和单片机串行通信接口电路，与 PC 相连采用 9 芯标准插座。

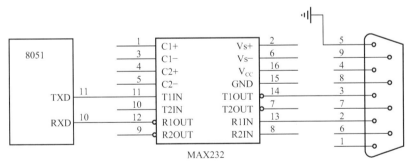

图 7-18 PC 和单片机串行通信接口电路

7.5.2 软件编程

【例 7.5.1】 编写一个实用的通信测试软件，将 PC 键盘的输入发送给单片机，单片机收到 PC 发来的数据后，回送同一数据给 PC，并在屏幕上显示出来。只要屏幕上显示的字符与所键入的字符相同，说明二者之间的通信正常。

通信双方波特率为 2 400bit/s，信息格式为 8 个数据位，1 个停止位，无奇偶校验位。

1. 单片机通信软件

80C51 通过中断方式接收 PC 发送的数据，并回送。单片机串行口工作在方式 1，晶振频率为 6MHz，波特率为 2 400bit/s，定时器 1 按方式 2 工作，经计算定时器预置值为 0F3H，SMOD=1。程序如下：

```
            ORG     0000H
            LJMP    CSH                 ; 转初始化程序
            ORG     0023H
            LJMP    INTS                ; 转串行口中断程序
            ORG     0050H
CSH:        MOV     TMOD, #20H          ; 设置定时器 1 工作于方式 2
            MOV     TL1, #0F3H          ; 设置预置值
            MOV     TH1, #0F3H
            SETB    TR1                 ; 启动定时器 1
            MOV     SCON #50H           ; 串行口初始化
            MOV     PCON #80H
            SETB    EA                  ; 允许串行口中断
            SETB    ES
            LJMP    MAIN                ; 转主程序（主程序略）
            ……
INTS:       CLR     EA                  ; 关中断
            CLR     RI                  ; 清串行口中断标志位
            PUSH    DPL                 ; 保护现场
            PUSH    DPH
            PUSH    A                   ;
            MOV     A, SBUF             ; 接收 PC 发送的数据
            MOV     SBUF, A             ; 将数据回送给 PC
WAIT:       JNB     TI, WAIT            ; 等待发送
            CLR     TI
            POP     A                   ; 发送完，恢复现场
            POP     DPH
            POP     DPL
            SETB    EA                  ; 开中断
            RETI                        ; 返回
            END
```

2. PC 通信软件

PC 方面的通信程序可以用汇编语言编写，也可以用其他高级语言如 VC、VB 来编写。汇编语言编写程序如下：

```
STACK   SEGMENT     PARA STACK 'CODE'
        DB          256   DUP(0)
STACK   ENDS
CODE    SEGMENT     PARA PUBLIC 'CODE'
START   PROC        FAR
        ASSUME      CS:CODE,SS:STACK
        PUSH        DS
        MOV         AX, 0
```

```
          PUSH      AX
          CLI
INPUT:    MOV       AL, 80H          ; 置 DLAB=1
          MOV       DX, 3FBH         ; 写入通信线控制寄存器
          OUT       DX, AL
          MOV       AL, 30H          ; 置产生 2 400 波特率除数低位
          MOV       DX, 3F8H
          OUT       DX, AL           ; 写入除数锁存器低位
          MOV       AL, 00H          ; 置产生 2 400 波特率除数高位
          MOV       DX, 3F9H
          OUT       DX, AL           ; 写入除数锁存器高位
          MOV       AL, 03H          ; 设置数据格式
          MOV       DX, 3FBH         ; 写入通信线路控制寄存器
          OUT       DX, AL
          MOV       AL, 00H          ; 禁止所有中断
          MOV       DX, 3F9H
WAIT1:    OUT
          DX, AL
          MOV       DX, 3FDH         ; 发送保持寄存器不空则循环等待
          IN        AL, DX
          TEST      AL, 20H
WAIT2:    JZ        WAIT1
          MOV       AH, 1            ; 检查键盘缓冲区
          INT       16H              ; 无字符则循环等待
          JZ        WAIT2
          MOV       AH, 0            ; 若有，则取键盘字符
SEND:     INT       16H
          MOV       DX, 3F8H         ; 发送键入的字符
RECE:     OUT       DX, AL
          MOV       DX, 3FDH         ; 检查接收数据是否准备好
          IN        AL, DX
          TEST      AL, 01H
          JZ        RECE
          TEST      AL, 1AH          ; 判断接收到的数据是否出错
          JNZ       ERROR
          MOV       DX, 3F8H
          IN        AL, DX           ; 读取数据
          AND       AL, 7EH          ; 去掉无效位
          PUSH      AX
          MOV       BX, 0            ; 显示接收字符
          MOV       AH, 14
          INT       10H
          POP       AX
          CMP       AL, 0DH          ; 接到的字符若不是回车则返回
          JNZ       WAIT1
          MOV       AL, 0AH          ; 是回车则回车换行
          MOV       BX, 0
          MOV       AH, 14H
          INT       10H
```

```
                JMP           WAIT1
ERROR:   MOV           DX, 3F8H                    ; 读接收寄存器，清除错误字符
                IN             AL, DX
                MOV           AL, '?'                         ; 显示 '？'
                MOV           BX, 0
                MOV           AH, 14H
                INT            10H
                JMP           WAIT1                        ; 继续循环
START   ENDS
CODE   ENDS
                END          START
```

7.6　串行通信的差错控制编码技术

在数据通信方面，要求信息传输具有高度的可靠性，即要求误码率足够低。然而，不管是模拟通信系统，还是数字通信系统，都存在干扰和信道传输特性不好而对信号造成的不良影响，致使数据信号在传输过程中不可避免地会发生差错。为满足通信要求，尽可能减少和避免误码出现，一方面要提高硬件的质量，另一方面可以采用抗干扰编码（或差错控制编码）。

差错控制编码的基本思想是：在发送端被传送的信息码序列的基础上，按照一定的规则加入若干"监督码元"后进行传输，这些加入的码元与原来的信息码序列之间存在着某种确定的约束关系。在接收数据时，检验信息码元与监督码元之间的既定的约束关系，如该关系遭到破坏，则在接收端可以发现传输中的错误，乃至纠正错误。当然，用纠（检）错来控制差错的方法来提高数据通信的可靠性是用信息量的冗余和降低系统的效率为代价来换取的。

7.6.1　差错控制编码的分类

差错控制编码从不同的角度出发，有不同的分类方法。

① 根据码组的功能，可分为检错码和纠错码两类。一般地说，检错码是指能自动发现差错的码。纠错码是指不仅能发现差错而且能自动纠正差错的码。

② 按照信息码元与监督码元的约束关系，又可分为分组码和卷积码两类。

③ 按码组中监督码元与信息码元之间的关系可分为线性码和非线性码两类。

7.6.2　几种常用的差错控制编码

下面介绍几种常用的差错控制编码，它们都属于分组码一类，而且是行之有效的。

1. 奇偶校验码

这是一种简单的检错码，其编码规则是先将所要传输的数据码元分组，再在分组数据后面附加一位监督位，使得该组码连同监督位在内的码组中的"1"的个数为偶数（称为偶校验）或奇数（称为奇校验），在接收端按同样的规律检查，如发现不符就说明产生了差错，但是不能确定差错的具体位置，即不能纠错。

奇偶校验码的这种监督关系可以用公式表示。设码组长度为 n，表示为（a_{n-1}, a_{n-2}, a_{n-3}, …, a_0），其中，前 $n-1$ 位为信息码元，第 n 位为监督位 a_0。

在偶校验时有

$$a_0 \oplus a_1 \oplus \cdots \oplus a_{n-1}=0$$

其中，$\oplus$ 表示模 2 和，监督位 a_0 可由下式产生：

$$a_0 = a_1 \oplus a_2 \oplus \cdots \oplus a_{n-1}$$

在奇校验时有：

$$a_0 \oplus a_1 \oplus \cdots \oplus a_{n-1} = 1$$

监督位 a_0 可由下式产生：

$$a_0 = a_1 \oplus a_2 \oplus \cdots \oplus a_{n-1} \oplus 1$$

这种奇偶校验只能发现单个或奇数个错误，而不能检测出偶数个错误，因而它的检错能力不高。

比如，信息码 1110011000 按照偶监督规则插入监督位应为

$$a_0 = 1 \oplus 1 \oplus 1 \oplus 0 \oplus 0 \oplus 1 \oplus 1 \oplus 0 \oplus 0 \oplus 0 = 1$$

信息位	监督位
1110011000	1

2．汉明码

汉明码是 1950 年由美国贝尔实验室提出来的，是一种多重（复式）奇偶检错系统。它将信息用逻辑形式编码，以便能够检错和纠错。用在汉明码中的全部传输码字是由原来的信息和附加的奇偶校验位组成的。

（1）校验位的位数

在前面讨论奇偶校验时，如按偶监督，由于使用了一位监督位 a_0，故它能和信息位 a_{n-1}，a_{n-2}，a_{n-3}，$\cdots$，a_1 一起构成一个代数式，$a_0 \oplus a_1 \oplus \cdots \oplus a_{n-1} = 0$。在接收端解码时，实际上就是在计算

$$S = a_0 \oplus a_1 \oplus \cdots \oplus a_{n-1}$$

当 $S=0$，就认为无错；若 $S=2$，就认为有错。上式称为监督关系式，S 称为校正子。由于校正子 S 的取值只有这两种，所以它只能代表有错和无错这两种信息，而不能指出错码的位置。可以推出，如果监督位增加一位，即变成两位，则能增加一个类似上式的监督关系式。两个校正子有 4 种可能的组合：00、01、10、11，能表示 4 种不同信息。若用一种表示无错，则其余 3 种就有可能用来表示一位错码的 3 种不同位置。同理，r 个监督关系式能指示一位错码的 2^r-1 个可能位置。

一般说来，若信息长为 n，信息位数为 k，则监督位数 $r = n-k$。如果希望用 r 个监督位构造出 r 个监督关系式来指示一位错码的 n 种可能位置，则要求

$$2^r - 1 \geqslant n \text{ 或 } 2^r \geqslant k + r + 1$$

推导并使用信息长度为 k 位的码字的汉明码，所需步骤如下：

① 确定最小的校验位数 r，将它们记为 P_1、P_2、$\cdots$、P_r，每个校验位符合不同的奇偶测试规定。

② 原有信息和 r 个校验位一起编成长为 $k+r$ 位的新码字。选择 r 校验位（0 或 1）以满足必要的奇偶条件。

③ 对所接收的信息进行所需的 r 个奇偶检查。

④ 如果所有的奇偶检查结果均为正确的，则认为信息无错误。

如果发现有一个或多个错了，则错误的位由这些检查的结果来唯一确定。

（2）码字格式

从理论上讲，校验位可放在任何位置，但习惯上校验位被安排在 1，2，4，8，$\cdots$ 的位置上。当 $k=4$，$r=3$ 时，信息位和校验位的分布情况如表 7-3 所示（其中，P_1、P_2、P_3 为校验位，D_1、D_2、D_3、D_4 为信息位）。

表7-3　汉明码中校验位和信息位的分布情况

码字位置	B_1	B_2	B_3	B_4	B_5	B_6	B_7
校验位	x	x		x			
信息位			x		x	x	x
复合码字	P_1	P_2	D_1	P_3	D_2	D_3	D_4

（3）校验位的确定

r 个校验位是通过对 $k+r$ 位复合码字进行奇偶校验而确定的。其中：

P_1 负责校验汉明码的第 1，3，5，7，…（P_1，D_1，D_2，D_4，…）位（包括 P_1）；

P_2 负责校验汉明码的第 2，3，6，7，…（P_2，D_1，D_3，D_4，…）位（包括 P_2）；

P_3 负责校验汉明码的第 4，5，6，7，…（P_3，D_2，D_3，D_4，…）位（包括 P_3）。

如对 $k=4$，$r=3$ 的码字进行汉明码编码，校验位采用偶校验，则需 $r=3$ 次偶检查。这里 3 次检查分别（以 R_1、R_2、R_3 表示）在表 7-4 所示各位的位置上进行。

可得到 3 个校验方程及确定校验位的 3 个公式（B_1，B_2，…，B_7 表示码字）：

$$R_1 = B_1 \oplus B_3 \oplus B_5 \oplus B_7 = 0 \ 得\ P_1 = D_1 \oplus D_2 \oplus D_4$$
$$R_2 = B_2 \oplus B_3 \oplus B_6 \oplus B_7 = 0 \ 得\ P_2 = D_1 \oplus D_3 \oplus D_4$$
$$R_3 = B_4 \oplus B_5 \oplus B_6 \oplus B_7 = 0 \ 得\ P_3 = D_2 \oplus D_3 \oplus D_4$$

表7-4　校验位测试

测试条件	码字位置						
	1	2	3	4	5	6	7
R_1	x		x		x		x
R_2		x	x			x	x
R_3				x	x	x	x

若有 4 位信息码 1011，求 3 个校验位 P_1、P_2、P_3 的值，并生成汉明码编码，则可用上面 3 个公式解出（如表 7-5 所示）。

表7-5　4 位信息码的汉明码编码

码字位置	B_1	B_2	B_3	B_4	B_5	B_6	B_7
码位类型	P_1	P_2	D_1	P_3	D_2	D_3	D_4
信息码			1		0	1	1
校验位	0	1		0			
编码后的汉明码	0	1	1	0	0	1	1

以上是发送方的处理过程，在接收方也可根据这 3 个校验方程对接收到的信息进行同样的奇偶测试：

$$A = B_1 \oplus B_3 \oplus B_5 \oplus B_7 = 0$$
$$B = B_2 \oplus B_3 \oplus B_6 \oplus B_7 = 0$$
$$C = B_4 \oplus B_5 \oplus B_5 \oplus B_7 = 0$$

若 3 个校验方程都成立，即方程式右边都等于 0，则说明没有错。若不成立，即方程式右边不等于 0，则说明有错。从 3 个方程式右边的值，可以判断哪一位出错。例如，如果第 3 位数字反了，则 $C=0$（此方程没有 B_3），$A=B=1$（这两个方程有 B_3）。可构成二进制数 CBA，以 A 为最低有效位，则错误位置就可简单地用二进制数 CBA=011 指出。

同理，若 3 个方程式右边的值为 001，则说明第 1 位出错。若 3 个方程式右边的值为 100，则说明第 4 位出错。

3．循环冗余校验码

循环冗余校验码（Cyclic Redundancy Check，简称 CRC 码），是一种能力非常强的检错、纠错码，并且实现编码和检码的电路比较简单，常用于串行传送（二进制位串沿一条信号线逐位传送）的辅助存储器与主机的数据通信和计算机网络中。

循环冗余校验码的基本原理是：在 k 位信息码后再拼接 r 位的校验码，整个编码长度为 n 位，因此，这种编码又叫（n，k）码。对于一个给定的（n，k）码，可以证明存在一个最高次幂为 $n-k=r$ 的多项式 $g(x)$，根据 $g(x)$ 可以生成 k 位信息的校验码，而 $g(x)$ 叫作这个 CRC 码的生成多项式。

（1）几个基本概念

① 多项式与二进制数码。

为了便于用代数理论来研究 CRC 码，把长为 n 的码组（二进制数）与 $n-1$ 次多项式建立一一对应的关系，即把二进制数的各位当作一个多项式的系数，二进制数的最高位对应 x 的最高幂次，以下各位对应多项式的各幂次，有此幂次项对应 1，无此幂次项对应 0。

多项式包括生成多项式 $g(x)$ 和信息多项式 $C(x)$。

如多项式为 $A(x)=x^5+x^4+x^2+1$，可转换为二进制码组 110101。

② 生成多项式。

生成多项式 $g(x)$ 是接收端和发送端的一个约定，也对应一个二进制数。在整个传输过程中，这个数始终保持不变。

生成多项式应满足以下条件：生成多项式的最高位和最低位必须为 1。

当被传送信息（CRC 码）的任何一位发生错误时，被生成多项式进行模 2 除后应该使余数不为 0。

不同位发生错误时，应该使余数不同。

对余数继续进行模 2 除，应使余数循环。

常用的生成多项式有：

CRC-4$=x^4+x+1$

CRC-8$=x^8+x^2+x+1$

CRC-12$=x^{12}+x^{11}+x^3+x^2+x+1$

CRC-16$=x^{16}+x^{15}+x^2+1$

CRC-CCITT$=x^{16}+x^{12}+x^5+1$

CRC-32$=x^{32}+x^{26}+x^{23}+x^{22}+x^{16}+x^{12}+x^{11}+x^{10}+x^8+x^7+x^5+x^4+x^2+x+1$

③ 模 2 除。

模 2 除法与算术除法类似，但每一位除（减）的结果不影响其他位，即不向上一位借位，所以实际上就是异或，然后再移位进行下一位的模 2 减。步骤如下：

用除数对被除数最高几位进行模 2 减，没有借位。

除数右移一位，若余数最高位为 1，商为 1，并对余数进行模 2 减。若余数最高位为 0，商为 0，除数继续右移一位。

一直做到余数的位数小于除数时，该余数就是最终余数。

（2）FCS 帧检验列

我们将信息位后添加的 r 位校验码，称为信息的 FCS（Frame Check Sequence）帧检验列。FCS

帧检验列可由下列方法求得：假设发送信息用信息多项式 $C(x)$ 表示，将 $C(x)$ 左移 r 位，则可表示成 $C(x)×2^r$，这样 $C(x)$ 的右边就会空出 r 位，这就是校验码的位置。通过 $C(x)×2^r$ 除以生成多项式 $g(x)$ 得到的余数就是校验码。

【例 7.6.1】 当信息码为 11100110 时，采用 CRC 进行差错检测，如用的生成多项式为 11001，则求出 FCS 的产生过程。

解：此题生成多项式 11001 有 5 位（r+1），因此要把原始报文 $C(x)$ 即 11100110 左移 4（r）位变成 111001100000，在信息尾加 4 个 "0"，就等于信息码乘以 2^4，然后被生成多项式模 2 除。

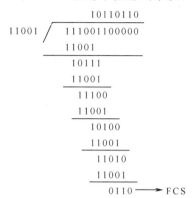

所以 4 位余数 0110 即为所求的 FCS。

（3）CRC 码的编码方法

编码是在已知信息位的条件下求得循环码的码组，码组前 k 位为信息位，后 $r=n-k$ 位是监督位。因此，要首先根据给定的（n,k）值选定生成多项式 $g(x)$，即选定一个 r（$n-k$）次多项式作为 $g(x)$。因为 CRC 的理论很复杂，本书主要介绍生成多项式后计算校验码的方法。结合前面 FCS 帧检验列的产生过程，可得 CRC 码的生成步骤如下：

① 将 x 的最高次幂为 r 的生成多项式 $g(x)$ 转换成对应的 r+1 位二进制数。

② 将信息码左移 r 位，相当于对应的信息多项式 $C(x)×2^r$。

③ 用生成多项式（二进制数）对信息码进行模 2 除，得到 r 位的 FCS 帧校验列。

④ 将余数拼到信息码左移后空出的位置，得到完整的 CRC 码。

如［例 7.6.1］，信息 11100110 的 CRC 码为 111001100110。

（4）CRC 码的解码方法

在发送方，CRC 码对应的发送码组多项式 $A(x)$ 应能被生成多项式 $g(x)$ 整除，所以在接收端可以将接收到的编码多项式 $R(x)$ 用原生成多项式 $g(x)$ 进行模 2 除。当传输中未发生错误时，接收码组与发送码组相同，即 $R(x)= A(x)$，故接收码组 $R(x)$ 定能被 $g(x)$ 整除；若码组在传输中发生错误，则 $R(x) ≠A(x)$，$R(x)$ 被 $g(x)$ 除时可能除不尽而有余项。因此，我们就以余项是否为零来判别码组中有无错码。

（5）CRC 码的检错纠错原理

若有一位出错，则余数不为 0，而且不同位出错，其余数也不同。如果循环码有一位出错，用 $g(x)$ 进行模 2 除将得到一个不为 0 的余数。如果对余数补 0 继续除下去，将发现一个有趣的结果：各次余数将按表 7-6 所示顺序循环。例如第一位出错，余数将为 001，补 0 再除（补 0 后若最高位为 1，则用除数进行模 2 减取余数；若最高位为 0，则其最低 3 位就是余数），得到第二次余数为 010。以后继续补 0 进行模 2 除，依次得到余数为 100，011，…，反复循环，这就是 "循环码" 名称的由来。这是一个有价值的特点。如果在求出余数不为 0 后，一边对余数补 0 继续进行模 2 除，同时让被检测的校验码字循环左移。表 7-6 说明，当出现余数（101）时，出错位也移

到 A_7 位置。可通过异或门将它纠正后在下一次移位时送回 A_1。

表 7-6　　(7，4) CRC 码的出错模式（$g(x)$ =1011）

码位	收到的 CRC 码字							余数	出错位
	A_7	A_6	A_5	A_4	A_3	A_2	A_1		
正确	1	0	1	0	0	1	1	000	无
错误	1	0	1	0	0	1	0	001	1
	1	0	1	0	0	0	1	010	2
	1	0	1	0	1	1	1	100	3
	1	0	1	1	1	1	1	011	4
	1	0	0	0	0	1	1	110	5
	1	1	1	0	0	1	1	111	6
	0	0	1	0	0	1	1	101	7

例：CRC 码（$g(x)$=1011），若接收端收到的码字为 1010111，用 $g(x)$ =1011 进行模 2 除得到一个不为 0 的余数 100，说明传输有错。将此余数继续补 0 用 $g(x)$ =1011 进行模 2 除，同时让码字循环左移 1010111。进行了 4 次后，得到余数为 101，这时码字也循环左移 4 位，变成 1111010，说明出错位已移到最高位 A_7，将最高位 1 取反后变成 0111010。再将它循环左移 3 位，补足 7 次，出错位回到 A_3 位，就成为一个正确的码字 1010011。

7.6.3　CRC 检错码查表法的软件实现

为了提高编码效率，在实际运用中大多采用查表法来完成 CRC 校验，假设欲传送的 5 字节分别为 B_0、B_1、B_2、B_3、B_4，数组 CRC_TAB 存放 CRC-8 的余式表，CRC 校验值为 CRC_OK，计算方法为：

```
CRC_TMP = CRC8(B0) XOR B1
CRC_TMP = CRC8(CRCTMP) XOR B2
CRC_TMP = CRC8(CRCTMP) XOR B3
CRC_TMP = CRC8(CRCTMP) XOR B4
CRC_OK = CRC8(CRCTMP) XOR FFH
```

8051 系列单片机的查表法生成（48，40）CRC 检错码程序如下：

```
DATA_SRC    EQU     30H         ;源数据存放地址
CRC_BIT     EQU     8           ;源数据存放地址
CRC_NUM     EQU     5           ;数据块个数（5 字节）
CRC_TMP     EQU     50H         ;CRC 码存放地址
CRC_XOR     EQU     07H         ;CRC 多项式（107H）
CRC_P       EQU     0FFH        ;陪集码（FFH）
            ORG     0030H
MAIN:       ACALL   CRC
            AJMP $  $
CRC:        MOV     R0,  #DATA_SRC
            MOV     R1,  #CRC_TMP
            MOV     R7,  #CRC_NUM
            MOV     R6,  #CRC_BIT
CRC0:       MOV     A,   @R0     ;缓存原数据
```

```
             MOV     @R1, A
             INC     R0
             INC     R1
             DJNZ    R7, CRC0
             CLR     A                  ; 在原数据后添加 1 个零字节
             MOV     @R1, A
             MOV     R0, #DATA_SRC    ; 从第一字节开始左移一位
             MOV     A, #CRC_TMP
             ADD     A, #CRC_NUM
             MOV     R1, A
             MOV     R7, #CRC_NUM
             MOV     DPTR, #CRC_TAB
CRC1:        MOV     R6, #CRC_BIT
             MOV     A, @R0
             XRL     A, @R1
             MOVC    A, @A+DPTR
             MOV     @R1, A
             INC     R0
CRC4:        DJNZ    R7, CRC1           ; 判断移位是否结束
             XRL     A, #CRC_P          ; 生成陪集码
             MOV     @R1, A
             RET

CRC_TAB:     DB  000H, 007H, 00EH, 009H, 01CH, 01BH, 012H, 015H   ; 00H-07H
             DB  038H, 03FH, 036H, 031H, 024H, 023H, 02AH, 02DH   ; 08H-0FH
             DB  070H, 077H, 07EH, 079H, 06CH, 06BH, 062H, 065H   ; 10H-17H
             DB  048H, 04FH, 046H, 041H, 054H, 053H, 05AH, 05DH   ; 18H-1FH
             DB  0E0H, 0E7H, 0EEH, 0E9H, 0FCH, 0FBH, 0F2H, 0F5H   ; 20H-27H
             DB  0D8H, 0DFH, 0D6H, 0D1H, 0C4H, 0C3H, 0CAH, 0CDH   ; 28H-2FH
             DB  090H, 097H, 09EH, 099H, 08CH, 08BH, 082H, 085H   ; 30H-37H
             DB  0A8H, 0AFH, 0A6H, 0A1H, 0B4H, 0B3H, 0BAH, 0BDH   ; 38H-3FH
             DB  0C7H, 0C0H, 0C9H, 0CEH, 0DBH, 0DCH, 0D5H, 0D2H   ; 40H-47H
             DB  0FFH, 0F8H, 0F1H, 0F6H, 0E3H, 0E4H, 0EDH, 0EAH   ; 48H-4FH
             DB  0B7H, 0B0H, 0B9H, 0BEH, 0ABH, 0ACH, 0A5H, 0A2H   ; 50H-57H
             DB  08FH, 088H, 081H, 086H, 093H, 094H, 09DH, 09AH   ; 58H-5FH
             DB  027H, 020H, 029H, 02EH, 03BH, 03CH, 035H, 032H   ; 60H-67H
             DB  01FH, 018H, 011H, 016H, 003H, 004H, 00DH, 00AH   ; 68H-6FH
             DB  057H, 050H, 059H, 05EH, 04BH, 04CH, 045H, 042H   ; 70H-77H
             DB  06FH, 068H, 061H, 066H, 073H, 074H, 07DH, 07AH   ; 78H-7FH
             DB  089H, 08EH, 087H, 080H, 095H, 092H, 09BH, 09CH   ; 80H-87H
             DB  0B1H, 0B6H, 0BFH, 0B8H, 0ADH, 0AAH, 0A3H, 0A4H   ; 88H-8FH
             DB  0F9H, 0FEH, 0F7H, 0F0H, 0E5H, 0E2H, 0EBH, 0ECH   ; 90H-97H
             DB  0C1H, 0C6H, 0CFH, 0C8H, 0DDH, 0DAH, 0D3H, 0D4H   ; 98H-9FH
             DB  069H, 06EH, 067H, 060H, 075H, 072H, 07BH, 07CH   ; A0H-A7H
             DB  051H, 056H, 05FH, 058H, 04DH, 04AH, 043H, 044H   ; A8H-AFH
             DB  019H, 01EH, 017H, 010H, 005H, 002H, 00BH, 00CH   ; B0H-B7H
             DB  021H, 026H, 02FH, 028H, 03DH, 03AH, 033H, 034H   ; B8H-BFH
             DB  04EH, 049H, 040H, 047H, 052H, 055H, 05CH, 05BH   ; C0H-C7H
             DB  076H, 071H, 078H, 07FH, 06AH, 06DH, 064H, 063H   ; C8H-CFH
```

```
DB    03EH,  039H,  030H,  037H,  022H,  025H,  02CH,  02BH          ; D0H-D7H
DB    006H,  001H,  008H,  00FH,  01AH,  01DH,  014H,  013H          ; D8H-DFH
DB    0AEH,  0A9H,  0A0H,  0A7H,  0B2H,  0B5H,  0BCH,  0BBH          ; E0H-E7H
DB    096H,  091H,  098H,  09FH,  08AH,  08DH,  084H,  083H          ; E8H-EFH
DB    0DEH,  0D9H,  0D0H,  0D7H,  0C2H,  0C5H,  0CCH,  0CBH          ; F0H-F7H
DB    0E6H,  0E1H,  0E8H,  0EFH,  0FAH,  0FDH,  0F4H,  0F3H          ; F8H-FFH
END
```

7.6.4 CRC 检错码计算法的软件实现

目前已采用的 CRC 算法是查表法及基于查表法而导出的方法。这些方法均需要存储长度较长的 CRC 余数表。这种方法，对于小型、低成本的单片机系统来说，不仅浪费了大量的存储空间，而且降低了程序的运行效率。为了提高编码效率，提出了一种计算法及实现方案，如下所述。

假设欲传送的 5 字节分别为 B_0、B_1、B_2、B_3、B_4。由于校验码的最高位都为 1，为编程方便，将其最高位去掉，把校验码的位数凑成一字节的整数倍。在电力部部颁远动规约中规定 CRC 校验式为 $g(x)=x^8+x^2+x+1$（107H），去掉高位后，校验码为 000000111（07H）。取一个用来比较的 8 位数（80H），逐次比较信息码的最高位是否为 1，是则将 1 记录在暂存单元 CRC_TMP 的最低位，如果是 0，则低位左移入 0，每次暂存单元和信息单元循环左移，相当于把信息字节的数据逐位从左移入暂存单元中。若暂存单元的最高位变为 1，说明已移入了 8 位数据，然后把暂存单元再左移一次，和 8 位校验码做异或操作，也就相当于进行模 2 除。因为暂存单元被移出的最高位 1 和校验码被舍去的最高位 1 异或，其结果必然为零，也就等于进行了 9 位异或操作。把所得的余式存放在暂存单元中，接着循环，直到将信息码和补充在尾部的零字节都操作结束，把最后的余式赋给 CRC_OK 输出，完成对一个余项式的处理。

8051 系列单片机的 CRC 检错码计算程序如下：

```
DATA_SRC    EQU     30H             ; 源数据存放地址
CRC_BIT     EQU     8               ; 源数据存放地址
CRC_NUM     EQU     5               ; 数据块个数（5 字节）
CRC_TMP     EQU     50H             ; CRC 码存放地址
CRC_XOR     EQU     07H             ; CRC 多项式（107H）
CRC_P       EQU     0FFH            ; 陪集码（FFH）
            ORG     0030H
MAIN:       ACALL   CRC
            AJMP $  $
CRC:        MOV     R0,  #DATA_SRC
            MOV     R1,  #CRC_TMP
            MOV     R7,  #CRC_NUM
            MOV     R6,  #CRC_BIT
CRC0:       MOV     A,   @R0         ; 缓存原数据
            MOV     @R1, A
            INC     R0
            INC     R1
            DJNZ    R7,  CRC0
            CLR     A                ; 在原数据后添加 1 个零字节
            MOV     @R1, A
            MOV     R0,  #DATA_SRC   ; 从第一字节开始左移一位
            MOV     A,   #CRC_TMP
            ADD     A,   #CRC_NUM
```

```
              MOV      R1,    A
              MOV      R7,    #CRC_NUM
CRC1:         MOV      R6,    #CRC_BIT
              MOV      A,     @R0
              XRL      A,     @R1
              MOV      @R1,   A
CRC2:         CLR      C
              RLC      A
              MOV      @R1,   A
              JNC      CRC3                    ; 异或条件判断
              MOV      A,     #CRC_XOR
              XRL      A,     @R1              ;
              MOV      @R1,   A
CRC3:         DJNZ     R6,    CRC2            ; 是否移完 1 字节
              INC      R0
CRC4:         DJNZ     R7,    CRC1            ; 移位是否结束
              XRL      A,     #CRC_P          ; 生成陪集码
              MOV      @R1,A
              RET
              END
```

7.7 串行接口应用举例

【例 7.7.1】 如图 7-19 所示，串入并出移位芯片 74164 的并行输出端接 8 个 LED，利用它的串入并出功能，把发光二极管从右向左依次点亮，并反复循环。请根据以下要求编制程序。要求：

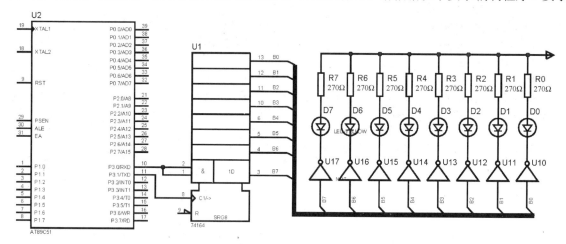

图 7-19 串入并出移位芯片 74164 的驱动 LED 原理图

（1）利用串行口工作于方式 0 的方法，驱动霓虹灯左流动；

（2）通过串行口发送数据；

（3）依次点亮 8 个发光二极管；

（4）时间间隔为 100ms，可用软件延时，也可采用中断延时。

分析：使用方式 0 实现数据的移位输入输出时，实际上是把串行口变成并行口使用。串行口作为并行输出口使用时，要有"串入并出"的移位寄存器（例如 74LS164、74HC164 等）配合。

在方式 0 下，是把串行口作为同步移位寄存器使用的，这时以 RXD（P3.0）端作为数据移位的入口和出口，而由 TXD（P3.1）端提供移位时钟脉冲。移位数据的发送和接收以 8 位为一帧，低位在前，高位在后。

程序如下：

```
            ORG     0000H
            AJMP    MAIN            ; 转移到主程序

MAIN:       MOV     SCON,#00000000B ; 设定串行口的工作方式 MODE0
            MOV     A,#1            ; 设定 A 初始值
LOOP:       MOV     SBUF,A          ; 串行口发送数据
LOOP1:      JNB     TI,LOOP1        ; 串行口是否发送完毕，发完，TI=1，否则，TI=0
            CLR     TI              ; 清除 TI
            ACALL   DELAY           ; 调用延时
            RL      A               ; 左移 A，如果右流动，则应该为 RR A
            AJMP    LOOP            ; 循环执行
DELAY:      MOV     R3,#1           ; 1T，1×100ms=100ms，此处可加大看效果
DEL3:       MOV     R2,#100         ; 1T，100×1ms=100ms
DEL2:       MOV     R1,#250         ; 1T，4μm×250=1000μm=1ms
DEL1:       NOP                     ; 1T，1μm
            NOP                     ; 1T，1μm
            DJNZ    R1,DEL1         ; 2T，2μm
            DJNZ    R2,DEL2         ; 2T，忽略本句执行时间
            DJNZ    R3,DEL3         ; 2T，忽略本句执行时间
            RET                     ; 2T，忽略本句执行时间
            END
```

本例通过串行口工作于方式 0，通过移位芯片 74164 实现了单片机驱动 8 个 LED 的流动效果，从而达到了通过串行口扩展 I/O 口的目的。如果增加 LED 的数量，应如何解决端口资源呢？事实上，通过移位芯片 74164 级联可以进一步扩展，以增加 I/O 口。

【例 7.7.2】 图 7-20 为串入并出移位芯片 74164 级联原理图。请根据要求编制程序。要求：
（1）串行口工作于方式 0；
（2）通过串行口发送数据；
（3）依次点亮 8 个发光二极管，另外 8 个二极管闪烁；
（4）时间间隔为 100ms，延时程序用定时器中断查询的方法。

程序如下：

```
            ORG     0000H
            AJMP    MAIN            ; 转移到主程序
MAIN:       MOV     SCON,#00000000B ; 设定串行口的工作方式 MODE0
            MOV     TMOD,#0         ; 定时器 0 和 1：工作于方式 0，定时模式，门控位 0
            MOV     TH0,#63H        ; 定时时间为一次 5ms，13 位初始值为 6318H
            MOV     TL0,#18H
            SETB    TR0             ; 启动定时器 0
            MOV     R1,#20          ; R1 计数器，20 次
            MOV     40H,#1          ; 设定 40H 初始值
            MOV     41H,#0          ; 设定 40H 初始值
            CLR     C
LOOP:       MOV     SBUF,40H        ; 串行口发送数据
```

```
LOOP1:   JNB      TI,LOOP1        ; 串行口是否发送完毕，发完，TI=1，否则，TI=0
         CLR      TI              ; 清除 TI
         MOV      SBUF,41H        ; 串行口发送数据
LOOP2:   JNB      TI,LOOP2        ; 串行口是否发送完毕，发完，TI=1，否则，TI=0
         CLR      TI              ; 清除 TI
         ACALL    DELAY           ; 调用延时
         MOV      A,40H
         RL       A               ; 左移动 A，如果右流动，则应该为 RR A
         MOV      40H,A
         MOV      A,41H
         CPL      A
         MOV      41H,A           ; 左移动 A，如果右流动，则应该为 RR A
         AJMP     LOOP            ; 循环执行
DELAY:                           ; 中断查询 100ms 子程序，主程序中需初始化
DEL0:    JBC      TF0, DEL1       ; 判断是否满足一次中断，即，是否到 5ms
         AJMP     DEL0            ; 未到 5ms，等待
DEL1:    DJNZ     R1,DEL2         ; 是否发生了 20 次中断，即，是否到 100ms
         MOV      R1,#20          ; 到了 100ms，初始化计数寄存器 R1

DEL2:    MOV      TH0,#63H        ; 定时时间为一次 5ms，再循环 20 次
         MOV      TL0,#18H        ; 重新给 13 位定时器 0 赋初始值 6318H
         CJNE     R1,#20,del0     ; 未到 20 次中断，继续，到 20 次中断，返回
         RET                      ; 子程序返回用 RET
         END
```

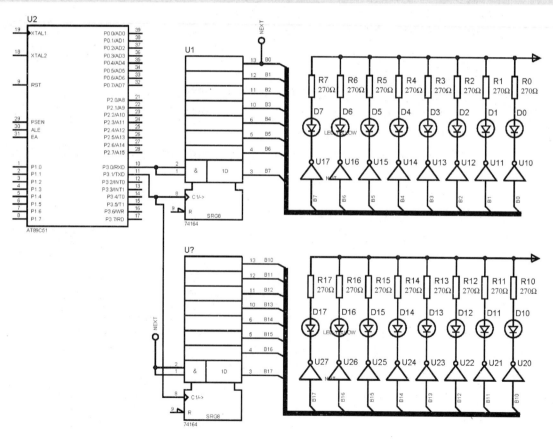

图 7-20 串入并出移位芯片 74164 级联原理图

【例 7.7.3】 图 7-21 为串行口双机通信原理图。请编程实现控制 LED 熄灭、右流动、左流动、闪烁 4 种状态的切换。要求：

（1）发送方将本机开关状态通过串行口发送到对方单片机；

（2）接收方通过串行口接收数据，并根据接收数据驱动 LED 熄灭、右流动、左流动、闪烁；

（3）发送方单片机所连接的两个开关，共有 00、01、10、11 4 种状态；

（4）接收方根据 00、01、10、11 4 种状态，实现 LED 的熄灭、右流动、左流动、闪烁状态；

（5）双机串行口按方式 1 工作，晶振频率为 11.059 2MHz，波特率为 2 400bit/s；

（6）定时器 1 按方式 2 工作，SMOD=0。

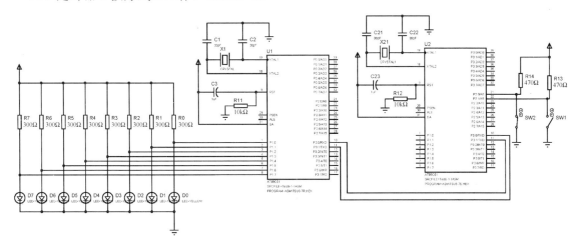

图 7-21　串行口双机通信原理图

程序如下：

```
; 接收源程序：
        ORG     0000H
        AJMP    MAIN        ; 转移到主程序
        ORG     0023H       ; 串口中断服务程序入口
        AJMP    P_UART      ; 中断方式，如果采用查询方式，需要屏蔽该句
                            ; 中断方式延时较长，需要修正 DELAY 参数

        ORG     0100H       ; 伪指令
MAIN:   MOV     SP,#60H     ; 调整堆栈指针
        SETB    ET1         ; 打开定时器 1 中断允许位
        SETB    ES          ; 打开串行口中断允许位
        SETB    EA          ; 打开中断总允许位
        MOV     TMOD,#20H   ; 设置定时器 1 工作于方式 2
        MOV     TL1,#0F4H   ; 设置预置值，波特率为 2 400bit/s
        MOV     TH1,#0F4H   ; 设置预置值，TH=TL
        SETB    TR1         ; 启动定时器 1
        MOV     SCON,#0D0H  ; 设置串行口工作于方式 3，允许接收
        MOV     R7,#3       ; R7 为接收到的数据，初始值设为 11（二进制）
        MOV     R6,#0       ; R6 为闪烁状态，初始数据=0 为灭
        MOV     R5,#1       ; R5 为流动状态，初始数据=1 为第一个灯亮
START:  MOV     P1,#0       ; 熄灭所有
        AJMP    LOOP        ; 如果采用中断需屏蔽掉以下几句（到 LOOP）
LOOP0:  JBC     RI,UART1    ; 判断串行口是否接收完数据
        AJMP    LOOP        ; 否，维持状态，这句是区别于采用中断的关键
```

```
UART1:   MOV     A,SBUF        ; 是，取出串行口数据
         ANL     A,#03H        ; 屏蔽高 6 位，因为仅有两个按键
         MOV     R7,A          ; 将接收到的数据转存到 R7
LOOP:    MOV     DPTR,#TAB     ; 散转程序表
         MOV     A,R7          ; R7 赋给 A
         ADD     A,R7          ; A+A 赋给 A
         JNC     LOOP1         ; 无进位则跳转
         INC     DPH           ; 有进位则 DPH+1
LOOP1:   JMP     @A+DPTR       ; 散转程序
TAB:     AJMP    DARK          ; A=00
         AJMP    RIGHT         ; A=01
         AJMP    LEFT          ; A=10
         AJMP    FLASH         ; A=11
DARK:    MOV     P1,#0         ; 熄灭所有
         AJMP    OK            ; 转移到 OK 子程序处理
LEFT:            ;左流动子程序   ; 流动标志位为 0，则执行左流动子程序
         MOV     A,R5          ; 取 LED 闪烁状态（R5 的值）
         RL      A             ; 左移位
         MOV     P1,A          ; A 的值赋给 P1 口
         MOV     R5,A          ; 存 LED 闪烁状态（存入 R6）
         AJMP    OK            ; 转移到 OK 子程序处理
RIGHT:           ;右流动子程序   ; 流动标志位为 1，则执行右流动子程序
         MOV     A,R5          ; 取 LED 闪烁状态（R5 的值）
         RR   A   ;右移位
         MOV     P1,A          ; A 的值赋给 P1 口
         MOV     R5,A          ; 存 LED 闪烁状态（存入 R6）
         AJMP    OK            ; 转移到 OK 子程序处理
FLASH:           ;闪烁子程序
         MOV     A,R6          ; 取 LED 闪烁状态（R6 的值）
         CPL     A             ; A 取反，改变亮、灭状态
         MOV     P1,A          ; A 的值赋给 P1 口
         MOV     R6,A          ; 存 LED 闪烁状态（存入 R6）
OK:      ACALL   DELAY
         AJMP    LOOP
; 中断方式接收数据
P_UART:  JBC     TI,RETUR1     ; 串行口中断程序，未采用
         CLR     EA            ; 关中断
         CLR     RI            ; 清除中断标志位
         PUSH    ACC           ; 保护寄存器 A 的值
         MOV     A,SBUF        ; 读入一帧数据 A
RETURN:  ANL     A,#03H        ; 屏蔽高 6 位，因为仅有两个按键
         MOV     R7, A         ; 正确，存放数据
         POP     ACC           ; 恢复寄存器的值
RETUR1:  SETB    EA            ; 开中断
         RETI                  ; 返回
DELAY:   MOV     R3,#1         ; 1T，1×100ms=100ms，此处可加大看效果
DEL3:    MOV     R2,#100       ; 1T，100×1ms=100ms
DEL2:    MOV     R1,#250       ; 1T，4μs×250=1ms
DEL1:    NOP                   ; 1T，1μs
```

```
          NOP                    ; 1T, 1μs
          DJNZ      R1,DEL1      ; 2T, 2μs
          DJNZ      R2,DEL2      ; 2T, 忽略本句执行时间
          DJNZ      R3,DEL3      ; 2T, 忽略本句执行时间
          RET                    ; 2T, 忽略本句执行时间
          END
; 发送源程序：
          ORG       0000H
          AJMP      MAIN         ; 转移到主程序
          ORG       0100H        ; 伪指令
MAIN:     MOV       SP,#60H      ; 调整堆栈指针，采用查询，可屏蔽以下 3 句
          SETB      ET1          ; 打开定时器 1 中断允许位
          SETB      ES           ; 打开串行口中断允许位
          SETB      EA           ; 打开中断总允许位
          MOV       TMOD,#20H    ; 设置定时器 1 工作于方式 2
          MOV       TL1,#0F4H    ; 设置预置值，波特率为 2 400bit/s
          MOV       TH1,#0F4H    ; 设置预置值，TH=TL
          SETB      TR1          ; 启动定时器 1
          MOV       SCON,#0D0H   ; 设置串行口工作于方式 3，允许接收
          MOV       R7,#3        ; R7 为接收到数据，初始值设为 11（二进制）
LOOP:     MOV       P2,#0FFH     ; 设置 P2 口为输入口，先置 1
          MOV       A,P2         ; 读 P2 口的输入，即开关的值
          ANL       A,#03H       ; 屏蔽高 6 位，因为仅有两个按键
          CJNE      A,07H,NEXT   ; 此程序 07H 即 R7 地址，不支持 CJNE A, R7
          AJMP      LOOP         ; 按键未变化，不发送，重新等待
NEXT:     MOV       R7, A        ; 有按键变化，将按键的值送入 R7
          MOV       SBUF,A       ; 数据送 SBUF，启动发送
WAIT:     JBC       TI,CONT      ; 判断帧是否发送完
          AJMP      WAIT         ; 未完等待
CONT:     AJMP      LOOP
          END
```

【例 7.7.4】 图 7-22 为串行口多机通信原理图。主机通过串行口发送到多个单片机，驱动 LED 的流动亮灭。从机地址分别为 00H、01H、02H………0FEH，最多接入 255 台，从机地址存放在 RAM 50H 单元，并定义符号常量表示本机地址。请编程实现主机控制从机 LED 依次点亮（左流动、右流动不限）。

要求：

（1）串行口工作于方式 3；

（2）通过串行口发送、接收数据；

（3）主机循环发送地址和数据；

（4）主机发送一帧地址，置 TB8 为 1，表示发送的是地址：

```
MOV SCON,#0D8H        ; 方式 3，TB8=1，允许接收（或 F8）
```

（5）所有从机初始化设置 SM2=1：

```
MOV SCON,#0F0H        ; 方式 3，SM2=1，允许接收
```

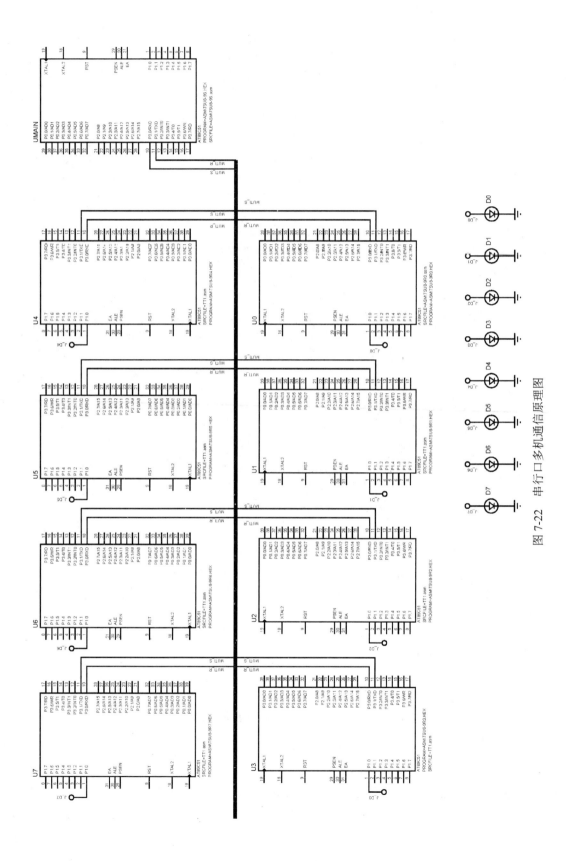

图 7-22　串行口多机通信原理图

（6）验证地址：

地址相符，置 SM2=0，以接收主机随后发来的所有信息；地址不符，保持 SM2=1，不接收主机随后发来的信息。

（7）主机发送控制指令和数据信息给被寻址的从机。

主机置 TB8 为 0，表示发送的是数据或控制指令。没选中的从机，因为 SM2=1，RB8=0，所以不会产生中断，不接收数据。

程序如下：

```
; 发送源程序：
INFO    EQU     06H
        ORG     0000H
        AJMP    MAIN            ; 转移到主程序
        ORG     0100H           ; 伪指令
MAIN:   MOV     SP,#60H         ; 调整堆栈指针
        MOV     TMOD,#20H       ; 设置定时器 1 工作于方式 2
        MOV     PCON,#0H        ; 波特率倍增位为 0
        MOV     SCON,#0F8H      ; 设置串行口工作于方式 3，允许接收，SM2=1
        MOV     TL1,#0E8H       ; 设置预置值，波特率为 1 200×1bit/s
        MOV     TH1,#0E8H       ; 设置预置值，TH=TL
        SETB    TR1             ; 启动定时器 1
        MOV     50H,#0H         ; 50H 初始数据，初始值设为 0，表示第 0 号从机
        MOV     51H,#1H         ; 51H 灯亮的命令，本程序为 1，可扩展
        MOV     R7,#0           ; R7 初始为 0，表示第 0 号从机开始
START:
        CJNE    R7,#8,LOOP      ; 从机号是否大于 7
        MOV     R7,#0           ; 从机号大于 7，R7 初始值为 0
        MOV     50H,R7          ; 存储 0 号从机
LOOP:   MOV     A,R7            ; R7 赋值给 A
        MOV     50H,R7          ; 表示存储从机号
        MOV     SBUF,A          ; 数据送 SBUF，启动发送
WAIT:   JBC     TI,NEXT         ; 判断帧是否发送完？
        AJMP    WAIT            ; 未完等待
NEXT:   JBC     RI,NEXT1        ; 判断是否接收到反馈信息
        AJMP    NEXT            ; 未接收到反馈信息，等待
NEXT1:  MOV     A,SBUF          ; 接收 SBUF 数据，读入 A
        XRL     A,50H           ; 判断接收到的反馈地址是否与发送一致
        JZ      OK              ; 接收到的地址与发送一致，转到 OK 发送命令
        AJMP    LOOP            ; 接收到的地址与发送不一致，转到 LOOP 寻址
OK:
        MOV     A,51H           ; 51H 内容发送给从机，本程序为 1，可扩展
        CLR     TB8             ; 清除 TB8，使得只有地址相符的从机接收
        MOV     SBUF,A          ; 数据送 SBUF，启动发送
WAITOK: JBC     TI,NEXTOK       ; 判断帧是否发送完？
        AJMP    WAITOK          ; 未完等待
NEXTOK: JBC     RI, FINISH0     ; 判断是否接收到从机结束反馈信息
        AJMP    NEXTOK          ; 未接收到从机结束反馈信息，等待
FINISH0:
        MOV     A,SBUF          ; 接收 SBUF 数据，读入 A
        XRL     A,#INFO         ; 判断接收到从机结束反馈是否为 06（可任意）
```

```
        JZ      FINISH          ；是，则重新开始
        AJMP    FINISH0         ；否，则继续等待
FINISH: INC     R7              ；调整从机号
        SETB    TB8             ；置位 TB8，准备下个地址
        AJMP    START           ；返回，重新开始
        END
; 接收源程序：
DIZHI   EQU 00H
INFOEQU 06H   ；定义从机地址伪指令，不同的从机，数值不同；
; 从 0 号从机到 255 号从机，数值分别为 00H、01H、02H…………0FEH；
; 对不同的从机，修改本句伪指令后，编译生成不同名字的 HEX 文件；
; 并将 HEX 文件与对应的单片机建立链接
        ORG     0000H
        AJMP    MAIN            ；转移到主程序
        ORG     0100H           ；伪指令
MAIN:   MOV     SP,#60H         ；调整堆栈指针
        MOV     TMOD,#20H       ；设置定时器 1 工作于方式 2
        MOV     PCON,#0H        ；波特率倍增位为 0
        MOV     SCON,#0F8H      ；设置串行口工作于方式 3，允许接收，SM2=1
        MOV     TL1,#0E8H       ；设置预置值，波特率为 1 200×1bit/s
        MOV     TH1,#0E8H       ；设置预置值，TH=TL
        SETB    TR1             ；启动定时器 1
        MOV     P1,#0           ；初始化灯灭
        MOV     50H,#DIZHI      ；50H 存储从机号，不同从机，编号不同
        MOV     52H,#0H         ；52H 灯灭的命令，本程序为 0，可扩展
START:  JBC     RI,NEXT         ；判断是否接收到信息
        AJMP    START           ；未接收到反馈信息，等待
NEXT:   MOV     A,SBUF          ；接收 SBUF 数据，读入 A
        XRL     A,50H           ；判断接收到的地址与本机地址是否一致
        JZ      NEXT0           ；接收到的地址与本机地址一致，接收数据命令
        AJMP    START           ；接收到的地址与本机地址不一致，转到 START
NEXT0:  CLR     SM2             ；清除 SM2，为接收数据准备
        MOV     SBUF,50H        ；本机地址回送主机，启动发送
WAIT:   JBC     TI,NEXT1        ；判断帧是否发送完
        AJMP    WAIT            ；未完等待
NEXT1:  JBC     RI,NEXT2        ；判断是否接收到数据信息
        AJMP    NEXT1           ；未接收到数据信息，等待
NEXT2:  JNB     RB8,OK          ；判断是否接收到 RB8=0
        AJMP    OK2             ；恢复 SM2=1，等待接收地址
OK:     MOV     A,SBUF          ；接收 SBUF 数据命令，读入 A
                                ；此处可加程序；根据不同协议，解析接收的数据，驱动 LED
        SETB    P1.0            ；点亮 P1.0
        ACALL   DELAY           ；延时
        CLR     P1.0            ；时间到，熄灭
        MOV     SBUF,#INFO      ；本机结束信息回送主机，启动发送
OK1:    JBC     TI,OK2          ；判断帧是否发送完
        AJMP    OK1             ；未完等待
OK2:    SETB    SM2             ；恢复 SM2=1，等待接收地址
        AJMP    START           ；重新开始，等待接收地址
```

```
DELAY:   MOV      R3,#1            ; 1T，1×100ms=100ms，此处可加大看效果
DEL3:    MOV      R2,#100          ; 1T，100×1ms=100ms
DEL2:    MOV      R1,#250          ; 1T，4μm×250=1000μm=1ms
DEL1:    NOP                       ; 1T，1μm
         NOP                       ; 1T，1μm
         DJNZ     R1,DEL1          ; 2T，2μm
         DJNZ     R2,DEL2          ; 2T，忽略本句执行时间
         DJNZ     R3,DEL3          ; 2T，忽略本句执行时间
         RET                       ; 2T，忽略本句执行时间
         END
```

本 章 小 结

计算机之间的通信有并行通信和串行通信两种方式。异步串行通信接口主要有 RS-232C、RS-449 及 20mA 电流环 3 种标准。

80C51 系列单片机内部具有一个全双工的异步串行通信 I/O 口，该串行口的波特率和帧格式可以编程设定。80C51 串行口有 4 种工作方式：方式 0、方式 1、方式 2、方式 3。帧格式有 10 位、11 位。方式 0 和方式 2 的传送波特率是固定的，方式 1 和方式 3 的波特率是可变的，由定时器的溢出率决定。

单片机与单片机之间及单片机与 PC 之间都可以进行通信，异步通信的程序通常采用两种方式：查询式和中断式。

【知识拓展与思政元素】协同创新、道路自信、理论自信、制度自信

序号	知识点	切入点	思政元素、目标	素材、方法和载体
1	通信概念	通信	元素："知己知彼，胜乃不殆；知天知地，胜乃不穷。"强调沟通交流、信息的重要性 目标：信息交流、团队合作、协同创新	知识关联、经典名句、名人轶事
2	通信方式	校验与加密	元素：通信安全 目标：国家安全、自主创新	知识关联、案例启发
3	通信协议	协议与规约	元素：遵守通信协议和规程，才能通信成功，引申出社会公德意识，增强社会公德意识，进行社会主义核心价值观的渗透 目标：遵守协议、社会公德	1. 知识关联、案例启发、主题讨论 2. 讨论：社会公德意识与社会主义核心价值观
4	通信速度	波特率	元素：速度与 5G 通信 目标：建立自信	1. 知识关联、案例启发 2. 案例：华为 5G 技术

扫描二维码下载【思政素材、延伸解析】

习 题 7

7-1 什么是并行通信、串行通信？其中，串行通信的两种基本形式是什么？请叙述各自的原理。什么是波特率？

7-2　在串行通信中的数据传送方式有单工、半双工和全双工之分，请叙述各自的功能。

7-3　若异步通信接口按方式 3 传送，已知其每分钟传送 3 600 个字符，其波特率是多少？

7-4　某 80C51 串行口，传送数据的帧格式由一个起始位（0），7 个数据位，一个奇偶校验位和一个停止位（1）组成。当该接口每分钟传送 1 800 个字符时，计算其传送波特率。

7-5　利用单片机串行口扩展 16 个发光二极管，要求画出电路图并编写程序，使 16 个发光二极管按照不同的顺序发光（发光的时间间隔为 1s）。

7-6　设 f_{OSC}=11.059 2MHz，试编写一段程序，其功能为对串行口初始化，使之工作于方式 1，波特率为 1 200bit/s；用查询串行口状态的方法，读出接收缓冲器的数据，并回送到发送缓冲器。

7-7　两个 80C51 系统进行双机通信，工作于方式 1，将甲机芯片内部 RAM 30H～4FH 单元存放的数据送到乙机相应单元。要求画出电路连接图，选择波特率，编写完整的通信程序。

第8章 单片机系统扩展

MCS-51 系列单片机有很强的扩展功能，外围扩展电路、扩展芯片和扩展方法都非常典型、规范。在由单片机构成的实际测控系统中，最小应用系统往往不能满足要求，因此在系统设计时首先要解决系统扩展问题。单片机的系统扩展主要有程序存储器（ROM）扩展、数据存储器（RAM）扩展及 I/O 口的扩展。本章将介绍几种具体的扩展方法。

8.1 程序存储器扩展

在进行单片机应用系统设计时，首先考虑的就是存储器的扩展，包括程序存储器和数据存储器。单片机的程序存储器空间和数据存储器空间是相互独立的。程序存储器的寻址空间是 64KB（0000H～FFFFH）。

8.1.1 单片机程序存储器概述

单片机应用系统由硬件和软件组成，软件的载体就是硬件中的程序存储器。对于 MCS-51 系列 8 位单片机，内部程序存储器的类型及容量如表 8-1 所示。

表 8-1 MCS-51 系列单片机内部程序存储器的类型及容量

单片机型号	内部程序存储器	
	类　型	容　量
8031	无	/
8051	ROM	4KB
8751	EPROM	4KB
8951	Flash	4KB

对于没有内部 ROM 的单片机或者程序较长、内部 ROM 容量不够时，用户必须在单片机外部扩展程序存储器。MCS-51 系列单片机有 16 条地址线，即 P0 口和 P2 口，因此最大寻址范围为 64KB（0000H～FFFFH）。

需要注意的是，MCS-51 单片机有一个引脚 $\overline{EA}$ 跟程序存储器的扩展有关。如果 $\overline{EA}$ 接高电平，那么内部程序存储器地址范围是 0000H～0FFFH（4KB），外部程序存储器地址范围是 1000H～FFFFH（60KB）。如果 $\overline{EA}$ 接低电平，不使用内部程序存储器，外部程序存储器地址范围为 0000H～FFFFH（64KB）。

8031 单片机没有内部程序存储器，因此 $\overline{EA}$ 引脚总是接低电平。

扩展程序存储器常用芯片有 EPROM 型（紫外线可擦除型），如 2716（2KB×8）、2732（4KB×8）、2764（8KB×8）、27128（16KB×8）、27256（32KB×8）、27512（64KB×8）等，另外还有 EEPROM（电可擦除型），如 2816（2KB×8）、2864（8KB×8）等。

如果程序总量不超过 4KB，一般选用具有内部 ROM 的单片机。8051 内部 ROM 只能由厂家将程序一次性固化，不适合小批量用户和程序调试时使用。因此选用 8751、8951 的用户较多。如果程序超过 4KB，一般不会选用 8751、8951，直接选用 8031，利用外部扩展存储器来存放程序。

8.1.2 EPROM 扩展

紫外线电擦除可编程只读存储器 EPROM 是国内用得较多的程序存储器。EPROM 芯片上均有一个玻璃窗口，在紫外线照射下，存储器中的各位信息均变为 1，即处于擦除状态。擦除干净的 EPROM 可以通过编程器将应用程序固化到芯片中。

【例 8.1.1】 在 8031 单片机上扩展 4KEPROM 程序存储器。

（1）芯片选择

8031 系列单片机，内部无 ROM 区，无论程序长短都必须扩展程序存储器。

在选择程序存储器芯片时，首先必须满足程序容量，其次在价格合理的情况下尽量选用容量大的芯片。芯片少，接线简单，芯片存储容量大，程序调整余量大。如估计程序总长为 3KB 左右，最好扩展一片 4KB 的 EPROM 2732，而不选用 2 片 2716（2KB）。这是因为在单片机应用系统硬件设计中，应尽量减少芯片使用个数，使得电路结构简单，提高可靠性。

（2）硬件电路图

8031 单片机扩展一片 2732 程序存储器电路如图 8-1 所示。

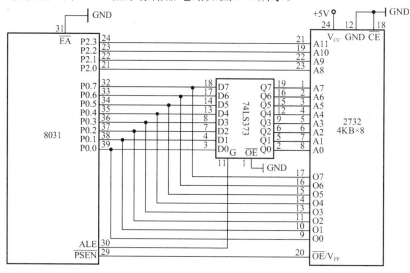

图 8-1　单片机扩展 2732 程序存储器电路

（3）芯片说明

① 74LS373。

74LS373 是带三态缓冲输出的 8D 锁存器，由于单片机的三总线结构中，数据线与地址线的低 8 位共用 P0 口，因此必须用地址锁存器将地址信号和数据信号区分开。74LS373 的锁存控制端 G 直接与单片机的锁存控制信号 ALE 相连，在 ALE 的下降沿锁存低 8 位地址。

② EPROM 2732。

EPROM 2732 的容量为 4KB×8 位。4KB 表示有 4×1024（$2^2 \times 2^{10} = 2^{12}$）个存储单元，8 位表示每个单元存储数据的宽度是 8 位。前者确定了地址线的位数是 12 位（A0～A11），后者确定了数据线的位数是 8 位（O0～O7），目前除了串行存储器，使用的都是 8 位数据存储器。2732 单一+5V 供电，最大静态工作电流为 100mA，维持电流为 35mA，读出时间最长为 250ns。EPROM 2732 的引脚如图 8-2 所示。

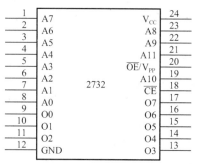

图 8-2　EPROM 2732 引脚

其中：

A0～A11：地址线。

O0～O7：数据线。

$\overline{\text{CE}}$ 为片选线，低电平有效，也就是说，只有当 $\overline{\text{CE}}$ 为低电平时，2732 才被选中，否则，2732 不工作。

$\overline{\text{OE}}$ /Vₚₚ 为双功能引脚，当 2732 用作程序存储器时，其功能是允许读数据出来；当对 EPROM 编程（也称为固化程序）时，该引脚用于高电压输入，不同生产厂家的芯片编程电压也有所不同。当我们把它作为程序存储器使用时，不必关心其编程电压。

（4）扩展总线的产生

MCS-51 系列单片机由于受引脚的限制，数据线与地址线是复用的，为了将它们分离开来，必须在单片机外部增加地址锁存器，构成与一般 CPU 相类似的三总线结构。

（5）连线说明

① 地址线。

单片机扩展外部存储器时，地址线是由 P0 口和 P2 口提供的。图 8-2 中，2732 的 12 条地址线（A0～A11）中，低 8 位 A0～A7 通过锁存器 74LS373 与 P0 口连接，高 4 位 A8～A11 直接与 P2 口的 P2.0～P2.3 连接，P2 口本身有锁存功能。注意，锁存器的锁存使能端 G 必须和单片机的 ALE 引脚相连。

② 数据线。

2732 的 8 位数据线直接与单片机的 P0 口相连。P0 口作为地址/数据线分时复用。

③ 控制线。

CPU 执行 2732 中存放的程序指令时，取指阶段就是对 2732 进行读操作。注意，CPU 对 EPROM 只能进行读操作，不能进行写操作。CPU 对 2732 的读操作控制都是通过控制线实现的。2732 控制线的连接有以下几条：

$\overline{\text{CE}}$：直接接地。由于系统中只扩展了一个程序存储器芯片，因此 2732 的片选端 $\overline{\text{CE}}$ 直接接地，表示 2732 一直被选中。若同时扩展多片，需通过译码器来完成片选工作。

$\overline{\text{OE}}$：接 8031 的读选通信号 $\overline{\text{PSEN}}$ 端。在访问片外程序存储器时，只要 $\overline{\text{PSEN}}$ 端出现负脉冲，即可从 2732 中读出程序。

（6）扩展程序存储器地址范围的确定

单片机扩展存储器的关键是搞清楚扩展芯片的地址范围，8031 最大可以扩展 64KB（0000H～FFFFH）。决定存储器芯片地址范围的因素有两个：一个是片选端 $\overline{\text{CE}}$ 必须为低电平，另一个是芯片本身的地址线与单片机地址线的连接，单片机本身地址线的编码确定了芯片的容量。

本例中，2732 的片选端 $\overline{\text{CE}}$ 总是接地，因此第一个条件总是满足的，另外，2732 有 12 条地址线与 8031 的低 12 位地址相连，其地址对应关系如表 8-2 所示。

表 8-2　8031 单片机与 2732 地址对应关系

8031	P	2.7	2.6	2.5	2.4	2.3	2.2	2.1	2.0	0.7	0.6	0.5	0.4	0.3	0.2	0.1	0.0
	A	15	14	13	12	11	10	9	8	7	6	5	4	3	2	1	0
2732	$\overline{\text{CE}}$	/	/	/	/	A11	A10	A9	A8	A7	A6	A5	A4	A3	A2	A1	A0
	0	x	x	x	x	0	0	0	0	0	0	0	0	0	0	0	0
	0	x	x	x	x	0	0	0	0	0	0	0	0	0	0	0	1
	0	x	x	x	x	0	0	0	0	0	0	0	0	0	0	1	0

	$\overline{CE}$	/	/	/	/	A11	A10	A9	A8	A7	A6	A5	A4	A3	A2	A1	A0
2732	0	x	x	x	x	0	0	0	0	0	0	0	0	0	0	1	1
	…	…	…	…	…	…	…	…	…	…	…	…	…	…	…	…	…
	0	x	x	x	x	1	1	1	1	1	1	1	1	1	1	1	1

其中的"x"表示跟 2732 无关的引脚，取 0 或 1 都可以。

由表 8-2 可见，本例中扩展的 2732 的地址范围不是唯一的：

- 无关位 xxxx 取 0000 时，2732 的地址范围为 0000H～0FFFH；
- 无关位 xxxx 取 0001 时，2732 的地址范围为 1000H～1FFFH；
- 无关位 xxxx 取 0010 时，2732 的地址范围为 2000H～2FFFH；
- 无关位 xxxx 取 0011 时，2732 的地址范围为 3000H～3FFFH。

以此类推，当无关位 xxxx 取 1111 时，2732 的地址范围为 F000H～FFFFH。

（7）EPROM 的使用

存储器扩展电路是单片机应用系统的功能扩展部分，只有应用系统的软件设计完成后，才能把程序先通过特定的编程工具（一般称为编程器或 EPROM 固化器）固化到 2732 中，然后再将 2732 插到用户板的插座上。

当上电复位时，PC=0000H，自动先从 2732 的 0000H 单元取指令，然后开始执行指令。

如果程序需要反复调试，可以先用紫外线擦除器将 2732 中的内容擦除，然后对固化修改后的程序进行调试。

如果要从 EPROM 中读出程序中定义的表格，使用查表指令：

```
MOVC    A, @A+DPTR
MOVC    A, @A+PC
```

8.1.3　EEPROM 扩展

电擦除可编程只读存储器 EEPROM 是一种可用电气方法在线擦除和再编程的只读存储器，它既有 RAM 可读、可改写的特性，又具有非易失性存储器 ROM 在掉电后仍能保持所存储数据的优点。因此，EEPROM 在单片机存储器扩展中，既可以用作程序存储器，也可以用作数据存储器，至于具体作为什么使用，由硬件电路确定。

EEPROM 作为程序存储器使用时，CPU 读取 EEPROM 数据同读取一般 EPROM 操作相同；但 EEPROM 的写入时间较长，必须用软件或硬件来检测写入周期。

【例 8.1.2】　在 8031 单片机上扩展 2KB EEPROM。

（1）芯片选择

2816A 和 2817A 均属于 5V 电擦除可编程只读存储器，其容量都是 2KB×8 位。2816A 与 2817A 的不同之处在于，2816A 的写入时间为 9～15ms，完全由软件延时控制，与硬件电路无关；2817A 利用硬件引脚 RDY/$\overline{BUSY}$ 来检测写操作是否完成。

此处选用 2817A 芯片来完成扩展 2KB EEPROM，2817A 的封装是 DIP28，采用单一+5V 供电，最大工作电流为 150mA，维持电流为 55mA，读出时间最长为 250ns。片内设有编程所需的高压脉冲产生电路，无须外加编程电源和写入脉冲即可工作。2817A 在写入一字节的指令码或数据之前，自动地对所要写入的单元进行擦除，因而无须进行专门的字节/芯片擦除操作。2817A 的引脚如图 8-3 所示。

其中：

A0~A10：地址线；

I/O0~I/O7：读写数据线；

$\overline{CE}$：片选线；

$\overline{OE}$：读允许线，低电平有效；

$\overline{WE}$：写允许线，低电平有效；

RDY/$\overline{BUSY}$：低电平表示正在写操作，处于忙状态，高电平表示写操作完毕；

V_{CC}：+5V 电源；

GND：接地端。

2817A 的读操作与普通 EPROM 的读出相同，所不同的是可以在线进行字节的写入。

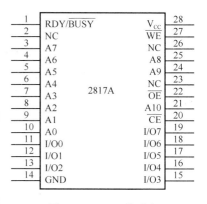

图 8-3　2817A 的引脚

2817A 的写入过程如下：CPU 向 2817A 发出字节写入命令后，2817A 便锁存地址、数据及控制信号，从而启动一次写操作。2817A 的写入时间大约为 16ms，在此期间，2817A 的 RDY/$\overline{BUSY}$ 引脚呈低电平，表示 2817A 正在进行写操作，此时它的数据总线呈高阻状态，因而，允许 CPU 在此期间执行其他的任务。一次字节写入操作完毕后，2817A 便将 RDY/$\overline{BUSY}$ 线置高，由此来通知 CPU。

（2）硬件电路图

单片机扩展 2817A 的硬件电路图如图 8-4 所示。

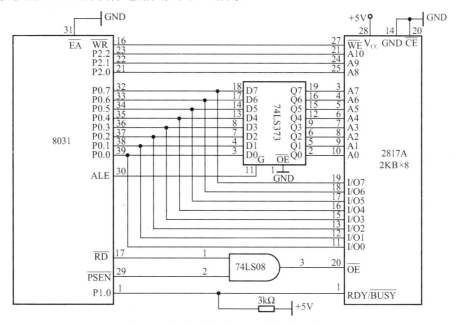

图 8-4　单片机扩展 2817A 的硬件电路图

（3）连线说明

① 地址线。

2817A 的 11 条地址线（A0~A10，容量为 2KB×8 位），低 8 位 A0~A7 通过锁存器 74LS373 与 P0 口连接，高 3 位 A8~A10 直接与 P2 口的 P2.0~P2.2 连接。

② 数据线。

2817A 的 8 位数据线直接与单片机的 P0 口相连。

③ 控制线。

单片机与 2817A 控制线的连接采用了将外部数据存储器空间和程序存储器空间合并的方法，使得 2817A 既可以作为程序存储器使用，又可以作为数据存储器使用。

单片机中用于控制存储器的引脚有以下 3 个：

$\overline{PSEN}$：控制 ROM 读操作，执行指令的取指阶段和执行 MOVC A，@A+DPTR 指令时有效；

$\overline{RD}$：控制 RAM 读操作，执行 MOVX A，@DPTR 和 MOVX A，@Ri 时有效；

$\overline{WR}$：控制 RAM 写操作，执行 MOVX @DPTR，A 和 MOVX @Ri，A 时有效。

2817A 控制线的连线方法如下：

$\overline{CE}$：由于系统中只扩展了一个程序存储器芯片，因此片选端 $\overline{CE}$ 直接接地即可。

$\overline{OE}$：8031 的程序存储器读选通信号 $\overline{PSEN}$ 和数据存储器读信号 $\overline{RD}$ 经过"与"操作后与 2817A 的读允许信号相连。这样，只要 $\overline{PSEN}$、$\overline{RD}$ 中有一个有效，就可以对 2817A 进行读操作了。也就是说，对 2817A 既可以看作程序存储器取指令，也可以看作数据存储器读出数据。

$\overline{WE}$：与 8031 的数据存储器写信号 $\overline{WR}$ 相连，只要在执行数据存储器写操作指令时，就可以往 2817A 中写入数据。

RDY/$\overline{BUSY}$：与 8031 的 P1.0 相连，采用查询方法对 2817A 的写操作进行管理。在擦、写操作期间，RDY/$\overline{BUSY}$ 引脚为低电平，当字节擦写完毕时，RDY/$\overline{BUSY}$ 为高电平。

检测 2817A 写操作是否完成也可以用中断方式实现，方法是将 2817A 的 RDY/$\overline{BUSY}$ 反相后与 8031 的中断输入脚 $\overline{INT0}$/$\overline{INT1}$ 相连。当 2817A 每擦、写完一字节便向单片机提出中断请求。

图 8-4 中 2817A 的地址范围是 0000H～07FFH（无关的引脚取 0）。

（4）2817A 的使用。

按照图 8-4 连接好后，如果只是把 2817A 作为程序存储器使用，使用方法与 EPROM 相同。EEPROM 也可以通过编程器将程序固化进去。

如果将 2817A 作为数据存储器，读操作同使用静态 RAM 一样，直接从给定的地址单元中读取数据即可。向 2817A 中写数据采用 MOVX @DPTR，A 指令。

从上面两个实例可以看出，程序存储器与单片机的连线分为三类：

① 数据线，通常有 8 位数据线，由 P0 口提供；

② 地址线，地址线的条数决定了程序存储器的容量。低 8 位地址线由 P0 口提供，高 8 位由 P2 口提供，具体使用多少条地址线视扩展容量而定；

③ 控制线，存储器的读允许信号 $\overline{OE}$ 与单片机的取指信号 $\overline{PSEN}$ 相连；存储器片选线 $\overline{CE}$ 的接法决定了程序存储器的地址范围，当只采用一片程序存储器芯片时，$\overline{CE}$ 可以直接接地，当采用多片时要使用译码器来选中 $\overline{CE}$。

8.1.4 常用程序存储器芯片

1. 常用 EPROM 芯片

常用的 EPROM 芯片有 2716（2KB×8）、2764（8KB×8）、27128（16KB×8）、27256（32KB×8）等。分别有 11、13、14、15 条地址线。数据线均为 8 条（O0～O7），$\overline{CE}$ 为片选线，低电平有效，$\overline{OE}$ 为数据输出允许信号，低电平有效，V_{PP} 为编程电源，V_{CC} 为工作电源，单一+5V 供电。2716、2764、27128 和 27256 的引脚如图 8-5 所示。

2716 是 2KB×8 位的 EPROM，运行时最大功耗为 252mW，维持功耗为 132mW，读出时间最长为 450ns，封装形式为 DIP24；2764 是 8KB×8 位的 EPROM，工作电流为 75mA，维持电流为

35mA，读出时间最长为250ns，DIP28封装；27128是16KB×8位的EPROM，27256是32KB×8位的EPROM，27256是32KB×8位的EPROM，这两种EPROM的工作电流为100mA，维持电流为40mA，读出时间最长为250ns，DIP28封装。

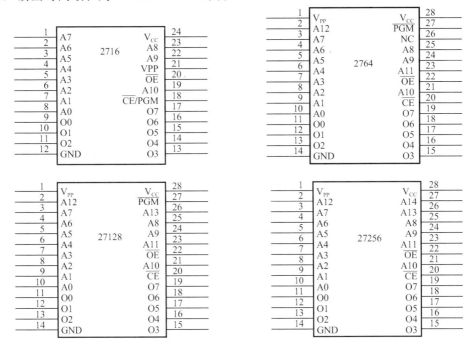

图 8-5 常用 EPROM 芯片引脚图

2．单片机扩展 EPROM 典型电路

（1）扩展一片 27128A

单片机扩展 16KB 外部程序存储器一般选用 27128A EPROM 芯片，如图 8-6 所示。

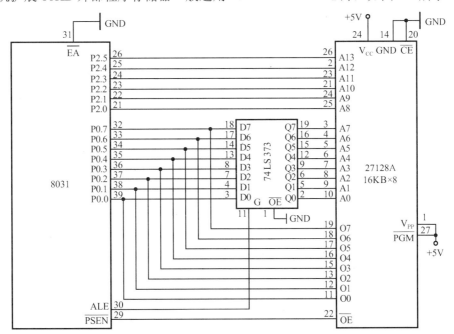

图 8-6 单片机扩展 27128A EPROM 电路

（2）用译码法扩展一片 2764

单片机扩展 8KB 外部程序存储器一般选用 2764 EPROM 芯片，电路如图 8-7 所示。2764 的片选端 $\overline{CE}$ 没有接地，而是通过 74LS138 译码器的输出端 $\overline{Y0}$ 来提供的，这种方法称为译码法。

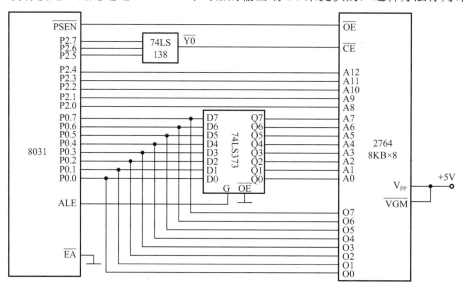

图 8-7　单片机扩展 2764 EPROM 电路

显然，在图 8-7 中，只有当译码器的输出 $\overline{Y0}=0$ 时，才能够选中该片 2764，另外，2764 有 13 条地址线，与 8031 的低 13 位地址相连，其地址对应关系如表 8-3 所示。

表 8-3　8031 单片机与 2764 地址对应关系

8031	P	2.7	2.6	2.5	2.4	2.3	2.2	2.1	2.0	0.7	0.6	0.5	0.4	0.3	0.2	0.1	0.0
	A	15	14	13	12	11	10	9	8	7	6	5	4	3	2	1	0
2764		$\overline{CE}$			A12	A11	A10	A9	A8	A7	A6	A5	A4	A3	A2	A1	A0
		0	0	0	0	0	0	0	0	0	0	0	0	0	0	0	0
		0	0	0	0	0	0	0	0	0	0	0	0	0	0	0	1
		0	0	0	0	0	0	0	0	0	0	0	0	0	0	1	0
		0	0	0	0	0	0	0	0	0	0	0	0	0	0	1	1
		…	…	…	…	…	…	…	…	…	…	…	…	…	…	…	…
		0	0	0	1	1	1	1	1	1	1	1	1	1	1	1	1

由表 8-3 可知，2764 芯片的地址范围为 0000H～1FFFH。

3. 常用 EEPROM 芯片

除了上例中使用的 EEPROM 2817A，常用的 EEPROM 芯片还有 2816A、2864A 等。

2816A 的存储容量为 2KB×8 位，单一+5V 供电，不需要专门配置写入电源。2816A 能随时写入和读出数据，其读取时间完全能满足一般程序存储器的要求，但写入时间较长，需 9～15ms，写入时间完全由软件控制。

2864A 是 8KB×8 位 EEPROM，单一+5V 供电，最大工作电流 160mA，最大维持电流 60mA，典型读出时间为 250ns。由于芯片内部设有"页缓冲器"，因而允许对其快速写入。2864A 内部可提供编程所需的全部定时，编程结束可以给出查询标志，2816A 和 2864A 的引脚如图 8-8 所示。

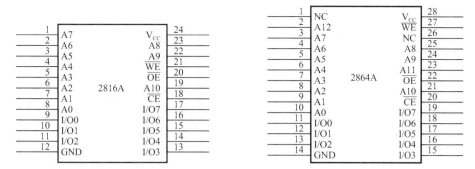

图 8-8　2816A 和 2864A 引脚图

4．单片机扩展 EEPROM 典型电路

用单片机扩展 EEPROM 2864A 作为数据存储器的电路如图 8-9 所示。

此时，2864A 的数据读出和写入与静态 RAM 完全相同，采用 MOVX　A,　@DPTR 和 MOVX @DPTR,　A 指令来完成读写操作。

本例中，2864A 的片选端 $\overline{CE}$ 总是接地，且 2864A 有 13 条地址线与 8031 的低 13 位地址相连，其地址对应关系如表 8-4 所示。

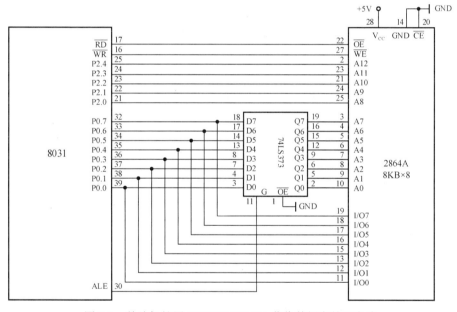

图 8-9　单片机扩展 EEPROM 2864A 作为数据存储器电路

表 8-4　8031 单片机与 2864A 地址对应关系

8031	P	2.7	2.6	2.5	2.4	2.3	2.2	2.1	2.0	0.7	0.6	0.5	0.4	0.3	0.2	0.1	0.0
	A	15	14	13	12	11	10	9	8	7	6	5	4	3	2	1	0
2864A	$\overline{CE}$	/	/	/	A12	A11	A10	A9	A8	A7	A6	A5	A4	A3	A2	A1	A0
	0	x	x	x	0	0	0	0	0	0	0	0	0	0	0	0	0
	0	x	x	x	0	0	0	0	0	0	0	0	0	0	0	0	1
	0	x	x	x	0	0	0	0	0	0	0	0	0	0	0	1	0
	0	x	x	x	0	0	0	0	0	0	0	0	0	0	0	1	1
	...	...	...	...	...	...	...	...	...	...	...	...	...	...	...	...	...
	0	x	x	x	1	1	1	1	1	1	1	1	1	1	1	1	1

其中的 "x" 表示跟 2864 无关的引脚，取 0 或 1 都可以，通常取 0。

由表 8-4 可见，本例中扩展的 2864A 的地址范围是 0000H～1FFFH（无关的引脚取 0），共 8KB 容量。

8.2 数据存储器扩展

RAM 是用来存放各种数据的，MCS-51 系列 8 位单片机内部有 128 字节 RAM 存储器，CPU 对内部 RAM 具有丰富的操作指令。但是，当单片机用于实时数据采集或处理大批量数据时，仅靠片内提供的 RAM 是远远不够的。此时，我们可以利用单片机的扩展功能，扩展外部数据存储器。

常用的外部数据存储器有静态 RAM（Static Random Access Memory，SRAM）和动态 RAM（Dynamic Random Access Memory，DRAM）两种。前者相对读写速度高，一般都是 8 位宽度，易于扩展，且大多数与相同容量的 EPROM 引脚兼容，有利于印制电路板设计，使用方便；缺点是集成度低，成本高，功耗大。后者集成度高，成本低，功耗相对较低；缺点是需要增加一个刷新电路，附加另外的成本。

MCS-51 单片机扩展外部数据存储器的地址线也是由 P0 口和 P2 口提供的，因此最大寻址范围为 64KB（0000H～FFFFH）。

一般情况下，SRAM 用于仅需要小于 64KB 数据存储器的小系统，DRAM 经常用于需要大于 64KB 的大系统。在本节将主要介绍 SRAM 与单片机的接口设计。

8.2.1 SRAM 扩展实例

【例 8.2.1】 在一单片机应用系统中扩展 2KB 静态 RAM。

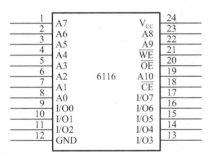

图 8-10 6116 引脚图

（1）芯片选择

单片机扩展数据存储器常用的静态 RAM 芯片有 6116（2KB×8 位）、6264（8KB×8 位）、62256（32KB×8 位）等。

根据题目的容量要求我们选用 SRAM 6116 存储芯片，采用单一+5V 供电，输入输出电平均与 TTL 兼容，具有低功耗操作方式。引脚如图 8-10 所示。

6116 有 11 条地址线 A0～A10；8 条双向数据线 I/O0～I/O7；$\overline{CE}$ 为片选线，低电平有效；$\overline{WE}$ 为写允许线，低电平有效；$\overline{OE}$ 为读允许线，低电平有效。6116 的操作方式如表 8-5 所示。

表 8-5 6116 的操作方式

$\overline{CE}$	$\overline{OE}$	$\overline{WE}$	方式	I/O0～I/O7
H	×	×	未选中	高阻
L	L	H	读	O0～O7
L	H	L	写	I0～ I7
L	L	L	写	I0～ I7

（2）硬件电路

单片机与 6116 的硬件连接电路如图 8-11 所示。

（3）连线说明

地址线：A0～A10 连接单片机的地址总线，即 P0.0～P0.7、P2.0、P2.1、P2.2 共 11 条；

数据线：I/O0～I/O7 连接单片机的数据线，即 P0.0～P0.7；

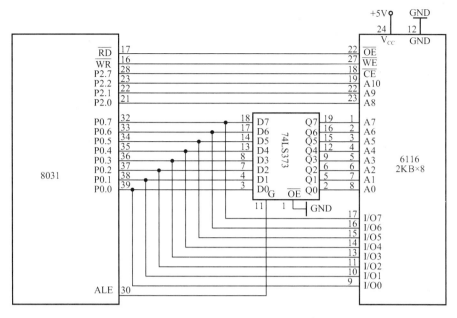

图 8-11　单片机与 6116 的硬件连接电路

控制线：片选端 $\overline{CE}$ 连接单片机的 P2.7，即单片机地址总线的最高位 A15；

读允许线 $\overline{OE}$ 连接单片机的读数据存储器控制线 $\overline{RD}$；

写允许线 $\overline{WE}$ 连接单片机的写数据存储器控制线 $\overline{WR}$。

（4）外部 RAM 地址范围的确定及使用

由图 8-11 可知，只有 P2.7=0，才能够选中该片 6116，且 6116 有 11 条地址线与 8031 的低 11 位地址相连，其地址对应关系如表 8-6 所示。

表 8-6　8031 单片机与 6116 地址对应关系

8031	P	2.7	2.6	2.5	2.4	2.3	2.2	2.1	2.0	0.7	0.6	0.5	0.4	0.3	0.2	0.1	0.0
	A	15	14	13	12	11	10	9	8	7	6	5	4	3	2	1	0
6116		$\overline{CE}$	/	/	/	/	A10	A9	A8	A7	A6	A5	A4	A3	A2	A1	A0
		0	x	x	x	x	0	0	0	0	0	0	0	0	0	0	0
		0	x	x	x	x	0	0	0	0	0	0	0	0	0	0	1
		0	x	x	x	x	0	0	0	0	0	0	0	0	0	1	0
		0	x	x	x	x	0	0	0	0	0	0	0	0	0	1	1
		...	...	...	...	...	...	...	...	...	...	...	...	...	...	...	...
		0	x	x	x	x	1	1	1	1	1	1	1	1	1	1	1

其中的 "x" 表示跟 6116 无关的引脚，取 0 或 1 都可以，通常取 0。

由表 8-6 可见，如果与 6116 无关的引脚取 0，那么 6116 的地址范围是 0000H～07FFH；如果与 6116 无关的引脚取 1，那么 6116 的地址范围是 7800H～7FFFH。

单片机对 RAM 的读写可以使用下面两条命令：

```
MOVX    @DPTR, A    ;64KB 内写入数据
MOVX    A, @DPTR    ;64KB 内读取数据
```

还可以使用以下对低 256 字节的读写指令：

MOVX @Ri, A	；低 256B 内写入数据
MOVX A, @Ri	；低 256B 内读取数据

8.2.2 外部 RAM 与 I/O 口同时扩展

外部 RAM 与外部 I/O 口采用相同的读写指令，二者统一编址。因此，当同时扩展二者时，就必须考虑地址的合理分配，通常采用译码法来实现。

【例 8.2.2】 扩展 8KB RAM，地址范围是 2000H～3FFFH，并且具有唯一性；其余地址均作为外部 I/O 口扩展地址。

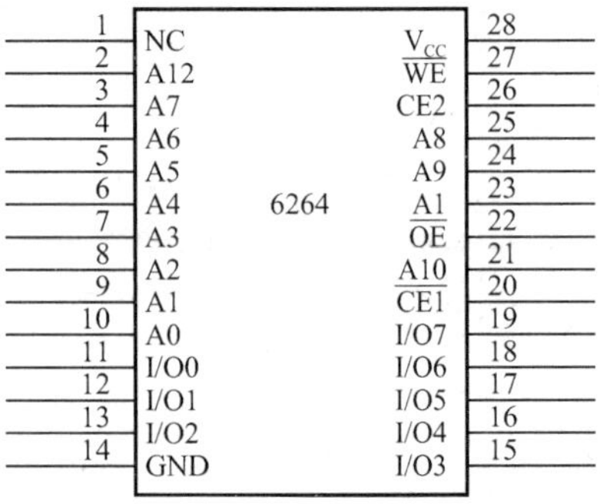

（1）芯片选择

① 静态 RAM 芯片 6264。

6264 是 8KB×8 位的静态 RAM，它采用 CMOS 工艺制造，单一 +5V 供电，额定功耗 200mW，典型读取时间为 200ns，封装形式为 DIP28，引脚如图 8-12 所示。

其中：

A0～A12：13 条地址线；

I/O0～I/O7：8 条数据线，双向；

$\overline{CE1}$：片选线 1，低电平有效；

CE2：片选线 2，高电平有效；

图 8-12 6264 引脚图

$\overline{OE}$：读允许信号线，低电平有效；

$\overline{WE}$：写信号线，低电平有效。

② 3-8 译码器 74LS138。

题目要求扩展 RAM 的地址范围是 2000H～3FFFH，其余地址用于外部 I/O 口。由于外部 I/O 口占用外部 RAM 的地址范围，操作指令都是 MOVX 指令，因此，I/O 口和 RAM 同时扩展时必须进行存储器空间的合理分配。这里采用全译码方式，6264 的存储容量是 8KB×8 位，占用了单片机的 13 条地址线 A0～A12，剩余的 3 条地址线 A13～A15 通过 74LS138 来进行全译码。

（2）硬件连线

用单片机扩展 8KB SRAM 的硬件连接电路图如图 8-13 所示。

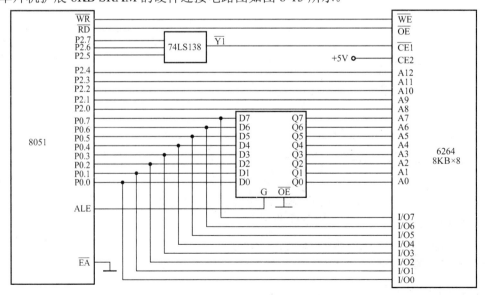

图 8-13 单片机与 6264 SRAM 的硬件连接电路图

单片机的高三位地址线 A13、A14、A15 用来进行 3-8 译码，译码输出的 $\overline{Y1}$ 接 6264 的片选线 $\overline{CE1}$；剩余的译码输出用于选通其他的 I/O 扩展接口，从而达到同时扩展存储器和 I/O 口的目的。

6264 的片选线 CE2 直接接高电平，+5V。

6264 的输出允许信号接单片机的 $\overline{RD}$，写允许信号接单片机的 $\overline{WR}$。

（3）6264 的地址范围

显然，在图 8-13 中，只有当译码器的输出 $\overline{Y1}$=0 时，才能够选中该片 6264，另外，6264 有 13 条地址线，与 8031 的低 13 位地址相连，其地址对应关系如表 8-7 所示。

表 8-7 8031 单片机与 6264 地址对应关系

8031	P	2.7	2.6	2.5	2.4	2.3	2.2	2.1	2.0	0.7	0.6	0.5	0.4	0.3	0.2	0.1	0.0
	A	15	14	13	12	11	10	9	8	7	6	5	4	3	2	1	0
6264			$\overline{CE1}$		A12	A11	A10	A9	A8	A7	A6	A5	A4	A3	A2	A1	A0
		0	0	1	0	0	0	0	0	0	0	0	0	0	0	0	0
		0	0	1	0	0	0	0	0	0	0	0	0	0	0	0	1
		0	0	1	0	0	0	0	0	0	0	0	0	0	0	1	0
		0	0	1	0	0	0	0	0	0	0	0	0	0	0	1	1
		...	...	...	...	...	...	...	...	...	...	...	...	...	...	...	...
		0	0	1	1	1	1	1	1	1	1	1	1	1	1	1	1

由表 8-7 可知，6264 芯片的地址范围为 2000H～3FFFH。

8.3　并行 I/O 口扩展

8051 系列单片机内部有 4 个双向的并行 I/O 口 P0～P3，共占 32 根引脚。P0 口的每一位可以驱动 8 个 TTL 负载，P1～P3 口的负载能力为 4 个 TTL。有关 4 个端口的结构及详细说明，在前面的有关章节中已介绍，这里不再赘述。

在无外部存储器扩展的系统中，这 4 个端口都可以作为准双向通用 I/O 口使用。在具有外部扩展存储器的系统中，P0 口分时地作为低 8 位地址线和数据线，P2 口作为高 8 位地址线，这时，P0 口和部分或全部的 P2 口无法再作通用 I/O 口了。P3 口具有第二功能，在应用系统中也常被使用。在大多数的应用系统中，真正能够提供给用户使用的只有 P1 口和部分 P2、P3 口。因此，单片机的 I/O 口通常需要扩展。

在 8051 单片机中，扩展 I/O 口采用与外部数据存储器相同的寻址方法，所有扩展的 I/O 口，以及通过扩展 I/O 口连接的外设都与外部 RAM 统一编址，因此，对外部 I/O 口的输入输出指令就是访问外部 RAM 的指令，即：

```
MOVX  @DPTR, A
MOVX  @Ri, A
MOVX  A, @DPTR
MOVX  A, @Ri
```

常用扩展 I/O 口的方法有三种：简单的 I/O 口扩展、可编程并行 I/O 口芯片扩展及利用串行口进行 I/O 口的扩展。

8.3.1 简单的 I/O 口扩展

这种方法，通常是采用 TTL 或 CMOS 电路锁存器、三态门等作为扩展芯片，通过 P0 口来实现扩展的一种方案。它具有电路简单、成本低、配置灵活的特点。

1. 扩展实例

图 8-14 为采用 74LS244 作为扩展输入、74LS273 作为扩展输出的简单 I/O 口扩展电路。

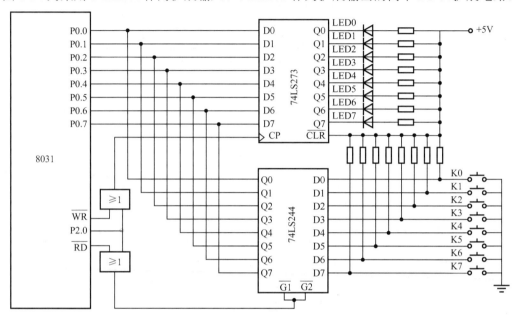

图 8-14   简单 I/O 口扩展电路

2. 芯片及连线说明

在上述电路中采用的芯片为 TTL 电路 74LS244、74LS273。其中 74LS244 为 8 缓冲线驱动器（三态输出），$\overline{G1}$、$\overline{G2}$ 为低电平有效的使能端，当二者之一为高电平时，输出为三态。74LS273 为 8D 触发器，$\overline{CLR}$ 为低电平有效的清除端，当 $\overline{CLR}$ =0 时，输出全为 0 且与其他输入端无关；CP 端是时钟信号，当 CP 由低电平向高电平跳变时，D 端输入数据传送到 Q 输出端。

P0 口作为双向 8 位数据线，既能够从 74LS244 输入数据，又能够从 74LS273 输出数据。

输入控制信号由 P2.0 和 $\overline{RD}$ 相"或"后形成。当二者都为 0 时，244 的控制端 $\overline{G}$ 有效，选通 74LS244，外部的信息输入到 P0 数据总线上。当与 244 相连的按键都没有按下时，输入全为 1，若按下某键，则所在线输入为 0。

输出控制信号、输入控制信号由 P2.0 和 $\overline{WR}$ 相"或"后形成。当二者都为 0 后，74LS273 的控制端有效，选通 74LS273，P0 上的数据锁存到 273 的输出端，控制发光二极管（LED），当某线输出为 0 时，相应的 LED 发光。

3. I/O 口地址确定

因为 74LS244 和 74LS273 都是在 P2.0 为 0 时被选通的，所以二者的口地址都为 FEFFH（这个地址不是唯一的，只要保证 P2.0=0，其他地址位无关即可）。但是由于分别由 $\overline{RD}$ 和 $\overline{WR}$ 控制，两个信号不可能同时为 0（执行输入指令例如 MOVX   A，@DPTR 或 MOVX   A，@Ri 时，$\overline{RD}$

有效；执行输出指令例如 MOVX @DPTR, A 或 MOVX @Ri, A 时，$\overline{WR}$ 有效），因此，逻辑上二者不会发生冲突。

4．编程应用

下述程序实现的功能是按下任意键，对应的 LED 发光。

```
CONT:   MOV     DPTR, #0FEFFH      ; 数据指针指向口地址
        MOVX    A, @DPTR           ; 检测按键，向 244 读入数据
        MOVX    @DPTR, A           ; 向 273 输出数据，驱动 LED
        SJMP    CONT               ; 循环
```

8.3.2　可编程并行 I/O 口芯片扩展

所谓可编程的接口芯片是指其功能可由微处理器的指令来加以改变的接口芯片，利用编程的方法，可以使一个接口芯片执行不同的接口功能。目前，各生产厂家已提供了很多系列的可编程接口，MCS-51 单片机常用的两种接口芯片是 8255 和 8155，本书主要介绍 8155 芯片在 MCS-51 系列单片机中的使用方法，利用 8255 扩展 MCS-51 的方法请参阅相关资料。

1．8155 的结构和引脚

8155 有 40 个引脚，采用双列直插封装，其引脚图和组成框图如图 8-15 所示。

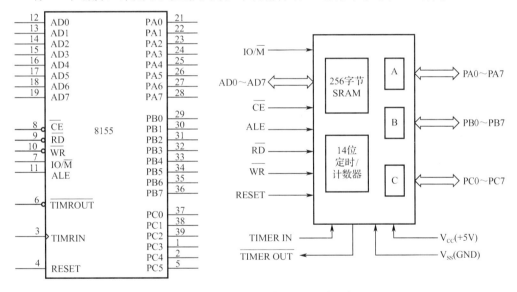

图 8-15　8155 的引脚图和组成框图

① 地址/数据线 AD0～AD7。

这是低 8 位地址线和数据线的共用输入总线，常和 51 单片机的 P0 口相连，用于分时传送地址数据信息，当 ALE=1 时，传送的是地址。

② I/O 口总线（22 条）。

这 PA0～PA7、PB0～PB7 分别为 A、B 口线，用于和外设之间传递数据，PC0～PC5 为 C 端口线，既可与外设传送数据，也可作为 A、B 口的控制联络线。

③ 控制总线（8 条）。

RESET：复位线，通常与单片机的复位端相连。复位后，8155 的 3 个端口都为输入方式。

$\overline{RD}$ 、$\overline{WR}$：读写线，控制 8155 的读、写操作。

ALE：地址锁存线。高电平有效，常和单片机的 ALE 端相连，在 ALE 的下降沿将单片机 P0 口输出的低 8 位地址信息锁存到 8155 内部的地址锁存器中。因此，单片机的 P0 口和 8155 连接时，无须外接锁存器。

$\overline{CE}$：片选线，低电平有效。

IO/$\overline{M}$：RAM 或 I/O 口的选择线。当 IO/$\overline{M}$=0 时，选中 8155 的 256 字节 RAM；当 IO/$\overline{M}$=1 时，选中 8155 片内 3 个 I/O 口以及命令/状态寄存器和定时/计数器。

TIMER IN、$\overline{\text{TIMER OUT}}$：定时/计数器的脉冲输入、输出线。TIMER IN 是脉冲输入线，其输入脉冲对 8155 内部的 14 位定时/计数器减 1；$\overline{\text{TIMER OUT}}$ 为输出线，当计数器计满回 0 时，8155 从该线输出脉冲或方波，波形由计数器的工作方式决定。

2. 作外部 RAM 使用

当 $\overline{CE}$=0，IO/$\overline{M}$=0 时，8155 只能作外部 RAM 使用，共 256 字节。其寻址范围由 $\overline{CE}$ 及 AD0～AD7 的接法决定，这和前面讲到的外部 RAM 扩展时讨论的完全相同。当系统同时扩展外部 RAM 芯片时，要注意二者的统一编址。对这 256 字节 RAM 的操作使用外部 RAM 的读写指令 "MOVX"。

3. 作扩展 I/O 口使用

当 $\overline{CE}$=0，IO/$\overline{M}$=1 时，此时可以对 8155 片内 3 个 I/O 口及命令/状态寄存器和定时/计数器进行操作。与 I/O 口和计数器使用有关的内部寄存器共有 6 个，需要 3 位地址来区分，表 8-8 为地址分配情况。

表 8-8 扩展 I/O 口地址分配情况

AD7～AD0	选中寄存器
A7 A6 A5 A4 A3 A2 A1 A0	
× × × × × 0 0 0	内部命令/状态寄存器
× × × × × 0 0 1	PA 口
× × × × × 0 1 0	PB 口
× × × × × 0 1 1	PC 口
× × × × × 1 0 0	定时/计数器低 8 位寄存器
× × × × × 1 0 1	定时/计数器高 8 位寄存器

（1）命令/状态寄存器

8155 芯片 I/O 口工作方式的确定是通过对 8155 的命令寄存器写入控制字来实现的，8155 控制字的格式如图 8-16 所示。

命令寄存器只能写入不能读出，也就是说，控制字只能通过指令 MOVX @DPTR，A 或 MOVX @Ri，A 写入命令寄存器。状态寄存器中存放有状态字，状态字反映了 8155 的工作情况，状态字的各位定义如图 8-17 所示。

状态寄存器和命令寄存器是同一地址，状态寄存器只能读出不能写入，也就是说，状态字只能通过指令 MOVX A，@DPTR 或 MOVX A，@Ri 来读出，从而了解 8155 的工作状态。

（2）计数器高、低 8 位寄存器

关于计数器高、低 8 位寄存器的使用，在讲述定时器时已介绍。

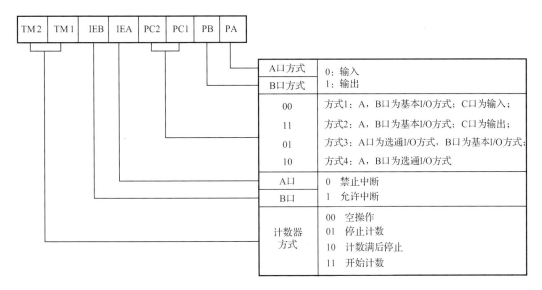

图 8-16　8155 控制的字格式

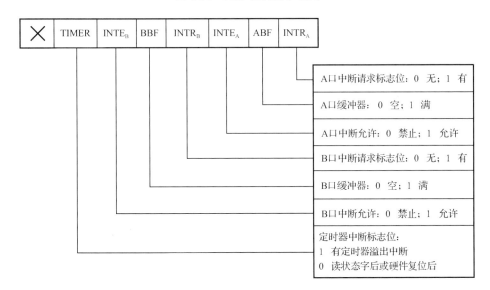

图 8-17　8155 状态字的定义

4. I/O 的工作方式

当使用 8155 的 3 个 I/O 口时，它们可以工作于不同的方式，工作方式的选择取决于写入的控制字，如图 8-16 所示。其中 A、B 口可以工作于基本 I/O 方式或选通 I/O 方式，C 口可工作于基本 I/O 方式（见表 8-9），也可以作为 A、B 选通方式时的控制联络线。

工作于方式 1、方式 2 时，A、B、C 都工作于基本 I/O 方式，可以直接和外设相连，采用"MOVX"类的指令进行输入/输出操作。

工作于方式 3 时，A 口为选通 I/O 方式，由 C 口的低 3 位作联络线，其余位作 I/O 线；B 口为基本 I/O 方式。

工作于方式 4 时，A、B 口均为选通 I/O 方式，C 口作为 A、B 口的联络线。

表 8-9　C 口的工作方式

	方式 1	方式 2	方式 3	方式 4
PC0			A 口中断请求	A 口中断请求
PC1			A 口缓冲器满	A 口缓冲器满
PC2	全部为	全部为	A 口选通	A 口选通
PC3	输入	输出	输出	B 口中断请求
PC4			输出	B 口缓冲器满
PC5			输出	B 口选通

5．定时/计数器使用

8155 的可编程定时/计数器是一个 14 位的减法计数器，在 TIMER IN 端输入计数脉冲，计满时由 $\overline{\text{TIMER OUT}}$ 输出脉冲或方波，输出方式由定时器高 8 位寄存器中的 M2、M1 两位来决定。当 TIMER IN 接外脉冲时为计数方式，接系统时钟时为定时方式，实际使用时一定要注意芯片允许的最高计数频率！

定时/计数器的初始值和输出方式由高、低 8 位寄存器的内容决定，初始值 14 位，其余 2 位定义输出方式。其中低 8 位寄存器存放计数初始值的低 8 位，高 8 位寄存器的格式如下：

输出方式　　　　　　　　　　　　　　　　　计数初始值高 6 位

M2	M1						

（1）定时/计数器的输出方式

定时器的输出方式见表 8-10。

表 8-10　定时器的输出方式

M2　M1	方　式	波　形
0　0	在一个计数周期输出单方波	
0　1	连续方波	
1　0	在计满回 0 后输出的单个脉冲	
1　1	连续脉冲	

（2）定时/计数器的工作

8155 对内部定时器的控制是由 8155 控制字的 D7、D6 位决定的，如表 8-11 所示。

表 8-11　8155 定时/计数器工作情况表

8155 的控制字		定时/计数器工作情况
D7	D6	
0	0	无操作，即不影响定时器的工作
0	1	立即停止定时器的计数
1	0	定时器计满回 0 后停止计数
1	1	开始计数：若定时器不工作，则开始计数；若定时器正在计数，则计满回 0 后按新输入的长度值开始计数

（3）定时/计数器使用实例

使用 8155 时，通常是先送计数长度和输出方式的两字节，然后送控制字到命令寄存器控制计数器的启停。

【例 8.3.1】 编写 8155 定时器作 100 分频器的程序。设 8155 有关寄存器的地址为：命令寄存器 0000H、定时器低字节寄存器 0004H、定时器高字节寄存器 0005H。

编程如下：

```
ORG     1000H
MOV     DPTR, #0004H        ；指向定时器低字节寄存器地址
MOV     A, #64H
MOV     @DPTR, A            ；装入定时器初值低 8 位
INC     DPTR                ；指向定时器高字节寄存器地址
MOV     A, #40H
MOV     @DPTR, A            ；设定时器输出方式为连续方波
MOV     DPTR, #0000H        ；指向命令寄存器地址
MOV     A, #0C0H
MOV     @DPTR, A            ；装入命令字，开始计数
SJMP    $
```

6．MCS-51 单片机和 8155 的接口

MCS-51 和 8155 的接口非常简单，因为 8155 内部有一个 8 位地址锁存器，故无须外接锁存器。在二者的连接中，8155 的地址译码即片选端 $\overline{\text{CE}}$ 可以采用线选法、全译码等方法，这和 8255 类似，在整个单片机应用系统中要考虑与外部 RAM 及其他接口芯片的统一编址。图 8-18 为一个连接实例。

显然，在图 8-18 中，只有 P2.1=0 时，才能够选中该片 8155，根据 IO/$\overline{\text{M}}$、$\overline{\text{CE}}$ 的连接关系，可得 8031 单片机与 8155 地址对应关系，如表 8-12 所示。

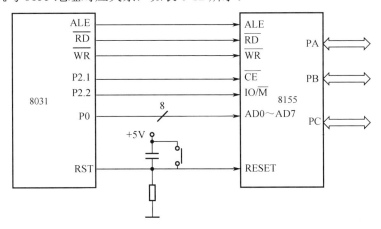

图 8-18　8155 和 8031 的接口电路

表 8-12　8031 单片机与 8155 地址对应关系

8031	P	2.7	2.6	2.5	2.4	2.3	2.2	2.1	2.0	0.7	0.6	0.5	0.4	0.3	0.2	0.1	0.0
	A	15	14	13	12	11	10	9	8	7	6	5	4	3	2	1	0
8155							IO/$\overline{\text{M}}$	$\overline{\text{CE}}$		AD7～AD0							
	RAM	×	×	×	×	×	0	0	×	0	0	0	0	0	0	0	0
		…	…	…	…	…	…	…	…	…	…	…	…	…	…	…	…
		×	×	×	×	×	0	0	×	1	1	1	1	1	1	1	1

							IO/M̄	C̄E		AD7~AD0							
8155	I/O	×	×	×	×	×	1	0	×	×	×	×	×	×	0	0	0
		...	...	...	...	...	...	...	...	...	...	...	...	...	...	...	...
		×	×	×	×	×	1	0	×	×	×	×	×	×	1	0	1

由表 8-12 可知,8155 内部 RAM 的地址范围为 0000H~00FFH,8155 各端口的地址为(设无关位为 0):

- 命令/状态口　　　0400H
- A 口　　　　　　0401H
- B 口　　　　　　0402H
- C 口　　　　　　0403H
- 定时器低字节　　0404H
- 定时器高字节　　0405H

8.4　扩展实例

前面讨论了 8051 单片机的扩展存储器和 I/O 口的方法,本节通过基于 Proteus 仿真环境下的扩展实例,进一步理解、掌握相关的扩展技术及编程方法。

【例 8.4.1】图 8-19 为数据存储器 6264 扩展连线图。设单片机时钟电路的晶振频率为 12MHZ,通过访问外部 6264,编程实现对 P1 口驱动的 8 路 LED 流动、闪烁状态的控制。要求:

(1)当内部 RAM 55H 单元的内容小于外部数据存储器 1000H 单元的内容时,从右向左循环点亮 8 路 LED;

(2)当内部 RAM 55H 单元的内容大于外部数据存储器 1000H 单元的内容时,从左向右循环点亮 8 个 LED;

(3)当内部 RAM 55H 单元的内容等于外部数据存储器 1000H 单元的内容时,闪烁点亮所有发光二极管。

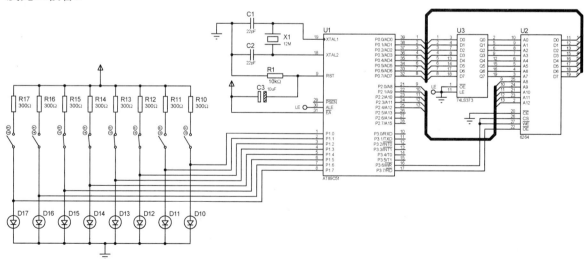

图 8-19　数据存储器 6264 扩展连线图

程序如下:

```asm
        ORG     0100H                   ; 伪指令
MAIN:
        MOV     DPTR,#1000H             ; 外部数据存储器地址
        MOV     55H,#10                 ; 初始化 55H 单元的值
        MOV     A,#15                   ; 初始化 1000H 单元的值
        MOVX    @DPTR,A
START:  MOVX    A,@DPTR                 ; 1000H 单元的值赋给 A
        CJNE    A,55H,NOTEQ             ; 1000H 单元的值与 55H 单元的值比较
        ACALL   FLASH                   ; 1000H 单元的值与 55H 单元的值相等,闪烁
        AJMP    NEXT
NOTEQ:  JC      SMALL                   ; 1000H 单元的值小于 55H 单元的值,右流动
LARGE:  ACALL   LEFT                    ; 1000H 单元的值大于 55H 单元的值,左流动
        AJMP    NEXT
SMALL:  ACALL   RIGHT                   ; 右流动
NEXT:   INC     55H                     ; 55H 单元的值+1
        MOV     R6,55H                  ; 55H 单元的值暂存 R6
        CJNE    R6,#20,START            ; 55H 单元的值等于 20
        MOV     55H,#10                 ; 55H 单元的值重新初始化为 10
        SJMP    START                   ; 转回到 START 重复执行
FLASH:  MOV     A,#00H                  ; 闪烁子程序,初始化 A 为 00000000
        MOV     R7,#10H                 ; R7 作为计数器,控制闪烁次数
FLASH1: MOV     P1,A                    ; 驱动 LED
        ACALL   DELAY                   ; 调用延时
        CPL     A                       ; 取反
        DJNZ    R7,FLASH1               ; 循环执行
        RET                             ; 子程序返回
LEFT:   MOV     A,#01H                  ; 左流动子程序,初始化 A 为 00000001
        MOV     R7,#10H                 ; R7 作为计数器,控制闪烁次数为 10 次
LEFT1:  MOV     P1,A                    ; 点亮对应灯
        ACALL   DELAY                   ; 调用延时
        RL      A                       ; 左移 A
        DJNZ    R7,LEFT1                ; 循环执行
        RET                             ; 子程序返回
RIGHT:  MOV     A,#80H                  ; 右流动子程序,初始化 A 为 10000000
        MOV     R7,#10H                 ; R7 作为计数器,控制闪烁次数为 10 次
RIGHT1: MOV     P1,A                    ; 点亮对应灯
        ACALL   DELAY                   ; 调用延时
        RR      A                       ; 右移 A
        DJNZ    R7,RIGHT1               ; 循环执行
        RET                             ; 子程序返回
DELAY:  MOV     R3,#1                   ; 1T, 1×100ms=100ms, 此处可加大看效果
DEL3:   MOV     R2,#100                 ; 1T, 100×1ms =100ms, 中断方式,调整为 50
DEL2:   MOV     R1,#250                 ; 1T, 4μs×250=1ms, 中断方式,调整为 50
DEL1:   NOP                             ; 1T, 1μs
        NOP                             ; 1T, 1μs
        DJNZ    R1,DEL1                 ; 2T, 2μs
        DJNZ    R2,DEL2                 ; 2T, 忽略本句执行时间
        DJNZ    R3,DEL3                 ; 2T, 忽略本句执行时间
        RET                             ; 2T, 忽略本句执行时间
        END
```

【例 8.4.2】 图 8-20 为采用两片 74HC273 扩展 I/O 口的原理图。P0 口作为双向 8 位数据线，既能够将开关状态通过 74LS273 输入到单片机，又能够通过 74LS273 输出数据点亮对应的 LED。

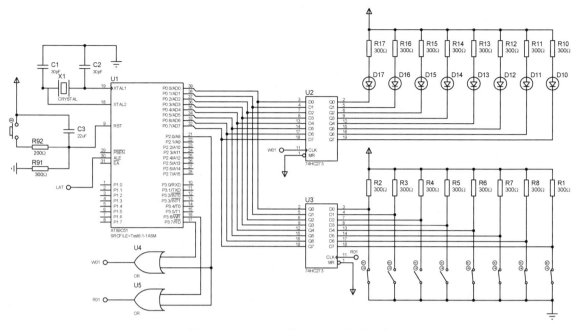

图 8-20 74HC273 扩展 I/O 口的原理图

程序如下：

```
START:
    MOV     DPTR,#0FEFFH      ;端口地址
    MOVX    A,@DPTR           ;读端口地址
    MOVX    @DPTR,A           ;读端口地址
    SJMP    START
    END
```

本 章 小 结

单片机的系统扩展主要有程序存储器扩展、数据存储器扩展及 I/O 口的扩展。

外扩的程序存储器与单片机内部的程序存储器统一编址，采用相同的指令，常用芯片有 EPROM 和 EEPROM，扩展时 P1 口分时地作为数据线和低位地址线，需要锁存器芯片，控制线主要有 ALE、$\overline{\text{PSEN}}$。

扩展的数据存储器 RAM 和单片机内部 RAM 在逻辑上是分开的，二者分别编址，使用不同的数据传送指令。常用的芯片有 SRAM 和 DRAM 及锁存器芯片，控制线主要采用 ALE、$\overline{\text{RD}}$、$\overline{\text{WR}}$。

常用的可编程 I/O 芯片有 8255 和 8155。用 8255 扩展并行 I/O 口时需要锁存器，8155 则不用。对扩展 I/O 口的寻址采用与外部 RAM 相同的指令，因此在设计电路时要注意合理分配地址。8255 和 8155 的工作方式是通过对命令控制字的编程来实现的，在使用时首先要有初始化程序。

【知识拓展与思政元素】资源调配、善于借鉴、读书赋能、丰富人生

序号	知 识 点	切 入 点	思政元素、目标	素材、方法和载体
1	存储器扩展	容量不够	元素："积羽沉舟，群轻折轴，众口铄金，积毁销骨。"读书赋能、扩展视野、修身养志、兼顾人文 目标：存储扩展、人生充电	1. 知识关联、经典名句、名人轶事、案例启发、主题讨论 2. 案例：哲学名著《沉思录》 3. 讨论：《沉思录》的哲学思想及思考
2	I/O 口扩展	资源不够	元素：充分利用网络资源、学习、提高 目标：资源调配、网络拓展、善于借鉴	1. 知识关联、主题讨论 2. 讨论：网络资源的合理利用

扫描二维码下载【思政素材、延伸解析】

习 题 8

8-1 起止范围为 0000H~3FFFH 的存储器的容量为多少？

8-2 若 32KB RAM 存储器的首地址为 2000H，则末地址为多少？

8-3 请画出 51 系列单片机同时扩展 2764 和 6264 的典型连接电路。

8-4 请写出图 8-21 中 4 片程序存储器 27128 各自所占的地址空间。

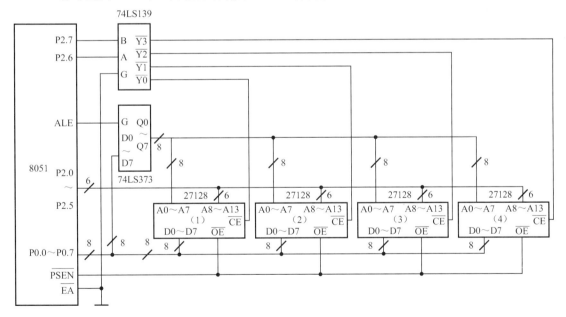

图 8-21 程序存储器 27128 扩展连线图

8-5 现有 8031 单片机、74LS373 锁存器、1 片 2764 EPROM 和 2 片 6116 RAM，请使用它们组成 1 个单片机应用系统，具体要求如下：

（1）画出硬件电路连线图，并标注主要引脚；

（2）指出该应用系统程序存储空间和数据存储器各自的地址范围。

8-6 使用 89C51 芯片外扩一片 EEPROM 2864，要求 2864 兼作程序存储器和数据存储器，且首地址为 8000H。要求：

（1）确定 2864 芯片的末地址；

（2）画出 2864 片选端的地址译码电路；

（3）画出该应用系统的硬件连接电路。

8-7　画出 74LS373 与 8031 典型连接电路（P2.0 片选），并编制程序，从 373 外部读入 16 个数据，存入以 30H 为首地址的内部 RAM。

8-8　8051 的并行接口的扩展有多种方法，在什么情况下，采用扩展 8155 比较合适？什么情况下，采用扩展 8255A 比较合适？

8-9　现有一片 8031，扩展了一片 8255A，若把 8255A 的 B 口用作输入，B 口的每一位接一个开关，A 口用作输出，每一位接一个发光二极管，请画出电路原理图，并编写出 B 口某一位开关接高电平时，A 口相应位发光二极管被点亮的程序。

8-10　试编程对 8155 进行初始化，设 A 口为选通输出，B 口为选通输入，C 口作为控制联络口，并启动定时/计数器按方式 1 工作，工作时间为 10ms，定时器计数脉冲频率为单片机的时钟频率 24 分频，$f_{osc}=12$MHz。

8-11　用 74LS373 输入（P2.7 片选），74LS377 输出（P2.6 片选），试画出与 8031 的连接电路，并编制程序，从 373 依次读入 10 个数据，取反后，从 377 输出。

第9章 单片机接口技术

单片机应用系统常需连接键盘、显示器、打印机、A/D 和 D/A 转换器等外设，其中，键盘和显示器是使用最频繁的外设，它们是构成人机对话的一种基本方式，A/D 和 D/A 转换器是计算机与外界联系的重要途径。本章将叙述常用外设的工作原理以及它们如何与单片机接口、如何相互传送信息等技术。

9.1 单片机与键盘接口

在单片机应用系统中，通常应具有人机对话的功能，能随时发出各种控制命令和数据输入，本节将简述键盘的工作原理及其接口技术。

9.1.1 键盘工作原理

1．按键的分类

按键按照结构原理可分为两类：一类是触点式开关按键，如机械式开关、导电橡胶式开关等；另一类是无触点开关按键，如电气式按键、磁感应按键等。前者造价低，后者寿命长。目前，微机系统中最常见的是触点式开关按键。

键盘按照接口原理可分为编码键盘与非编码键盘两类。这两类键盘的主要区别是识别键符及给出相应键码的方法不同。编码键盘主要靠硬件识别按键，而非编码键盘主要由软件来实现键盘的定义与识别。

编码键盘能够由硬件逻辑自动提供与键对应的编码，一般还具有去抖动和多键、窜键等保护电路。这种键盘使用方便，但需要较多的硬件，造价较高，一般的单片机应用系统较少采用。

非编码键盘只简单地提供行和列的矩阵，其他工作均由软件完成。由于其经济实用，较多地应用于单片机系统中。下面将重点介绍非编码键盘接口。

2．按键输入原理

在单片机应用系统中，除了复位按键有专门的复位电路及专一的复位功能，其他按键都是以开关状态来设置控制功能或输入数据的。当所设置的功能键或数字键按下时，计算机应用系统应完成该按键所设定的功能。

对于一组键或一个键盘，总有一个接口电路与 CPU 相连。首先，CPU 可以采用查询或中断方式了解有无将键按下并检查是哪一个键按下，然后，转入执行该键的功能程序，执行完后再返回主程序。

3．按键结构与特点

微机键盘通常使用机械触点式按键开关，其主要功能是把机械上的通断转换成电气上的逻辑关系。也就是说，它能提供标准的 TTL 逻辑电平，以便与通用数字系统的逻辑电平相容。

机械式按键在按下或释放时，由于机械弹性作用的影响，通常伴随有一定时间的触点机械抖动，然后其触点才稳定下来。其抖动过程如图 9-1 所示，抖动时间的长短与开关的机械特性有关，一般为 5～10ms。

在触点抖动期间检测按键的通与断状态，可能导致判断出错。即按键一次按下或释放被错误地认为是多次操作，这种情况是不允许出现的。为了克服按键触点机械抖动所致的检测误判，必须采取去抖动措施，可从硬件、软件两方面予以考虑。在键数较少时，可采用硬件去抖动；当键数较多时，采用软件去抖动。

在硬件上可采用在键输出端加 R-S 触发器（双稳态触发器）或单稳态触发器构成去抖动电路。图 9-2 是一种由 R-S 触发器构成的去抖动电路，由图可知，触发器一旦翻转，触点抖动不会对其产生任何影响。

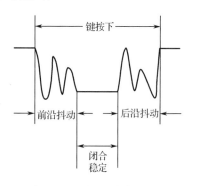

图 9-1　按键触点的机械抖动

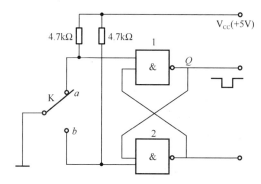

图 9-2　双稳态触发器去抖动电路

按键未按下时，$a=0$，$b=1$，输出 $Q=1$。按键按下时，因按键的机械弹性作用的影响，按键产生抖动，当开关没有稳定到达 b 端时，因与非门 2 输出为 0 反馈到与非门 1 的输入端，封锁了与非门 1，双稳态电路的状态不会改变，输出保持为 1，输出 Q 不会产生抖动的波形。

① 当开关稳定到达 b 端时，因 $a=1$，$b=0$，使 $Q=0$，双稳态电路状态发生翻转。当释放按键时，在开关未稳定到达 a 端时，因 $Q=0$，封锁了与非门 2，双稳态电路的状态不变，输出 Q 保持不变，消除了后沿的抖动波形。

② 当开关稳定到达 a 端时，因 $a=0$，$b=1$，使 $Q=1$，双稳态电路状态发生翻转，输出 Q 重新返回原状态。由此可见，键盘输出经双稳态电路之后，输出已变为规范的矩形方波。

软件上采取的措施是：在检测到有按键按下时，执行一个 10ms 左右（具体时间应视所使用的按键进行调整）的延时程序后，再确认该键电平是否仍保持闭合状态电平，若仍保持闭合状态电平，则确认该键处于闭合状态；同理，在检测到该键释放后，也应采用相同的步骤进行确认，从而可消除抖动的影响。

4. 按键编码

一组按键或键盘都要通过 I/O 口线查询按键的开关状态。根据键盘结构的不同，采用不同的编码。无论是否有编码，以及采用什么编码，最后都要转换成相对应的键值，以实现按键功能程序的跳转。

5. 编制键盘程序

一个完善的键盘控制程序应具备以下功能：

① 检测有无按键按下，并采取硬件或软件措施，消除按键机械触点抖动的影响。

② 可靠的逻辑处理：每次只处理一个按键，其间对任何按键的操作对系统都不产生影响，且无论一次按键时间有多长，系统仅执行一次按键功能程序。

③ 准确输出按键值（或键号），以实现按键功能程序的跳转。

9.1.2 独立式键盘

1. 独立式键盘结构

独立式键盘电路是直接用 I/O 口线构成的单个按键电路，其特点是每个按键单独占用一根 I/O 口线，每个按键的工作不会影响其他 I/O 口线的状态，如图 9-3 所示。

独立式键盘电路配置灵活，软件结构简单，但每个按键必须占用一根 I/O 口线，因此，在按键较多时，I/O 口线浪费较大，不宜采用。

图 9-3 中按键输入均采用低电平有效，此外，上拉电阻保证了按键断开时，I/O 口线有确定的高电平。当 I/O 口线内部有上拉电阻时，外电路可不接上拉电阻。

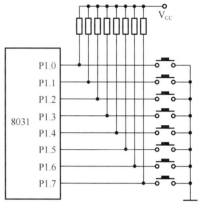

图 9-3　独立式键盘电路

2. 独立式键盘的软件结构

独立式键盘软件常采用查询式结构。先逐位查询每根 I/O 口线的输入状态，如某一根 I/O 口线输入为低电平，则可确认该 I/O 口线所对应的按键已按下，然后，再转向该键的功能处理程序。图 9-3 中的 I/O 口采用 P1 口，请读者自行编制相应的软件。

9.1.3 矩阵式键盘

在单片机系统中，按键较多时，通常采用矩阵式（也称行列式）键盘。

1. 矩阵式键盘的结构及原理

矩阵式键盘由行线和列线组成，按键位于行、列线的交叉点上，如图 9-4 所示。

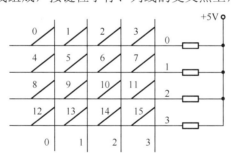

图 9-4　矩阵式键盘结构

由图 9-4 可知，一个 4×4 的行、列结构，可以构成一个含有 16 个按键的键盘，显然，在按键数量较多时，矩阵式键盘与独立式键盘相比，要节省很多 I/O 口。

矩阵式键盘中，行、列线分别连接到按键开关的两端，行线通过上拉电阻接到+5V 上。当无键按下时，行线处于高电平状态；当有键按下时，行、列线将导通，此时，行线电平将由与此行线相连的列线电平决定。然而，矩阵式键盘中的行线、列线和多个键相连，各按键按下与否均影响该键所在行线和列线的电平，各按键间将相互影响，因此，必须将行线、列线信号配合起来适当处理，才能确定闭合键的位置。

2．矩阵式键盘按键的识别

识别按键的方法很多，其中，最常见的方法是扫描法。下面以图 9-4 中 8 号键的识别为例来说明扫描法识别按键的过程。

按键按下时，与此键相连的行线与列线导通，行线在无键按下时处在高电平，显然，如果让所有的列线也处在高电平，那么，按键按下与否不会引起行线电平的变化，因此，必须使所有列线处在低电平，只有这样，当有键按下时，该键所在的行电平才会由高电平变为低电平。CPU 根据行电平的变化，便能判定相应的行有键按下。8 号键按下时，第 2 行一定为低电平，然而，第 2 行为低电平时，能否肯定是 8 号键按下呢？回答是否定的，因为 9、10、11 号键按下同样使第 2 行为低电平。为进一步确定具体键，不能使所有列线在同一时刻都处在低电平，可在某一时刻只让一条列线处于低电平，其余列线均处于高电平，另一时刻，让下一列处在低电平，依次循环，这种依次轮流每次选通一列的工作方式称为键盘扫描。采用键盘扫描后，再来观察 8 号键按下时的工作过程，当第 0 列处于低电平时，第 2 行处于低电平；而第 1、2、3 列处于低电平时，第 2 行却处于高电平，由此可判定按下的键应是第 2 行与第 0 列的交叉点，即 8 号键。

3．键盘的编码

对于独立式按键键盘，因按键数量少，可根据实际需要灵活编码。对于矩阵式键盘，按键的位置由行号和列号唯一确定，因此可分别对行号和列号进行二进制编码，然后将两值合成一字节，高 4 位是行号，低 4 位是列号。如图 9-5 所示，键号是按从左到右、从上到下的顺序编排的，按这种编排规律，各行的首键号依次是 00H、08H、10H、18H；如列线按 0～7 的顺序，则键码的计算公式为：

$$键码=行号+列号$$

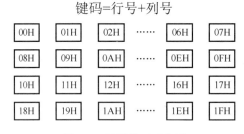

图 9-5　键号排列示意图

按照这种编码方法，图 9-5 中第二行第三列的键码为 0AH=08H+02H。

采用上述编码对于不同行的键离散性较大，不利于散转指令对按键进行处理。因此，可采用依次排列键号的方式对按键进行编码。以图 9-5 中的 4×4 键盘为例，可将键号编码为：01H，02H，03H，…，0EH，0FH，10H 16 个键号。编码相互转换可通过计算或查表的方法实现。

4．键盘的工作方式

在单片机应用系统中，键盘扫描只是 CPU 的工作内容之一。CPU 对键盘的响应取决于键盘的工作方式，键盘的工作方式应根据实际应用系统中 CPU 的工作状况而定，其选取的原则是既要保证 CPU 能及时响应按键操作，又要不过多占用 CPU 的工作时间。通常，键盘的工作方式有编程扫描方式、定时扫描方式和中断扫描方式三种。

（1）编程扫描方式

编程扫描方式利用 CPU 完成其他工作的空余调用键盘扫描子程序来响应键盘输入的要求。在执行键功能程序时，CPU 不再响应键输入要求，直到 CPU 重新扫描键盘为止。

键盘扫描程序一般应包括以下内容：

① 判别有无键按下；

② 键盘扫描取得闭合键的行、列值；

③ 用计算法或查表法得到键值；

④ 判断闭合键是否释放，如没释放则继续等待；

⑤ 将闭合键键号保存，同时转去执行该闭合键的功能。

图 9-6 是一个 4×8 矩阵式键盘电路，由图可知，其与单片机的接口采用 8155 扩展 I/O 口，键盘采用编程扫描方式工作，8155 的 C 口低 4 位输入行扫描信号，A 口输出 8 位列扫描信号，二者均为低电平有效。8155 的 IO/$\overline{\text{M}}$ 与 P2.0 相连，$\overline{\text{CS}}$ 与 P2.7 相连，$\overline{\text{WR}}$、$\overline{\text{RD}}$ 分别与单片机的 $\overline{\text{WR}}$、$\overline{\text{RD}}$ 相连。由此可确定 8155 的口地址为：

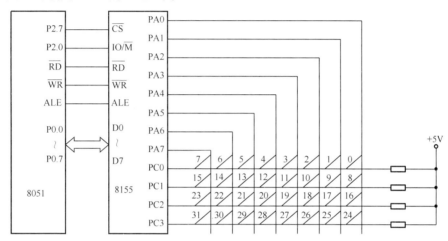

图 9-6　8155 扩展 I/O 口组成的矩阵式键盘电路

命令/状态口：0100H（P2 未用口线规定为 0）

● A 口：0101H

● B 口：0102H

● C 口：0103H

A 口为基本输出口，C 口为基本输入口，因此，方式命令控制字应设置为 43H。在编程扫描方式下，键盘扫描子程序应完成如下几个功能：

① 判断有无键按下。其方法为：A 口输出全为 0，读 C 口状态，若 PC0～PC3 全为 1，则说明无键按下；若不全为 1，则说明有键按下。

② 消除按键抖动的影响。其方法为：在判断有键按下后，用软件延时的方法延时 10ms 后，再判断键盘状态，如果仍为有键按下状态，则认为有一个按键按下，否则当作按键抖动来处理。

③ 求按键位置。根据前述键盘扫描法，进行逐列置 0 扫描。图 9-6 中，32 个键的键值分布如下（键值由 4 位 16 进制数码组成，前两位是列的值，即 A 口数据，后两位是行的值，即 C 口数据，X 为任意值）：

FEXE	FDXE	FBXE	F7XE	EFXE	DFXE	BFXE	7FXE
FEXD	FDXD	FBXD	F7XD	EFXD	DFXD	BFXD	7FXD
FEXB	FDXB	FBXB	F7XB	EFXB	DFXB	BFXB	7FXB
FEX7	FDX7	FBX7	F7X7	EFX7	DFX7	BFX7	7FX7

按键键值确定后，即可确定按键位置。相应的键号可根据下述公式进行计算：

键号=行首键号+列号

图 9-6 中，每行的行首可给以固定的编号 0（00H），8（08H），16（10H），24（18H），列号

依列线顺序为 0~7。

④ 判别闭合的键是否释放。按键闭合一次只能进行一次功能操作，因此，只能等按键释放后，才能根据键号执行相应的功能键操作。

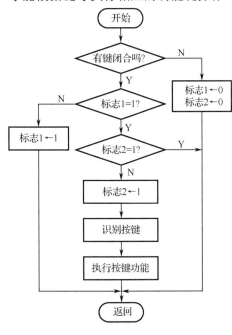

图 9-7　定时扫描方式程序流程图

（2）定时扫描方式

定时扫描方式就是每隔一段时间对键盘扫描一次，它利用单片机内部的定时器产生一定时间（例如 10ms）的定时，当定时时间到就产生定时器溢出中断，CPU 响应中断后对键盘进行扫描，并在有键按下时识别出该键，再执行该键的功能程序。定时扫描方式的硬件电路与编程扫描方式相同，程序流程图如图 9-7 所示。

标志 1 和标志 2 是在单片机内部 RAM 的位寻址区设置的两个标志位，标志 1 为去抖动标志位，标志 2 为识别完按键的标志位。初始化时将这两个标志位设置为 0，执行中断服务程序时，首先判别有无键闭合，若无键闭合，将标志 1 和标志 2 置 0 后返回；若有键闭合，先检查标志 1，当标志 1 为 0 时，说明还未进行去抖动处理，此时置位标志 1，并中断返回。由于中断返回后要经过 10ms 后才会再次中断，相当于延时了 10ms，因此，程序无须再延时。下次中断时，因标志 1 为 1，CPU 再检查标志 2，如标志 2 为 0，说明还未进行按键的识别处理，这时，CPU

先置位标志 2，然后进行按键识别处理，再执行相应的按键功能子程序，最后，中断返回。如标志 2 已经为 1，则说明此次按键已做过识别处理，只是还未释放按键，当按键释放后，在下一次中断服务程序中，标志 1 和标志 2 又重新置 0，等待下一次按键。

（3）中断扫描方式

采用上述两种键盘扫描方式时，无论是否按键，CPU 都要定时扫描键盘，而单片机应用系统工作时，并非经常需要键盘输入。因此，CPU 经常处于空扫描状态，为提高 CPU 工作效率，可采用中断扫描工作方式。

图 9-8 是一种简易键盘接口电路，该键盘是由 8031 单片机 P1 口的高、低字节构成的 4×4 键盘。键盘的列线与 P1 口的高 4 位相连，键盘的行线与 P1 口的低 4 位相连，因此，P1.4~P1.7 是键输出线，P1.0~P1.3 是扫描输入线。图中的 4 输入与门用于产生按键中断，其输入端与各列线相连，再通过上拉电阻接至 +5V 电源，输出端接至 8051 的外部中断输入端 $\overline{INT0}$。当键盘无键按下时，与门各输入端均为高电平，保持输出端为高电平；当有键按下时，$\overline{INT0}$ 端为低电平，向 CPU 申请中断，若 CPU 开放外部中断，则会响应中断请求，转去执行键盘扫描子程序。

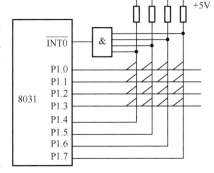

图 9-8　中断扫描方式键盘接口电路

9.2　单片机与显示器接口

单片机应用系统最常用的显示器是 LED（发光二极管显示器）和 LCD（液晶显示器），这两种显示器可显示数字、字符及系统的状态，它们的驱动电路简单、易于实现且价格低廉，因此，得到广泛应用。

9.2.1 LED 显示器和接口

常用的 LED 显示器有 LED 状态显示器（俗称发光二极管）、LED 七段显示器（俗称数码管）和 LED 十六段显示器。发光二极管可显示两种状态，用于系统状态显示；数码管用于数字显示；LED 十六段显示器用于字符显示。本节重点介绍 LED 七段显示器。

1. 数码管简介

（1）数码管结构

数码管由 8 个发光二极管（以下简称字段）构成，通过不同的组合可用来显示数字 0～9、字符 A～F、H、L、P、R、U、Y、符号 "–" 及小数点 "."。数码管的外形结构如图 9-9（a）所示。数码管又分为共阴极和共阳极两种结构，分别如图 9-9（b）和图 9-9（c）所示。

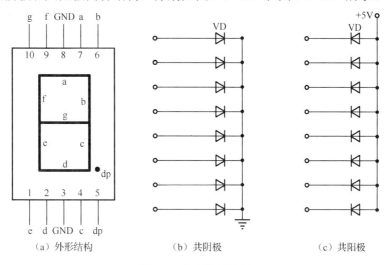

图 9-9　数码管结构图

（2）数码管工作原理

共阳极数码管的 8 个发光二极管的阳极（二极管正端）连接在一起，通常，公共阳极接高电平（一般接电源），其他引脚接段驱动电路输出端。当某段驱动电路的输出端为低电平时，则该端所连接的字段导通并点亮，根据发光字段的不同组合可显示出各种数字或字符。

共阴极数码管的 8 个发光二极管的阴极（二极管负端）连接在一起，通常，公共阴极接低电平（一般接地），其他引脚接段驱动电路输出端，当某段驱动电路的输出端为高电平时，则该段所连接的字段导通并点亮，根据发光字段的不同组合可显示出各种数字或字符。

（3）数码管字形编码

要使数码管显示出相应的数字或字符必须使段数据口输出相应的字形编码。

数据线 D0 与 a 字段对应，D1 与 b 字段对应……以此类推。如使用共阳极数码管，数据为 0 表示对应字段亮，数据为 1 表示对应字段暗；如使用共阴极数码管，数据为 0 表示对应字段暗，数据为 1 表示对应字段亮。如要显示 "0"，共阳极数码管的字型编码应为 11000000B（即 C0H）；共阴极数码管的字型编码应为 00111111B（即 3FH）。以此类推可求得数码管字形编码如表 9-1 所示。

表 9-1 数码管字形编码表

显示字符	字形	共 阳 极									共 阴 极								
		dp	g	f	e	d	c	b	a	字形码	dp	g	f	e	d	c	b	a	字形码
0	0	1	1	0	0	0	0	0	0	C0H	0	0	1	1	1	1	1	1	3FH
1	1	1	1	1	1	1	0	0	1	F9H	0	0	0	0	0	1	1	0	06H
2	2	1	0	1	0	0	1	0	0	A4H	0	1	0	1	1	0	1	1	5BH
3	3	1	0	1	1	0	0	0	0	B0H	0	1	0	0	1	1	1	1	4FH
4	4	1	0	0	1	1	0	0	1	99H	0	1	1	0	0	1	1	0	66H
5	5	1	0	0	1	0	0	1	0	92H	0	1	1	0	1	1	0	1	6DH
6	6	1	0	0	0	0	0	1	0	82H	0	1	1	1	1	1	0	1	7DH
7	7	1	1	1	1	1	0	0	0	F8H	0	0	0	0	0	1	1	1	07H
8	8	1	0	0	0	0	0	0	0	80H	0	1	1	1	1	1	1	1	7FH
9	9	1	0	0	1	0	0	0	0	90H	0	1	1	0	1	1	1	1	6FH
A	A	1	0	0	0	1	0	0	0	88H	0	1	1	1	0	1	1	1	77H
B	B	1	0	0	0	0	0	1	1	83H	0	1	1	1	1	1	0	0	7CH
C	C	1	1	0	0	0	1	1	0	C6H	0	0	1	1	1	0	0	1	39H
D	D	1	0	1	0	0	0	0	1	A1H	0	1	0	1	1	1	1	0	5EH
E	E	1	0	0	0	0	1	1	0	86H	0	1	1	1	1	0	0	1	79H
F	F	1	0	0	0	1	1	1	0	8EH	0	1	1	1	0	0	0	1	71H
H	H	1	0	0	0	1	0	0	1	89H	0	1	1	1	0	1	1	0	76H
L	L	1	1	0	0	0	1	1	1	C7H	0	0	1	1	1	0	0	0	38H
P	P	1	0	0	0	1	1	0	0	8CH	0	1	1	1	0	0	1	1	73H
R	R	1	1	0	0	1	1	1	0	CEH	0	0	1	1	0	0	0	1	31H
U	U	1	1	0	0	0	0	0	1	C1H	0	0	1	1	1	1	1	0	3EH
Y	Y	1	0	0	1	0	0	0	1	91H	0	1	1	0	1	1	1	0	6EH
−	−	1	0	1	1	1	1	1	1	BFH	0	1	0	0	0	0	0	0	40H
.	.	0	1	1	1	1	1	1	1	7FH	1	0	0	0	0	0	0	0	80H
熄灭	灭	1	1	1	1	1	1	1	1	FFH	0	0	0	0	0	0	0	0	00H

2．静态显示接口

（1）静态显示概念

静态显示是指数码管显示某一字符时，相应的发光二极管恒定导通或恒定截止。这种显示方式的各位数码管相互独立，公共端恒定接地（共阴极）或接正电源（共阳极）。每个数码管的 8 个字段分别与一个 8 位 I/O 口地址相连，I/O 口只要有段码输出，相应字符即显示出来，并保持不变，直到 I/O 口输出新的段码。采用静态显示方式，较小的电流即可获得较高的亮度，且占用 CPU 时间少，编程简单，显示便于监测和控制，但其占用的口线多，硬件电路复杂，成本高，只适合于显示位数较少的场合。

【例 9.2.1】 用定时/计数器模拟生产线产品计件，以按键模拟产品检测，按一次键相当于产品计数一次。检测到的产品数送 P1 口显示，采用单只数码管显示，计满 16 次后从头开始，依次循环。系统采用 12MHz 晶振。

解:

根据题意可设计出硬件电路如图 9-10 所示。

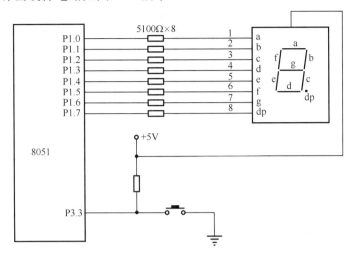

图 9-10 模拟生产线产品计件数码管显示电路

其源程序可设计如下:

```
            ORG     1000H
            MOV     TMOD, #60H          ; 定时器 1 工作在方式 2
            MOV     TH1, #0F0H          ; T1 置初值
            MOV     TL1, #0F0H
            SETB    TR1                 ; 启动 T1
MAIN:       MOV     A, #00H             ; 计数显示初始化
            MOV     P1, #0C0H           ; 数码管显示 0
DISP:       JB      P3.3, DISP          ; 监测按键信号
            ACALL   DELAY               ; 消抖延时
            JB      P3.3, DISP          ; 确认低电平信号
DISP1:      JNB     P3.3, DISP1         ; 监测按键信号
            ACALL   DELAY               ; 消抖延时
            JNB     P3.3, DISP1         ; 确认高电平信号
            CLR     P3.5                ; T0 引脚产生负跳变
            NOP
            NOP
            SETB    P3.5                ; T0 引脚恢复高电平
            INC     A                   ; 累加器加 1
            MOV     R1, A               ; 保存累加器计数值
            ADD     A, #08H             ; 变址调整
            MOVC    A, @A+PC            ; 查表获取数码管显示值
            MOV     P1, A               ; 数码管显示查表值
            MOV     A, R1               ; 恢复累加器计数值
            JBC     TF1, MAIN           ; 查询 T1 计数溢出
            SJMP    DISP                ; 16 次不到继续计数
TAB:        DB      0C0H, 0F9H, 0A4H    ; 0, 1, 2
            DB      0B0H, 99H, 92H      ; 3, 4, 5
            DB      82H, 0F8H, 80H      ; 6, 7, 8
            DB      90H, 88H, 83H,      ; 9, A, B
```

```
              DB     0C6H, 0A1H, 86H    ; C, D, E
              DB     8EH                ; F
DEALY:  MOV     R2, #14H           ; 10ms 延时
DELAY1: MOVR3,  #0FAH
              DJNZ   R3, $
              DJNZ   R2, DEALY1
              RET
              END
```

（2）多位静态显示接口应用

例 9.2.1 是数码管静态显示方式的一种典型应用，其硬件及软件都非常简单，但其只能显示一位，如要用 P1 口显示多位，则每位数码管都应有各自的锁存、译码与驱动器，还需有相应的位选通电路，位选通电路输出位码。

【例 9.2.2】 将例 9.2.1 中的单位数码管显示改为 6 位显示，具体要求如下：

① 右边第一位进行正常计数，显示当前计数状态，其功能与例 9.2.1 完全一样。

② 左边 5 位分别显示前 5 次计数状态，当连续计数时，会产生计数数据从左至右移动的感觉。

解：

（1）设计思路

P1 口控制段码输出，P3 口控制位码输出，每个数码管接一个锁存器，锁存器除用来锁存待显示段码外，还兼作显示驱动器直接驱动共阳极数码管。在单片机内部 RAM 设置待显示数据缓冲区，由查表程序完成显示译码（俗称软件译码），将缓冲区内待显示数据转换成相应的段码，再将段码送给 P1 口显示。

（2）硬件电路设计

P1 口的段码输出直接接至锁存器的输入，锁存器采用 74LS373（或 74LS273、74LS374），锁存器的输出接至数码管的各段，同时还经 300Ω上拉（或限流）电阻接至电源。位选通电路由 P3 口的 P3.0、P3.1 和 P3.2 与译码器 74LS138 连接组成，74LS138 输出的位码经反相器 74LS04 后接至 74LS373 的使能端 G（或 74LS273、74LS374 的时钟端），以此来控制相应显示位段码数据的刷新，按键信号接至 P3.3 口，如图 9-11 所示。

（3）软件设计

以单片机内部 RAM 的 30H～35H 单元作为显示数据缓冲区，6 位数码管段码的获取及显示控制由显示子程序完成，单片机每接收一次按键信号（即模拟生产线计数信号），显示缓冲区的待显示数据就被刷新一次，然后再调用一次显示子程序，如连续按键，即可产生计数数据从左至右循环移动的效果。软件流程图如图 9-12 所示。

源程序设计（略）。

3. 动态显示接口

（1）动态显示概念

动态显示是一位一位地轮流点亮各位数码管，这种逐位点亮显示器的方式称为位扫描。通常，各位数码管的段选线相应并联在一起，由一个 8 位的 I/O 口控制；各位的位选线（公共阴极或阳极）由另外的 I/O 口线控制。动态方式显示时，各数码管分时轮流选通，要使其稳定显示必须采用扫描方式，即在某一时刻只选通一位数码管，并送出相应的段码，在另一时刻选通另一位数码管，并送出相应的段码，依此规律循环，即可使各位数码管显示将要显示的字符，虽然这些字符是在不同的时刻分别显示的，但由于人眼存在视觉暂留效应，只要每位显示间隔足够短就可以给人同时显示的感觉。

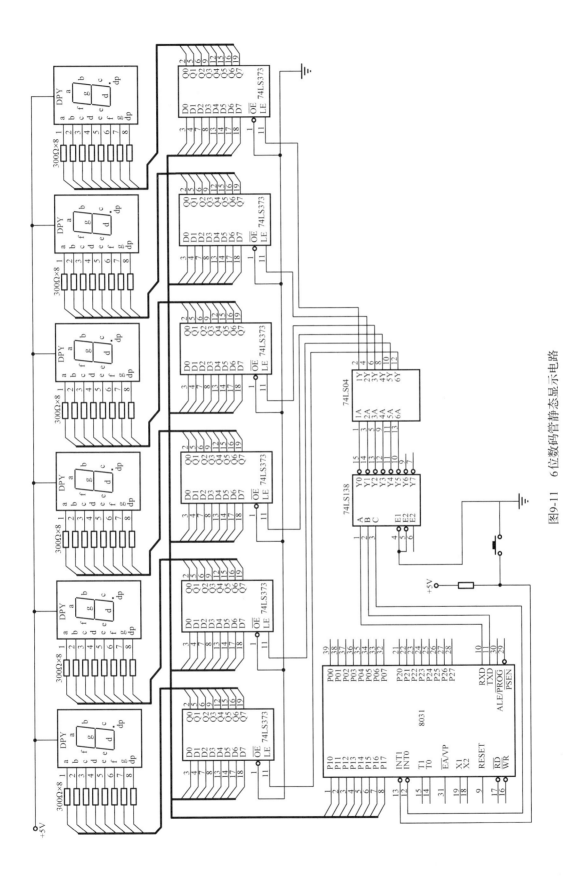

图9-11 6位数码管静态显示电路

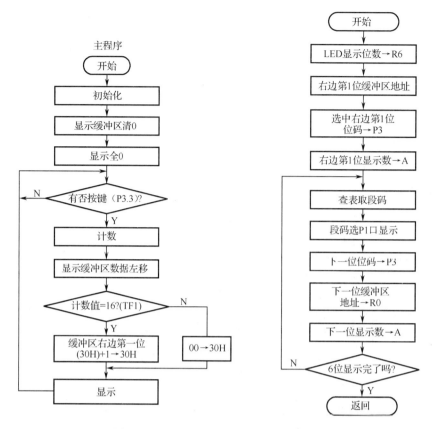

图 9-12　六位数码管静态显示软件流程图

采用动态显示方式比较节省 I/O 口，硬件电路比静态显示方式简单，但其亮度不如静态显示方式，而且在显示位数较多时，CPU 要依次扫描，占用 CPU 较多的时间。

常采用 8155 可编程 I/O 扩展接口，来构建 8051 系列单片机数码管动态显示系统，其典型应用如图 9-13 所示。

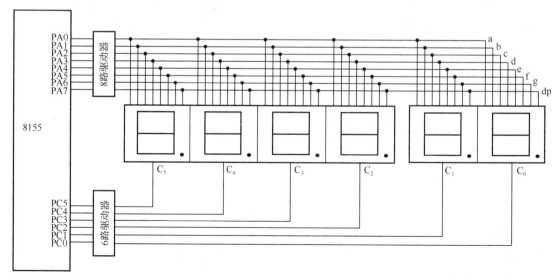

图 9-13　8155 构成的 6 位数码管动态显示电路

在图 9-13 中，数码管采用共阴极 LED，8155 的 PA 口线经过 8 路驱动电路后接至数码管的各段，当 PA 口线输出"1"时，驱动数码管发光。8155 的 PC 口线经过 6 路驱动电路后接至数码管的公共端，当 PC 口线输出"0"时，选通相应位的数码管发光。

A 口、C 口应定义为基本输出分别控制数码管的段码（段驱动端）和位码（公共端），B 口未用，可定义为基本输入，此时，命令寄存器中的 PA=1，PB=0，PC1=1，PC2=1；因不用 A、B 口中断，也不用定时/计数器，故 IEA=0，IEB=0，TM1=1，TM2=0，由此可得命令字为 01001101B=4DH。编程时的步骤如下：

```
MOV    DPTR, #CWR        ;选中 8155 的命令寄存器
MOV    A, #4DH           ;命令字送 A
MOV    @DPTR, A          ;命令字写入命令寄存器
```

（2）多位动态显示接口应用

采用 8051 与 8155 接口，再采用 8155 的 I/O 口控制数码管的段码和位码，同时，采用动态扫描方式依次循环点亮各位数码管，即可构成多位动态数码管显示电路。

【例 9.2.3】 用动态显示方式实现例 9.2.2 的所有功能。

整体设计思路如下：由 8155 的 A 口控制段码输出，C 口控制位码输出，采用定时器中断方式实现动态扫描，每隔 20ms 扫描一次，每位数码管点亮的时间为 1ms。在单片机内部 RAM 设置待显示数据缓冲区，由查表程序完成显示译码，先将缓冲区内待显示数据转换成相应的段码，再将段码通过 8051 的 P0 口送至 8155 的 A 口；位码数据由累加器循环左移指令产生，再通过 P0 口送至 8155 的 C 口。

图 9-14 为 6 位数码管动态显示电路，其中，8 路驱动采用 74LS244 总线驱动器，6 路驱动采用 74LS07OC 门驱动器。74LS244 输出经 300Ω 上拉（或限流）电阻后接至电源，同时，接至数码管的各段，控制数码管的显示字符；74LS07 输出经 1kΩ 上拉电阻接至电源，同时接至各位数码管的公共端，控制每位数码管的显示时间，实现动态扫描。模拟生产线计数的按键信号接至 P3.3 口。

以单片机内部 RAM 的 30H～35H 单元作为显示数据缓冲区，6 位数码管段码的获取及每位数码管的显示时间均由显示子程序完成。单片机每接收一次按键信号（即模拟生产线计数信号），显示缓冲区的待显示数据被刷新一次，数码管相应的显示数值也就随之发生变化，如连续按键，即可产生计数数据从左至右循环移动的效果。根据图 9-14 中 IO/$\overline{\text{M}}$、$\overline{\text{CE}}$ 与单片机的连接可知，可以确定命令/状态字 A 口、B 口、C 口、计数值低 8 位寄存器及高 6 位和方式寄存器地址分别为 0100H、0101H、0102H、0103H、0104H、0105H。软件流程图如图 9-15 所示。

源程序设计（略）。

比较例 9.2.2 与例 9.2.3 可知，二者功能完全一样。前者数码管较亮，且显示程序占用 CPU 的时间较少，但其硬件电路复杂，占用单片机口线多，成本高；后者硬件电路相对简单，成本较低，但其数码管显示亮度偏低，且采用动态扫描方式，显示程序占用 CPU 的时间较多。具体应用时，应根据实际情况，选用合适的显示方式。

前者采用不断调用子程序的方式实现动态扫描显示，亮度相对较高，CPU 效率较低；后者采用定时器中断（20ms 中断一次）的方式实现动态扫描显示，亮度较低，CPU 效率相对较高；谁优谁劣，各有千秋。

本例中针对数码管显示亮度偏低的情况，可采用提高扫描速度（如由 20ms 改为 10ms），或适当延长单只数码管导通的时间（如导通延时时间由 1ms 改为 2ms）等措施来弥补，但其带来的后果是显示程序占用 CPU 的时间更多，导致 CPU 利用率更加下降。

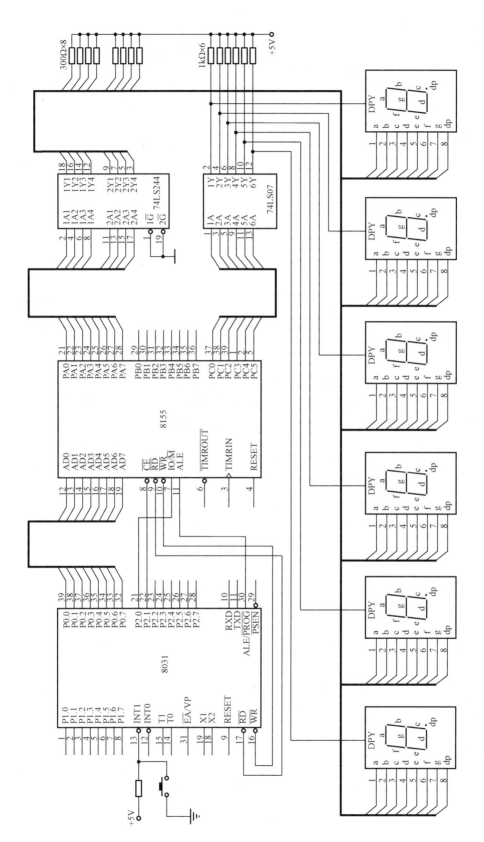

图9-14 6位数码管动态显示电路

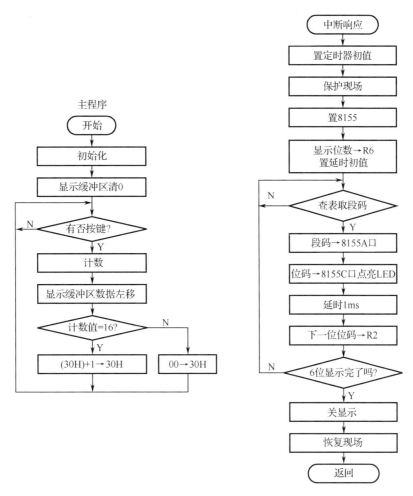

图 9-15　六位数码管动态显示软件流程图

4．典型的键盘/显示器接口电路

在单片机应用系统中，键盘和显示器往往同时使用，为节省 I/O 口线，可将键盘和显示电路做在一起，构成实用的键盘/显示器电路。图 9-16 是用 8155 并行扩展 I/O 口构成的典型的键盘/显示器接口电路。

由图 9-16 可知，LED 显示器采用共阴极数码管，8155 的 B 口用作数码管段码输出口，A 口用作数码管位码输出口，同时，它还用作键盘列选口，C 口用作键盘行扫描信号输入口，当其选用 4 根口线时，可构成 4×8 键盘，选用 6 根口线时，可构成 6×8 键盘。LED 采用动态显示软件译码，键盘采用逐列扫描查询工作方式，LED 的驱动采用 74LS244 总线驱动器。

键盘、显示器共用一个接口电路的设计方法除上述方案外，还可采用专用的键盘/显示器接口芯片 8279。

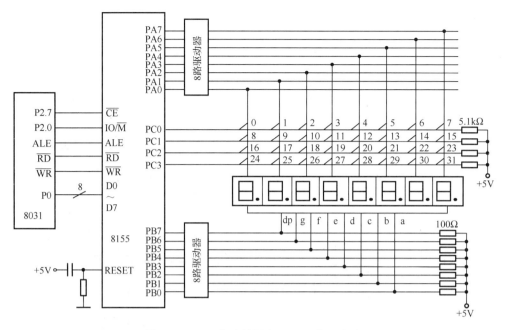

图 9-16　8155 构成的键盘/显示器接口电路

9.2.2　可编程接口芯片 INTEL 8279

INTEL 8279 是一种可编程键盘/显示器接口芯片,它含有键盘输入和显示器输出两种功能。键盘输入时,它提供自动扫描,能与按键或传感器组成的矩阵相连,接收输入信息,它能自动消除开关抖动并能对多键同时按下提供保护。显示输出时,它有一个 16×8 位显示 RAM,其内容通过自动扫描,可由 8 或 16 位 LED 数码管显示。有关 INTEL 8279 的知识,读者可参阅有关参考资料。

1. 8279 与单片机、键盘/显示器的接口

图 9-17 是 8031 与 8279 的一般接口框图,图中 8279 外接 8×8 键盘,16 位显示器,由 SL0～SL2 译出键扫描线,由 4～16 译码器对 SL0～SL3 译出显示器的位扫描线。在实际应用中,键盘的大小和显示器的位数可以根据具体需要而定。

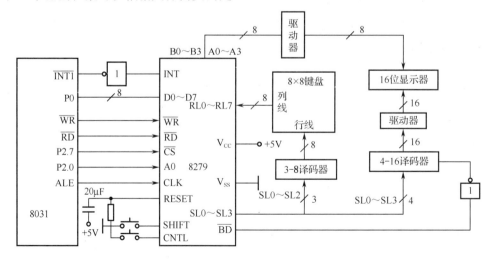

图 9-17　8031 与 8279 的一般接口框图

2．8279 的应用

利用键盘/显示器专用芯片 8279 能够以较简单的硬件电路和较少的软件开销实现单片机与键盘、LED 显示器的接口。图 9-18 便是 8279 的一种具体应用。

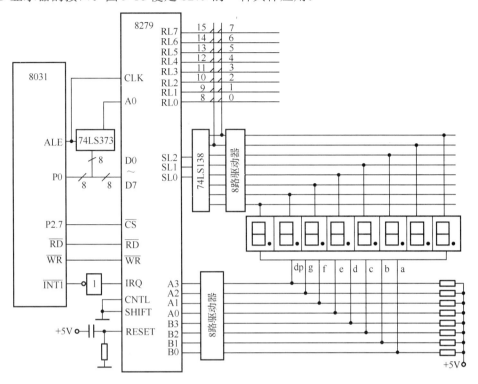

图 9-18　8279 应用电路

采用 8279 与 8051 接口，在 CPU 对 8279 进行初始化后，只需向 8279 传输待显示数据（送数），再就是在 8279 键盘中断申请发出后，取键盘数据识别按键（取数），即可实现按键识别和动态显示。至于要花费 CPU 大量时间的键盘扫描程序和动态显示程序，全由 8279 硬件自动完成，CPU 不必不断调用动态显示子程序，不断查询是否有按键按下，大大提高了 CPU 的工作效率。

9.2.3　LED 大屏幕显示

无论是单个 LED（发光二极管）还是 LED 七段码显示器（数码管），都不能显示字符（含汉字）及更为复杂的图形信息，主要是因为它们没有足够的信息显示单位。LED 点阵显示是把很多的 LED 按矩阵方式排列在一起，通过对各 LED 发光与不发光的控制完成各种字符或图形的显示，最常见的 LED 点阵显示模块有 5×7（5 列 7 行），7×9，8×8 结构，前两种主要用于显示各种西文字符，后一种可用于大型电子显示屏的基本组建单元。本书将简略介绍 LED 大屏幕显示原理及接口。

1．8×8 LED 点阵简介

8×8 LED 点阵的外观及引脚图如图 9-19 所示，其等效电路图如图 9-20 所示，只要各 LED 处于正偏（Y 方向为 1，X 方向为 0），则该 LED 发光。如 Y7（0）=1，X7（H）=0 时，则其对应的右下角的 LED 会发光。各 LED 还需接上限流电阻，实际应用时，限流电阻既可接在 X 轴，也可接在 Y 轴。

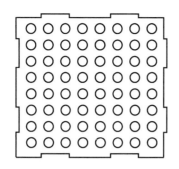
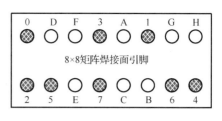

图 9-19　8×8 LED 点阵的外观及引脚图

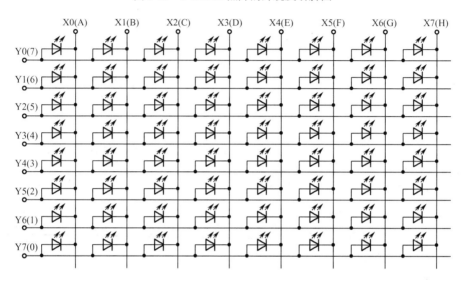

图 9-20　8×8 LED 点阵的等效电路

2. LED 大屏幕显示器接口电路

LED 大屏幕显示器不仅能显示文字，还可以显示图形、图像，而且能产生各种动画效果，是广告宣传、新闻传播的有力工具。LED 大屏幕不仅有单色显示，还有彩色显示，其应用越来越广，已渗透到人们的日常生活之中。

（1）LED 大屏幕显示器的显示方式

LED 大屏幕显示可分为静态显示和动态扫描显示两种。

静态显示每一个像素需要一套驱动电路，如果显示屏为 $n \times m$ 个像素，则需要 $n \times m$ 套驱动电路；动态扫描显示则采用多路复用技术，如果是 P 路复用，则每 P 个像素需一套驱动电路，$n \times m$ 个像素仅需 $n \times m/P$ 套驱动电路。对动态扫描显示而言，P 越大驱动电路就越少，成本也就越低，引线也大大减少，更有利于高密度显示器的制造。在实际使用的 LED 大屏幕显示器中，很少采用静态驱动。

（2）8051 与 LED 大屏幕显示器的接口

实际应用中，由于显示屏体与计算机及控制器有一定距离，所以应尽量减少两者之间控制信号线的数量。信号一般采用串行移动传送方式，由计算机控制器送出的信号只有 5 个，即时钟 PCLK，显示数据 DATA，行控制信号 HS（串行传送时，仅需一根信号线），场控制信号 VS（串行传送时，仅需一根信号线）以及地线。

图 9-21 是 8051 与 LED 大屏幕显示器接口的一种具体应用。图中，LED 显示器为 8×64 点阵，由 8 个 8×8 点阵的 LED 显示块拼装而成。8 个块的行线相应地并接在一起，形成 8 路复用，行控

制信号 HS 由 Pl 口经行驱动后形成行扫描信号输出（并行传送，8 根信号线）。8 个块的列控制信号分别经由各 74LS164 驱动后输出。74LS164 为 8 位串入并出移位寄存器，8 个 74LS164 串接在一起，形成 8×8=64 位串入并出的移位寄存器，其输出对应 64 点列。显示数据 DATA 由 8051 的 RXD 端输出，时钟 PCLK 由 8051 的 TXD 端输出。RXD 发送串行数据，而 TXD 输出移位时钟，此时串行口工作于方式 0，即同步串行移位寄存器状态。

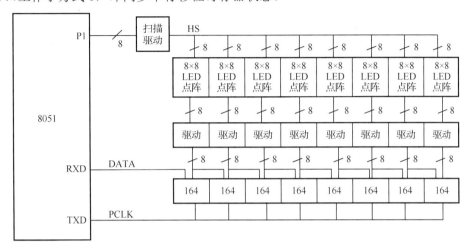

图 9-21 8051 与 LED 大屏幕显示器的接口

显示屏体的工作以行扫描方式进行，扫描显示过程是每一次显示一行 64 个 LED 点，显示时间称为行周期，8 行扫描显示完成后开始新一轮扫描，这段时间称为场周期。

3 路信号都为同步传送信号，显示数据 DATA 与时钟 PCLK 配合传送某一行（64 个点）的显示信息，在一行周期内有 64 个 PCLK 脉冲信号，它将一行的显示信息串行移入 8 个串入并出移位寄存器 74LS164 中，在行结束时，由行信号 HS 控制存入对应锁存电路并开始新一行显示，直到下一行显示数据开始锁入为止，由此实现行扫描。

因图 9-21 所示 LED 显示器只有 8 行，无须采用场扫描控制信号 VS，且行、场扫描的控制可通过单片机对 P1 口编程实现。图中的锁存与驱动电路可采用 74LS273、74LS373、74LS374 等集成电路。

（3）LED 大屏幕显示的编程

由上述内容可知，LED 大屏幕显示一般都采用动态显示，要实现稳定显示，需遵循动态扫描的规律，现将编程要点叙述如下：

① 从串行口输出 8 字节共 64bit 的数据到 74LS164 中，形成 64 列的列驱动信号；

② 从 P1 口输出相应的行扫描信号，与列信号在一起，点亮行中有关的点；

③ 延时 1～2ms。此时间受 50Hz 闪烁频率的限制，不能太大，应保证扫描所有 8 行（即一帧数据）所用时间之和在 20ms 以内；

④ 从串行口输出下一组数据，从 P1 口输出下一行扫描信号并延时 1～2ms，完成下一行的显示；

⑤ 重复上述操作，直到所有 8 行全扫描显示一次，即完成一帧数据的显示；

⑥ 重新扫描显示的第一行，开始下一帧数据的扫描显示工作，如此不断地循环，即可完成相应的画面显示；

⑦ 要更新画面时，只需将新画面的点阵数据输入到显示缓冲区即可；

⑧ 通过控制画面的显示，可以形成多种显示方式，如左平移、右平移、开幕式、合幕式、上

移、下移及动画等。

（4）LED 大屏幕显示的扩展

如将图 9-21 显示屏扩展为 320×32 点阵的显示屏，则水平方向应有 40 个 8×8 LED 点阵，垂直方向应有 4 个 8×8 LED 点阵，整个显示屏由 40×4=160 个 8×8 LED 点阵组成。由于一行的 LED 点数太多，可将行驱动分成 5 组驱动，每一组驱动 8×8=64 个 LED 点。由于每一场对应的行数达 32 行，如仍采用 8 路复用，则垂直方向应分成 4 组驱动，每一组驱动 8 行 LED 点。此时必须引入场扫描控制信号 VS，如采用并行传送方式，则需占用单片机的 4 根 I/O 口线（加译码器只需 2 根），场扫描控制信号 VS 与相应的行驱动电路配合，使行扫描信号分时送入垂直方向的 4 组 LED 点阵，以此实现场扫描。

上述 LED 大屏幕显示器的行、场控制信号的传输均采用并行方式，扫描驱动电路相对简单，但其占用单片机的资源较多（需 10～12 根 I/O 口线），且信号传输线多，成本高，抗干扰性能差，不适合远距离控制。因此在实用电路中，经常采用串行传输方式。采用串行传输只需占用 2 根 I/O 口线，相应的信号传输线减少，成本降低，抗干扰性能增强。不足之处是扫描驱动需增加 8 位移位寄存器（可采用 74LS164），硬件电路相对复杂一些。

以上简要地介绍了 LED 大屏幕显示器的工作原理，实际的大屏幕显示器比这要复杂得多，要考虑很多问题，如采用多少路复用、选择什么样的驱动器、显示像素很多时是否要采用 DMA 传输等。但无论 LED 大屏幕显示器的实际电路如何复杂，其显示原理是相同的，即用动态扫描显示。读者如有兴趣，可参阅有关参考资料。

9.2.4　液晶显示器和接口

液晶显示器（LCD）是一种功耗极低的显示器件，它广泛应用于便携式电子产品中，它不仅省电，而且能够显示大量的信息，如文字、曲线、图形等，其显示界面较之数码管有了质的提高。近年来液晶显示技术发展很快，LCD 已经成为仅次于显像管的第二大显示产业。

1. LCD 简介

LCD 由于类型、用途不同，其性能、结构不可能完全相同，但其基本形态和结构却大同小异。

（1）LCD 的结构

液晶显示器的结构图如图 9-22 所示。不同类型的液晶显示器件其组成可能会有不同，但是所有液晶显示器件都可以认为由两片光刻有透明导电电极的基板，夹持一个液晶层，封接成一个偏平盒，有时在外表面还可能贴装上偏振片等构成。

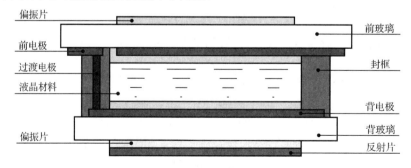

图 9-22　液晶显示器结构图

现将构成液晶显示器件的三大基本部件和特点介绍如下：

① 玻璃基板。玻璃基板是一种表面极其平整的薄玻璃片。表面蒸镀有一层 In_2O_3 或 SnO_2 透明导电层，即 ITO 膜层。经光刻加工制成透明导电图形。这些图形由像素图形和外引线图形组成。

因此，外引线不能进行传统的锡焊，只能通过导电橡胶条或导电胶带等进行连接。如果划伤、割断或腐蚀，则会造成器件报废。

② 液晶材料。液晶材料是液晶显示器件的主体。不同器件所用液晶材料不同，液晶材料大都由几种乃至十几种单体液晶材料混合而成。每种液晶材料都有自己固定的清亮点 TL 和结晶点 TS。因此也要求每种液晶显示器件必须使用和保存在 TS 到 TL 之间的一定温度范围内，如果使用或保存温度过低，结晶会破坏液晶显示器件的定向层；而温度过高，液晶会失去液晶态，也就失去了液晶显示器件的功能。

③ 偏振片。偏振片又称偏光片，由塑料膜材料制成，涂有一层光学压敏胶，可以贴在液晶盒的表面。前偏振片表面还有一层保护膜，使用时应揭去，偏振片怕高温、高湿，在高温、高湿条件下会使其退偏振或起泡。

（2）液晶显示器的特点

液晶显示器有以下显著特点。

① 低压微功耗：工作电压只有 3～5V，工作电流只有几 μA。因此它成为便携式和手持仪器仪表的显示屏幕。

② 平板型结构：LCD 内由两片平行玻璃组成的夹层盒面积可大可小，且适合大批量生产，安装时占用体积小，减小了设备体积。

③ 被动显示：液晶本身不发光，而是靠调制外界光进行显示的，因此适合人的视觉习惯，不会使人眼睛疲劳。

④ 显示信息量大：LCD，其像素可以做得很小，相同面积上可容纳更多信息。

⑤ 易于彩色化。

⑥ 无电磁辐射：在其显示期间不会产生电磁辐射，对环境无污染，有利于人体健康。

⑦ 寿命长：LCD 器件本身无老化问题，寿命极长。

2．LCD 分类

通常可将 LCD 分为笔段型、字符型和点阵图形型。

① 笔段型。笔段型是以长条状显示像素组成一位显示。该类型主要用于数字显示，也可用于显示西文字母或某些字符。这种段型显示通常有六段、七段、八段、九段、十四段和十六段等，在形状上总是围绕数字"8"的结构变化，其中以七段显示最常用，广泛用于电子表、数字仪表、笔记本电脑中。

② 字符型。字符型液晶显示模块是专门用来显示字母、数字、符号等的点阵型液晶显示模块。在电极图形设计上它是由若干个 5×8 或 5×11 点阵组成的，每一个点阵显示一个字符。

③ 点阵图形型。点阵图形型是在一平板上排列多行和多列，形成矩阵形式的晶格点，点的大小可根据显示的清晰度来设计。这类液晶显示器可广泛用于图形显示，如游戏机、笔记本电脑和彩色电视等设备中。

LCD 还有一些其他的分类方法。按采光方式可分为自然采光、背光源采光 LCD。按 LCD 的显示驱动方式可分为静态驱动、动态驱动、双频驱动 LCD。按控制器的安装方式可分为含有控制器和不含控制器两类。

含有控制器的 LCD 又称为内置式 LCD。内置式 LCD 把控制器和驱动器用厚膜电路做在液晶显示模块印制底板上，只需通过控制器接口外接数字信号或模拟信号即可驱动 LCD 显示。因内置式 LCD 使用方便、简洁，在字符型 LCD 和点阵图形型 LCD 中得到广泛应用。

不含控制器的 LCD 还需另外选配相应的控制器和驱动器才能工作。

3. 8051 与笔段型 LCD 的接口

用单片机的并行接口与笔段型 LCD 直接相连，再通过软件编程驱动笔段型 LCD 显示，是实现静态液晶显示器件驱动的常用方法之一，尤其适合位数较少的笔段型 LCD。

图 9-23 给出了 8051 与 3.5 位笔段型 LCD 的接口电路，图中通过 8051 的并行接口 P1、P2、P3 来实现静态液晶显示。

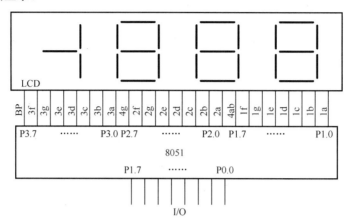

图 9-23　笔段型 LCD 接口电路

软件编写启动程序的基本要求是：

① 显示位的状态与背电极 BP 不在同一状态上，即当 BP 为 1 状态时，显示位数据为 0 状态；当 BP 为 0 状态时，显示位数据为 1 状态。

② 不显示位的状态与 BP 状态相同。

③ 定时间隔地将驱动信号取反，以实现交流驱动波形的变化。

在编程时首先要建立显示缓冲区和显示驱动区。比如把 DIS1、DIS2、DIS3 单元设置为显示缓冲区，同时建立驱动区 DRI1、DRI2、DRI3 单元用来实现驱动波形的变化和输出。P1、P2、P3 为驱动的输出端。各区与驱动输出的对应关系如表 9-2 所示。

表 9-2　各区与驱动输出的对应关系

显示单元	驱动单元	驱动输出	位-段对应关系							
			D7	D6	D5	D4	D3	D2	D1	D0
DIS1	DRI1	P1	4ab	1f	1g	1e	1d	1c	1b	1a
DIS2	DRI2	P2	4g	2f	2g	2e	2d	2c	2b	2a
DIS3	DRI3	P3	BP	3f	3g	3e	3d	3c	3b	3a

在编程时首先要建立显示字形数据库。现设定显示状态为"1"，不显示状态为"0"，可得 0～9 的字形数据为：5FH、06H、3BH、2FH、66H、6DH、7DH、07H、7FH、6FH。具体步骤如下：

① 使用定时器产生交流驱动波形。在显示驱动区内将数据求反后送入驱动输出。

② 先在显示缓冲区修改显示数据，然后将 BP 位置"0"用以表示有新数据输入。

③ 先在显示驱动程序中判断驱动区 BP 位是否为"1"。若是"1"，再判断显示区 BP 位是否为"0"，若为"0"，表示显示区的数据为新修改的数据，则将显示缓冲区的显示数据写入显示驱动区，再输出给驱动输出端。否则驱动区单元内容求反输出。

④ 如此循环下去，实现了在液晶显示器件上的交流驱动，进而达到显示的效果。

驱动基础程序：采用定时器 0 为驱动时钟，中断程序为驱动子程序。

```
DIS1    EQU     30H
DIS2    EQU     31H
DIS3    EQU     32H
DRI1    EQU     33H
DRI2    EQU     34H
DRI3    EQU     35H
        ORG     000BH               ;定时器0中断入口
LCD:    MOV     TL0, #0EFH          ;设置时间常数
        MOV     TH0, #0D8H          ;扫描频率=50Hz
        PUSH    ACC                 ;A入"栈"
        MOV     A, DRI3             ;取驱动单元DRI3
        JNB     ACC.7, LCD1         ;判BP=1否，否则转
        MOV     A, DIS3             ;取小时单元DIS3
        JB      ACC.7, LCD1         ;判BP=0否，否则转
        MOV     DIR3, A             ;显示区→驱动区
        SETB    ACC.7               ;置BP=1表示数据已旧
        MOV     DIS3, A             ;写入显示单元
        MOV     DRI2, DIS2
        MOV     DRI1, DIS1
        LJMP    LCD2                ;转驱动输出
LCD1:   MOV     A, DRI3
        CPL     A                   ;驱动单元数据取反
        MOV     DRI3, A
        MOV     A, DRI2
        CPL     A
        MOV     DRI2, A
        MOV     A, DRI1
        CPL     A
        MOV     DRI1, A
        MOV     P1, DRI1            ;驱动输出
LCD2:   MOV     P2, DRI2
        MOV     P3, DRI3
        POP     ACC                 ;A出"栈"
        SETB    TR0
        RETI
```

驱动程序使用了定时器 0 中断方式，定时器每 20ms 中断一次，在程序中要判断显示驱动区 BP 位的状态。当 BP=1 时，可以修改显示驱动区的内容，这时判断一下显示区 BP 位的状态。当 BP=0 时表示显示区的数据已被更新。此时需要将显示区的数据传输给驱动区，再输出给驱动输出端。由于原 BP 为 "1"，所以此时修改驱动区数据正好也是交流驱动的实现。若驱动区 BP=0，或显示区 BP=1（表示数据未被修改），那么仅将驱动区数据取反，再输出给驱动输出端驱动液晶显示器件。

在主程序中，要实现中断方式驱动液晶显示器件，需要一些初始化设置，同样也对显示缓冲区、显示驱动区和驱动输出初始化。

限于篇幅，主程序及四位数字修改子程序不再叙述。

4．8051 与字符型 LCD 的接口

字符型液晶显示模块的每一个字符块是一个字符位，每一位都可以显示一个字符，字符位之间空有一个点距的间隔起着字符间距和行距的作用；这类模块使用的是专用于字符显示控制与驱动的 IC 芯片。因此，这类模块的应用范围仅局限于字符而显示不了图形，所以称其为字符型液晶显示模块。

字符型液晶显示驱动控制器广泛应用于字符型液晶显示模块上。目前最常用的字符型液晶显示驱动控制器是 HD44780U，最常用的液晶显示驱动器为 HD44100 及其替代品。

字符型液晶显示模块在世界上是比较通用的，而且接口格式也是比较统一的，其主要原因是各制造商所采用的模块控制器都是 HD44780U 及其兼容品，不管它的显示屏的尺寸如何，它的操作指令及其形成的模块接口信号定义都是兼容的。所以会使用一种字符型液晶显示模块，就会通晓所有的字符型液晶显示模块。

HD44780U 由控制部、驱动部和接口部三部分组成。

控制部是 HD44780U 的核心，它产生 HD44780U 内部的工作时钟，控制着各功能电路的工作。控制部控制全部功能逻辑电路的工作状态，管理字符发生器 CGROM 和 CGRAM、显示存储器 DDRAM。HD44780U 的控制部由时序发生器电路、地址指针计数器 AC、光标闪烁控制电路、字符发生器、显示存储器和复位电路组成。

HD44780U 的驱动部具有液晶显示驱动能力和扩展驱动能力，由并/串数据转换电路、16 路行驱动器和 16 位移位寄存器、40 路列驱动器和 40 位锁存器、40 位移位寄存器和液晶显示驱动信号输出及液晶显示驱动偏压等组成。

HD44780U 的接口部是 HD44780U 与计算机的接口，由 I/O 缓冲器、指令寄存器和译码器、数据寄存器、"忙"标志 BF 触发器等组成。

HD44780U 的指令系统共有 8 条指令，限于篇幅这里不再列出。

5．字符型液晶显示模块接口电路

HD44780 可与单片机接口，由单片机输出直接控制 HD44780 及其时序。HD44780 与液晶显示器连接框图如图 9-24 所示。

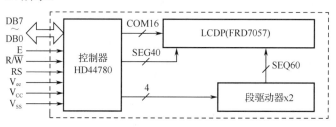

图 9-24　HD44780 与 LCD 连接框图

单片机与字符型 LCD 显示模块的连接方式分为直接访问和间接访问两种，数据传输的形式可分为 8 位和 4 位两种。

（1）直接访问方式

直接访问方式是把字符型液晶显示模块作为存储器或 I/O 接口设备直接连到单片机总线上，采用 8 位数据传输形式时，数据端 DB0～DB7 直接与单片机的数据线相连，寄存器选择端 RS 信号和读写选择端 R/$\overline{W}$ 信号利用单片机的地址线控制。使能端 E 信号则由单片机的 $\overline{RD}$ 和 $\overline{WR}$ 信号共同控制，以实现 HD44780 所需的接口时序。图 9-25 给出了以存储器访问方式对液晶显示驱动的控制电路。

在图 9-25 中，8 位数据总线与 8031 的数据总线直接相连，P0 口产生的地址信号被锁存在 74LS373 内，其输出 Q0、Q1（A0、A1）给出了 RS 和 R/$\overline{W}$ 的控制信号。E 信号由 $\overline{RD}$ 和 $\overline{WR}$ 信号逻辑与非后产生，然后与高位地址线组成的"片选"信号选通控制。高 3 位地址线经译码输出打开了 E 信号的控制门，随着 $\overline{RD}$ 或 $\overline{WR}$ 控制信号的生效，通过 P0 口进行数据传输，实现对字符型 LCD 显示模块的每一次访问。在写操作过程中，HD 44780 要求 E 信号结束后，数据线上的数据要保持 10μs 以上，而单片机 8031 的 P0 口在 $\overline{WR}$ 信号失效后将有 58μs（以 12MHz 晶振计算）的数据保持时间，足以满足该项控制时间的要求。在读操作过程中，HD44780 在 E 信号为高电平时就将所需数据送到数据线上，E 信号结束后，数据可保持 20μs，这满足了 8031 对该时序的要求。

单片机对字符型 LCD 显示模块的操作是通过软件实现的。编程时要求单片机每一次访问都要先对忙标志 BF 进行识别，当 BF 为 0 时，即 HD 44780 允许单片机访问时，再进行下一步操作。

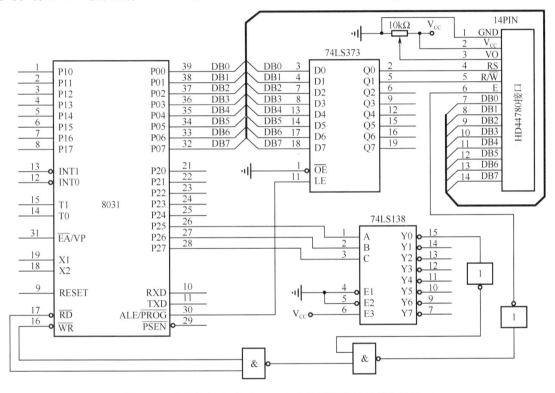

图 9-25　直接访问方式下 8031 与字符型液晶显示模块的接口

字符型液晶显示模块的各驱动子程序如下：

COM	EQU	20H	;指令寄存器
DAT	EQU	21H	;数据寄存器
CW_Add	EQU	0F000H	;指令口写地址
CR_Add	EQU	0F002H	;指令口读地址
DW_Add	EQU	0F001H	;数据口写地址
DR—Add	EQU	0F003H	;数据口读地址

① 读 BF 和 AC 值子程序。

PRO:	PUSH	DPH
	PUSH	DPL
	PUSH	ACC

```
        MOV     DPTR, #CR_Add        ; 设置指令口读地址
        MOVX    A, @DPTR             ; 读 BF 和 AC 值
        MOV     COM, A               ; 存入 COM 单元
        POP     ACC
        POP     DPL
        POP     DPH
        RET
```

② 写指令代码子程序。

```
PR1:    PUSH    DPH                         .
        PUSH    DPL
        PUSH    ACC
        MOV     DPTR, #CR_Add        ; 设置指令口读地址
PRll:   MOVX    A, @DPTR             ; 读 BF 和 AC 值
        JB      ACC. 7, PRll         ; 判断 BF=0? 是则继续
        MOV     A, COM               ; 取指令代码
        MOV     DPTR, #CW_Add        ; 设置指令口写地址
        MOVX    @DPTR, A             ; 写指令代码
        POP     ACC
        POP     DPL
        POP     DPH
        RET
```

③ 写显示数据子程序。

```
PR2:    PUSH    DPH
        PUSH    DPL
        PUSH    ACC
        MOV     DPTR, #CR_Add        ; 设置指令口读地址
PR21:   MOVX    A, @DPTR             ; 读 BF 和 AC 值
        JB      ACC. 7, PR21         ; 判断 BF=0? 是则继续
        MOV     A, DAT               ; 取数据
        MOV     DPTR, #DW_Add        ; 设置数据口写地址
        MOVX    @DPTR, A             ; 写数据
        POP     ACC
        POP     DPL
        POP     RET
        DPH
```

④ 读显示数据子程序。

```
PR3:    PUSH    DPH
        PUSH    DPL
        PUSH    ACC
        MOV     DPTR, #CR_Add        ; 设置指令口读地址
PR31:   MOVX    A, @DPTR             ; 读 BF 和 AC 值
        JB      ACC. 7, PR31         ; 判断 BF=0? 是则继续
        MOV     DPTR, #DR_Add        ; 设置数据口读地址
        MOVX    A, @DPTR             ; 读数据
        MOV     DAT, A               ; 存入 DAT 单元
        POP     ACC
```

```
        POP      DPL
        POP      DPH
        RET
```

⑤初始化子程序。

```
INT:    MOV      A，#30H            ；工作方式设置指令代码
        MOV      DPTR，#CW_Add      ；指令口地址设置
        MOV      R2，#03H           ；循环量=3
INT1:   MOVX     @DPTR，A           ；写指令代码
        LCALL    DELAY             ；调延时子程序
        DJNZ     R2，INT1
        MOV      A，#38H            ；设置工作方式（8位总线）
        MOV      A，#28H            ；设置工作方式（4位总线）
        MOVX     @DPTR，A
        MOV      COM，#28H          ；以4位总线形式设置
        LCALL    PR1
        MOV      COM，#01H          ；清屏
        LCALL    PR1
        MOV      COM，#06H          ；设置输入方式
        LCALL    PR1
        MOV      COM，#OFH          ；设置显示方式
        LCALL    PRI
        RET
DELAY:  ……
        RET
```

（2）间接访问方式

间接访问方式是计算机把字符型液晶显示模块作为终端与计算机的并行接口连接，计算机通过对该并行接口的操作间接实现对字符型液晶显示模块的控制。以8031的P1口和P3口作为并行接口与字符型液晶显示模块连接的实用接口电路如图9-26所示。

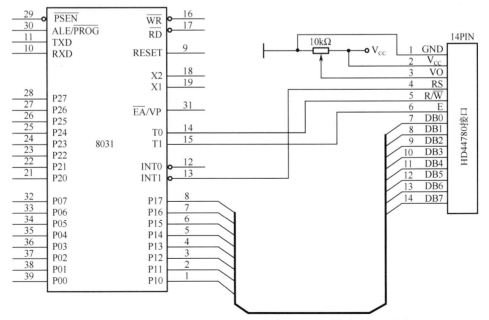

图9-26　间接访问方式下8031与字符型液晶显示模块的接口电路

图中电位器为 V0 口提供可调的驱动电压，用以实现显示对比度的调节。在写操作时，使能信号 E 下降沿有效，在软件设置顺序上，先设置 RS，R/$\overline{W}$ 状态，再设置数据，然后产生 E 信号的脉冲，最后复位 RS 和 R/$\overline{W}$ 状态。在读操作时，使能信号 E 高电平有效，所以在软件设置顺序上，先设置 RS 和 R/$\overline{W}$ 状态，再设置 E 信号为高，这时从数据口读取数据，然后将 E 信号置低，最后复位 RS 和 R/$\overline{W}$ 状态。间接控制方式通过软件执行产生操作时序，所以在时间上是足够满足要求的。因此间接控制方式能够实现高速计算机与字符型液晶显示模块的连接。因受篇幅限制，其软件的编制过程此处不再叙述。

6. 图形液晶显示接口

图形液晶显示器可显示汉字及复杂图形，广泛应用于游戏机、笔记本电脑和彩色电视等设备中。图形液晶显示一般都需与专用液晶显示控制器配套使用，属于内置式 LCD。常用的图形液晶显示控制器有 SED1520，HD61202，T6963C，HD61830A/B，SED1330/1335/1336/E1330，MSM6255，CL-GD6245 等。各类液晶显示控制器的结构各异，指令系统也不同，但其控制过程基本相同。读者如有兴趣，可参阅有关参考资料。

9.3 D/A 转换接口

单片机应用的重要领域是自动控制。在自动控制的应用中，除数字量外还会遇到另一种物理量，即模拟量，例如温度、速度、电压、电流、压力等，它们都是连续变化的物理量。由于计算机只能处理数字量，因此，计算机系统中凡遇到有模拟量的地方，就要进行模拟量向数字量、数字量向模拟量的转换，即数/模（D/A）和模/数（A/D）转换。

9.3.1 D/A 转换概述

数/模（D/A）转换器输入的是数字量，经转换后输出的是模拟量。有关 D/A 转换器的技术性能指标很多，例如绝对精度、相对精度、线性度、输出电压范围、温度系数、输入数字代码种类（二进制或 BCD 码）等。下面介绍几个与接口有关的技术性能指标。

（1）分辨率

分辨率是 D/A 转换器对输入量变化敏感程度的描述，与输入数字量的位数有关。如果数字量的位数为 n，则 D/A 转换器的分辨率为 2^{-n}。这就意味着数/模转换器能对满刻度的 2^{-n} 输入量做出反应。例如，8 位数的分辨率为 1/256，10 位数的分辨率为 1/1024 等。因此，数字量位数越多，分辨率也就越高，转换器对输入量变化的敏感程度也就越高。使用时，应根据分辨率的需要来选定转换器的位数，常见的有 8 位、10 位、12 位三种。

（2）建立时间

建立时间是描述 D/A 转换速度快慢的一个参数，指从输入数字量变化到输出达到终值，误差±（1/2）LSB（最低有效位）时所需的时间。通常以建立时间来表示转换速度。转换器的输出形式为电流时建立时间较短；而输出形式为电压时，由于建立时间还要加上运算放大器的延迟时间，因此建立时间要长一点。但总的来说，D/A 转换速度远高于 A/D 转换，例如快速的 D/A 转换器的建立时间可达 1μs。

（3）接口形式

D/A 转换器与单片机接口方便与否，主要决定于转换器本身是否带数据锁存器。总的来说有两类 D/A 转换器，一类是不带锁存器的，另一类是带锁存器的。对于不带锁存器的 D/A 转换器，为了保存来自单片机的转换数据，接口时要另加锁存器，因此这类转换器必须在口线上；而带锁存器的 D/A 转换器，可以把它看作一个输出口，因此可直接在数据总线上，而不需要另加锁存器。

9.3.2　D/A 转换芯片 DAC0832

DAC0832 是一个 8 位 D/A 转换器。单电源供电，+5V～+15V 均可正常工作。基准电压的范围为±10V；电流建立时间为 1μs；采用 CMOS 工艺，功耗为 20mW。

DAC0832 转换器芯片为 20 引脚，双列直插式封装，其引脚排列如图 9-27 所示。

该转换器由输入寄存器和 DAC 寄存器构成两级数据输入锁存。使用时数据输入可以采用两级锁存的形式，或单级锁存（一级锁存，一级直通）的形式，或直接输入（两级直通）形式。DAC0832 内部结构框图如图 9-28 所示。

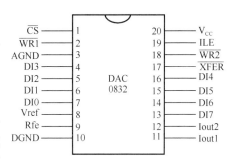

图 9-27　DAC0832 引脚排列图

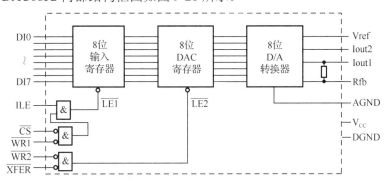

图 9-28　DAC0832 内部结构框图

此外，由三个与门电路组成寄存器输出控制逻辑电路，该逻辑电路的功能是进行数据锁存控制，当 $\overline{LE}$ =0 时，输入数据被锁存；当 $\overline{LE}$ =1 时，锁存器的输出跟随输入的数据。D/A 转换电路是一个 R-2R T 型电阻网络，实现 8 位数据的转换。对各引脚信号说明如下：

① DI7～DI0：转换数据输入。

② $\overline{CS}$：片选信号（输入），低电平有效。

③ ILE：数据锁存允许信号（输入），高电平有效。

④ $\overline{WR1}$：第 1 写信号（输入），低电平有效。

上述两个信号控制输入寄存器是数据直通方式还是数据锁存方式。当 ILE=1 和 $\overline{WR1}$ =0 时，为输入寄存器直通方式；当 ILE=1 和 $\overline{WR1}$ =1 时，为输入寄存器锁存方式。

⑤ $\overline{WR2}$：第 2 写信号（输入），低电平有效。

⑥ $\overline{XFER}$：数据传送控制信号（输入），低电平有效。

上述两个信号控制 DAC 寄存器是数据直通方式还是数据锁存方式。当 $\overline{WR2}$ =0 和 $\overline{XFER}$ =0 时，为 DAC 寄存器直通方式；当 $\overline{WR2}$ =1 和 $\overline{XFER}$ =0 时，为 DAC 寄存器锁存方式。

⑦ Iout1：电流输出 1。

⑧ Iout2：电流输出 2，DAC 转换器的特性之一是：Iout1+Iout2=常数。

⑨ Rfb：反馈电阻端。

⑩ Vref：基准电压，其电压可正可负，范围-10～+10V。

⑪ DGND：数字地。

⑫ AGND：模拟地。

因 0832 是电流输出，为了取得电压信号，需在电压输出端接运算放大器。运算放大器的连接方法如图 9-29 所示。

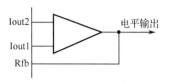

图 9-29　运算放大器连接方法

9.3.3　单缓冲方式的接口与应用

1. 单缓冲方式连接

所谓单缓冲方式就是使 0832 的两个输入寄存器中有一个处于直通方式，而另一个处于受控的锁存方式，或者说两个输入寄存器同时受控的方式。在实际应用中，如果只有一路模拟量输出，或虽有几路模拟量但并不要求同步输出，就可采用单缓冲方式。

单缓冲方式的两种连接如图 9-30 和图 9-31 所示。

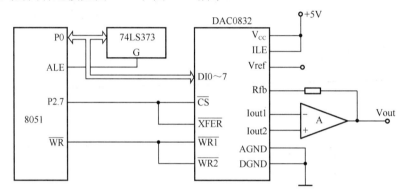

图 9-30　DAC0832 单缓冲方式接口

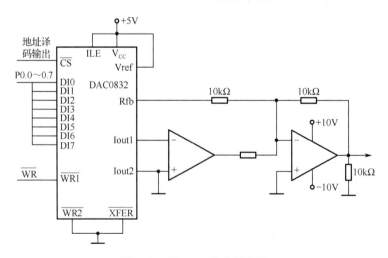

图 9-31　用 DAC 产生锯齿波

图 9-30 为两个输入寄存器同时受控的连接方法，$\overline{\text{WR1}}$ 和 $\overline{\text{WR2}}$ 一起接 8051 的 $\overline{\text{WR}}$，$\overline{\text{CS}}$ 和 $\overline{\text{XFER}}$ 共同连接在 P2.7，因此两个寄存器的地址相同。

图 9-31 中，$\overline{WR2}$ =0 和 $\overline{XFER}$ =0，因此 DAC 寄存器处于直通方式。而输入寄存器处于受控锁存方式，$\overline{WR1}$ 接 8051 的 $\overline{WR}$，ILE 接高电平，此外还应把 $\overline{CS}$ 接高位地址或译码输出，以便为输入寄存器确定地址。

其他如数据线连接及地址锁存等问题不再赘述。

2．单缓冲方式应用举例——锯齿波的产生

在许多控制应用中，要求有一个线性增长的电压（锯齿波）来控制检测过程。对此可通过在 DAC0832 的输出端接运算放大器，由运算放大器产生锯齿波来实现，电路连接如图 9-31 所示。图中的 DAC0832 工作于单缓冲方式，其中输入寄存器受控，而 DAC 寄存器直通。

假定输入寄存器地址为 7FFFH，产生锯齿波的源程序如下：

```
        ORG     0200H
DASAW:  MOV     DPTR, #7FFFH        ；输入寄存器地址
        MOV     A, #00H             ；转换初值
WW:     MOVX    @DPTR, A            ；D/A 转换
        INC     A
        NOP                         ；延时
        NOP
        NOP
        AJMP    WW
        END
```

执行上述程序，在运算放大器的输出端就能得到如图9-32所示的锯齿波。

对锯齿波的产生做如下几点说明：

① 程序每循环一次，累加器加 1，因此实际上锯齿波的上升边是由 256 个小阶梯构成的。但由于阶梯很小，所以宏观上看就如图 9-32 中所表示的线性增长锯齿波。

② 可通过循环程序段的机器周期数，计算出锯齿波的周期。并可通过延时的办法来改变波形周期。当延迟时间较

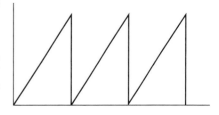

图 9-32　D/A 转换产生的锯齿波

短时，可用 NOP 指令来实现；当需要延迟时间较长时，可以使用一个延时子程序。延迟时间不同，波形周期不同，锯齿波的斜率就不同。

③ 如要得到负向的锯齿波，改为累加器减 1 指令即可实现。

④ 累加器 A 的变化范围是 0～255，因此得到的锯齿波是满幅度的。如要得到非满幅锯齿波，可通过计算求得数字量的初值和终值，通过置初值判终值的方法实现。

用同样的方法也可以产生三角波、矩形波、梯形波，请读者自行编写程序。

9.3.4　双缓冲方式的接口与应用

1．双缓冲方式连接

所谓双缓冲方式，就是把 DAC0832 的两个锁存器都连接成受控锁存方式。双缓冲 DAC0832 的连接如图 9-33 所示。

为了实现寄存器的可控，应当给寄存器分配一个地址，以便能按地址进行操作。图 9-33 采用地址译码输出分别接 $\overline{CS}$ 和 $\overline{XFER}$，然后再给 $\overline{WR1}$ 和 $\overline{WR2}$ 提供写选通信号。这样就完成了两个锁存器都可控的双缓冲接口方式。

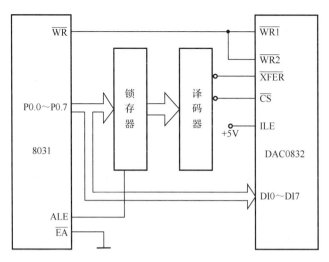

图 9-33　DAC0832 的双缓冲方式连接

由于两个锁存器分别占据两个地址,因此在程序中需要使用两条传送指令,才能完成一个数字量的模拟转换。假定输入寄存器地址为 FEH,DAC 寄存器地址为 FFH。则完成一次数/模转换的程序段如下:

```
MOV    R0,  #0FEH        ；装入输入寄存器地址
MOVX   @R0, A            ；转换数据送输入寄存器
INC    R0                ；产生 DAC 寄存器地址
MOVX   @R0, A            ；数据通过 DAC 寄存器
```

最后一条指令,表面上看来是把 A 中数据传送到 DAC 寄存器,实际上这种数据传送并不真正进行,该指令只是起到打开 DAC 寄存器使输入寄存器中数据通过的作用,数据通过后就去进行 D/A 转换。

2. 双缓冲方式应用举例

双缓冲方式用于多路数/模转换系统,以实现多路模拟信号同步输出的目的。例如使用单片机控制 X-Y 绘图仪。X-Y 绘图仪由 X、Y 两个方向的步进电机驱动,其中一个电机控制绘图笔沿 X 方向运动,另一个电机控制绘图笔沿 Y 方向运动,从而绘出图形。

对 X-Y 绘图仪的控制有两点基本要求:一是需要两路 D/A 转换器分别给 X 通道和 Y 通道提供模拟信号,二是两路模拟量要同步输出。

两路模拟量输出是为了使绘图笔能沿 X-Y 轴做平面运动,而模拟量同步输出则是为了使绘制的曲线光滑。否则绘制出的曲线就是台阶状的,如图 9-34 所示。为此就要使用两片 DAC0832,并采用双缓冲方式连接,如图 9-35 所示。

（a）同步输出　　　　（b）先 X 后 Y　　　　（c）先 Y 后 X

图 9-34　单片机控制 X-Y 绘图仪

电路中以译码法产生地址,两片 DAC0832 共占据三个单元地址,其中两个输入寄存器各占一个地址,而两个 DAC 寄存器则合用一个地址。

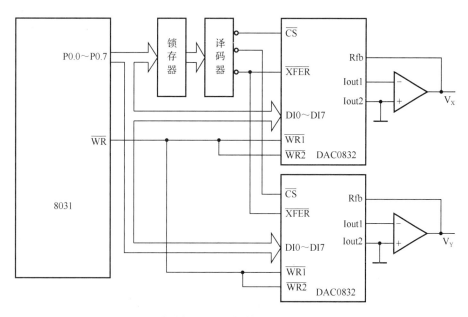

图 9-35   控制 *X-Y* 绘图仪的双片 DAC0832 接口

编程时，首先用一条传送指令把 *X* 坐标数据送到 *X* 向转换器的输入寄存器。其次用一条传送指令把 *Y* 坐标数据送到 *Y* 向转换器的输入寄存器。最后用一条传送指令同时打开两个转换器的 DAC 寄存器，进行数据转换，即可实现 *X*、*Y* 两个方向坐标量的同步输出。

假定 *X* 方向 0832 输入寄存器地址为 F0H，*Y* 方向 0832 输入寄存器地址为 F1H，两个 DAC 寄存器公用地址为 F2H。*X* 坐标数据存于 DATA 单元中，*Y* 坐标数据存于 DATA+1 单元中。绘图仪的驱动程序为：

```
MOV     R1, #DATA            ; X 坐标数据单元地址
MOV     R0, #0F0H            ; X 向输入寄存器地址
MOV     A, @R1               ; X 坐标数据送 A
MOVX    @R0, A               ; X 坐标数据送输入寄存器
INC     R1                   ; 指向 Y 坐标数据单元地址
INC     R0                   ; 指向 Y 向输入寄存器地址
MOV     A, @R1               ; Y 坐标数据送 A
MOVX    @R0, A               ; Y 坐标数据送输入寄存器
INC     R0                   ; 指向两个 DAC 寄存器地址
MOVX    @R0, A               ; X、Y 转换数据同步输出
```

9.4   A/D 转换器接口

9.4.1   A/D 转换器概述

A/D 转换器用于实现模拟量向数字量的转换，按转换原理可分为四种，即计数式 A/D 转换器、双积分式 A/D 转换器、逐次逼近式 A/D 转换器和并行式 A/D 转换器。

目前最常用的是双积分式 A/D 转换器和逐次逼近式 A/D 转换器。双积分式 A/D 转换器的主要优点是转换精度高，抗干扰性能好，价格便宜，但转换速度较慢。因此这种转换器主要用于速度要求不高的场合。逐次逼近式 A/D 转换器是一种速度较快、精度较高的转换器。其转换时间在几微秒到几百微秒之间。通常使用的逐次逼近式典型 A/D 转换器芯片有：

- ADC0801～ADC0805 型 8 位 MOS 型 A/D 转换器，是美国国家半导体公司的产品。它是目前最流行的中速廉价型产品。片内有三态数据输出锁存器，单通道输入，转换时间约 100μs。
- ADC0808/0809 型 8 位 CMOS 型 A/D 转换器，可实现 8 路模拟信号的分时采集，片内有 8 路模拟选通开关，以及相应的通道地址锁存用译码电路，其转换时间为 100μs 左右。下面将重点介绍该芯片的结构及使用。
- ADC0816/0817 型 A/D 转换器，这类产品除输入通道数增加至 16 个外，其他性能与 ADC0808/0809 型基本相同。

9.4.2 A/D 转换芯片 ADC0809

ADC0809 是典型的 8 位 8 通道逐次逼近式 A/D 转换器，采用 CMOS 工艺。

1. ADC0809 的内部逻辑结构

ADC0809 内部逻辑结构如图 9-36（a）所示，图中多路开关可选通 8 个模拟通道，允许 8 路模拟量分时输入，共用一个 A/D 转换器进行转换。地址锁存与译码电路完成对 A、B、C 三个地址位进行锁存和译码，其译码输出用于通道选择，如表 9-3 所示。

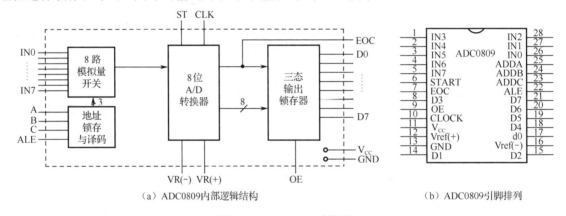

（a）ADC0809内部逻辑结构　　　　　　　　（b）ADC0809引脚排列

图 9-36　ADC0809 结构图

表 9-3　通道选择表

通 道	IN0	IN1	IN2	IN3	IN4	IN5	IN6	IN7
C	0	0	0	0	1	0	1	1
B	0	0	1	1	0	0	1	1
A	0	1	0	1	0	1	0	1

8 位 A/D 转换器是逐次逼近式的，由控制与时序电路、逐次逼近寄存器、树状开关及 256R 电阻阶梯网络等组成。

输出锁存器用于存放和输出转换得到的数字量。

2. 信号引脚

ADC0809 芯片为 28 引脚双列直插式封装，其引脚排列如图 9-36（b）所示。

对 ADC0809 主要信号引脚的功能说明如下：

① IN7～IN0：模拟量输入通道。ADC0809 对输入模拟量的要求主要有信号单极性，电压范围为 0～5V，若信号过小还需进行放大。另外，模拟量输入在 A/D 转换过程中其值不应变化太快，

因此对变化速度快的模拟量，在输入前应增加采样保持电路。

② A、B、C：地址线。A 为低位地址，C 为高位地址，用于对模拟通道进行选择，引脚图 9-36 中为 ADDA、ADDB 和 ADDC，其地址状态与通道的对应关系见表 9-3。

③ ALE：地址锁存允许信号。对应 ALE 上跳沿，A、B、C 地址状态送入地址锁存器中。

④ START：转换启动信号。START 上跳沿时，所有内部寄存器清 0；START 下跳沿时，开始进行 A/D 转换；在 A/D 转换期间，START 应保持低电平。

⑤ D7～D0：数据输出线。为三态缓冲输出形式，可以和单片机的数据线直接相连。

⑥ OE：输出允许信号。用于控制三态输出锁存器向单片机输出转换得到的数据。OE=0，输出数据线呈高电阻；OE=1，输出转换得到的数据。

⑦ CLK：时钟信号。ADC0809 的内部没有时钟电路，所需时钟信号由外界提供，因此有时钟信号引脚。通常使用频率为 500kHz 的时钟信号。

⑧ EOC：转换结束状态信号。EOC=0，正在进行转换；EOC=1，转换结束。该状态信号既可作为查询的状态标志，又可以作为中断请求信号使用。

⑨ V_{CC}：+5V 电源。

⑩ Vref：基准电压。基准电压用来与输入的模拟信号进行比较，作为逐次逼近的基准。其典型值为+5V（Vref(+)=+5V，Vref(−)=0V）。

9.4.3 单片机与 ADC0809 接口

ADC0809 与 8031 单片机的典型连接如图 9-37 所示。

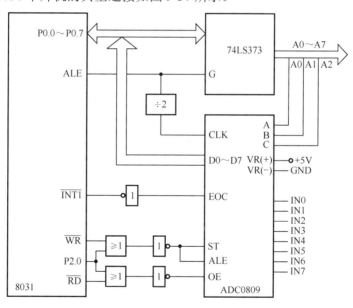

图 9-37　ADC0809 与 8031 单片机的连接

从图 9-37 可以看到,把 ADC0809 的 ALE 信号与 START 信号连接在一起了,这样使得在 ALE 信号的前沿写入地址信号,紧接着在其后沿就启动转换。

1．八路模拟通道选择

A、B、C 分别接地址锁存器提供的低三位地址，只要把三位地址写入 0809 中的地址锁存器，就实现了模拟通道选择。对系统来说，地址锁存器是一个输出口，为了把三位地址写入，还要提供口地址。ADC0809 的通道地址线与 8031 单片机的对应关系如表 9-4 所示。

表 9-4 ADC0809 通道地址线与 8031 单片机对应关系

8031	P	2.7	2.6	2.5	2.4	2.3	2.2	2.1	2.0	0.7	0.6	0.5	0.4	0.3	0.2	0.1	0.0
	A	15	14	13	12	11	10	9	8	7	6	5	4	3	2	1	0
0809									ST						C	B	A
		×	×	×	×	×	×	×	0	×	×	×	×	×	0	0	0
		...	...	...	...	...	...	...	...	...	...	...	...	...	...	...	...
		×	×	×	×	×	×	×	0	×	×	×	×	×	1	1	1

由表 9-4 可知，若无关位都取 0，则 8 路通道 IN0～IN7 的地址分别为 0000H～0007H。

当然口地址也可以由单片机其他不用的口线，或者由几根口线经过译码后来提供，这样 8 路通道的地址也就有所不同。

因此启动 ADC0809 进行转换只需要下面的指令（以通道 0 为例）：

```
MOV     DPTR, #0000H      ; 选中通道 0
MOVX    @DPTR, A          ; WR 信号有效，启动转换
```

2．转换数据的传送

A/D 转换后得到的是数字量的数据，这些数据应传送给单片机进行处理。数据传送的关键问题是如何确认 A/D 转换完成，因为只有确认数据转换完成后，才能进行传送。为此可采用下述三种方式。

（1）定时传送方式

对于一种 A/D 转换器来说，转换时间作为一项技术指标是已知的和固定的。如 ADC0809 转换时间为 128μs，相当于 6MHz 的 MCS-51 单片机共 64 个机器周期。可据此设计一个延时子程序，A/D 转换启动后即调用这个延时子程序，延迟时间一到，转换肯定已经完成了，接着就可进行数据传送。

（2）查询方式

A/D 转换芯片有表明转换完成的状态信号，如 ADC0809 的 EOC 端。因此可以用查询方式，用软件测试 EOC 的状态，即可确知转换是否完成，然后进行数据传送。

（3）中断方式

把表明转换完成的状态信号（EOC）作为中断请求信号，以中断方式进行数据传送。

在图 9-37 中，EOC 信号经过反相器后送到单片机的 INT0，因此可以采用查询该引脚或中断的方式进行转换后数据的传送。

不管使用上述哪种方式，只要一旦确认转换完成，即可通过指令进行数据传送。首先送出口地址并以 RD 作选通信号，当 RD 信号有效时，OE 信号即有效，把转换数据送上数据总线，供单片机接收，即：

```
MOV     DPTR, #0000H          ; 选中通道 0
MOVX    A, @DPTR,             ; 读转换后的数据到累加器 A
```

9.4.4 应用举例

设计一个 8 路模拟量输入的巡回检测系统，采样数据依次存放在内部 RAM 78H～7FH 单元中，其中断方式源程序和查询方式源程序如下：

中断方式源程序：

```
        ORG     0000H           ; 主程序入口地址
        AJMP    MAIN            ; 跳转主程序
        ORG     0013H           ; 中断入口地址
        AJMP    INT1            ; 跳转中断服务程序
MAIN:   MOV     R0, #78H        ; 数据暂存区首地址
        MOV     R2, #08H        ; 8 路计数初值
        SETB    IT1             ; 中断为边沿触发
        SETB    EA              ; 开中断
        SETB    EX1             ; 允许中断
        MOV     DPTR, #6000H    ; 指向 0809 的 IN0 通道地址
        MOV     A, #00H         ; 此指令可省, A 可为任意值
LOOP:   MOVX    @DPTR, A        ; 启动 A/D 转换
HERE:   SJMP    HERE            ; 等待中断
        DJNZ    R2, LOOP        ; 巡回未完继续
INT1:   MOVX    A, @DPTR        ; 读 A/D 转换结果
        MOV     @R0, A          ; 存数
        INC     DPTR            ; 更新通道
        INC     R0              ; 更新暂存单元
        RETI                    ; 返回
        END
```

查询方式源程序:

```
        ORG     0000H           ; 主程序入口地址
        AJMP    MAIN            ; 跳转主程序
        ORG     1000H
MAIN:   MOV     R0, #78H
        MOV     R2, #08H
        MOV     DPTR, #6000H
        MOV     A, #00H
L0:     MOVX    @DPTR, A
L1:     JB      P3.3, L1        ; 查询中断 1 是否为 0
        MOVX    A, @DPTR        ; 为 0, 则转换结束, 读出数据
        MOV     @R0, A
        INC     R0
        INC     DPTR
        DJNZ    R2, L0
        SJMP    $
        END
```

9.5 接口技术应用实例

本节通过基于 Proteus 仿真环境下的典型的单片机接口技术应用实例,提供了主要芯片的扩展接口及编程方法。

【例 9.5.1】 图 9-38 为单片机驱动 8 位 7 段数码管的接线图,请编程实现 7 段数码管流动、闪烁、常亮的控制,同时 P1 口驱动的 8 个 LED 同步流动、闪烁、常亮。要求:

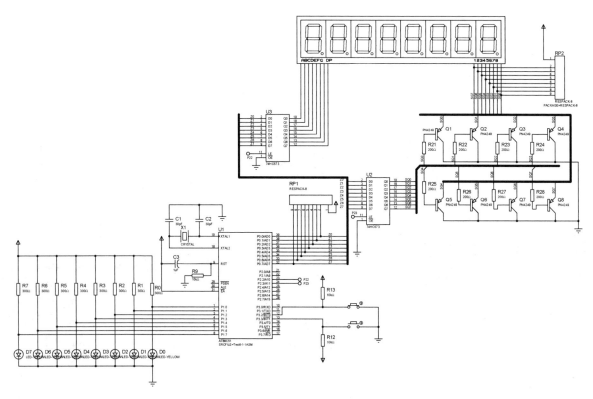

图 9-38 单片机驱动 8 位 7 段数码管的接线图

（1）P0 口通过驱动共阴极数码管的段和位、P1 口驱动 8 个 LED。

（2）P2 口的 P2.2、P2.3 用于 P0 口数据锁存，锁存段码、位码。

（3）外部中断 0、外部中断 1 的四种状态控制数码管和 LED 的状态：

  00 右流动；

  01 左流动；

  10 闪烁；

  11 常亮。

源程序如下：

LRFLG	BIT	PSW.1	；定义位 PSW.1 为 LRFLG（F1）
FLFLG	BIT	PSW.5	；定义位 PSW.5 为 FLFLG，（F0）
LATCH1	BIT	P2.2	；定义位 P2.2 为 7 段数码管的段锁存位
LATCH2	BIT	P2.3	；定义位 P2.2 为 7 段数码管的位锁存位
INTFLG	BIT	00H	；定义 00 为中断进入标志位
LEDNUM	EQU	00H	；LED 初始状态，开发板应设置为 00
			；LED 初始状态，仿真环境应设置为 0FFH
LEDLEFT	EQU	01H	；LED 左流动初始值
LEDRIGHT	EQU	80H	；LED 右流动初始值
SEGLEFT	EQU	0FEH	；数码管左流动初始值
SEGRT	EQU	7FH	；数码管右流动初始值
SEGDARKEQU		00H	；熄灭数码管段值，共阴，共阳极应为 0FFH
SEGDARKB	EQU	00H	；熄灭数码管位值，共阴且 PNP 驱动
	ORG	0000H	
	AJMP	MAIN	；转移到主程序

	ORG	003H	; 外部中断 0 入口
	SETB	INTFLG	; 标志位 INTFLG 置 1，控制初始状态流动方向
	AJMP	INT_0	; 转到外部中断 0 服务程序
	ORG	0013H	; 外部中断 1 入口
	SETB	INTFLG	; 标志位 INTFLG 置 1，控制初始状态流动方向
	AJMP	INT_1	; 转到外部中断 1 服务程序
	ORG	0050H	
INT_0:			; 外部中断 0 服务程序
	CPL	LRFLG	; 标志位 F1 取反，以控制流动方向
	CLR	FLFLG	; 清除标志位 F0
	RETI		; 中断返回
	ORG	0080H	
INT_1:			; 外部中断 1 服务程序
	SETB	FLFLG	; 置位中断标志位 F1，为闪烁服务
	RETI		; 中断返回
	ORG 0100H		
MAIN:			; 主程序
			; 共阴极数码管字符表，可以改为查表指令处理
	MOV	30H,#3FH	; 字符 0
	MOV	31H,#06H	; 字符 1
	MOV	32H,#5BH	; 字符 2
	MOV	33H,#4FH	; 字符 3
	MOV	34H,#66H	; 字符 4
	MOV	35H,#6DH	; 字符 5
	MOV	36H,#7DH	; 字符 6
	MOV	37H,#07H	; 字符 7
	MOV	38H,#7fH	; 字符 8
	SETB	EX0	; 开外部中断 0
	SETB	EX1	; 开外部中断 1
	SETB	EA	; 开中断总允许位
	SETB	IT0	; 设置外部中断 0 为下降沿触发
	SETB	IT1	; 设置外部中断 1 为下降沿触发
	MOV	A,#SEGLEFT	; ACC 初始化，初始为左流动
	SETB	INTFLG	; 设置 INTFLG，以便于首次运行时进行初始化
	SETB	FLFLG	; 设置 FLFLG
	SETB	LRFLG	; 初始化 LRFLG
			; FLFLG, LRFLG =00 右流动
			; FLFLG, LRFLG =01 左流动
			; FLFLG, LRFLG =10 闪烁
			; FLFLG, LRFLG =11 常亮
START:			
	JBC	INTFLG,START1	; 是否中断驱动切换状态，是，则初始化
	AJMP	START2	; 不是第一次进入对应的状态则跳过初始化
START1:			; 初始化部分
	MOV	50H,#LEDLEFT	; LED 左流动初始值
	MOV	51H,#LEDRIGHT	; LED 右流动初始值
	MOV	52H,#SEGLEFT	; 数码管左流动初始值

```
                MOV      53H,# SEGRT          ; 数码管右流动初始值
                MOV      54H,#SEGLEFT         ; 数码管左流动初始值
                MOV      55H,# SEGRT          ; 数码管右流动初始值, 可以改#SEGLEFT
                MOV      56H,# LEDNUM         ; LED 闪烁初始值, 一般为 0 或 FFH
                MOV      R0,#30H              ; R0 初始化
                MOV      R5,#8                ; R5 计数器初始化
START2:
                JB       FLFLG,FLASH          ; FLFLG=1, 则转移到闪烁程序, 闪烁或常亮
                JB       LRFLG,LEFT           ; FLFLG=0, L RFLG=1 则左流动
                                              ; 否则, FLFLG=0, LRFLG=0 则右流动
RIGHT:                                        ; 从左向右循环点亮子程序
RIGHT1:
                MOV      A,53H                ; 右流动初始值
LOOPR:
                ACALL    SCAN                 ; 扫描点亮数码管的高位
                MOV      50H,A                ; 数码管的位驱动值赋值给 LED 点亮初始值
                ;XRL     50H,#0FFH            ; 采用 NPN 三极管需要去掉本句句首的注释标记 ";"
                MOV      P1,50H               ; 驱动值点亮 LED
                ACALL    DELAY100             ; 延时
                RR       A                    ; 数码管的位驱动值 A 右移动一位
                INC      R0                   ; R0=R0+1
                MOV      53H,A                ; 位驱动值 A 的值保存至 53H
                ACALL    INT_R0               ; 调 R0 初始化子程序, 判断 R0 是否超界限
                ACALL    DARK                 ; 调暗子程序, 以防止显示混乱
                AJMP     START                ; 转回 START 重新开始

LEFT:                                         ; 从右向左循环点亮子程序
LEFT1:
                MOVA,52H                       ; 左流动初始值
LOOPL:
                ACALL    SCAN                 ; 扫描点亮数码管的低位
                MOV      50H,A                ; 数码管的位驱动值赋值给 LED 点亮初始值
                ;XRL     50H,#0FFH            ; 采用 NPN 三极管需要去掉本句句首的注释标记 ";"
                MOV      P1,50H               ; 驱动值点亮 LED
                ACALL    DELAY100             ; 延时
                RL       A                    ; 数码管的位驱动值 A 左移动一位
                INC      R0                   ; R0=R0+1
                MOV      52H,A                ; 位驱动值 A 的值保存至 53H
                ACALL    INT_R0               ; 调 R0 初始化子程序, 判断 R0 是否超界限
                ACALL    DARK                 ; 调暗子程序, 以防止显示混乱
                AJMP     START                ; 转回 START 重新开始
FLASH:                                        ; 闪烁、常亮子程序
                MOV      R7,#100              ; 设置亮状态保持时间, 扫描多遍才有效果
                MOV      P1,56H               ; 闪烁初始值
FLASH1:
                MOV      A,55H                ; 取数码管扫描起始位, 也可以是 54H
                MOV      R0,#30H              ; R0 初始化
                MOV      R5,#8                ; R5 计数器初始化
                MOV      P1,56H               ; 56H 为 LED 初始状态值, 一般为 0 或 FFH
LOOP:
```

	ACALL	SCAN	；扫描点亮数码管
	ACALL	DELAY1	；延时 1ms
NEXT:	RR	A	；扫描点亮下一个数码管，可以是 RL
	INC	R0	；R0=R0+1，为扫描下一个数码管准备
	DJNZ	R5,LOOP	；R5=R5-1 为零，则 8 个数码管扫描完毕，否则循环
	DJNZ	R7,FLASH1	；R7 为零，则规定扫描的遍数完毕，否则循环
	JB	LRFLG,LIANG	；FLFLG，LRFLG =11 则转到常亮程序段
			；FLFLG，LRFLG =10 则闪烁，调用熄灭程序
	XRL	56H,#0FFH	；56H 内容取反
	MOV	P1,56H	；改变 P1 口驱动 LED 亮
	ACALL	DARK	；调暗子程序，以防止显示混乱
	ACALL	DELAY100	；延时 100ms
	ACALL	DELAY100	；延时 100ms，调两遍为增加灭的时间
	XRL	56H,#0FFH	；56H 内容取反，以恢复 P1 口驱动 LED 亮
	AJMP	START	；转回 START 重新开始
LIANG:			；常亮程序段
	MOV	P1,#LEDNUM	；LED 闪烁初始值，常亮期间 LED 持续一个状态
	AJMP	START	；转回 START 重新开始
SCAN:			；扫描点亮数码管子程序
	MOV	P0,A	；数码管位驱动值赋值给 P0
	SETB	LATCH2	；高电平锁存
	CLR	LATCH2	；取消高电平、取消锁存
	MOV	P0,@R0	；数码管段驱动值赋值给 P0
	SETB	LATCH1	；高电平锁存
	CLR	LATCH1	；取消高电平、取消锁存
	RET		；子程序返回
DARK:			；扫描熄灭数码管子程序
	MOV	P0,# SEGDARKB	；数码管位驱动值赋值给 P0
	SETB	LATCH2	；高电平锁存
	CLR	LATCH2	；取消高电平、取消锁存
			；需要先送位再送段，否则错误
	MOV	P0,# SEGDARK	；数码管段驱动值赋值给 P0
	SETB	LATCH1	；高电平锁存
	CLR	LATCH1	；取消高电平、取消锁存
	RET		；子程序返回
INT_R0:			；R0 初始化子程序，判断 R0 是否超界限
	CJNE	R0, #38H, NEXTC	；判断 R0 是否超界限，如果超界限则会显示乱码
	MOV	R0,#30H	；R0 初始化
	MOV	R5,#8	；R5 计数器初始化
NEXTC:			
	JC	ENDC	；如果没借位则 R0 未超界限
	MOV	R0,#30H	；R0 初始化
	MOV	R5,#8	；R5 计数器初始化
ENDC:			
	RET		；子程序返回
DELAY100:	MOV	R3,#1	；1T，1×100ms=100ms，此处可加大看效果
DEL3:	MOV	R2,#100	；1T，100×1ms=100ms
DEL2:	ACALL	DELAY1	；2T，忽略本句执行时间

```
          DJNZ      R2,DEL2          ; 2T，忽略本句执行时间
          DJNZ      R3,DEL3          ; 2T，忽略本句执行时间
          RET                        ; 2T，忽略本句执行时间
DELAY1:   MOV       R1,#248          ; 1T，4μs×248=1ms
DEL1:     NOP                        ; 1T，1μs
          NOP                        ; 1T，1μs
          DJNZ      R1,DEL1          ; 2T，2μs
          RET                        ; 2T，忽略本句执行时间
          END
```

【例 9.5.2】 图 9-39 为行列式键盘接口电路，请编程实现 7 段数码管同步显示行列式键盘对应的按键键值。

```
          ORG       0000H
          AJMP      MAIN
          ORG       0100H
MAIN:
          MOV       DPTR,#TABLE      ; 将表头放入 DPTR
          LCALL     KEY              ; 调用键盘扫描程序
          MOVC      A,@A+DPTR        ; 查表后将键值送入 ACC

          MOV       P0,A             ; 将 ACC 值送入 P0 口
          LJMP      MAIN             ; 返回反复循环显示
KEY:      LCALL     KS               ; 调用检测按键子程序
          JNZ       K1               ; 有键按下，继续
          LCALL     DELAY2           ; 无键按下，调用延时去抖
          AJMP      KEY              ; 返回继续检测按键
K1:       LCALL     DELAY2
          LCALL     DELAY2           ; 有键按下，延时去抖动
          LCALL     KS               ; 再调用检测按键程序
          JNZ       K2               ; 确认有键按下，进行下一步
          AJMP      KEY              ; 无键按下，返回继续检测
K2:       MOV       R2,#0EFH         ; 将扫描值送入 R2 暂存
          MOV       R4,#00H          ; 将第一列值送入 R4 暂存
K3:       MOV       P1,R2            ; 将 R2 的值送入 P1 口
L6:       JB        P1.0,L1          ; P1.0 等于 1 跳转到 L1
          MOV       A,#00H           ; 将第一行值送入 ACC
          AJMP      LK               ; 跳转到键值处理程序
L1:       JB        P1.1,L2          ; P1.1 等于 1 跳转到 L2
          MOV       A,#04H           ; 将第二行的行值送入 ACC
          AJMP      LK               ; 跳转到键值处理程序进行键值处理
L2:       JB        P1.2,L3          ; P1.2 等于 1 跳转到 L3
          MOV       A,#08H           ; 将第三行的行值送入 ACC
          AJMP      LK               ; 跳转到键值处理程序
L3:       JB        P1.3,NEXT        ; P1.3 等于 1 跳转到 NEXT 处
          MOV       A,#0CH           ; 将第四行的行值送入 ACC
LK:       ADD       A,R4             ; 行值与列值相加后的键值送入 A
          PUSH      ACC              ; 将 A 中的值送入堆栈暂存
K4:       ;LCALL    DELAY2           ; 调用延时去抖动程序
          LCALL     KS               ; 调用按键检测程序
```

```
                JNZ      K4              ; 按键没有松开，继续返回检测
                POP      ACC             ; 将堆栈的值送入 ACC
                RET
    NEXT:       INC      R4              ; 将列值加 1
                MOV      A,R2            ; 将 R2 的值送入 A
                JNB      ACC.7,KEY       ; 扫描完，至 KEY 处进行下一列扫描
                RL       A               ; 扫描未完，将 A 中的值右移一位进行下一列的扫描
                MOV      R2,A            ; 将 ACC 的值送入 R2 暂存
                AJMP     K3              ; 跳转到 K3 继续
    KS:         MOV      P1,#0FH         ; 将 P1 口高 4 位置 0 低 4 位值 1
                MOV      A,P1            ; 读 P1 口
                XRL      A,#0FH          ; 将 A 中的值低 4 位取反
                RET
    DELAY2:                             ; 40ms 延时去抖动子程序
                MOV      R5,#08H
    L7:         MOV      R6,#0FAH
    L8:         DJNZ     R6,L8
                DJNZ     R5,L7
                RET
    TABLE:                              ; 7 段显示器数据定义
                DB 0C0H,0F9H,0A4H,0B0H,99H   ; 0，1，2，3，4
                DB 92H,82H,0F8H,80H,90H      ; 5，6，7，8，9
                DB 88H,83H,0C6H,0A1H,86H     ; A，B，C，D，E
                DB  8EH                      ; F
                DB 0C0H,0F9H,0A4H,0B0H,99H
                END
```

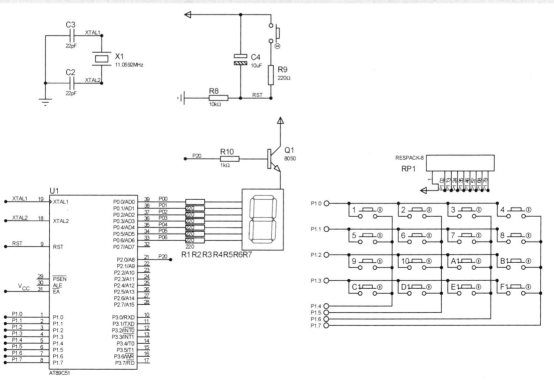

图 9-39　行列式键盘接口电路

【例 9.5.3】 图 9-40 为步进电机接口电路，请编程实现单片机控制电机正转反转。程序启动时，电机静止，按下 SW1 电机正转，按下 SW2 电机反转。

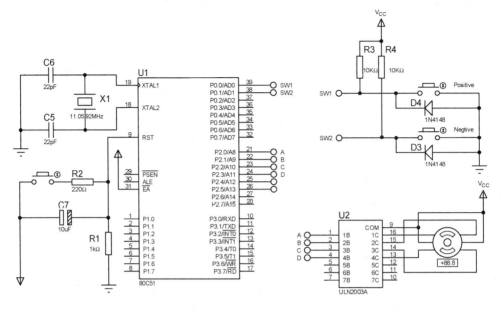

图 9-40　步进电机接口电路

```
            ORG      00H
            AJMP     START
            ORG      0100H
START:      MOV      DPTR,#TAB1
            MOV      R0,#3
            MOV      R4,#0
            MOV      P2,R0           ; 初始角度,0 度
WAIT:       MOV      P0,#0FFH
            JNB      P0.0,POS
            JNB      P0.1,NEG        ; 判断键盘状态
            MOV      P2,#00H
            SJMP     WAIT
POS:        MOV      R4,#1
            MOV      A,R4            ; 正转 9 度
            MOVC     A,@A+DPTR
            MOV      P2,A
            ACALL    DELAY
            AJMP     KEY
NEG:        MOV      R4,#7           ; 反转 9 度
            MOV      A,R4
            MOVC     A,@A+DPTR
            MOV      P2,A
            ACALL    DELAY
            AJMP     KEY
KEY:        MOV      P0,#03H
            JB       P0.0,NR1
            INC      R4
            CJNE     R4,#9,LOOPP
```

```
            MOV     R4,#1
LOOPP:      MOV     A,R4
            MOVC    A,@A+DPTR
            MOV     P2,A
            ACALL   DELAY
            AJMP    KEY
NR1:        JB      P0.1,START
            DEC     R4
            CJNE    R4,#0,LOOPN
            MOV     R4,#8
LOOPN:      MOV     A,R4
            MOVC    A,@A+DPTR
            MOV     P2,A
            ACALL   DELAY
            AJMP    KEY
DELAY:      MOV     R6,#1
DD1:        MOV     R5,#80H
DD2:        MOV     R7,#0
DD3:        DJNZ
            DJNZ    R5,DD2
            DJNZ    R6,DD1
            RET
TAB1:       DB      00H,02H,06H,04H
            DB      0CH,08H,09H,01H,03H      ; 控制数据表
            END
```

本 章 小 结

本章重点介绍单片机应用系统常需连接的键盘、显示器、打印机、A/D 和 D/A 转换器等外设，常用外设的工作原理及它们与单片机的接口技术。

按键按结构原理可分为触点式开关按键（如机械式按键）和无触点开关按键（如电气式按键）。多个按键组合在一起可构成键盘，键盘可分为独立式键盘和矩阵式（也叫行列式）键盘两种，MCS-51 可方便地与这两种键盘接口。矩阵键盘一般采用扫描方式识别按键，键盘扫描工作方式有三种，即编程扫描、定时扫描和中断扫描。

与单片机接口的常用显示器件分为 LED 和 LCD 两大类。LED 显示器可分为 LED 状态显示器（发光二极管），LED 七段显示器（数码管）、LED 十六段显示器和 LED 点阵显示器（大屏幕显示器）。本章重点介绍了 MCS-51 单片机与 LED 七段显示器的接口技术，包括单位 LED 静态显示，多位 LED 静态显示，多位 LED 动态显示等的原理与编程。

LCD 显示可分为笔段型、字符型和点阵图形型。按控制方式还可分为含控制器式（内置式）和不含控制器式，内置式 LCD 把显示控制器、驱动器用厚膜电路做在显示模块印制底板上，只需通过控制器接口外接数字信号或模拟信号即可；不含控制器的 LCD 还需另外选配相应的控制器和驱动器才能工作。LCD 显示的驱动方式有静态驱动方式、动态驱动方式和双频驱动方式。本章对 LCD 显示器与 8051 单片机的接口电路有较详细的描述，并讲述了编程要点。

A/D 和 D/A 转换器是计算机与外界联系的重要途径，由于计算机只能处理数字信号，当计算机系统中需要控制和处理温度、速度、电压、电流、压力等模拟量时，就需采用 A/D 和 D/A 转换器。D/A 转换器的主要技术指标有 D/A 转换速度（建立时间）和 D/A 转换精度（分辨率）。本章

重点介绍了 D/A 转换芯片 DAC0832 的工作原理，并详细介绍了 0832 单缓冲方式和双缓冲方式的接口及应用。

A/D 转换器按转换原理可分为计数式 A/D 转换器、并行式 A/D 转换器、双积分式 A/D 转换器和逐次逼近式 A/D 转换器，后两种较为常用。本章重点介绍了 A/D 转换芯片 ADC0809 与 MCS-8051 的接口电路，叙述了 A/D 转换后二者间的数据传送方式，即定时传送方式、查询方式和中断方式。还通过 8 路模拟量输入巡回检测系统实例，详细介绍了二者间数据传送的编程方法。

【知识拓展与思政元素】风险意识、弘扬传统、不忘初心、牢记使命

序号	知 识 点	切 入 点	思政元素、目标	素材、方法和载体
1	接口技术概念与作用	接口作用	元素：接口技术与文化传承 目标：弘扬传统文化、增强国家、民族认同感和自豪感	1. 知识关联、主题讨论 2. 讨论：中西文化
2	模块功能	模块接口	元素："尺有所短，寸有所长；物有所不足，智有所不明。""二人同心，其利断金；同心之言，其臭如兰。" 各模块各负其责，各有所长 目标：取长补短、团队协作	1. 知识关联、经典名句、名人轶事、主题讨论 2. 主题讨论：团队精神
3	键盘接口	按键抖动	元素：消除不确定及干扰因素，培养好的做事习惯 目标：机遇意识和风险意识	1. 知识关联、主题讨论 2. 讨论：机遇意识和风险意识
4	外部器件	抗干扰技术	元素：稳定性和抵抗外界无用干扰的重要性 目标：不忘初心、牢记使命	1. 知识关联、主题讨论 2. 讨论：如何面对挫折与干扰

扫描二维码下载【思政素材、延伸解析】

习 题 9

9-1 为什么要消除按键的机械抖动？消除按键机械抖动的方法有哪几种？原理是什么？

9-2 键盘有哪 3 种工作方式，它们各自的工作原理及特点是什么？

9-3 LED 的静态显示方式与动态显示方式有何区别？各有什么优缺点？

9-4 写出表 9-1 中仅显示小数点"."的段码。

9-5 说明矩阵式键盘按键按下的识别原理。

9-6 D/A 转换器的主要性能指标都有哪些？设某 DAC 为二进制 12 位，满量程输出电压为 5V，试问它的分辨率是多少？

9-7 说明 DAC 用作程控放大器的工作原理。

9-8 MCS-51 与 DAC0832 接口时，有哪几种连接方式？各有什么特点？各适合在什么场合使用？

9-9 A/D 转换器两个最重要的指标是什么？

9-10 目前应用较广泛的 A/D 转换器主要有哪几种类型？它们各有什么特点？

9-11 DAC 和 ADC 的主要技术指标中，"分辨率"和"精度"有何区别？

9-12 如图 9-41 所示的键盘，采用线反转法原理来编写识别某一按键按下并得到其键号的程序。

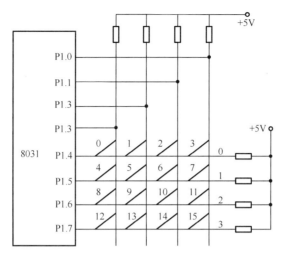

图 9-41 习题 9-12 图

9-13 如图 9-42 所示的电路，编写在 6 个 LED 显示器上轮流显示"1，2，3，4，5，6"的显示程序。

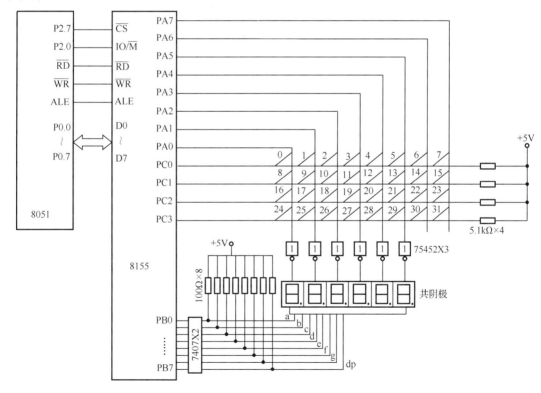

图 9-42 习题 9-13 图

9-14 根据图 9-43 所示的接口电路编写在 8 个 LED 上轮流显示"1，2，3，4，5，6，7，8"的显示程序，比较一下与上一题显示程序的区别。

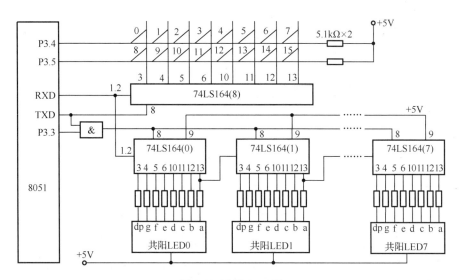

图 9-43 习题 9-14 图

9-15　用串行口扩展 4 个发光二极管显示电路,编程使数码管轮流显示"ABCD"和"EFGH",每秒变换一次。

9-16　请设计一个用 8255 与 16 键键盘连接的接口电路,并编写键码识别程序。

9-17　简述 D/A 转换器 T 形电阻网络转换器的工作原理。

9-18　DAC0832 与 80C51 单片机连接时有哪些控制信号?其作用是什么?

9-19　在晶振频率为 12MHz 的 80C51 应用系统中,接有一片 DAC0832,它的地址为 7FFFH,输出电压为-5~0V。

(1)请画出逻辑关系图;

(2)编写一个程序,使其运行后,DAC 能输出一个矩形波,波形占空比为 1∶4,高电平时电压为 2.5V,低电平时电压为 1.25V。

9-20　试说明逐次逼近式 A/D 转换器的工作原理。

9-21　在晶振频率为 12MHz 的 80C51 应用系统中,接有一片 ADC0809,它的地址范围为 0EFF8H~0EFFFH。

(1)请画出逻辑关系图;

(2)编写定时采样 0~3 通道的程序。(设采样频率为 2 次/毫秒,每个通道采集 50 个数据。把所采集的数据按 0、1、2、3 通道的顺序存放在以 3000H 为首地址的外部 RAM 中。)

第10章 单片机产品设计与开发

学习单片机最终的目的是开发出产品或维修与单片机有关的产品,下面具体讨论有关产品设计的问题。

10.1 单片机产品设计步骤

在设计单片机控制产品时,由于控制对象的不同,其硬件和软件结构有很大差异,但产品设计的基本内容和主要步骤是基本相同的。

10.1.1 设计任务及技术指标

单片机应用系统的开发过程是以确定系统的功能和技术指标开始的。要细致分析、研究实际问题,明确各项任务与要求,综合考虑系统的先进性、可靠性、可维护性及成本、经济效益,拟订出合理可行的技术方案。

首先,必须确定产品设计的任务。要明确产品设计任务,就要充分了解产品的技术要求、使用的环境状况及技术水平等;其次,要明确产品的技术指标,并针对设计方案进行广泛调研、论证,包括查找资料、进行调查、分析研究。应该说,这个阶段是整个研制工作成败的关键,也是产品设计的依据和出发点。

10.1.2 总体方案设计

在对应用系统进行总体设计时,应根据应用系统提出的各项技术性能指标,拟订出性价比最高的一套方案。首先,应根据任务的繁杂程度和技术指标要求选择机型。选定机型后,再选择系统中要用到的其他外围元器件,如传感器、执行器件等。

1. 单片机型号及相关芯片的选择

单片机型号应适合于产品的要求。设计人员可大体了解市场所能提供的构成单片机产品的功能部件,根据要求进行选择。若作为产品生产,要充分考虑单片机及相关芯片的性能价格比。产品系列化后,所选的机型必须要保证有稳定、充足的货源,从可能提供的多种机型中选择最易实现技术指标的机型。如果研制新产品,而且要求研制周期短,则应选择熟悉的单片机型号和相关芯片,并尽量利用现有的开发工具。

2. 软、硬件的分工与配合

在总体方案设计过程中,对软件和硬件进行分工是首要的环节。因为产品中的硬件和软件具有一定的互换性,有些由硬件实现的功能也可以用软件来完成,反之亦然。因此,在方案设计阶段要认真考虑软、硬件的分工与配合。原则上,软件能实现的功能尽可能由软件来实现,以简化硬件结构、降低成本。但同时也要注意到这样做必然增加软件设计的工作量。

此外,由软件实现的硬件功能,其响应时间不但要比直接用硬件时间长,而且还占用了CPU的工作时间,对系统的整体运行效率和速度都有不同程度的影响。因此,在设计产品时,必须综合考虑多种因素,在设计过程中,兼顾硬件和软件,才能设计出比较满意的产品。总体方案一旦确定，系统的大致规模及软件的基本框架就确定了。

10.1.3 产品的硬件设计

硬件设计是指应用系统的电路设计，包括主机、控制电路、存储器、I/O 口、A/D 和 D/A 转换电路等。硬件设计时，应考虑留有充分余量，电路设计力求正确无误，因为在系统调试中不易修改硬件结构。

一个产品的硬件电路设计包含两部分：基本配置与产品扩展。

1．基本配置

按产品功能要求配置外围设备，如键盘、显示器、打印机、A/D 和 D/A 转换器等，并设计合适的接口电路。

2．产品扩展

单片机内部的功能部件，如 RAM、ROM、I/O 口、定时/计数器、中断产品等不能满足产品的要求时，必须在片外进行扩展，选择相应的芯片，实现产品扩展。总的来说，硬件设计工作主要是输入、输出接口电路设计和存储器或 I/O 口的扩展。单片机产品的主要组成部分如图 10-1 所示。

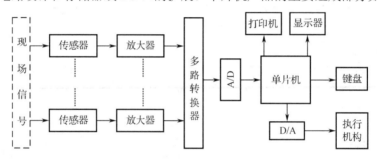

图 10-1　单片机产品主要组成部分

传感器将现场采集的各种物理量（如温度、湿度、压力等）变成电量，经放大器放大后，送入 A/D 转换器将模拟量转换成二进制数字量，送 8051 系列单片机 CPU 进行处理，最后将控制信号经 D/A 转换送给受控的执行机构。为监视现场的控制一般还设有键盘及显示器，并通过打印机将控制情况如实记录下来。下面简述 8051 单片机应用系统硬件电路设计时应注意的几个问题。

（1）程序存储器

一般可选用容量较大的 EPROM 芯片，如 2764（8KB）、27128（16KB）或 27256（32KB）等。尽量避免用小容量的芯片组合扩充成大容量的存储器。程序存储器容量大些，则编程空间宽裕些，因为价格相差不大，也不会给产品增加过多的成本。

（2）数据存储器和 I/O 口

根据系统功能的要求，如果需要扩展外部 RAM 或 I/O 口，那么 RAM 芯片可选用 6116（2KB）、6264（8KB）或 62256（32KB），原则上应尽量减少芯片数量，使译码电路简单。I/O 接口芯片一般选用 8155（带有 256 KB 静态 RAM）或 8255。这类芯片具有口线多、硬件逻辑简单等特点。若口线要求很少，且仅需要简单的输入或输出功能，则可用不可编程的 TTL 电路或 CMOS 电路。

A/D 和 D/A 电路芯片主要根据精度、速度和价格等来选用，同时还要考虑与系统的连接是否方便。

（3）地址译码电路

通常采用全译码、部分译码或线选法，应考虑充分利用存储空间和简化硬件逻辑等方面的问题。8051 系统有充分的存储空间，包括 64KB 程序存储器和 64KB 数据存储器，所以在一般的控制应用系统中，主要是考虑简化硬件逻辑。当存储器和 I/O 接口芯片较多时，可选用专用译码器 74S138 或 74LS139 等。

（4）总线驱动能力

MCS-51 系列单片机的外部扩展功能很强，但 4 个 8 位并行口的负载能力是有限的。当单片机外接电路较多时，必须考虑其驱动能力。因为，驱动能力不足会影响产品工作的可靠性。所以当我们设计的产品对 I/O 口的负载过重时，必须考虑增加 I/O 口的负载能力。如果驱动较多的 TTL 电路，则应采用总线驱动电路，以提高接口的驱动能力和系统的抗干扰能力。数据总线宜采用双向 8 路三态缓冲器 74LS245 作为总线驱动器，地址和控制总线可采用单向 8 路三态缓冲器 74LS244 作为单向总线驱动器。如 P0 口需要加接双向数据总线驱动器 74LS245，P2 口接单向驱动器 74LS244 即可。

（5）系统速度匹配

8051 系列单片机时钟频率可在 2～12MHz 之间任选。在不影响系统技术性能的前提下，时钟频率选择低一些为好，这样可降低系统中对元器件工作速度的要求，从而提高系统的可靠性。

（6）抗干扰措施

单片机应用系统的工作环境往往都是具有多种干扰源的现场，抗干扰措施在硬件电路设计中显得尤为重要。单片机产品的抗干扰措施将在 10.2 节进行较详细的讨论。

10.1.4 产品的软件设计

单片机应用系统的软件设计是产品研制过程中最重要也是最困难的任务，因为它直接关系到实现产品的功能和性能。对于某些较复杂的应用系统，不仅要使用汇编语言来编程，有时还要使用高级语言。

通常在编制程序前先画出流程框图，要求框图结构清晰、简捷、合理。使编制的各功能程序实现模块化、子程序化。这不仅便于调试、链接，还便于修改和移植。同时，还要合理地划分程序存储区和数据存储区，既能节省内存容量，也使操作方便。

单片机应用系统的软件主要包括两大部分：用于管理单片机微机系统工作的监控程序和用于执行实际具体任务的功能程序。对于前者，应尽可能利用现成微机系统的监控程序。为了适应各种应用的需要，现代的单片机开发系统的监控软件功能相当强，并附有丰富的实用子程序，可供用户直接调用，例如键盘管理程序、显示程序等。因此，在设计系统硬件逻辑和确定应用系统的操作方式时，就应充分考虑这一点。这样可大大减少软件设计的工作量，提高编程效率。后者要根据应用系统的功能要求来编程序，例如，外部数据采集、控制算法的实现、外设驱动、故障处理及报警程序等。

单片机应用系统的软件设计千差万别，不存在统一模式。开发一个软件的明智方法是尽可能采用模块化结构。根据系统软件的总体构思，按照先粗后细的方法，把整个系统软件划分成多个功能独立、大小适当的模块。应明确规定各模块的功能，尽量使每个模块功能单一，各模块间的接口信息简单、完备，接口关系统一，尽可能使各模块间的联系减少到最低限度。这样，各个模块可以分别独立设计、编制和调试，最后再将各个程序模块连接成一个完整的程序进行总调试。

软件设计的过程中还应考虑到一些细节的问题，如工作寄存器和标志位等。指定各模块占用单片机的内部 RAM 中的工作寄存器和标志位，让各功能程序的运行状态、运行结果及运行要求都设置状态标志位以便查询，使程序的运行、控制、转移都可通过标志位的状态来控制。

完成上述工作之后，就可着手编制软件。软件的编制可借助于开发产品，利用交叉汇编屏幕编辑或手工编制。编制好的程序可通过汇编自动生成或手工汇编成目标程序，然后以十六进制代码形式送入产品进行软件调试。

10.1.5 产品调试

硬件和软件设计完毕后，就可以进行系统调试了。系统调试流程图如图 10-2 所示。

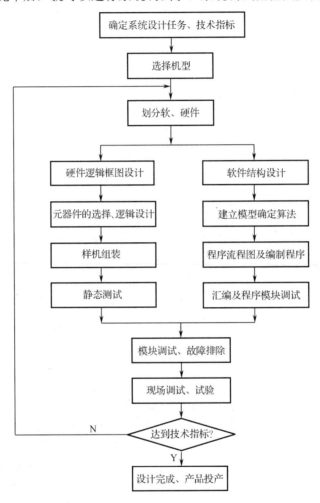

图 10-2　系统调试流程图

系统调试包括硬件调试和软件调试。硬件调试的任务是排除系统的硬件电路故障，包括设计性错误和工艺性故障。软件调试是利用开发工具进行在线仿真调试，除发现和解决程序错误外，也可以发现硬件故障。

硬件电路调试分为两步：静态检查和动态检查。硬件的静态检查主要检查电路制作的正确性，因此，一般无须借助于开发器；动态检查是在产品上进行的。

程序调试一般是一个模块一个模块地进行，一个子程序一个子程序地调试，最后连起来统调。利用开发工具的单步和断点运行方式，通过检查应用系统的 CPU 现场、RAM 和 SFR 的内容及 I/O 口的状态，来检查程序的执行结果和系统 I/O 设备的状态变化是否正常，从中发现程序的逻辑错误、转移地址错误及随机的录入错误等。也可以发现硬件设计与工艺错误和软件算法错误。

在调试过程中，要不断调整、修改系统的硬件和软件，直到其正确为止。联机调试运行正常后，将软件固化到 EPROM 中，脱机运行，并到生产现场投入实际工作，检验其可靠性和抗干扰能力，直到完全满足要求，系统才算研制成功。

10.2 单片机产品的抗干扰技术

随着各种电气设备的大量增加，由于产品本身比较复杂，再加上工作环境比较恶劣（如温度和湿度高、有震动和冲击、空气中有灰尘、电磁场的干扰等），同时还要受到使用条件（包括电源质量、运行条件、维护条件等）的影响，致使各设备之间产生干扰的机会增多，特别是单片机产品。为了保证单片机产品能够长期稳定、可靠地工作，在产品设计时必须对抗干扰能力给予足够的重视。本节简述单片机产品的干扰源及抗干扰措施。

10.2.1 干扰源及其传播途径

1. 干扰源

所谓干扰，就是有信号以外的噪声或造成恶劣影响的变化部分的总称。产生干扰的因素简称为干扰源，主要可分为外部干扰源和内部干扰源两种。外部干扰是指那些与产品结构无关，而是由使用条件和外界环境因素决定的，如太阳及其他天体辐射出的电磁波，广播电台或通信发射台发出的电磁波，周围的电器装置发出的电或磁的工频干扰等。而内部干扰则是由产品结构布局、生产工艺等所决定的，如不同信号的感应、杂散电容、长线传输造成的波的反射、多点接地造成的电位差引起的干扰、寄生振荡引起的干扰、热骚动噪声干扰、颤噪声、散粒噪声、闪变噪声、尖峰或振铃噪声引起的干扰均属于内部干扰。

2. 干扰的耦合及其传播

图 10-3 表示了噪声入侵单片机产品的基本途径，由图可见，最容易受到干扰的部位是电源、接地产品、输入和输出通道。噪声的耦合和传播途径主要有以下几种。

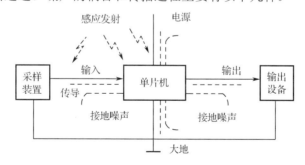

图 10-3 噪声入侵单片机产品的基本途径

① 静电耦合方式。干扰信号通过分布电容的耦合，传播到电子装置。

② 互感耦合方式。它是由电磁器件的漏磁通及印制线间和电缆间的互感作用而产生的噪声。

③ 公共阻抗耦合方式。在共用电源和公共接地时，由于电源内部及各接地点之间存在着阻抗，结果会造成电源及接地电位的偏移，它进而又影响了逻辑元件的开、关门电平，使线路工作不可靠。

④ 电磁场辐射耦合方式。无线电收发机、广播及一般通信电波、雷达等，通过空间耦合造成干扰。

⑤ 传导。噪声通过电源或输入、输出、信号处理线路进行传播，是一种有线的传播方式。

⑥ 漏电流。印制电路板表面、端子板表面、继电器端子间、电容器产生的漏电流及二极管反向电流等，它们会产生干扰信号。

上面几种干扰途径中，电源和接地部分是最值得注意的，而空间干扰相对于其他来看，对单片机产品的影响不是主要的。

10.2.2 抗干扰措施的电源设计

电网的冲击、频率的波动将直接影响实时控制产品的可靠性、稳定性。因此在计算机和市电之间必须配备稳压电源并采取其他一些抗干扰措施。

1. 输入电源与强电设备动力线分开

单片机产品所使用的交流电源，要同接有强电设备的动力线分开，最好从变电所单独拉一组专用供电线，或者使用一般照明电，这样可以减轻干扰影响。

2. 隔离变压器

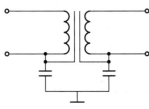

图 10-4 隔离变压器

隔离变压器的初级和次级之间均有隔离屏蔽层，用漆包线或铜等非导磁材料绕一层，而后引一个头接地。初、次级间的静电屏蔽分别与初级间的零电位线相接，再用电容耦合入地，如图 10-4 所示。

3. 低通滤波器

由谐波频谱分析可知，对于毫秒、微秒级的干扰源，其大部分为高次谐波，基波成分甚少。因此可用低通滤波器让 50Hz 的基波通过，而滤除高次谐波。

使用滤波器要注意的是：滤波器本身要屏蔽，并保证屏蔽盒和机壳有良好的电气接触；全部导线要靠近地面布线，尽量减少耦合；滤波器的输入输出端引线必须相互隔离。

4. 交流稳压器

对于功率不大的小型单片机产品，为了抑制电网电压起伏的影响而设置交流稳压器，这在目前的具体情况下是很重要的。选择设备时功率容量要有一定裕度。一方面保证其稳压特性，另一方面有助于维护它的可靠性。

5. 采用独立功能块单独供电

最近十几年出现的单片机产品，广泛采用独立功能块供电。在 S-100 总线（BUS）产品中，如 CPU 板、内存板、4FDC（或者 16FDC）板、TU-ATR 板、A/D 和 D/A 转换板、PRI 板等都采用每块单独设置稳压电源的方法。它们是在每块插件板上用三端稳压集成块，如 7805、7905、7812、7815、7824、7820 等组成稳压电源。

分布式独立供电方式与单一集中稳压方式相比具有以下优点：

① 每个插件板单独对稳压过载进行保护，不会由于稳压器故障破坏整个产品。

② 对于稳压器产生的热量有很大的散热空间。

③ 总线上的压降不会影响到插件本身的电压。

6. 采用专用电源电压监测集成电路

美国德州仪器公司推出的 ICTL7705 及 TL7700 芯片是专门用以排除电源干扰的芯片，它们不仅具有电源接通时的复位功能。而且具有在电源电压升到正常电压时解除该复位信号的功能，此外还能检测出电源瞬时短路和瞬时降压，同时能产生复位信号，如 7705CP 能正确监测到降低的电压（V_S=4.5～4.6V）。片内还含有温度补偿的基准电压和正负两种逻辑输出（集电极开路 30mA），可以在较宽的范围内调节输出复位脉冲的宽度。它是一片具有 8 个引脚，双列直插式的集成电路芯片，其引脚如图 10-5（a）所示。

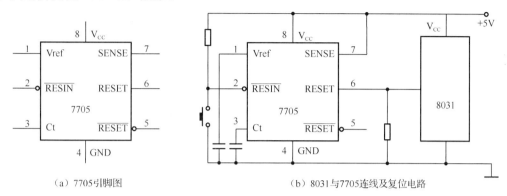

（a）7705引脚图　　　　　　　（b）8031与7705连线及复位电路

图 10-5　7705 引脚图及连线图

Vref 为基准电压输出端，输出电压为 2.5V。为了防止电源线所引起的冲击杂音及振荡，需要一只 0.1μF 以上的旁路电容，其输出电流必须小于 30mA。如果要使用的电流大于 30mA，则该引脚的输出必须要加缓冲放大器。

$\overline{\text{RESIN}}$：复位输入端，低电平有效，它用以强制复位输出端有效。

Ct：定时电容的连接端，连接定时电容器以确定复位输出脉冲宽度，脉宽可调范围为 100～10μs。

$\overline{\text{RESET}}$：复位输出端，低电平有效，须外接上拉电阻。

RESET：复位输出端，高电平有效。其输出是集电极开路的，故必须外接下拉电阻。

SENSE：被测电压的输入电压的输入端，检测 4.5V 以上的电平。

V_{CC}：电源端，工作电压范围为 3.5～18V。

GND：接地端。

7705 与 8031 连线及复位电路如图 10-5（b）所示。实际应用中，还需软件配合，才能发挥作用。这是因为 8031 复位端有效时，8031 被初始化复位，使程序计数器 PC 和其余的特殊功能寄存器置零，使 P0～P3 口都置成 FFH 等，使程序从 0000H 开始执行，而不是从原来干扰时，程序断点处执行，这就破坏了整个产品的工作。因此，在程序的初始化部分要加上软件开关或相应的状态标志，即在程序执行之前，首先要打开与自身有关的软件开关或置相应的状态标志，同时关掉与自身无关的软件开关或状态标志，然后再执行程序。当受到干扰而进入初始化程序时，首先判断各个软件开关和状态标志，继而程序自动转向被中断的原程序断点继续执行。

图 10-6 为电源电压的变化及输出状态的变化波形。由图可见，在电源接通，电压开始上升，瞬间电压降和瞬间干扰脉冲时，电源监测器都能正确而及时输出复位脉冲信号，图中 V_S 为被监测电平，对+5V 来讲，一般 V_S 大于 4.5V。t_{op} 为复位脉冲的宽度，其可由 Ct 来设定，t_S 为反应时间，对该芯片而言约为 500ns，同时可外加 RC 延时网络来加长 t_S 时间，用以降低噪声影响和器件的灵敏度，上电时 RESET 有效，直到 V_{CC} 达到 V_S 以后，再经过 t_{op} 时间 RESET 无效，当 V_{CC} 下降或有干扰时，只要 V_{CC} 小于 V_S，经过时间 t_S 后 RESET 有效，当 V_{CC} 恢复到 V_S 以上或干扰脉冲过后，再经过 t_{op} 时间 RESET 变为无效。

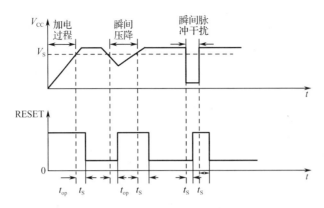

图 10-6　电源电压变化与输出状态的变化波形

10.2.3　产品的地线设计

在实际控制产品中，接地是抑制干扰的主要方法。在设计中如能把接地和屏蔽正确地结合起来使用，可以在一定程度上解决干扰问题。因此，产品设计时，对接地方法须加以充分而全面的考虑。计算机控制产品中，主要有以下几种地线：

① 逻辑地，作为逻辑开关网络的零电位。

② 模拟地，作为 A/D 转换前置放大器或比较器的零电位。当 A/D 转换器在录取 0～50mV 小信号时，必须认真地对待模拟地，否则，将会给产品带来很大的误差。

③ 功率地，作为大电流网络部件的零电位。

④ 信号地，通常为传感器的地。

⑤ 屏蔽地，为防止静电感应和磁场感应而设。

如何处理上述地线，是单片机控制产品中设计、安装、调试的一个关键问题。

1．一点接地和多点接地的应用原则

① 根据常识，高频电路应就近多点接地，低频电路应一点接地。

由于高频时，地线上具有电感，因而增加了地线阻抗。同时各地线之间又产生电感耦合，特别是当地线长度为 1/4 波长的奇数倍时，地线阻抗就会变得很高。这时地线变成了天线，可以向外辐射噪声信号。因此，若采用一点接地，则其地线长度不得超过 1/20 波长，否则，应采用多点接地。

② 负电压。对低电平信号电路来说，这是一个非常严重的干扰。

③ 信号地和机壳地的连接必须避免形成闭环回路。如图 10-7 所示，由于 A、B 两个装置各将 SG 和 FG 接上，因而就形成虚线所示的闭环回路。

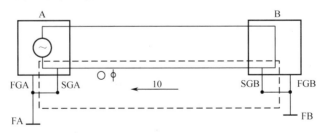

图 10-7　形成闭环回路的 SG（信号地）和 FG（机壳地）的接线方法

如果在这个闭环回路中有链接磁通 ϕ，则闭环回路中就会感应出电压，在 SGA 和 SGB 之间便

存在电位差，形成干扰信号。解决方法有：①将 SG 和 FG 断开，即把装置的公共接地点悬空。②可采用光耦合元件或变压器隔离。但 SG 与 FG 仍连接，这样可使动作稳定。③可在 FG 和 SG 间短路，使动作稳定。对低频而言，又不会形成闭环回路。但以上各种方法的效果随装置而言，须根据具体情况决定采用何种措施。

2. 印制电路板的地线布置

印制电路板的地线主要指 TTL、CMOS 印制电路板的接地。印制电路板中的地线应成网状，而且其他布线不要形成环路，特别是环绕外周的环路，在噪声干扰上这是很值得注意的问题。印制电路板上的接地线，根据电流通路最好逐渐加宽，并且不要小于 3mm。当安装大规模集成电路芯片时，要让芯片跨越平行的地线和电源线，这样可以减少干扰。

10.2.4　A/D 和 D/A 转换器的抗干扰措施

A/D 和 D/A 转换器是一种精密的测量装置，在现场使用时，其首要问题就是排除干扰。下面就常态干扰和共态干扰讨论其对策。图 10-8 为单片机实时控制产品的示意图。

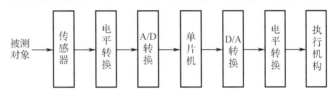

图 10-8　单片机实时控制产品示意图

1. 抗常态干扰的方法

① 在常态干扰严重的场合，可以用积分式或双积分式 A/D 转换器。这样转换的是平均值。瞬间干扰和高频噪声对转换结果影响较小。因为用同一积分电路进行正反两次积分，使积分电路的非线性误差得到了补偿，所以转换精度较高，动态性能好，但转换速度较慢。

② 低通滤波。对于低频干扰，可以采用同步采样的方法加以排除。这就要先检测出干扰的频率，然后选取与此成整数倍的采样频率，并使两者同步。

③ 传感器和 A/D 转换器相距较远时，容易引起干扰。解决的办法可以用电流传输代替电压传输。传感器直接输出 4~20mA 电流，在长线上传输。接收端并 250Ω 左右的电阻，将此电流转换成 1~5V 电压，然后送 A/D 转换器，屏蔽线必须在接收端一点入地。

2. 抗共态干扰的方法

利用屏蔽法来改善高频共模抑制。在高频时，由于两条输入线 RC 时间常数的不平衡（串联导线电阻分布电容及放大器内部的不平衡）会导致共模抑制的下降，当加入屏蔽防护后，此误差可以降低，同时屏蔽本身也减少了其他信号对电路的干扰耦合。注意：屏蔽网是接在共模电压上的，而不能接地或与其他屏蔽网相连。

3. 软件方法提高 A/D 转换器抗干扰能力

被控现场的工频（50Hz）干扰一般都较大，因此，在 A/D 转换器的输入电压上常会叠加一些工频成分，如图 10-9 所示。

显然，工频会直接给 A/D 转换器带来干扰，并影响 A/D 转换精度。由图 10-9 可知，t_1 时刻的采样值 V_1 为：

$$V_1 = V_0 + e$$

其中，e 是叠加在 V_0 上的工频干扰信号的瞬时值。

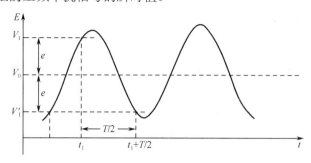

图 10-9　工频成分图

$T+T/2$ 时刻（T 为工频周期）的采样值 V'_1 为：

$$V'_1=V_0-e$$

由图可见 V_1 和 V'_1 的算术平均值为 V_0。因此对带有工频干扰的监测电压采样进行 A/D 转换时，可用软件方法滤除这种叠加在模拟信号上的工频干扰。具体做法是：在硬件上使实时时钟频率与工频频率保持倍频且又同步的关系；在软件上，响应 A/D 转换的请求时，连续采样两次进行 A/D 转换，两次采样的时间间隔应是 $T/2$。考虑到工频的周期会有所波动，因此，连续两次采样进行 A/D 转换的操作都应与实时时钟中断处理同步，这样就可以有效地滤除工频干扰，保证 A/D 转换的精度。

对非工频的其他干扰，上述方法从原则上讲也可以采用。

10.2.5　传输干扰

计算机实时控制产品是一个从传感器到执行机构的庞大自动控制产品，由现场到主机的连接线往往长达几十米，甚至数百米。信息在长线上传输将会遇到延时、畸变、衰减和干扰等，因此，在长线传输过程中，必须采取一系列有效措施，下面着重讨论长距离传送的抗干扰措施。

1．双绞线的使用

屏蔽导线对静电感应的作用比较大，但对电磁感应作用却不大。电磁感应噪声是磁通在导线构成的闭环路中产生的。因此，为了消除这种噪声，往复导线要使用双绞线，双绞线中感应电流的方向前后相反，故从整体来看，感应相互抵消了，如图 10-10 所示。

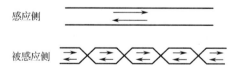

图 10-10　利用双绞线消除电磁感应噪声

2．长线传输过程中的窜扰

很多计算机采用美观的"经纬"走线、横线和直线规则地排列，因而相邻线平等度极高，由于平行线之间存在着互感和分布电容，因此进行信息传送时会产生窜扰，影响产品的工作可靠性。如功率线、载流线与小信号线一起并行走线；电位线与脉冲线一起平行走线；电力线与信号线平行走线都会引起窜扰。可以采用如下方法消除这些窜扰。

① 走线分开。长线传送时，功率线、载流线和信号线分开；电位线和脉冲线分开；电力电缆必须单独走线，而且最好用屏蔽线。

② 交叉走线。

③ 逻辑设计时要考虑消除窜扰问题。当CPU向外送数时，如16位送全"1"，数字电平信号发生负跳变将在发送控制线上产生窜扰，影响产品正常工作；同样当16位数据线中有15位为"1"，一位为"0"时，则15位"1"信号将对1位"0"信号发生窜扰。这时可用"避"和"清"两种方法加以解决。所谓"避"就是在时间上避开窜扰脉冲；所谓"清"就是送数前先清"0"，将干扰脉冲引起的误动作先清除，然后再送命令。

10.2.6 抗干扰措施的元器件

1. 门电路、触发器、单稳电路的抗干扰措施

（1）对信号整形

为了保持门电路输入信号和触发器时钟脉冲的正确波形，如规定的上升时间 t_a 和下降时间 t_f，以及确保一定的脉冲宽度，如果前一级有 RC 型积分电路，后面要用斯密特型电路整形。

（2）组件不用的输入端处理

图 10-11（a）所示的方法是利用印制电路板上多余的反相器，让其输入接地，使其输出去控制工作门不用的输入端。图 10-11（b）是把不用的输入端通过一个电阻接+5V。这种方法适用于慢速、多干扰的场合。图 10-11（c）是最简单的方法，但增加了前级门的负担。

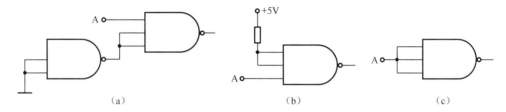

（a）   （b）   （c）

图 10-11　输入端处理方法图

（3）触发器的抗干扰措施

为防止 R-S 触发器发生误动作，往往把几个信号相"与"作为它的输入信号。同时，触发器输出端引出线路板外时，必须通过缓冲器隔离。而且，当信号以"非"信号的形式传输时，其抗干扰能力较强。

（4）单稳电路的抗干扰措施

单稳电路的外接 RC 端的抗噪声能力比输入端低得多，因此，要尽量缩短连线，减小闭环流，以防止由于感应产生的误触发。若接入可变电阻，应当将电阻接在单稳电路侧。

2. 光电耦合器

光电隔离是通过光电耦合器实现的。光电耦合器是将一个发光二极管和一个光敏三极管封装在一个外壳里的器件，其电路符号如图 10-12（a）所示。

发光二极管与光敏三极管之间用透明绝缘体填充，并使发光二极管与光敏三极管对准，则输入电信号使发光二极管发光，其光线又使光敏三极管产生电信号输出，从而既完成了信号的传递，又实现了信号电路与接收电路之间的电气隔离，隔断了噪声从一个电路进入另一个电路的通路，如图 10-12（b）所示。

除隔离和抗干扰功能外，光电耦合器还可用于实现电平转换，如图 10-12（c）所示。光电耦合的响应时间一般为几微秒。采用光电隔离技术，不仅可以把主机与输入通道进行隔离，而且可以把主机与输出通道进行隔离，构成所谓"全浮空系统"。

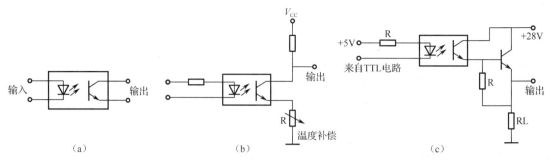

图 10-12　光电耦合器开关电路

3．机械触点及交、直流电路的噪声抑制

（1）机械触点的抗干扰措施

开关、按钮、继电器触点等在操作时，经常要发生抖动，如不采取措施，就会造成误动作。这类器件可采用图 10-13 所示的办法，以获得没有振荡的逻辑信号。

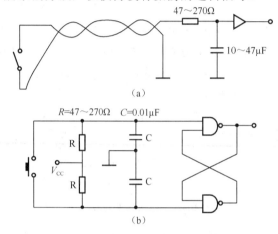

图 10-13　机械触点的抗干扰措施

（2）防止电感性负载闭合、断开噪声的措施

接触器、继电器的线圈断电时，会产生很高的反电势，这不仅要损坏元件，而且成为感应噪声，可以通过电源直接侵入单片机装置中，也可以因配线间静电感应而耦合。因此，在输入/输出通道中使用这类器件时，必须在线圈两端并接噪声抑制器。交、直流电路的噪声抑制器接法可参见图 10-14。

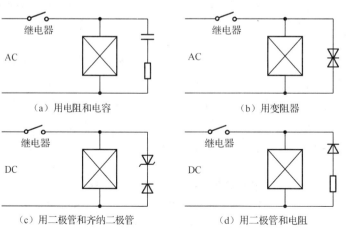

图 10-14　交、直流电路的噪声抑制器接法

10.3 单片机应用系统设计实例

根据以上两节所讲述的知识，可将单片机应用系统的产品设计归纳为以下五个步骤：

① 需求分析：被测参数的形式（电量、非电量、模拟量、数字量等）、被测参数的范围、性能指标、系统功能、工作环境、显示、报警、打印要求等。

② 方案论证：根据要求，设计出符合现场条件的软硬件方案，要使系统简单、经济、可靠，这是进行方案论证与总体设计一贯坚持的原则。

③ 硬件设计：器件选择、电路设计制作等。

④ 软件设计：数据处理、系统模块和子程序的编制。

⑤ 系统调试与性能测定。

⑥ 文件编制。

下面以两个实例说明应用系统的设计过程。

10.3.1 应用设计实例一——计算机时钟的设计

设计并制作出具有如下功能的计算机时钟：

① 自动走时，由 8 位 LED 显示器显示年、月、日或用其中低 6 位 LED 显示器显示时、分、秒。

② 按键调时，可以按键输入时钟和日期。

③ 上位机校准，可以通过串口通信接收上位机发来的日期、时间数据帧。

④ 实时时钟。

1. 总体方案

（1）计时方案

方案一：采用实时时钟芯片。

针对计算机系统对实时时钟功能的普遍需求，各大芯片生产厂家陆续推出了一系列的实时时钟集成电路，如 HT1380、DS1287、DS12887 等。这些实时时钟芯片具备年、月、日、时、分、秒计时功能和多点定时功能，计时数据的更新每秒自动进行一次，不需程序干预。此外，实时时钟芯片多数带有锂电池作为后备电源；具有可编程方波输出功能，可用作实时测控系统的采样信号等；有的实时时钟芯片内部还带有非易失性 RAM，可用来存放需长期保存但有时也需变更的数据。

方案二：软件控制。

利用 MCS-51 内部的定时/计数器进行中断定时，配合软件延时实现时、分、秒的计时。该方案节省硬件成本，且能够使读者在定时/计数器的使用、中断及程序设计方面得到锻炼与提高，但是该方案计时精度不高，难以满足题目给出的"实时时钟"设计要求。

因此，本系统采用实时时钟芯片的方案。

（2）键盘/显示方案

对于实时时钟而言，显示显然是另一个重要的环节。如前所述，通常有两种显示方式：动态显示和静态显示。

方案一：串口扩展，LED 静态显示。

该方案占用口资源少，采用串口传输实现静态显示，显示亮度有保证，但硬件开销大，电路复杂，信息刷新速度慢，另外，比较适用于并行口资源较少的场合。

方案二：I/O 扩展，LED 动态显示。

方案硬件连接简单，但动态扫描的显示方式需占用 CPU 较多的时间，在单片机没有太多实时测控任务的情况下可以采用。

根据设计的要求，本产品实现实时时钟，并没有其他的测控任务，同时，还要始终接收来自上位计算机的串口信息，以校准时钟，因此，采用 I/O 口扩展，实现动态扫描显示的方案更适合本系统。

2. 系统的硬件设计

（1）单片机类型的选择

系统的核心是单片机，根据设计要求，本系统选用 Atmel 公司生产的经济版 51 系列单片机 AT89C2051（以下简称 2051）。AT89C2051 带 2KB 闪速可编程可擦除只读存储器（EEPROM）的 8 位单片机，它保留了 51 系列的绝大部分功能，同时还有很多扩展，例如：2KB 的内部 Flash 程序存储器、外部时钟最高可支持 24MHz、增加了一个内部模拟比较器及具有更宽的电源电压范围等。它采用 Atmel 的高密非易失存储技术制造并和工业标准、MCS-1 指令集及引脚结构兼容，是一个强劲的微型计算机，它为许多嵌入式控制应用提供了高度灵活和成本低的解决办法。

AT89C2051 采用 20 脚双列直插封装，其引脚排列参见第 2 章的图 2-14。

AT89C 系列与 MCS-51 系列单片机相比有两大优势：第一，内部程序存储器采用闪速存储器，使程序的写入更加方便；第二，提供了更小尺寸的芯片（AT89C2051/1051），使整个硬件电路的体积更小。

AT89C2051 内部结构与 8051 内部结构基本一致（除模拟比较器外），引脚 RST、XTAL1、XTAL2 的特性和外部连接电路也完全与 51 系列单片机相应引脚一致，但 P1 口、P3 口有其独特之处。同时，AT89C2051 减少了两个对外 I/O 口（即 P0、P2 口），使它最大可能地减少了对外引脚，因而芯片尺寸有所减小。

综上所述，AT89C2051 与 MCS-51 相比，主要具有以下特性：

① 2KB 的内部 Flash 程序存储器，至少可重复编程 1000 次；

② 2.7～6V 的工作电压；

③ 128B 内部数据存储器；

④ 2 个 16 位定时/计数器、2 个外部中断申请、1 个增强型 UART（串行接口）；

⑤ 15 个 I/O 口，每个都可以直接驱动 LED（20mA 灌电流）；

⑥ 1 个在片的模拟比较器；

⑦ 支持低功耗休眠和掉电模式。

由于 2051 没有提供外部扩展存储器与 I/O 设备所需的地址、数据、控制信号，因此，利用它构成的单片机应用系统不能在 2051 之外扩展存储器或 I/O 设备，即 2051 本身就构成了最小单片机系统。

（2）实时时钟部分

HT1380 是一个带秒、分、时、日、星期、月、年的串行时钟可编程芯片，内含一个 32.768kHz 的晶振校准时钟，能自动计算每个月的天数，并能自动根据闰年自动调整。HT1380 引脚图如图 10-15（a）所示，其引脚定义如表 10-1 所示。HT1380 主要特征包括以下几点：

① 一个数据移位寄存器组存储时钟/日历数据，命令控制逻辑、振荡器电路和读时钟，具有两种数据传送方式：单字节和多字节。

② 在开始发送数据之前，首先把 $\overline{RST}$ 置高，发送一个带地址和命令信息的 8 位命令字，然后，将时钟/日历数据传送至相应的寄存器中或从相应寄存器传送出来。

③ $\overline{RST}$ 引脚在数据传送完毕应保持低电平。

④ 所有数据的输入是在 SCLK 的上升沿有效，输出在 SCLK 的下降沿有效。

⑤ 单字节传送需要 16 个 SCLK 时钟脉冲，多字节传送需要 72 个 SCLK 时钟脉冲，输入、输出数据都从 0 位开始。

HT1380 还包括两个附加位：时钟停止位 CH 和写保护位 WP，以控制振荡器的工作和数据能否写入寄存器中。为了正确读、写寄存器组，这两位附加位应首先进行规定。

表 10-1 HT1380 引脚定义

符 号	引 脚 号	引 脚 描 述
NC	1	空脚
X1	2	振荡器输入
X2	3	振荡器输出
V_{SS}	4	地
$\overline{RST}$	5	复位
I/O	6	数据输入/输出
SCLK	7	串行时钟
V_{DD}	8	正电源

为了使引脚最少，HT1380 使用一个 I/O 口与微处理器相连，仅使用三根引线，即 $\overline{RST}$ 复位（相当于片选），SCLK 串行时钟（上升沿有效）和 I/O 口数据线，就可以传送 1 字节或 8 字节的字符组。

图 10-15（b）为 AT89C2051 单片机与 HT1380 连接示意图，图中外加 3V 氧化银电池作为备用电源，以保证断电关机后时钟仍正常走时。二极管 VD 用于防止电池倒灌，电阻 R 用于通电开机时给电池充电。

采用 AT89C2051 的 P1.0、P1.1 和 P1.2 分别与 HT1380 的 $\overline{RST}$、I/O 和 SCLK 引脚相连进行通信，可实现年、月、日、时、分、秒的读出或写入。

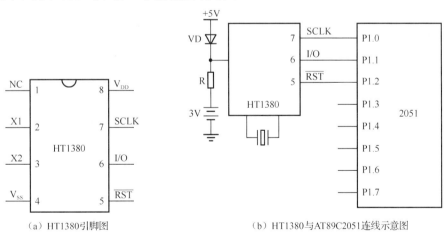

（a）HT1380引脚图   （b）HT1380与AT89C2051连线示意图

图 10-15 HT1380 引脚及与 AT89C2051 连线示意图

（3）串口通信部分

使用 AT89C2051 内部的 UART 的 RXD（P3.0），通过 MAX232 芯片连接到上位机的 RS-232 口上，以实现通过上位机发送命令控制系统的时间设置、显示开关等功能。

（4）按键输入部分

通过 P1.6、P1.7 引脚外接两个用户按键 K1 和 K2，用于手动设置日期时间。为提高可靠性和抗干扰能力，按键均带有外部上拉电阻。按键输入的防抖动由软件完成。

（5）显示驱动部分

数字显示采用 3 英寸大型共阳极数码管，由于这种数码管的驱动电流较大，不能用 2051 直接驱动，所以采用 2 片 TPIC6B595（8 位串入并出移位寄存器）芯片输出，其输出端为开漏的功率 MOS 管，可保证 150mA 的驱动电流。注意 TPIC6B595 的输出与输入的数据是反相的。

TPIC6B595 是一种单片、高电压、中等电流的 8 位移位寄存器，是专为相对高的负载功率的系统设计的，其引脚图如图 10-16（a）所示。该器件包括一个内部的输出电压箝位电路以防止电感瞬变电压。TPIC6B595 包括一个 8 位的串入并出移位寄存器，它的输出馈入一个 8 位 D 型存储寄存器。图 10-16（b）为 TPIC6B595 输入等效电路，图 10-16（c）为 TPIC6B595 所有漏极输出的典型电路。

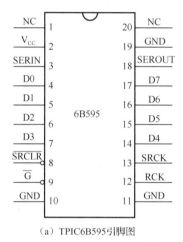

（a）TPIC6B595引脚图

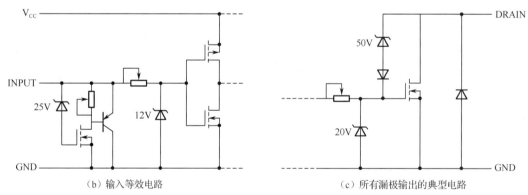

（b）输入等效电路　　　　　　　　　　（c）所有漏极输出的典型电路

图 10-16　TPIC6B595 引脚及等效输入、输出电路

TPIC6B595 的逻辑结构图如图 10-17 所示。

数据分别在移位寄存器时钟和寄存器时钟的上升沿传输到移位寄存器和存储寄存器。当移位寄存器清零端为高时，存储寄存器传输数据到输出缓冲器。当 $\overline{\text{SRCLK}}$ 为低时，输入端的移位寄存器被清零。

当输出使能保持为高时，在输出缓冲器中所有的数据保持低电平并且所有的漏极输出是关断的。当 $\overline{\text{G}}$ 保持为低时，从存储寄存器到输出缓冲器的数据是透明的。

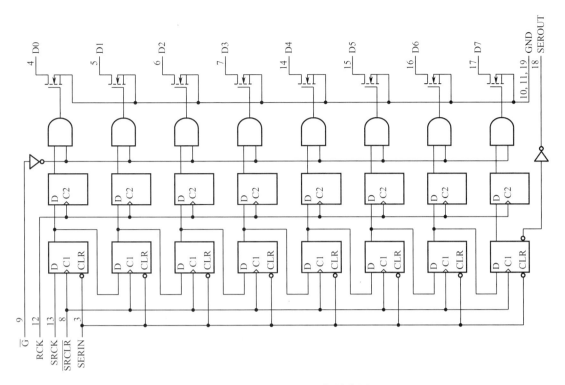

图 10-17　TPIC6B595 逻辑结构图

当输出缓冲器中的数据为低电平时，DMOS 晶体管的输出端是关断的。当数据为高时，DMOS 晶体管的输出端具有吸入电流的能力。串行输出端允许将移位寄存器与其他器件的数据级联起来传送。输出是低侧漏极开路 DMOS 晶体管，其输出额定值为 50V，并具有 150mA 连续吸收电流的能力。在 $T_c=25℃$ 的温度下，每一输出端的电流限制在 500mA。电流的限制值随着温度的升高而降低以实现对器件的附加保护。

TPIC6B595 与单片机接口原理如图 10-18 所示。

TPIC6B595 内部有 2 级移位寄存器和锁存寄存器，这样可避免装入数据时影响显示，其移位时钟（SRCK）和装入时钟（RCK）均为上升沿有效，分别通过 AT89C2051 的 P1.5 和 P1.4 控制。显示时只需先送出 2 字节的显示控制字（位控制字在前，段控制字在后）的各个位，然后给出 RCK 信号，数码管即会更新显示内容。

图 10-18 中一片 TPIC6B595 芯片用于段的驱动，其输出的低 6 位接数码管的段引脚 a～g，最高位用于驱动日期或时间显示的分隔符（"-"或"："），段电流由供电电压和 U1 外接的 8 个限流电阻共同确定；另一片 TPIC6B595 芯片用于位驱动，由于是共阳数码管，所以通过 PNP 晶体管 VT1 反相后接各个数码管的公共端，最多可以驱动 8 个数码管。要注意 U4 的输出在任意时刻只能有 1 位有效（=0）。

3. 系统的软件设计

软件系统的主要流程如图 10-19 所示。

日期时间的读取与写入可参考 HT1380 的数据文档及例程，限于篇幅不再赘述。

下面介绍一下有关显示、串口通信及按键处理程序中的主要部分。

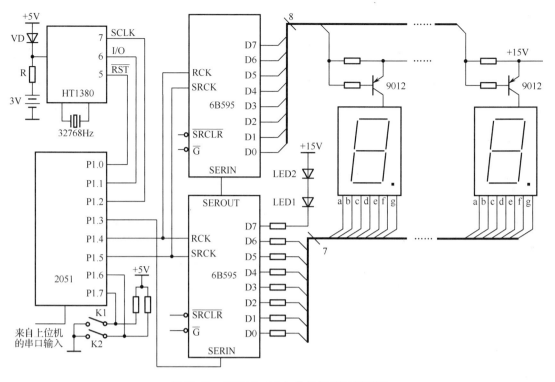

图 10-18　TPIC6B595 与单片机接口原理图

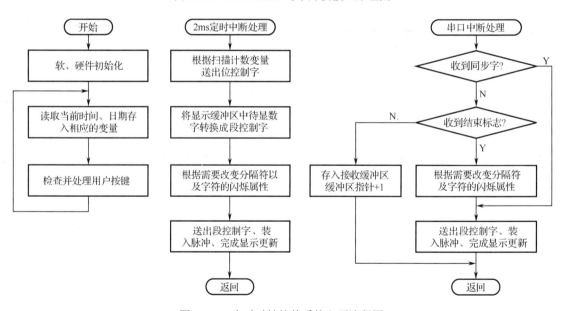

图 10-19　实时时钟软件系统主要流程图

（1）单片机资源规划与变量说明

主程序使用 0 区通用工作寄存器，串口中断使用 1#工作寄存器区，定时器 0 中断使用 2#工作寄存器区。变量定义及主体程序如下：

```
; 日期时间显示程序
; 微处理器：2051；时钟频率：11.0592Hz
; 功能说明：
; ① 通过 2 片 6B595 控制 8 位 LED 数码管显示日期或时间；
```

```
;  ② 日期或时间由 HT1380 时钟芯片管理；
;  ③ 接收上位机发来的遥测命令，用于改变日期和时间；
;  ④ 也可通过 2 个本地按键设置日期和时间；
;  MPU I/O 口定义（I/O PORT）
KEY_1           BIT     P1.7                    ；按键输入的位选择
KEY_2           BIT     P1.6                    ；按键输入的数字+1
SRCK            BIT     P1.5                    ；6B595 移位时钟（上升沿有效）
RCK             BIT     P1.4                    ；6B595 装入时钟（上升沿有效）
SERIN           BIT     P1.3                    ；6B595 串行数据
HT1380_SCLK     BIT     P1.2                    ；HT1380 串行时钟
HT1380_IO       BIT     P1.1                    ；HT1380 数据 IO
HT1380_RST      BIT     P1.0                    ；HT1380 复位线
;  位变量定义（BIT-VAR）
BIT_VAR_A       DATA    20H
D_OR_T          BIT     00H                     ；显示日期时间标志
FG_UP           BIT     01H                     ；需要更新日期时间标志
FG_RDTIME       BIT     02H                     ；每隔 64ms 置 1 的读日期时间标志
FG_SEC_FL       BIT     03H                     ；【:】闪烁标志
;  字节变量定义（BYTE-VAR）
TCT_2MS         DATA    22H                     ；2ms 定时变量（每 2ms+1）
TCT_SEC         DATA    23H                     ；时间显示分隔符【:】闪亮 0.5s 定时减计数变量
SCAN_S          DATA    24H                     ；显示扫描计数变量
FLASH_ID        DATA    25H                     ；键盘输入位置变量
                                                ；（0=无，1--8=对应于 DIG1--DIG8）
RECE_PT         DATA    27H                     ；串口接收缓冲区指针
R_BUF           DATA    28H                     ；串口接收缓冲区（8 字节，28H--2FH）
YEAR            DATA    30H                     ；紧缩 BCD 码年
MONTH           DATA    31H                     ；紧缩 BCD 码月
DAY             DATA    32H                     ；紧缩 BCD 码日
HOUR            DATA    33H                     ；紧缩 BCD 码时
MINUTE          DATA    34H                     ；紧缩 BCD 码分
SECOND          DATA    35H                     ；紧缩 BCD 码秒
DIG1            DATA    39H                     ；显示缓冲区（非压缩 BCD 码）
DIG2            DATA    3AH
DIG3            DATA    3BH
DIG4            DATA    3CH
DIG5            DATA    38H
DIG6            DATA    3DH
DIG7            DATA    3EH
DIG8            DATA    3FH
;  ===================================================================
                ORG     0000H
                JMP     MAIN
                ORG     0003H                   ；外部中断 0
                RETI
                ORG     000BH                   ；定时器 0 中断
                JMP     TIM0INT
                ORG     0013H                   ；外部中断 1
                RETI
```

```
                    ORG      001BH              ; 定时器 1 中断
                    RETI
                    ORG      0023H              ; 串口中断
                    JMP      COMINT
                    RETI
                    ORG      30H
MAIN:               MOV      SP, #50H           ; 设置堆栈指针（50H--7FH）
    ; 变量初始化
                    CLR      D_OR_T             ; 显示日期/时间标志（0=日期，1=时间）
                    CLR      FG_UP              ; 清除需要更新日期时间标志
                    CLR      FG_RDTIME          ; 清除读日期时间标志
                    MOV      SCAN_S, #0         ; 显示扫描计数变量
                    MOV      FLASH_ID, #0       ; 键盘输入位置变量（0=无输入）
                    MOV      RECE_PT, #R_BUF    ; 复位接收缓冲区指针
    ; MPU 硬件初始化
                    MOV      TMOD, #21H         ; 定时器 1（方式 2:8 位波特率）
                                                ; 定时器 0（方式 1:16 位定时）
                    MOV      TL0, #86H          ; 2170[87FH] * 12/11.0592MHz = 2ms
                    MOV      TH0, #0F7H
                    SETB     TR0                ; 启动定时器 0
                    MOV      TL1, #0FDH         ; 波特率=9600bit/s
                    MOV      TH1, #0FDH
                    SETB     TR1                ; 启动定时器 1（用于波特率定时）
                    MOV      PCON, #00H
                    MOV      SCON, #0D0H        ; 串口方式 3（9 位 UART，允许接收）
                    SETB     ET0                ; 允许定时器 0 中断
                    SETB     ES                 ; 允许串口中断
                    SETB     EA                 ; 允许所有中断
                    CALL     INIT_HT1380        ; 1380 初始化
MAIN1:              CALL     GET_TIME           ; 读取或更新日期时间变量
                    CALL     KEYIN              ; 按键检查
                    JMP      MAIN1
    ; ==============================================================
GET_TIME:                                       ; 读取或更新日期时间变量
                    JBC      FG_UP, M_TIME
                    MOV      A, FLASH_ID
                    JNZ      MTRRR              ; 键盘输入时不读取日期时间
                    JNB      FG_RDTIME, MTRRR   ; 读日期时间定时（64ms）未到
                    CLR      FG_RDTIME
                    PUSH     SECOND             ; 保存原来的秒数
                    CALL     READ_TIME          ; 读入当前日期时间，写入显示缓冲区
                    POP      ACC
                    CJNE     A,SECOND, MTAAA
                    JMP      MTRRR
MTAAA:              SETB     FG_SEC_FL          ; 设置闪烁标志
                    MOV      TCT_SEC, 250       ; 闪亮定时 0.5s
MTRRR:              RET
    ; 根据收到的数据更新日期时间
M_TIME:                                         ; 需要更新日期时间
```

```
            MOV      YEAR,  R_BUF+0
            MOV      MONTH,  R_BUF+1
            MOV      DAY,  R_BUF+2
            MOV      MINUTE,  R_BUF+3
            MOV      HOUR,  R_BUF+4
            MOV      SECOND,  R_BUF+5
            CALL     WRITE_TIME          ; 向 HT1380 写入日期时间
            RET
```

D_OR_T 位变量用于标志该系统是用于日期显示还是时间显示，该变量在汇编时确定。

FG_SEC_FL 位变量是秒分隔符闪烁标志位，每当读入当前时间的秒数发生改变时置 1，0.5S 之后清 0。

TCT_2MS 在 2ms 定时中断中+1，该变量是程序中大部分涉及定时操作的时标变量。

扫描计数变量 SCAN_S 在每次更新一位显示数字后即+1，并对 8 取模（8 位扫描）。

从 HT1380 读到的或者是从串口命令中接收到的日期时间数据（紧缩 BCD 码）保存在 YEAR，MONTH，DAY，HOUR，MINUTE，SECOND 等几个变量中。

如果是显示日期，则将 YEAR，MONTH，DAY 拆分成非紧缩 BCD 码保存到显示缓冲区 DIG1～DIG8 中以便显示。

如果是显示时间，则将 HOUR，MINUTE，SECOND 拆分成非紧缩 BCD 码保存到显示缓冲区 DIG1～DIG8 中以便显示。

用户通过按键调整日期时间时直接改变 DIG1～DIG8 中的非紧缩 BCD 码，然后再转换成紧缩 BCD 码写入 HT1380。

键盘输入位置变量 FLASH_ID 用于指示当前按键改变的"位"，当按下 K1 键时依次在 0～8 变化，0 表示 K2 键无效，即正常显示状态，其他值表示如果按下 K2 键则将相应的 DIG1～DIG8 加 1（在 0～9 循环），同时该变量值也控制数字显示的闪烁属性（当前调整的"位"会闪烁显示）。

（2）显示驱动更新

为减少显示扫描时的晃动感，所以将显示更新放在定时器（T0）中断中执行，经实测 8 位数码管扫描时，每 2ms 一位的更新速度就不会产生晃动。形成位控制字、段控制字、闪烁属性控制及发送给 6B595 的程序段如下，读者可参看其中的注释加深理解。

```
TIM0INT: PUSH   ACC                 ; 每 2ms 中断一次的定时器 0 中断
         PUSH   PSW
         PUSH   DPL
         PUSH   DPH
         CLR    RS0                 ; 使用 2#工作寄存器区
         SETB   RS1
         MOV    TH0,  #0F7H
         INC    TCT_2MS             ; 2ms 定时时标变量+1
         MOV    TL0,  #86H          ; 2170[87FH] * 12/11.0592MHz = 2ms
;        -------------------------------------------------------------
         MOV    A,  TCT_2MS
         ANL    A,  #1FH            ; 2ms*32 = 64ms
         JNZ    T0IBB
         SETB   FG_RDTIME           ; 每隔 64ms 置 1 的读日期时间标志
;        -------------------------------------------------------------
T0IBB:   JNB    FG_SEC_FL, T0ICC
```

```
            DJNZ    TCT_SEC, T0ICC          ;:闪亮 0.5s 定时时间未到
            CLR     FG_SEC_FL
T0ICC:      CALL    DISP_PRG
            POP     DPH
            POP     DPL
            POP     PSW
            POP     ACC
            RETI
;================================================================
DISP_PRG:                                   ; 显示更新程序
            INC     SCAN_S
            ANL     SCAN_S, #07H
            MOV     A,   SCAN_S             ; 向 6B595 发送位控制字
            MOV     DPTR, #LED_DIG         ; DPTR 指向位控制字数组
            MOV     A,   SCAN_S
            MOVC    A,   @A+DPTR            ; A=位控制字
            MOV     R3,  #8
SDLP1:      RLC     A                       ; 左移，高位在前
            MOV     SERIN,  C               ;送出 1 位
            SETB    SRCK                    ; 移位时钟上升沿
            CLR     SRCK
            DJNZ    R3, SDLP1               ; 8 位循环
            MOV     A,   SCAN_S            ; 判断数字是否需要闪烁
            INC     A
            CJNE    A,FLASH_ID, SDAAA      ; SCAN_S+1=FLASH_ID，则闪烁
            MOV     A,  #0
            JB      TCT_2MS.6, SDEEE       ; 数字闪烁定时
SDAAA:      MOV     R2,  #80H               ; R2 的最高位=显示分隔符的控制位
                                            ; （1—亮，0—灭）
            JB      D_OR_T, SDBBB
            JMP     SDCCC
SDBBB:      JB      FG_SEC_FL, SDCCC
            MOV     R2,  #00H               ; 显示年月日时分隔符-常亮
SDCCC:      MOV     A,   SCAN_S            ; FG_SEC_FL 是分隔符闪烁标志
            ADD     A,  #DIG1               ; 显示时分秒时分隔符:闪烁
            MOV     R0,  A
            MOV     A,   @R0
            MOV     DPTR, #LED_SEG         ; R0 指向要显示的数字（非紧缩 BCD 码）
            MOVC    A,   @A+DPTR            ; DPTR 指向显示数字的段控制字数组
            ORL     A,   R2                 ;A=段控制字；段控制字与分隔符位合并
            MOV     R3,  #8                 ; 向 6B595 发送段控制字
SDEEE:      RLC     A                       ; 左移，高位在前
SDLP2:      MOV     SERIN,  C               ;送出 1 位
            SETB    SRCK                    ; 移位时钟上升沿
            CLR     SRCK
            DJNZ    R3, SDLP2               ; 8 位循环
            SETB    RCK                     ;送出装入时钟
            CLR     RCK
            RET
```

```
;=================================================================
LED_DIG: DB        80H,40H,20H,10H,08H,04H,02H,01H               ; 段控制字
ED_SEG:  DB        2FH,06H,5BH,4FH,66H,6DH,7DH,07H,7FH,6FH       ; 位控制字
```

（3）串口通信

串口通信采用中断方式处理，帧格式为：1 个起始位+8 个数据位+1 个停止位，采用偶校验，波特率为9600bit/s。通信协议中只有一个命令，就是校正日期时间的命令，长度为 8 字节，格式如下：

同步符	年	月	日	时	分	秒	结束标志
FFH	1 字节	1 字节	1 字节	1 字节	1 字节	1 字节	A5H

其中同步符固定为 FFH，结束标志固定为 A5H，中间的年月日时分秒各占 1 字节，均为紧缩 BCD 码。例如，要校正时间到 2010 年 2 月 3 日 11 点 23 分 45 秒，则发送 FFH，10H，02H，03H，11H，23H，45H，A5H 即可。

串口通信中断处理程序段如下，读者可参看其中的注释加深理解。

```
COMINT: PUSH    ACC                        ; 串口中断处理
        PUSH    PSW
        SETB    RS0                        ; 使用 1#工作寄存器区
        CLR     RS1
        JBC     RI,  COMAA                 ; 判断是接收还是发送中断
        CLR     TI                         ; 清除发送标志
        JMP     CRR
COMAA:  MOV     A,  SBUF                    ; 取收到的字节
        JNB     PSW.0, COMBB                ; 偶校验判断
        JNB     RB8, COMIII                ; 偶校验错误，复位接收缓冲区指针
        JMP     COMCC
COMBB:  JB      RB8,  COMIII               ; 偶校验错误，复位接收缓冲区指针
COMCC:  CJNE    A, #0FFH, COMDD            ; 收到同步符？
        JMP     COMIII
COMDD:  CJNE    A, #0A5H,  COMEE           ; 收到结束标志？
        SETB    FG_UPD                     ; 设置需要更新日期时间标志
        JMP     CRR
COMEE:  MOV     R0, RECE_PT                ; 将收到的数据放入接收缓冲区
        MOV     @R0, A
        INC     RECE_PT                    ; 接收缓冲区指针+1
        CJNE    R0,#R_BUF+6, CRR
COMIII: MOV     RECE_PT, #R_BUF            ; 复位接收缓冲区指针
CRR:    POP     PSW
        POP     ACC
        RETI
```

（4）按键处理程序

按键处理程序随时检测是否有用户按键操作，并采用软件延时去除抖动。K1 是位选择键，每按一次闪烁状态右移一位，按 8 次后恢复正常状态；K2 是数字+1 键，每按一次当前闪烁的数字位+1，程序中没有给出数字有效范围检查功能，有兴趣的读者可考虑自行添加完善。

```
KEYIN:                                     ; 按键检查
        JB      KEY_1,  KIAAA
        CALL    DELAY30MS                  ; 防抖动延时
```

```
              JNB      KEY_1,  KIDIG              ; 确认 K1 键被按下
KIAAA:  MOV      A,  FLASH_ID
              JZ         KIRRR                    ; FLASH_ID=0 时 K2 键不起作用
              JB         KEY_2,  KIRRR
              CALL     DELAY30MS                  ; 防抖动延时
              JNB      KEY_2,  KIADD             ; 确认 K2 键被按下
KIRRR:  RET
; -----------------------------------------------------------------------------
KIDIG:                                           ; 位选择 K1 键处理
              CLR       ES                        ; 手动改变日期时间时不接收串口命令
              MOV      A,  FLASH_ID
              INC       FLASH_ID
              CJNE     A,  #0,  KIDAA
              MOV      FLASH_ID,  #3             ; 世纪是固定的，不用调整,所以从 3 开始
              CALL     DELAY300MS                ; 按键重复间隔延时
              RET
KIDAA:  MOV      A,  FLASH_ID
              CJNE     A,  #9,  KIDRR
              CALL     SAVE_D_T                  ; 保存日期时间
              MOV      FLASH_ID,  #0            ; 结束手动改变日期时间状态
              SETB     ES
KIDRR:  CALL     DELAY300MS                ; 按键重复间隔延时
              RET
; -----------------------------------------------------------------------------
KIADD:                                           ; 数字+1 键处理
              MOV      A,  FLASH_ID             ; FLASH_ID 取值范围：0--8
              CJNE     A,  #8+1,  $+3
              JC         KIAD1
              MOV      FLASH_ID,  #0
KIAD1:  ADD      A,  #DIG1-1
              MOV      R0,  A                    ; R0 指向需要调整的位
              INC       @R0                       ; +1
              CJNE     @R0,  #9+1,  KIADRR     ; 取值范围 0--9，在此没有给出有效性检查
              MOV      @R0,  #0
KIADRR: CALL    DELAY300MS                ; 按键重复间隔延时
              RET
              END
```

10.3.2　应用设计实例二——交流工频频率测量

在实际应用中经常有测量周期、频率或时间间隔等的需求。下面再介绍一个采用 2051 单片机实现的交流工频频率测量、显示的应用实例。

要求：

① 采用 2051 在线测量交流电的频率；

② 通过 4 位 LED 显示器显示频率。

1．频率测量原理

频率测量的实质是周期（时间）的测量，而计算机系统测量时间通常采用计数器"数"出两个触发事件之间的脉冲个数 n，如果脉冲周期固定为 t_0，则这两个事件之间的时间为：$T=n \times t_0$。51

单片机中的定时/计数器的定时功能恰好适用于此，当采用定时方式时，计数器的+1脉冲来自51单片机内部，频率为主时钟频率 f_{SOC} 的十二分之一。所以只需要在第一个触发事件到来时将计数器清零，并启动定时功能，而在第二个触发事件到来时读出计数器的值 n，于是 $T=n\times(12/f_{SOC})$。

实际上51单片机的定时/计数器还支持"门控"的功能，当TMOD中的GATE0/1位等于1时，定时/计数器只有 $\overline{INT0}/\overline{INT1}$ 输入高电平时才会+1，否则计数器会自动停止计数，这又为我们精确测量周期提供了方便，因为计数器的启动、停止均无须软件干预，因此不会造成延时误差。

2. 测量电路

工频频率测量电路主要由周期脉冲形成电路、门控信号产生电路、数码管显示电路4部分构成。电路如图10-20所示。

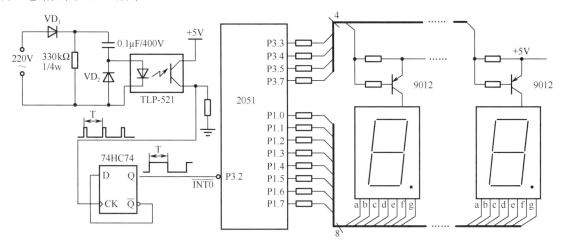

图10-20 工频频率测量电路

（1）周期脉冲形成电路

将工频正弦波转化成适于计算机处理的数字脉冲信号的方法很多，通常采用变压器降压+整流，然后经过放大比较、过零比较器、窗口比较器等方法形成数字脉冲信号。

本书采用一种简单、低成本而且实用的方案，并具有隔离特性，确保单片机系统的安全运行。其原理如下。

将220V交流信号直接经二极管 VD_1 半波整流后送电容C，在交流信号的正半周，VD_1 导通并给C充电，同时充电电流流经光耦TLP-521的输入端以形成检测脉冲；当交流信号过了正半周顶点后，VD_1 截止，此时C上的电荷通过R及 VD_2 构成的回路放电，C两端电压下降，直到下一个正半周到来时重复上述过程。

只要元件参数选择合理，就可以在每一个正半周的前半段使光耦输出一个正脉冲，其周期恰好是正弦交流信号的周期。按照图10-20中所给参数，经仿真得到各点信号波形如图10-21所示。

（2）门控信号产生电路

为便于精确测量，将前述脉冲经D触发器2分频后得到高电平持续时间与输入交流信号周期相等的门控信号送2051的 $\overline{INT0}$ 引脚，用于控制定时/计数器，同时该信号的下降沿引发 $\overline{INT0}$ 中断，以便计算周期和频率。

当AT89C2051采用11.0592MHz的时钟工作时，定时/计数器每隔1.085μs加1，最大计时时间大约为71ms，完全可以满足20ms左右的工频周期测量需求。

（3）数码管显示电路

采用4位7段共阳数码管显示所测得的频率值。其中P1口输出"段"驱动信号，而P3.3、

P3.4、P3.5 和 P3.7 构成数码管的"位"扫描信号。由于采用 1 英寸以下的小数码管显示，所以可以用 2051 直接驱动。

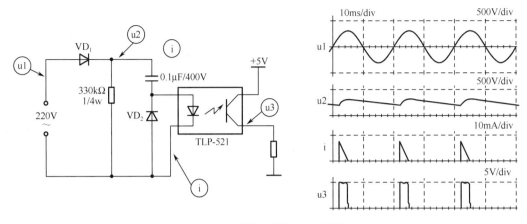

图 10-21　工频频率测量仿真信号波形

3．软件设计

由于采用门控信号测量周期，所以软件干预很少，只需在每次门控信号的下降沿设置测量完成标志（FG_UP），由主循环程序进行频率计算、显示即可。

因为频率显示采用 4 位数码管，因此可精确到 0.01Hz，为此在计算频率时扩大 100 倍，其计算公式为：[(11059200/12)×100]/周期计数值，即 91260000/周期计数值。

显示部分与前述数字时钟的显示驱动类似，只是不再采用 TPIC6B595，而是直接由 2051 的口线驱动，所以更加简单。

程序的主要部分可参看下面的程序片段及注释。

```
; 工频频率测量显示程序
; 微处理器:2051；时钟频率:11.0592Hz
; 功能说明:
; ①实时测量 220V 交流信号的频率；
; ②将所测频率通过 4 位数码管显示，精确到 0.01Hz；
; MPU I/O 口定义（I/O PORT）
SEG_CODE      DATA    P1        ; 数码管显示的段输出，低电平有效
                                ; 从低位到高位分别对应于 A，B，C，D，E，F，G，DP
DIG_1         BIT   P3.3        ; 数码管显示的位输出，低电平有效
DIG_2         BIT   P3.4
DIG_3         BIT   P3.5
DIG_4         BIT   P3.7
; 位变量定义（BIT-VAR）
BIT_VAR_A     DATA    20H
FG_UPD        BIT     00H       ; 周期值已更新标志
; 字节变量定义（BYTE-VAR）
SCAN_S        DATA    24H       ; 显示扫描计数变量
DP_BUF1       DATA    25H       ; 显示缓冲区（非紧缩 BCD 码）
DP_BUF2       DATA    26H
DP_BUF3       DATA    27H
DP_BUF4       DATA    28H
;==============================================================
```

```
                 ORG      0000H
                 JMP      MAIN
                 ORG      0003H               ; 外部中断 0（当门控信号结束引发该中断）
                 JMP      E0INT
                 ORG      000BH               ; 定时器 0 中断（未用）
                 RETI
                 ORG      0013H               ; 外部中断 1（未用）
                 RETI
                 ORG      001BH               ; 定时器 1 中断（用于 2ms 显示更新）
                 JMP      TIM1INT
                 ORG      0023H               ; 串口中断（未用）
                 RETI
; ====================================================================
                 ORG      30H
MAIN:            MOV      SP,  #50H           ; 将堆栈放在 RAM 的高 48 字节
; 初始化
                 CLR      FG_UPD
                 MOV      DP_BUF1,  #0
                 MOV      DP_BUF2,  #0
                 MOV      DP_BUF3,  #0
                 MOV      DP_BUF4,  #0
                 MOV      SCAN_S,  #0
                 MOV      TMOD,  #19H         ; 定时器 1（方式 1:16 位定时），
                                             ; 定时器 0（方式 1:16 位定时，允许门控）
                 MOV      TL0,  #0            ; 清零 16 位工频周期计数变量
                 MOV      TH0,  #0
                 SETB     TR0                 ; 启动定时器 0
                 MOV      TL1,  #86H          ; 2170[87FH] * 12/11.0592MHz = 2ms
                 MOV      TH1,  #0F7H
                 SETB     TR1                 ; 启动定时器 1（用于 2ms 时标定时）
                 SETB     ET1                 ; 允许定时器 1 中断
                 SETB     EX0                 ; 允许 INT0 中断
                 SETB     EA                  ; 允许所有中断
MAIN1:           CALL     CACUL_F             ; 计算工频频率，放入显示缓冲区
                 JMP      MAIN1
E0INT:                                        ; 门控信号结束中断
                 SETB     FG_UPD              ; 设置周期值已更新标志
                 RETI
; ====================================================================
CACUL_F:                                      ; 计算工频频率，放入显示缓冲区
                 JNB      FG_UPD, CFRRR       ; 周期值未更新时不进行计算
                 CLR      FG_UPD
                 MOV      R0,  #00H           ; 40 位被除数：00057E4000H = 912600*100
                 MOV      R1,  #05H
                 MOV      R2,  #7EH
                 MOV      R3,  #40H
                 MOV      R4,  #00H
                 MOV      R5,  #0             ; 24 位除数，本次测量的周期值
                                             ; （单位 1.085ms）
```

```
                    MOV        R6,  TH0
                    MOV        R7,  TL0
                    CALL       DIV_40_24              ; (R3R4) = (R0R1R2R3R4)/(R5R6R7),
                                                      ; 工频频率*100
                    CALL       BIN2BCD                ; 将（R3R4）中的频率值转换成紧缩 BCD 码
                                                      ; 返回（R3R4）
                    MOV        A,  R1                 ; 将（R1R2）中的紧缩 BCD 码放入显示缓冲区
                    SWAP       A
                    ANL        A,  #0FH
                    MOV        DP_BUF1,  A
                    MOV        A,  R1
                    ANL        A,  #0FH
                    MOV        DP_BUF2,  A
                    MOV        A,  R2
                    SWAP       A
                    ANL        A,  #0FH
                    MOV        DP_BUF3,  A
                    MOV        A,  R2
CFRRR:              ANL        A,  #0FH
                    MOV        DP_BUF4,  A
                    MOV        TH0,  #0
                    MOV        TL0,  #0               ; 清除 16 位周期计数，为下一次做准备
                    RET
;        ========================================================================
TIM1INT:                                             ; 每 2ms 中断一次的定时器 1 中断
                    PUSH       ACC
                    PUSH       PSW
                    PUSH       DPL
                    PUSH       DPH
                    MOV        TL0,  #86H             ; 2170[87FH] * 12/11.0592MHz= 2ms
                    MOV        TH0,  #0F7H
                    CALL       DISP_PRG
                    POP        DPH
                    POP        DPL
                    POP        PSW
                    POP        ACC
                    RETI
;        ========================================================================
DISP_PRG:                                            ; 显示更新程序
                    INC        SCAN_S
                    ANL        SCAN_S,  #03H          ; 4 位数字显示
                    SETB       DIG_1                  ; 先使所有位输出无效
                    SETB       DIG_2                  ; 避免更新段控制字时的相互干扰
                    SETB       DIG_3
                    SETB       DIG_4
                    MOV        A,  SCAN_S             ; R0 指向将要显示的 BCD 码
                    ADD        A,  #DP_BUF1
                    MOV        R0,  A
                    MOV        DPTR,  #LED_SEG        ; DPTR 指向显示数字的段控制字数组
```

```
            MOV      A, @R0               ; 取出将要显示的 BCD 码
            MOVC     A, @A+DPTR           ; A=段控制字
            MOV      SEG_CODE, A          ; 更新段控制字
            MOV      R0, #SCAN_S          ; 根据 SCAN_S 的值确定显示的位
            CJNE     @R0,#0,  DPGAA
            CLR      DIG_1                ; 显示小数点
            RET
DPGAA:      CJNE     @R0, #1,  DPGBB
            ANL      SEG_CODE, #7FH
            CLR      DIG_2
            RET
DPGBB:      CJNE     @R0, #1, DPGCC
            CLR      DIG_3
            RET
DPGCC:      CJNE     @R0, #1,  DPGRR
            CLR      DIG_4
DPGRR:      RET
LED_SEG:                                 ; 段控制字（显示字模）
            DB       0C0H,0F9H,0A4H,0B0H,99H,92H,82H,0F8H,80H,90H
; 运算及转换子程序
; 双字节二进制数调整为双字节 BCD 码
; 入口：（R3R4）---二进制数
; 出口：（R1R2）---压缩 BCD 码
BIN2BCD:
            MOV      R1, #0
            MOV      R2, #0
            MOV      R7, #16
BCDLP1:     CLR      C
            MOV      A, R4
            RLC      A                    ; 左移一次
            MOV      R4, A
            MOV      A, R3
            RLC      A
            MOV      R3, A
            MOV      A, R2
            ADDC     A, R2
            DA       A
            MOV      R2, A
            MOV      A, R1
            ADDC     A, R1
            DA       A
            MOV      R1, A
            DJNZ     R7, BCDLP1
            RET
; 除法运算
; 入口：（R0R1R2R3R4） ---  40 位被除数
; （R5R6R7） ---  24 位除数
; 出口：（R3R4） ---  16 位商
DIV_40_24:
```

```
          CLR     C
          MOV     B, #16
DDLOP:    MOV     A, R4
          RLC     A
          MOV     R4, A
          MOV     A, R3
          RLC     A
          MOV     R3, A
          MOV     A, R2
          RLC     A
          MOV     R2, A
          MOV     A, R1
          RLC     A
          MOV     R1, A
          MOV     A, R0
          RLC     A
          MOV     R0, A
          MOV     F0, C
          CLR     C
          MOV     A, R2
          SUBB    A, R7
          MOV     DPL, A
          MOV     A, R1
          SUBB    A, R6
          MOV     DPH, A
          MOV     A, R0
          SUBB    A, R5
          JB      F0, DDAAA
          JC      DDBBB
DDAAA:    MOV     R0, A
          MOV     R1, DPH
          MOV     R2, DPL
          INC     R4
DDBBB:    CLR     C
          DJNZ    B, DDLOP
; 四舍五入
          MOV     A, R2               ; 余数*2
          RLC     A
          MOV     R2, A
          MOV     A, R1
          RLC     A
          MOV     R1, A
          MOV     A, R0
          RLC     A
          MOV     R0, A
          JC      DDCCC               ; 有进位, 商+1
          MOV     A, R2
          SUBB    A, R7
          MOV     A, R1
```

```
              SUBB    A,  R6
              MOV     A,  R0
              SUBB    A,  R5
              JB      ACC.7,  DDRRR    ；余数*2<除数，（舍）
DDCCC:        MOV     A,  R4           ；商+1（四舍五入）
              ADD     A,  #1
              MOV     R4, A
              MOV     A,  R3
              ADDC    A,  #0
              MOV     R3, A
DDRRR:        RET
              END
```

本 章 小 结

  本章从设计单片机产品、把非电量转换成计算机能接受的数字量、提高产品抗干扰等几个广大读者比较关心的问题着手，着重介绍设计方法和解决问题的方法。

  由于控制对象的不同，单片机产品的设计过程中涉及的硬件和软件结构有很大差异，但产品设计的基本内容和主要步骤是基本相同的。

  由于计算机不能直接对这些非电量信号进行控制处理，因此，在进入计算机前必须先将非电量如温度、压力等信号转换成电量（电流或电压信号），然后经过 A/D 转换器把电流或电压信号转换成相应的数字量信号，最后由计算机分析处理。

  为了保证单片机产品能够长期稳定、可靠地工作，在产品设计时必须对抗干扰能力给予足够的重视。由于产品本身比较复杂，再加上工作环境比较恶劣（如温度和湿度高，有震动和冲击，空气中灰尘多，并含有腐蚀性气体以及电磁场的干扰等），同时还要受到使用条件（包括电源质量、运行条件、维护条件等）的影响，因而可以毫不夸张地说，当代世界的干扰如同环境污染一样，正危胁着现代工业的各个方面。抗干扰方面的课题不但有许多实际问题要解决，而且有不少理论问题要探讨。

【知识拓展与思政元素】技术应用、创新驱动、扬长避短、良性竞争

序号	知 识 点	切 入 点	思政元素、目标	素材、方法和载体
1	产品设计	设计理念	元素："纸上得来终觉浅，绝知此事要躬行。""知是行之始，行是知之成。"理论和实践相结合、知行合一，培养创新意识和工匠精神 目标：工程应用、自主创新、知行合一、求真务实	1. 知识关联、经典名句、名人轶事、主题讨论 2. 讨论：产品设计的全局观念
2	元器件的选择	产品技术	元素：选择适当的技术、方法，以解决工程问题为主导、树立成本的理念；正确理解创新，不要盲从、不要盲目追求"高精尖" 目标：技术应用、创新驱动	1. 知识关联、案例启发、主题讨论 2. 案例：遥控器、小玩具中的单片机技术 3. 讨论：大学生科技立项、竞赛专题

序号	知 识 点	切 入 点	思政元素、目标	素材、方法和载体
3	产品调试	方案优化	元素："玉不琢，不成器；人不学，不知道。"从设计到产品需反复调试、优化完善；严谨的工作态度、扎实的专业素养、渊博的理论知识是工程实践成功的关键 目标：产品调试、人生优化	1. 知识关联、经典名句、名人轶事、案例启发、主题讨论 2. 案例：从时间上、空间上、稳定性、可靠性、性价比及用户评价等方面优化产品方案 3. 讨论：人生优化
4	产品市场	产品生命力与市场营销	元素："三人行必有我师焉。择其善者而从之，其不善者而改之。""己所不欲，勿施于人。" 目标：诚实守信、尊重对手、扬长避短、良性竞争	1. 知识关联、经典名句、名人轶事、主题讨论 2. 案例：产品推销的技巧 3. 讨论：尊重对手、赢得市场

扫描二维码下载【思政素材、延伸解析】

习 题 10

10-1 在单片机应用系统总体设计中，应考虑哪几方面的问题？简述硬件设计和软件设计的主要过程。

10-2 如何提高应用系统的抗干扰能力？可采取哪些措施？

10-3 试设计一个节日彩灯循环闪烁的应用系统。

10-4 请设计一个交通灯控制系统。要求：显示秒倒计时，当剩 10s 切换指示灯时（红灯切换绿灯或绿灯切换红灯时），该指示灯变为闪烁显示。

10-5 请设计一个温度采集系统。要求：

（1）设计电路图；

（2）按 1 路/秒的速度顺序检测 8 路温度点。温度范围为+20℃～+100℃，测量精度为±1%；

（3）用五位数码管显示温度，最高位显示通道号，次高位显示"--"，低三位显示温度值。

第11章 基于51核的片上系统简介

11.1 近年来51系列单片机的最新发展

随着器件制造技术的发展和市场需求的持续增长,近年来嵌入式微控制器的发展速度惊人,并融合了许多新的设计理念和传统计算机的技术成果,例如哈弗体系结构、片上系统、流水线技术、高速缓存技术、在系统编程技术等。特别是基于32位体系结构和实时操作系统的嵌入式系统概念在网络产品、消费类电子产品、通信等领域得到极其广泛的应用。

在目前百花齐放的单片机品牌与系列之中,"古老"的51系列似乎应该可以"退休"了。但其实情况并不完全是这样,正因为51系列经历了长时间的应用,积累了大量的软硬件资源,储备了数量庞大的工程人才,如果能够将传统的51系列与一些新的技术有机结合,则既可以发挥原有软硬件资源的作用,又可以减少工程开发人员的移植任务量。

本章后面介绍的C8051F系列单片机,就是近年来比较成功的一个系列,严格地说C8051F系列已经不是传统意义上的"单片机",而是具有在系统编程(ISP)特性的片上系统(SoC)。

1. 在系统编程(In-Sysytem Programming,ISP)

传统单片机的编程需要将芯片从电路板上取下,插入专用的烧录设备烧写编程,然后再将其插回电路板。如果需要对程序进行调试,同样需要取下芯片并代之以仿真头才行。这会带来一系列的问题:过程繁琐,成本高,影响系统可靠性,不适合当前流行的贴片工艺等。

ISP是指直接将空的芯片焊接于最终的电路板上,无论是编程还是调试都可以直接在电路板上完成。通常这样的芯片需要预留出一个在系统编程接口,不同的厂家可能采用不同方案,例如串口、JTAG接口或者专用接口。当然这些接口可能会占用一定数量的芯片I/O口资源(有些产品设计成可复用的形式),但对于本身就有很多引脚的贴片封装来说,减少几个通用I/O口已经不是什么大问题。

2. 片上系统(System on a Chip,SoC)

除了最简单的应用,通常一个单片机应用系统都需要对单片机进行相应的扩展:例如程序存储器、数据存储器、I/O口、各种形式的通信接口以及A/D和D/A转换器等。其中一些扩展是由于单片机没有相应的硬件资源,另一些则是因为虽然有但是数量不够或者某些特性不满足要求。

随着器件生产工艺水平的进步,在基本不增加芯片成本的前提下,将原来需要外部扩展的各种外设资源甚至包括模拟信号处理电路(例如运放、模拟比较器、多路开关等)都集成在一个芯片中成为可能,这就是所谓片上系统的概念。

片上系统极大地简化了目标应用系统的构建成本和复杂度,同时由于外设与MPU核心的紧密耦合,也大大提高了外设速度等方面的性能指标并简化了编程接口。另外,片上系统至少还有如下几方面的特点:

- 由于芯片数量减少从而提高了系统可靠性;
- 降低系统功耗;
- 能给用户提供更多的通用I/O口;

● 简化系统编程、缩短开发周期；

● 提高抗干扰能力。

11.2 C8051F 简介

Cygnal C8051F 系列单片机由 Silicon Labs 公司推出，是业内最小封装的微控制器（MCU）（小至 2mm×2mm），不会牺牲性能或集成性。完整的小型封装产品线包括高达 100MIPs 的 CPU、12 位 ADC、12 位 DAC 及其他重要的模拟外围设备，如集成精密振荡器（±2%）和精密温度传感器（±2℃）。还提供成本敏感、引脚兼容的一次性可编程（OTP）选项。C8051F 系列芯片外观结构如图 11-1 所示。

图 11-1 C8051F 系列芯片外观结构图

11.2.1 C8051F 系列单片机片上资源

在保证指令集完全兼容 51 系列单片机的前提下实现了比传统 51 单片机高得多的性能指标。同时为了支持各种不同的应用形式，提供了非常丰富的系列型号供用户选择：封装形式从 11 引脚 MLP11（8 个通用 I/O 口）到 100 引脚的 TQFP100（最多 64 个通用 I/O 口）；片内 Flash 存储器容量从 2KB 到 1MB；片内数据存储器容量从 256B 到 4KB+256B；8/10/12 位的 A/D 或 D/A 转换器；更多的定时器资源及功能完善的定时器阵列（PCA）。某些型号还提供了片内温度传感器、回差可编程的电压比较器、程控增益放大器（PGA）等模拟部件。特别值得一提的是其丰富的串行通信接口设备，从异步串行口 UART、3（或 4）线 SPI 接口、全硬件的 I²C 接口，到 USB2.0 及 CAN2.0 等新型高速串行接口都有所支持，为实现各种不同应用提供了极大的方便。其主要特点体现在以下几方面：

● 8～12 位多通道 ADC。

● 1～2 路 12 位 DAC。

● 1～2 路电压比较器。

● 16 位可编程定时/计数器阵列 PCA 可用于 PWM 等。

● 3～5 个通用 16 位定时器。

● 8～64 个通用 I/O 口。

● I2C/SMBus，SPI1～2 个 UART 多类型串行总线。

● 8～64KB Flash 存储器。

● 256B～4KB 数据存储器 RAM。

● 片内时钟源内置电源监测看门狗定时器。

● 高速的 20MIPS～25MIPS 与 8051 全兼容的 CIP51 内核。

- 内部 Flash 存储器可实现在系统编程，可作 ROM 也可作非易失性 RAM。
- 工作电压为 2.7～3.6V，典型值为 3V，I/O、STJTAG 引脚均允许 5V 电压输入。
- 全系列均为工业级芯片。
- 内置温度传感器±3。
- 片内 JTAG 仿真电路提供全速的电路内仿真，不占用片内用户资源。
- 片内 JTAG 仿真支持断点单步观察点运行和停止等调试命令。
- 片内 JTAG 仿真支持存储器和寄存器校验和修改。

11.2.2 C8051F 系列 CPU

1．完全兼容标准 8051

C8051F 系列单片机采用 CIP-51 内核，CIP-51 与 MCS51 指令系统全兼容，可用标准的 ASM51KeilC 高级语言开发编译 C8051F 系列单片机的程序。CIP-51 内核具有标准 8052 的所有外设部件，包括 5 个 16 位的定时/计数器、两个全双工 UART、256 字节内部 RAM、128 字节特殊功能寄存器 SFR 以及 8（或 4）字节宽的 I/O 口。

2．高速指令处理能力

标准的 8051 一个机器周期要占用 12 个系统时钟周期，执行一条指令最少要一个机器周期。C8051F 系列单片机指令处理采用流水线结构，机器周期由标准的 12 个系统时钟周期降为 1 个系统时钟周期，指令处理能力比 MCS51 大大提高。内核 70%的指令执行是在一个或两个系统时钟周期内完成的，只有四条指令的执行需 4 个以上时钟周期。C8051F 系列单片机共有 111 条指令，指令条数与执行时所需的系统时钟周期数的关系如表 11-1 所示。

表 11-1 C8051F 指令条数与执行时所需的系统时钟周期数的关系

时钟周期数	1	2	2/3	3	3/4	4	4/5	5	8
指令数	26	50	6	16	7	3	1	2	1

当时钟频率为 100MHz 时，C8051F 系列指令执行峰值速度高达 100MIPS，图 11-2 给出了几种 8 位 MCU 峰值速度的比较关系（C8051F 的时钟频率取 25MHz）。

3．增加了中断源

标准的 8051 只有 7 个中断源，C8051F 系列单片机扩展了中断处理，这对于实时多任务系统的处理是很重要的扩展。中断系统向 CPU 提供 22 个中断源（有些型号为 12 中断源），允许大量的模拟和数字外设中断，一个中断处理需要较少的 CPU 干预却有更高的执行效率。

4．增加了复位源

标准的 8051 只有外部引脚复位，C8051F 系列单片机增加了 7 种复位源：一个片内 V_{DD} 监视器、一个看门狗定时器、一个时钟丢失检测器、一个由比较器 0 提供的电压检测器、一个强制软件复位、CNVSTR 引脚及 $\overline{RST}$ 引脚。$\overline{RST}$ 引脚是双向的，可接受外部复位或将内部产生的上电复位信号输出到 $\overline{RST}$ 引脚。除 V_{DD} 监视器和复位输入引脚外，每个复位源都可以由用户用软件禁止。这些复位源使系统的可靠性大大提高。

标准的 8051 单片机只有外部时钟，Cygnal C8051F 系列单片机有内部独立的时钟源。C8051F300/F302 提供的内部时钟误差在 2%以内，在系统复位时默认内部时钟。如果需要可接外部时钟并可在程序运行时实现内外部时钟的切换。外部时钟可以是晶体 RCC 或外部时钟，这些功能在低功耗应用系统中非常有用。

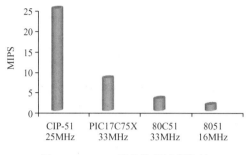

图 11-2 MCU 峰值执行速度比较

11.2.3 C8051F 存储器

C8051F 系列单片机的存储器组织与标准 8051 的存储器组织类似，有两个独立的存储器空间：程序存储器和数据存储器。程序和数据存储器共享同一个地址空间但用不同的指令类型访问。C8051F 系列单片机的存储器结构如图 11-3 所示。

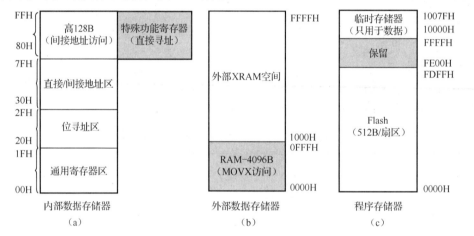

图 11-3 C8051F 系列单片机存储器结构图

1．程序存储器

C8051F 系列单片机程序存储器为 8～64KB 的 Flash 存储器，该存储器可按 512 字节为一扇区编程。可以在线编程且不需在片外提供编程电源。该存储器中有 512 字节（FE00H～FFFFH）保留给工厂使用，不能用于存储用户程序，其他未用到的扇区均可由用户按扇区作为非易失性数据存储器使用。通过设置程序存储写允许位（PSCTL.0），采用 MOVX 指令对程序存储器写入程序，从而，为用户提供了更新程序代码和将程序存储器空间用于非易失性数据存储的机制。

2．数据存储器

C8051F 具有标准 8051 的程序和数据地址配置，256 字节的 RAM 中低 128 字节用户可用直接或间接寻址方式访问；RAM 中前 32 字节为 4 个通用寄存器区，随后的 16 字节既可以按字节寻址也可以按位寻址。RAM 中高 128 字节只能用间接寻址访问，该存储区与特殊功能寄存器 SFR 占据相同的地址空间，但物理上与 SFR 空间是分开的，指令所用的寻址方式决定了 CPU 访问的是数据存储器的高 128 字节还是 SFR。

3. 特殊功能寄存器（SFR）

从 80H 到 FFH 的直接寻址存储器空间为特殊功能寄存器 SFR，SFR 提供对 C8051F 系列单片机的资源和外设的控制。除标准 8051 中的 21 个 SFR 外，C8051F 系列单片机增加了一些用于配置和访问专有子系统的 SFR，SFR 分布情况如表 11-2 所示。

表 11-2　C8051 SFR 分布情况表

寄存器	地址	寄存器	地址	寄存器	地址	寄存器	地址
ACC	E0	FLSCL	B6	PCA0CPH1	EA	SPI0CKR	A2
ADC0CF	BC	IDA0CN	B9	PCA0CPH2	EC	SPI0CN	F8
ADC0CN	E8	IDA0H	97	PCA0CPL0	FB	SPI0DAT	A3
ADC0GTH	C4	IDA0L	96	PCA0CPL1	E9	TCON	88
ADC0GTL	C3	IE	A8	PCA0CPL2	EB	TH0	8C
ADC0H	BE	IP	B8	PCA0CPM0	DA	TH1	8D
ADC0L	BD	IT01CF	E4	PCA0CPM1	DB	TL0	8A
ADC0LTH	C6	OSCICL	B3	PCA0CPM2	DC	TL1	8B
ADC0LTL	C5	OSCICN	B2	PCA0H	FA	TMOD	89
AMX0N	BA	OSCLCN	E3	PCA0L	F9	TMR2CN	C8
AMX0P	BB	OSCXCN	B1	PCA0MD	D9	TMR2H	CD
B	F0	P0	80	PCON	87	TMR2L	CC
CKCON	8E	P0MDIN	F1	PSCTL	8F	TMR2RLH	CB
CLKSEL	A9	P0MDOUT	A4	PSW	D0	TMR2RLL	CA
CPT0CN	9B	P0SKIP	D4	REF0CN	D1	TMR3CN	91
CPT0MD	9D	P1	90	RSTSRC	EF	TMR3H	95
CPT0MX	9F	P1MDIN	F2	SBUF0	99	TMR3L	94
DPH	83	P1MDOUT	A5	SCON0	98	TMR3RLH	93
DPL	82	P1SKIP	D5	SMB0CF	C1	TMR3RLL	92
EIE1	E6	P2	A0	SMB0CN	C0	VDM0CN	FF
EIP1	F6	P2MDOUT	A6	SMB0DAT	C2	XBR0	E1
EMI0CN	AA	PCA0CN	D8	SP	81	XBR1	E2
FLKEY	B7	PCA0CPH0	FC	SPI0CFG	A1		

11.2.4　可编程数字 I/O 口和交叉开关

1. 可编程数字 I/O 口

C8051F 系列单片机除具有标准的 8051 单片机 P0、P1、P2、P3 口外，还有更多的扩展的 8 位 I/O 口，有的系列（如 C8051F020、C8051F040 等）多达 64 个 I/O 口。每个引脚都可以定义为通用 I/O 口（General Port I/O，GPI/O）或模拟输入。引脚分配是通过优先交叉开关实现的。C8051F 系列单片机数字交叉开关原理图如图 11-4 所示。

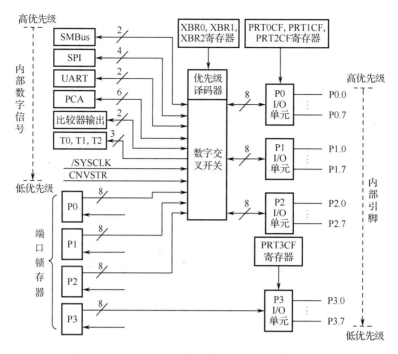

图 11-4　C8051F 系列单片机数字交叉开关原理图

由图 11-4 可见，数字交叉开关允许将内部数字系统资源映射到单片机的 P0、P1、P2 和 P3 的 I/O 口。通过设置交叉开关控制寄存器，将片内的定时/计数器、串行总线、硬件中断、ADC 转换启动输入、比较器输出以及微控制器内部的其他数字信号配置给某个 I/O 口。因此，无论如何设置交叉开关，端口引脚的状态总可以读入端口锁存器。

C8051F 系列单片机低端口（P0、P1、P2 和 P3）既可以按位寻址也可以按字节寻址，而高端口（P4、P5、P6 和 P7）只能按字节寻址。所有 I/O 口都耐 5V 电压，都可以被配置为漏极开路或推挽输出方式和弱上拉，这为低功耗应用提供了进一步节电的能力。I/O 口的原理如图 11-5 所示。

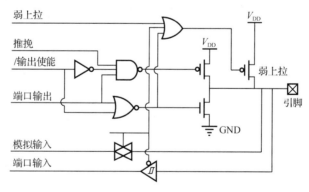

图 11-5　C8051F 系列单片机 I/O 口原理图

2．优先权交叉开关

优先权交叉开关又称为"交叉开关"，按优先权顺序将端口 0～3 的引脚分配给器件上的数字外设（UART、SMBus、PCA、定时器等）。当 EMIFLE=1 且 EMIF 工作在复用方式时的交叉开关译码（P0～P2）示意图如图 11-6 所示。

图 11-6　C8051F 系列单片机优先权交叉开关译码示意图

I/O口	P0								P1								P2							
引脚	0	1	2	3	4	5	6	7	0	1	2	3	4	5	6	7	0	1	2	3	4	5	6	7
SDA	●																							
SCL		●																						
SCK	●		●																					
MISO		●		●																				
MOSI			●		●																			
NSS				●		●																		
TX	●		●		●		●																	
RX		●		●		●		●																
CEX0	●		●		●		●		●															
CEX1		●		●		●		●		●														
CEX2			●		●		●		●		●													
CEX3				●		●		●		●		●												
CEX4					●		●		●		●		●											
ECI	●	●	●	●	●	●	●	●	●	●	●	●	●	●										
CP0	●	●	●	●	●	●	●	●	●	●	●	●	●	●	●									
CP1	●	●	●	●	●	●	●	●	●	●	●	●	●	●	●	●								
T0	●	●	●	●	●	●	●	●	●	●	●	●	●	●	●	●	●							
$\overline{INT0}$	●	●	●	●	●	●	●	●	●	●	●	●	●	●	●	●	●	●						
T1	●	●	●	●	●	●	●	●	●	●	●	●	●	●	●	●	●	●	●					
$\overline{INT1}$	●	●	●	●	●	●	●	●	●	●	●	●	●	●	●	●	●	●	●	●				
T2	●	●	●	●	●	●	●	●	●	●	●	●	●	●	●	●	●	●	●	●	●			
T2EX	●	●	●	●	●	●	●	●	●	●	●	●	●	●	●	●	●	●	●	●	●	●		
SYSCLK	●	●	●	●	●	●	●	●	●	●	●	●	●	●	●	●	●	●	●	●	●	●	●	
CNVSTR	●	●	●	●	●	●	●	●	●	●	●	●	●	●	●	●	●	●	●	●	●	●	●	●

端口引脚的分配顺序从 P0.0 开始，可以一直分配到 P3.7。UART0 具有最高优先权，而 CNVSTR 具有最低优先权。优先权交叉开关的配置是通过 3 个特殊功能寄存器 XBR0、XBR1、XBR2 来实现的，对应使能位被设置为逻辑 1 时，交叉开关将端口引脚分配给外设。当选择一个数字模块时，还未分配引脚中的最低位分配给该资源。如果一个引脚已分配，则交叉开关在为下一个模块分配引脚时将跳过该引脚。交叉开关还将跳过在 PnSKIP 寄存器中置 1 的那些位所对应的引脚。PnSKIP 寄存器允许跳过那些用作模拟输入、特定功能或 GPIO 的引脚。

11.2.5　可编程计数器阵列

除了通用定时/计数器，C8051F 系列单片机还有一个片内可编程定时/计数器阵列（PCA），包含一个专用的 16 位定时/计数器和 5 个 16 位捕捉/比较模块。每个捕捉/比较模块有自己的 I/O 线（CEXn）。通过配置交叉开关，可以将 I/O 线连接到并行 I/O 口。C8051F 系列单片机 PCA 原理图如图 11-7 所示。

定时/计数器的时间基准可以是下面的 6 个时钟源之一：

- 系统时钟 12 分频。
- 系统时钟 4 分频。
- 定时器 0 溢出。
- 外部时钟输出（External Clock Input，ECI）。
- 系统时钟。
- 外部振荡源频率。

16 位 PCA 定时/计数器由 PCA0L（低字节）和 PCA0H（高字节）组成。在读 PCA0L 的同时自动锁存 PCA0H 的值。读 PCA0H 或 PCA0L 不影响计数器工作。PCA0MD 寄存器中的 CPS2-CPS0 位用于选择 PCA 定时/计数器的计数脉冲源，如表 11-3 所示。

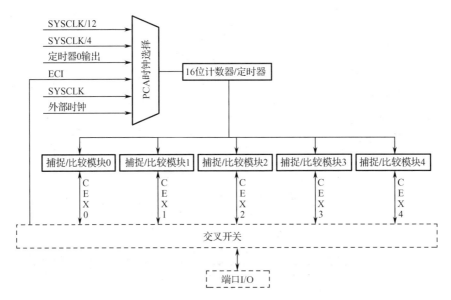

图 11-7 C8051F 系列单片机 PCA 原理图

表 11-3 PCA 定时/计数器的计数脉冲源

CPS2	CPS1	CPS0	计数脉冲源
0	0	0	系统时钟的 12 分频
0	0	1	系统时钟的 4 分频
0	1	0	定时器 0 溢出
0	1	1	ECI 负跳变（最大速率=系统时钟频率/4）
1	0	0	系统时钟
1	0	1	外部振荡源 8 分频

每个捕捉/比较模块都有 4 或 6 种工作方式：

● 边沿触发捕捉。

● 软件定时器。

● 高速输出。

● 8 位脉冲宽度调制器。

● 16 位脉冲宽度调制器。

● 频率输出。

捕捉/比较模块的工作方式由 PCA0CPMn 设置，如表 11-4 所示。

表 11-4 捕捉/比较模块的工作方式

PWM16	ECOM	CAPP	CAPN	MAT	TOG	PWM	工 作 方 式
X	X	1	0	0	0	0	用 CEXn 的正沿触发捕捉
X	X	0	1	0	0	0	用 CEXn 的负沿触发捕捉
X	X	1	1	0	0	0	用 CEXn 的电平改变触发捕捉
X	1	0	0	1	0	0	软件定时器
X	1	0	0	1	1	0	高速输出
X	1	0	0	X	1	1	频率输出
0	1	0	0	X	0	1	8 位脉冲宽度调制器
1	1	0	0	X	0	1	16 位脉冲宽度调制器

此外，捕捉/比较模块 4 还提供看门狗定时器（Watch Dog Timer，WDT）功能。在系统复位后，捕捉/比较模块 4 被配置并被使能为 WDT 方式。PCA 捕捉/比较模块的 I/O 和外部时钟输入可以通过数字交叉开关连到 I/O 口。

11.2.6 多类型串行总线端口

为了使智能仪器微型化，首先要设法减少仪器所用芯片的引脚数。这样一来过去常用的并行总线接口方案由于需要较多的引脚而不得不舍弃，转而采用只需少量引脚数的串行总线接口方案。C8051F 具有丰富的串行通信接口，包括 2 个 UART 通信接口、一个与 I^2C（Inter-Integrated Circuit，）兼容的系统管理总线（System Management Bus，SMBus）接口和一个串行外设接口（Serial Peripheral Interface，SPI）。每种串行总线都完全用硬件实现，都能向 CIP-51 产生中断，因此很少需要 CPU 的干预。这些串行总线不"共享"定时器、中断或 I/O 口，所以可以使用任何一个或全部同时使用。

1．SMBus 总线

SMBus 是 1995 年由 Intel 提出的，应用于移动 PC 和桌面 PC 系统中的低速率通信。通过一条廉价且功能强大的总线，来控制主板上的设备并收集相应的信息。使用 SMBus 的系统，设备之间发送和接收消息都是通过 SMBus，而不是使用单独的控制线，这样可以节省设备的引脚数。SMBus 总线采用了器件地址硬件设置的方法，通过软件寻址，完全避免了用片选线对器件的寻址方法，从而使硬件系统扩展简单灵活。

图 11-8 给出了一个典型的 SMBus 电气连接图。SMBus 接口的工作电压可以在 3.0～5.0V 之间，总线上不同器件的工作电压可以不同。SCL（串行时钟）和 SDA（串行数据）线是双向的，必须通过一个上拉电阻或等效电路将它们连到电源电压。连接在总线上的每个器件的 SCL 和 SDA都必须是漏极开路或集电极开路的，因此当总线空闲时，这两条线都被拉到高电平。

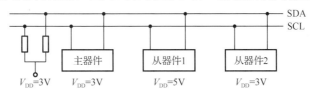

图 11-8　SMBus 电气连接图

SMBus 只用两根线就可以实现同步串行接收和发送：

（1）串行数据线 SDA（Serial Data）

（2）串行时钟线 SCL（Serial Clock）

SMBus 是一种二线制串行总线，它大部分基于 I^2C 总线规范。SMBus 总线传输中的所有状态都生成相应的状态码，主机依照状态码自动地进行总线管理，用户只要在程序中装入这些标准处理模块，根据数据操作要求完成总线的初始化，启动总线就能自动完成规定的数据传送操作。SMBus/I^2C 总线原理图如图 11-9 所示。

SMBus 只工作在 100kHz 且专门面向智能电池管理应用。它工作在主/从模式：主器件提供时钟，在其发起一次传输时提供一个起始位，在其终止一次传输时提供一个停止位；从器件拥有一个唯一的 7 位或 10 位从器件地址。主器件产生通信的开始条件（SCL 高电平时，SDA 产生负跳变）和结束条件（SCL 高电平时，SDA 产生正跳变）。SDA 线上的数据在 SCL 高电平期间必须保持稳定（高电平为 1，低电平为 0），否则会被误认为是开始条件或结束条件，只有在 SCL 低电平期间才能改变 SDA 线上的数据。

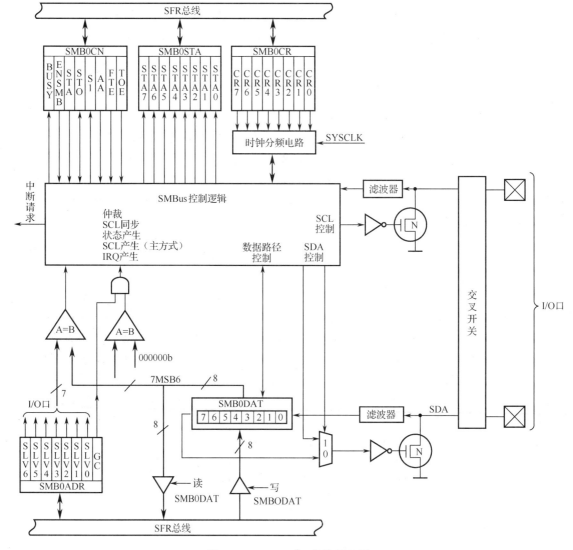

图 11-9　SMBus/I²C 总线原理图

SMBus 总线上传输的每一字节均为 8 位，但每启动一次 SMBus 总线，其后传输的数据字节数是没有限制的。每传输完一字节后都必须有一个接收器回应的应答位（低电平为应答信号 ACK，高电平为非应答信号 NACK），并且首先发出的是数据的最高位。

SMBus 与 I²C 总线之间在时序特性上存在一些差别。首先，SMBus 需要一定数据保持时间，而 I²C 总线则从内部延长数据保持时间。其次，SMBus 具有超时功能，因此当 SCL 太低而超过 35ms 时，从器件将复位正在进行的通信。相反，I²C 采用硬件复位。再次，SMBus 具有一种警报响应地址（ARA），因此当从器件产生一个中断时，它不会马上清除中断，而是一直保持到其收到一个由主器件发送的含有其地址的 ARA 为止。最后，SMBus 器件存在现有 7 层 OSI 网络模型中的前 3 层，即物理层、数据链路层和网络层。

2. SPI 总线

SPI 总线是 Motorola 公司提出的一种同步串行外设接口，是一种高速的、全双工、同步的通信总线，并且在芯片的引脚上只占用 4 根线，节约了芯片的引脚，允许 MCU 与各种外围设备以同步串行方式进行通信。SPI 总线原理图如图 11-10 所示。

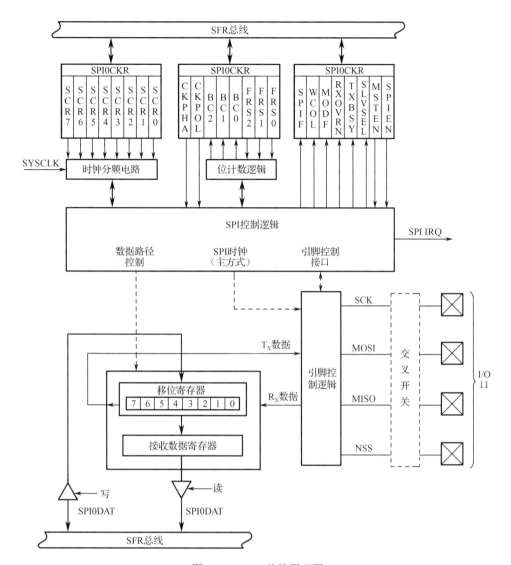

图 11-10 SPI 总线原理图

SPI 总线以主从方式工作，这种模式通常有一个主设备和一个或多个从设备，需要至少 4 根线，该接口一般使用 4 根线：

● 串行时钟线（Serial Clock，SCK）。

● 主入/从出数据线（Master Output/Slave Output，MOSO）。

● 主出/从入数据线（Master Output/Slave Input，MOSI）。

● 低电平有效的从机选择线（Slave Select Pin，NSS）或片选（Chip Select，CS）。

C8051F020 的串行外设接口（SPI0）提供访问一个 4 线、全双工串行总线的能力，SPI 典型配置图如图 11-11 所示。

（1）串行时钟线

主器件的输出和从器件的输入时钟信号线，用于同步主器件和从器件之间在 MOSI 和 MISO 线上的串行数据传输。

（2）主入/从出数据线

从器件的输出和主器件的输入数据线，用于从从器件到主器件的串行数据传输。作为主器件时，该信号是输入；作为从器件时，该信号是输出。数据传输时最高位在先。当 SPI 从器件未被选中时，它将 MISO 引脚置于高阻状态。

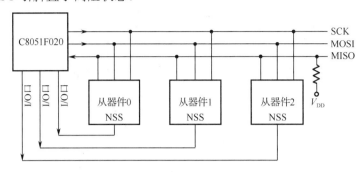

图 11-11　SPI 典型配置图

（3）主出/从入数据线

主器件的输出和从器件的输入数据线，用于从主器件到从器件的串行数据传输。作为主器件时，该信号是输出；作为从器件时，该信号是输入。数据传输时最高位在先。

（4）从器件选择线

从器件的输入信号线，主器件用它来选择处于从方式的 SPI0 器件，在器件为主方式时用于禁止 SPI0。NSS 信号的功能取决于 SPI0CN 寄存器中 NSSMD1 和 NSSMD0 位的设置，有 3 种可能的方式：

- 禁止 NSS 方式：当作为从器件工作在 3 线方式时，总是选择 SPI0。
- 4 线从方式或多主方式：SPI0 工作在 4 线方式，NSS 作为输入。当作为从器件时，NSS 选择从 SPI0 器件。当作为主器件时，NSS 信号的负跳变禁止 SPI0 的主器件功能。
- 4 线主方式：SPI0 工作在 4 线方式，NSS 作为输出。NSSMD0 的值决定 NSS 引脚的输出电平。这种配置只能在 SPI0 作为主器件时使用。

NSSMD（NSSMD1 和 NSSMD0）位的设置影响器件的引脚分配。当工作在 3 线主或从方式时，NSS 不连接引脚。在所有其他方式，必须使 NSS 连接引脚。

11.2.7　模/数、数/模转换器

将模拟信号转换成数字信号的电路，称为模/数转换器，简称 A/D 转换器或 ADC（Analog to Digital Converter）；反之，将数字信号转换为模拟信号的电路称为数/模转换器，简称 D/A 转换器或 DAC（Digital to Analog Converter）；A/D 转换器和 D/A 转换器已成为信息系统中不可缺少的接口电路。单片机、A/D 转换器及 D/A 转换器关系示意图如图 11-12 所示。

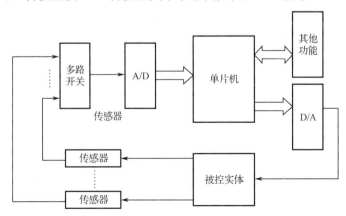

图 11-12　单片机、A/D 转换器及 D/A 转换器关系示意图

为确保系统处理结果的精确度，A/D 转换器和 D/A 转换器必须具有足够的转换精度；如果要实现快速变化信号的实时控制与检测，A/D 与 D/A 转换器还要求具有较高的转换速度。转换精度与转换速度是衡量 A/D 与 D/A 转换器的重要技术指标。

1. 模/数转换器

C8051F 系列内部都有一个 ADC，是一种能把模拟量转换成相应的数字量的电子器件。A/D转换器的种类很多，根据转换原理可以分计数式、平行式、双积分式、逐次逼近式等。除C8051F230/1/6 外，其他 C8051F 系列由逐次逼近型 ADC0 多通道模拟输入选择器和可编程增益放大器组成。ADC0 工作在 100ksps 的最大采样速率时，可提供真正的 8 位、10 位或 12 位精度；该ADC0 工作在 200ksps 的最大采样速率时可提供真正 10 位的线性度，INL 为±1LSB。ADC0 完全由 CIP-51 通过特殊功能寄存器控制，还可以关断 ADC0 以节省功耗。ADC0 子系统功能框图如图11-13 所示。

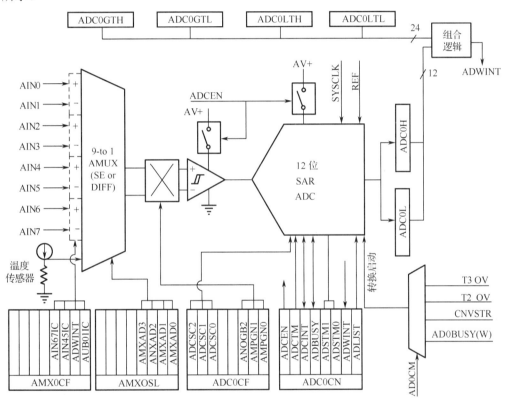

图 11-13　ADC0 子系统功能框图

ADC0 可以有 4 种启动方式：软件命令、定时器 2 溢出、定时器 3 溢出或外部转换启动信号（C8051F34x 有 6 种启动方式：软件命令、定时器 0 溢出、定时器 1 溢出、定时器 2 溢出、定时器3 溢出或外部转换启动信号）。由 ADC0CN 中的 ADC0 启动转换方式位（AD0CM1，AD0CM0）的状态决定。

- 00：向 AD0BUSY 写 1 启动 ADC0 转换。
- 01：定时器 3 溢出启动 ADC0 转换。
- 10：CNVSTR 上升沿启动 ADC0 转换。
- 11：定时器 2 溢出启动 ADC0 转换。

AD0BUSY 位在转换期间被置"1"，转换结束后复"0"。这种灵活性允许用软件事件、周期性信号（定时器溢出）或外部硬件信号触发转换。一个状态位用于指示转换完成，或产生中断。转换结束后 10 位结果数据字被锁存到 ADC 数据寄存器中。

ADC0 的运行主要与 10 个 SFR 有关。8 个外部输入的模拟量可以通过通道配置寄存器 AMX0CF 设定为单端输入或双端输入；8 个外部输入的模拟量和一个内部温度传感器量通过通道选择寄存器 AMX0SL 设定在某一时刻通过多路选择器的模拟量；通过 ADC 配置寄存器 ADC0CF 设定 ADC 转换速度和对模拟量的放大倍数；由控制寄存器 ADC0CN 对 ADC 模拟量转换的启动、启动方式、采用保持、转换结束、数字量格式等进行设定；12 位的转换好的数字量存放在数据字寄存器 ADC0H、ADC0L 中；ADC0 中提供了可编程窗口检测器，通过上下限寄存器 ADC0GTH、ADC0GTL、ADC0LTH、ADC0LTL 设定所需要的比较极限值。在进行模拟量转换前设定好以上 SFR，CPU 就按设定好的模式在模拟量转换好时用指令读出数据寄存器中的数字量或在中断服务程序中读取数字量。然后再进行下一次的转换。

C8051F00x/01x/02x 还有一个 15ppm 的基准电压和内部温度传感器，并且 8 个外部输入通道都可被配置为两个单端输入或一个差分输入。

可编程增益放大器的增益可以用软件设置从 0.5 到 16，以 2 的整数次幂递增。当不同 ADC 输入电压信号范围差距较大或需要放大一个具有较大直流偏移的信号时，可编程增益放大器是非常有用的。

除了 12 位的 ADC 子系统 ADC0，C8051F02x 还有一个 8 位 ADC 子系统，即 ADC1，它有一个 8 通道输入多路选择器和可编程增益放大器，该 ADC 工作在 500ksps 的最大采样速率时可提供真正的 8 位精度。ADC1 的基准电压可以在模拟电源电压 AV+ 和外部 REF 引脚之间选择，用户可以用软件将 ADC1 置于关断状态以节省功耗。ADC1 的可编程增益放大器的增益可以被编程为 0.5、1、2 或 4，ADC1 也有灵活的转换控制机制，允许用软件命令定时器溢出或外部信号输入启动。通过转换软件可以使 ADC1 与 ADC0 同步转换，ADC1 的工作原理与过程同 ADC0 类似。

2．数/模转换器

C8051F 系列内有两路 12 位 DAC 转换器，它能把数字量转换成相应的模拟量。CPU 通过 SFRS 控制数模转换和比较器。CPU 可以将任何一个 DAC 置于低功耗关断方式。DAC 为电压输出模式与 ADC 共用参考电平，允许用软件命令和定时器 2、定时器 3 及定时器 4 的溢出信号更新 DAC 输出。

I/O 口可以通过多路选择器被配置为比较器输入。如果需要，可以将两个比较器输出连到端口引脚：一个锁存输出和/或一个未锁存的输出（异步）。比较器的响应时间是可编程的，允许用户在高速和低功耗方式之间选择。比较器的正向和负向回差电压也是可配置的。DAC 和比较器原理图如图 11-14 所示。

每个 DAC 的输出摆幅均为 0V 到（VREF-1LSB），对应的输入码范围是 0x000 到 0xFFF。比较器具有软件可编程回差功能，能在上升沿或下降沿产生中断，或在两个边沿都产生中断。控制寄存器 DAC0CN 和 DAC1CN 使能/禁止 DAC0 和 DAC1。在被禁止时，DAC 的输出保持在高阻状态，DAC 的供电电流降到 1μA 或更小。每个 DAC 的基准电压在 VREFD 引脚提供。如果使用内部基准电压，为了使 DAC 输出有效，该基准电压必须被使能。每个 DAC 都具有灵活的输出更新机制，允许全量程内平滑变化并支持无抖动输出更新，适合于波形发生器应用。

DAC1 和 DAC0 均有 4 种工作方式，分别由控制寄存器 DAC0CN 和 DAC1CN 的第 4、3 位控制，如 DAC0CN 的 4、3 位分别为 DAC0MD1 和 DAC0MD0，它们的 4 种组合决定了 DAC0 的 4 种工作方式：

● 00：DAC 输出更新发生在写 DAC0H 时；
● 01：DAC 输出更新发生在定时器 3 溢出时；

- 10：DAC 输出更新发生在定时器 4 溢出时；
- 11：DAC 输出更新发生在定时器 2 溢出时。

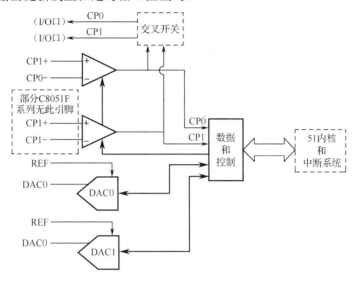

图 11-14　DAC 和比较器原理图

11.2.8　全速的在线调试接口（JTAG）

JTAG（Joint Test Action Group）是国际标准联合测试行动组的简称，联合测试行动组是 IEEE 的一个下属组织，该组织研究标准测试访问接口和边界扫描结构（Standard Test Access Port and Boundary-Scan Architecture），其前身是欧洲联合测试行动小组（Joint European Test Action Group，JETAG）。1990 年，IEEE 正式承认 JTAG 标准，命名为 IEEE1149.1-1990。现在，通常用 JTAG 来表示 IEEE1149.1-1990 规范，或者满足 IEEE1149 规范的测试方法。现在多数高级器件都支持 JTAG 协议，如 DSP、FPGA 器件等。

标准的 JTAG 接口是 4 线：TMS、TCK、TDI、TDO，分别为模式选择、时钟、数据输入和数据输出线。JTAG 组成结构如图 11-15 所示。

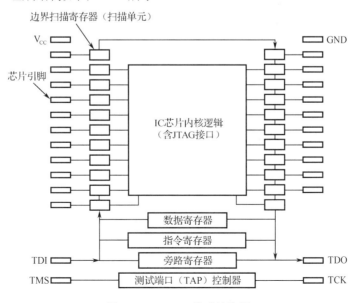

图 11-15　JTAG 组成结构图

1．边界扫描

在 JTAG 调试当中，边界扫描（Boundary-Scan）是一个很重要的概念。边界扫描技术的基本思想是在靠近芯片的输入/输出引脚上增加一个移位寄存器单元。因为这些移位寄存器单元都分布在芯片的边界上（周围），所以被称为边界扫描寄存器（Boundary-Scan Register Cell）。当芯片处于调试状态的时候，这些边界扫描寄存器可以将芯片和外围的输入/输出隔离开来。通过这些边界扫描寄存器单元，可以实现对芯片输入/输出信号的观察和控制。对于芯片的输入引脚，可以通过与之相连的边界扫描寄存器单元把信号（数据）加载到该引脚中去；对于芯片的输出引脚，也可以通过与之相连的边界扫描寄存器"捕获"该引脚上的输出信号。在正常的运行状态下，这些边界扫描寄存器对芯片来说是透明的，所以正常的运行不会受到任何影响。这样，边界扫描寄存器提供了一个便捷的方式用以观测和控制所需要调试的芯片。另外，芯片输入/输出引脚上的边界扫描（移位）寄存器单元可以相互连接起来，在芯片的周围形成一个边界扫描链（Boundary-Scan Chain）。一般的芯片都会提供几条独立的边界扫描链，用来实现完整的测试功能。

2．测试访问端口控制器

对边界扫描链的控制主要是通过测试访问端口（Test Access Port，TAP）控制器来完成的。

在 IEEE 1149.1 标准里面，寄存器被分为两大类：数据寄存器（Data Register，DR）和指令寄存器（Instruction Register，IR）。边界扫描链属于数据寄存器中很重要的一种。边界扫描链用来实现对芯片的输入/输出的观察和控制。而指令寄存器用来实现对数据寄存器的控制。

通过 TAP 可以访问芯片提供的所有 DR 和 IR。对整个 TAP 的控制是通过 TAP 控制器来完成的。TAP 总共包括 5 个信号接口：测试时钟信号、测试模式选择、数据输入信号、数据输出信号和复位信号。

（1）测试时钟信号（Test Clock，TCK）

TCK 为 TAP 控制器的操作提供了一个独立的、基本的时钟信号，TAP 的所有操作都是通过这个时钟信号来驱动的。

（2）测试模式选择（Test Mode Selection，TMS）

TMS 信号用来控制 TAP 控制器状态机的转换。通过 TMS 信号，可以控制 TAP 在不同的状态间相互转换。TMS 信号在 TCK 的上升沿有效。

（3）数据输入信号（Test Data Input，TDI）

TDI 是数据输入的接口。所有要输入到特定寄存器的数据都是通过 TDI 接口一位一位串行输入的（由 TCK 驱动）。

（4）数据输出信号（Test Data Output，TDO）

TDO 是数据输出的接口。所有要从特定的寄存器中输出的数据都是通过 TDO 接口一位一位串行输出的（由 TCK 驱动）。

（5）复位信号（Test Reset Input，TRST）

TRST 可以用来对 TAP 控制器进行复位。这个信号接口在 IEEE 1149.1 标准里是可选的，并不是强制要求的。因为通过 TMS 也可以对 TAP 控制器进行初始化。

通过 TAP 接口，对 DR 进行访问的一般过程是：

● 通过指令寄存器（IR），选定一个需要访问的数据寄存器；
● 把选定的数据寄存器连接到 TDI 和 TDO 之间；
● 由 TCK 驱动，通过 TDI，把需要的数据输入到选定的数据寄存器当中去；同时把选定的数据寄存器中的数据通过 TDO 读出来。

有关 JTAG 的更全面的信息和工作原理，请参考 IEEE 1149.1 标准。

3．C8051F 系列的 JTAG

C8051F 系列 MCU 内都有一个片内 JTAG 接口和逻辑电路，提供生产和在系统测试所需的边界扫描功能，支持闪存的读和写操作及非侵入式在系统调试。C8051F 系列 MCU 中的 JTAG 接口完全符合 IEEE1149.1 规范。JTAG 接口通过 C8051F 系列 MCU 上的四个专用引脚（TCK、TMS、TDI 和 TDO）与开发工具连接，对单片机对片编程可以进行非侵入式、全速的在系统编程（ISP）和调试。通过 16 位 JTAG 指令寄存器可以发出 8 种指令。

Cygnal C8051F 系列单片机开发工具突破了昂贵开发系统旧模式，创立了低价位仿真新思路，为应用技术的开发提供了极大的方便。

11.3　Cygnal C8051 典型应用

C8051F 系列是一种典型的高性能单片机，完全集成混合信号系统级芯片，完全兼容 MCS-51。Cygnal 集成产品公司推出的 C8051F 单片机令业界人士耳目一新，使广大单片机系统设计人员看到了 51 单片机新的曙光。C8051F 系列单片机已有 7 种产品选型 500 多个品种。高度集成的小封装 C8051F 系列单片机经过优化，专门应用于消费、汽车和通信市场中的空间有限、低功耗、低成本的应用中。

11.3.1　精密混合型

该系列 C8051 一般具有 10～24 位 ADC、12 位 DAC、温度传感器、VREF、可编程增益放大器（PGA）、可编程计数器阵列（PCA）、高精度内部振荡器（2%，1.5%），支持 UART、USART、SMBus/I^{2}C、SPI 等，如 C8051F00x 12x/13x/36x 等。精密混合应用典型 C8051 系列详见表 11-5。

- 指令执行峰值速度高达 100MIPS。
- C8051F12x/13x 系列 Flash 空间可达 128KB，支持在线编程，RAM 空间可达 8KB。
- C8051F36x 系列 Flash 空间可达 32KB，RAM 空间可达 1KB。
- 内嵌 16×16 乘加器 MAC，执行乘加命令只需要 2 个时钟周期。
- UART、SMBus/I^{2}C、SPI。
- 10 或 12 位 ADC。
- 12 位 DAC。
- C8051F36x 系列封装可小于 5mm×5mm，适合空间受限的应用。
- C8051F36x 系列与 C8051F310、C8051F311 系列引脚兼容。而 Flash 空间是后者的 2 倍，运行速度是后者的 2 倍或者 4 倍。在需要时可以直接用 F36x 系列升级替换 F310 系列。

表 11-5　精密混合应用典型 C8051 系列

典型系列	Flash	MIPS	RAM	包　　装	其 他 特 点
C8051F00x/1x	16～32KB	20-25	0.25～2KB	QFP32，QFP48，QFP64	16x PGA
C8051F02x	64KB	25	4.25KB	TQFP64，TQFP100	-
C8051F04x	32～64KB	25	4.25KB	TQFP64，TQFP100	60V PGA
C8051F06x	32～64KB	25	4.25KB	TQFP64，TQFP100	DMA
C8051F12x/13x	64～128KB	50-100	8.25KB	TQFP64，TQFP100	16x16 MAC
C8051F35x	8KB	50	0.75KB	QFN28，LQFP32	-
C8051F37x/9x	8～16KB	50	1KB	QFN24，QFN20	Vref；105℃；EEPROM；DACs

11.3.2 汽车电子应用

该系列 C8051 符合 AEC-Q100 标准，运行环境温度可达+125℃，包含 CAN 2.0B、LIN 2.1 接口、12 位 ADC、高精度内部振荡器（±0.5%）等，供电电压为 1.8V～5.25V，如 C8051F5xx/85x/86x 等，汽车电子应用典型 C8051 系列详见表 11-6。

- 运行温度为-40℃～+125℃，符合 AEC-Q100 标准。
- 供电电压：1.8～5.25V，典型工作电流：19mA。
- 指令执行峰值速度高达 50MIPS（时钟频率为 50MHz 时）。
- 内置温度传感器。
- 10 或 12 位，可编程转换速率可达 200ksps。
- 12 位 DAC。
- 集成±0.5%精度内部振荡器，无须外部晶振。
- 集成 LIN2.0 控制器。
- Flash 空间为 8KB。
- 内嵌 16×16 乘加器 MAC，执行乘加命令只需要 2 个时钟周期。
- UART、SMBus/I^{2}C、SPI。
- 具有 suspend 低功耗模式。
- 3mm×3mm 封装，适合空间受限的应用。

表 11-6　汽车电子应用典型 C8051 系列

典型系列	Flash	MIPS	RAM	包　　装	其 他 特 点
C8051F85x/6x	2～8KB	25	0.25～0.5KB	SOIC16，QFN20，SOP24	LFO
C8051F50x/1x	32～64KB	50	4.25KB	QFN32，QFP32，QFN40，QFN48，QFP48	LIN2.1；±0.5% osc
C8051F52x/3x	2～8KB	25	0.25KB	DFN10，QFN20，SSOP20	LIN2.1；±0.5% osc
C8051F54x	8～16KB	50	1.25KB	QFN24，QFN32，QFP32	LIN2.1；±0.5% osc
C8051F12x/13x	16～32KB	50	2.25KB	QFN24，QFN32，QFP32，QFN40	CAN2.0B；±0.5% osc
C8051F55x/6x/7x	96～128KB	50	8KB	QFN32，QFP32，QFN40，QFN48，QFP48	CAN 2.0B；±0.5% osc
C8051F58x/9x	2～8KB	25	0.25～0.5KB	SOIC16，QFN20，QSOP24	LFO

11.3.3 手持设备、传感器应用

该系列具有 12 ADC、12 位 DAC、温度传感器、Vref、可编程增益放大器（PGA）、可编程计数器阵列（PCA）、高精度内部振荡器（±2%）、高精度温度传感器（±2℃），支持 OTP（One Time Programmable）存储器，集成度高，适合于手持设备、传感器应用等空间受限及低功耗的场合，如 C8051F30x/F31x F33x 系列等。手持设备、传感器应用典型 C8051 系列详见表 11-7。

- 运行温度为-40℃～+85℃。
- 供电电压：3V，I/O 口耐受 5V，大灌电流。
- 8 或 10 位 ADC，可编程转换速率可达 200ksps。
- 10 位 DAC。
- 指令执行峰值速度高达 25MIPS（时钟频率为 25MHz 时）。
- Flash 空间为 8KB，支持在线编程。
- 768 字节内部数据 RAM（256+512）。
- 内部集成高速时钟振荡器，内外时钟可动态、快速切换，以节省 MCU 空闲时的功耗。

- 3mm×3mm 封装，适合空间受限的应用。

表 11-7 手持设备、传感器应用典型 C8051 系列

典型系列	Flash	MIPS	RAM	包　装	其 他 特 点
C8051F85x/86x	2～8KB	25	0.25～0.5KB	SOIC16，QFN20，SOP24	Vref；LFO；105℃
C8051F2xx	8KB	25	0.25～1.25KB	TQFP48	-
C8051F30x	2～8KB	25	0.25KB	QFN11，SOIC14	-
C8051F31x	8～16KB	25	1.25KB	QFN28，LQFP32	-
C8051F33x	2～16KB	25	0.75KB	QFN20，QFN24	Vref；LFO；DAC
C8051F36x	16～32KB	50～100	1.25KB	QFN28，LQFP32，QFP48	Vref；EMIF；16x16 MAC
C8051F37x/39x	8～16KB	50	1KB	QFN24，QFN20	Vref；105℃；EEPROM；±2℃ temp.sensor；DACs
C8051F41x	16～32KB	50	2.25KB	QFN28，LQFP32	Vref；RTC；DACs

11.3.4　USB 应用

该系列具有 10 位 ADC、高精度内部振荡器($\pm1.5\%$)、高精度温度传感器(±2℃)，支持 UART、SMBus/I^2C、SPI 等，集成 USB2.0 控制器，集成 USB 配置电阻和 1KB USB 缓存，支持 8 个端点，USB 支持全速(12Mbps)和低速(1.5Mbps)两种模式，符合 USB 规范 2.0 版，如 C8051F32x/F34x/F38x 系列等。USB 应用典型 C8051 系列详见表 11-8。

- 运行温度-40℃～+85℃。
- 支持的电压范围为 3.6～5.25V，I/O 口耐受 5V 电压，大灌电流。
- 10 位 ADC，可编程转换速率可达 200ksps。
- 指令执行峰值速度高达 48MIPS（时钟频率为 48MHz 时，C8051F32X 系列为 25MIPS）。
- C8051F32X:Flash 空间为 16KB，支持在线编程，2304B 内部 RAM(1K+256+1K USB FIFO)。
- C8051F34X:Flash 空间为 64KB 或 32KB，支持在线编程，4352B 或 2304B 数据 RAM。
- 集成±0.5%精度内部振荡器，支持 USB 和 UART 操作；内外时钟可切换。
- 传输模式支持 Bulk 模式、Interrupt 模式和 Isochronous 模式。
- 提供基于 Bulk 传输模式的函数库 USB Xpress，提供了完整的驱动程序和动态链接库。用户不需要具备 USB 知识就可以完成 USB 产品开发。

表 11-8　USB 应用典型 C8051 系列

典型系列	Flash	MIPS	RAM	包　装	其 他 特 点
C8051F32x	16KB	48	1.25～2.25KB	QFN28，LQFP32	Crystal-less
C8051F34x	32～64KB	48	2.25～4.25KB	QFN32，LQFP32，QFP48	Crystal-less；EMIF
C8051F38x	32～64KB	48	1.25～4.25KB	QFN32，LQFP32，QFP48	Crystal-less；EMIF

11.3.5　CAN 应用

该系列具有 16/12/10 位 ADC、12 位 DAC、集成 CAN 2.0 控制器、高精度内部振荡器（$\pm2\%$）、高精度温度传感器（±2℃）、±60V 输入 PGA，支持 UART、SMBus/I^2C、SPI 等，适合工业采集和控制应用，如 C8051F04x/F06x 系列等。CAN 应用典型 C8051 系列详见表 11-9。

- 运行温度为-40℃～+85℃。
- 支持的电压范围为 2.7～3.6V，I/O 口耐受 5V 电压，大灌电流。

- 16/12/10 位 ADC，可编程转换速率可达 100ksps。
- 12 位 DAC。
- 指令执行峰值速度高达 25MIPS（时钟频率为 25MHz 时）。
- Flash 空间 64KB 或 32KB，支持在线编程，4352 字节内部 RAM（4KB+256B）。
- CAN 控制器带 32 个消息对象。
- CAN 控制器时钟由 MCU 系统时钟提供。
- CAN 控制器协议设置寄存器通过 SFR 访问。
- 集成±60V 输入 PGA，适合工业采集和控制应用。

表 11-9　CAN 应用典型 C8051 系列

典 型 系 列	Flash	MIPS	RAM	包　　装	其 他 特 点
C8051F04x	32～64KB	25	4.25KB	TQFP64，TQFP100	60V PGA
C8051F06x	32～64KB	25	4.25KB	TQFP64，TQFP100	DMA

11.3.6　低成本应用

该系列具有 10 位 ADC、OPT EPROM、集成±0.2%精度内部振荡器，支持 UART、SMBus/I^{2}C、SPI 等，支持的电压范围为 1.8～3.6V，如 C8051F60X/F61X/F63X 系列等。低成本应用典型 C8051 系列详见表 11-10 所示。

- 运行温度为-40℃～+85℃。
- 支持的电压范围为 1.8～3.6V，I/O 口耐受 5V 电压，大灌电流。
- 10 位 ADC，可编程转换速率可达 500ksps。
- 指令执行峰值速度高达 25MIPS（时钟频率为 25MHz 时）。
- Flash 空间 8/4/2/1.5KB OPT 存储器，支持在线编程，256/128B 内部 RAM。
- 集成±0.2%精度内部振荡器，无须外部晶振。
- 封装小于等于 3mm×3mm。
- C8051T60x 系列为替代 C8051F30x 系列的低成本方案。

表 11-10　低成本应用典型 C8051 系列

典 型 系 列	OTP/EPROM	MIPS	RAM	包　　装	其 他 特 点
C8051T60x	2～8KB OTP	25	256B	QFN11，SOIC14	16 位 PCA
C8051T61x	16KB EPROM	25	1280B	QFN11，SOIC14	16 位 PCA
C8051T63x	2～8KB EPROM	25	768B	QFN20，QFN24	16 位 PCA；10 位 ADC；10 位 DAC

11.3.7　低电压、低功耗系列

该系列具有 10 位 ADC、支持的电压范围为 1.8～3.6V，典型休眠电流<0.1μA，如 C8051F9xx 等，低电压、低功耗应用典型 C8051 系列详见表 11-11。

- 运行温度为-40℃～+125℃。
- 供电电压：1.8～3.6V，典型工作电流<0.1μA。
- 指令执行峰值速度高达 25MIPS（时钟频率为 25MHz 时）。
- 内置温度传感器。
- 10 位 ADC，可编程转换速率可达 300ksps。
- 集成±2%精度内部振荡器。

- Flash 空间为 64KB。
- 流水线指令体系，70%以上指令执行时间只需要 1～2 个时钟周期。
- UART、SMBus/I^{2}C、SPI。

表 11-11　10 位 ADC 低电压、低功耗应用典型 C8051 系列

典 型 系 列	Flash	MIPS	RAM	包　装	其 他 特 点
C8051F90x/91x	8～16KB	25	0.75KB	QSOP24，QFN24	160μA/MHz/50nA
C8051F92x/93x	64KB	25	4.25KB	QFN24，QFN32，LQFP32	170μA/MHz/50nA
C8051F96x	16～128KB	25	8.25KB	QFN40，DQFN76，TQFP80	110μA/MHz/50nA
C8051F98x/99x	2～8KB	25	0.5KB	QFN20，QFN24，QSOP24	150μA/MHz/10nA

11.3.8　电容触摸传感系列

该系列具有 10/12 位 ADC、最大达 38 路电容传感，每通道最快可达 40μs，支持的电压范围为 1.8～3.6V，适合于触摸按键、滑动、滚动、液体传感器应用场合，如 C8051F7xx/F8xx/F99x 等系列，低电压、低功耗应用典型 C8051 系列如表 11-12 所示。

- 运行温度-40℃～+125℃。
- 供电电压：1.8V～3.6V。
- 指令执行峰值速度高达 25MIPS（时钟频率为 25MHz 时）。
- 10/12 位 ADC，可编程转换速率可达 500ksps。
- 集成±2%精度内部振荡器。
- Flash 空间 16KB/32KB EEPROM。
- 最大达 38 路电容传感，每通道最快可达 40μs。
- 流水线指令体系，70%以上指令执行时间只需要 1～2 个时钟周期。
- UART、SMBus/I^{2}C、SPI。

表 11-12　10/12 位 ADC 低电压、低功耗应用典型 C8051 系列

典型系列	Flash	MIPS	RAM	包　装	其 他 特 点
C8051F7xx	8～32KB	25	0.5～8KB	QFN24，QFN32，QFN48，QFP48，QFP64	18-38 touch ch.
C8051F8xx	4～16KB	25	0.25～0.5KB	SOIC16，QFN20，QFN24，QSOP24	8-16 touch ch.
C8051F99x	8KB	25	0.5KB	QFN20，QFN24，QSOP24	13-14 touch ch.

本 章 小 结

Cygnal C8051F 系列单片机由 Silicon Labs 公司推出，是业内最小封装的微控制器（MCU）（小至 2mm×2mm），不会牺牲性能或集成性。完整的小型封装产品线包括高达 100MIPs 的 CPU、12 位 ADC、12 位 DAC 及其他重要的模拟外围设备，如集成精密振荡器（±2%）和精密温度传感器（±2℃）。还提供成本敏感、引脚兼容的一次性可编程（OTP）选项。

本章介绍了 C8051F 系列单片机的片上资源。C8051F 系列单片机在保证指令集完全兼容 51 系列单片机的前提下，实现了比传统 51 单片机高得多的性能指标。同时为了支持各种不同的应用形式，提供了非常丰富的系列型号供用户选择：封装形式从 11 引脚的 MLP11（8 个通用 IO 口）到 100 引脚的 TQFP100（最多 64 个通用 I/O 口）；片内 Flash 存储器容量从 2KB 到 1MB；片内数据存储器容量从 256B 到 4KB+256B；8/10/12 位的 A/D 或 D/A 转换器；更多的定时器资源及功能

完善的定时器阵列（PCA）。某些型号还提供了片内温度传感器、回差可编程的电压比较器、程控增益放大器（PGA）等模拟部件。

C8051F 系列单片机已有 7 种产品选型 500 多个品种。高度集成的小封装 C8051F 系列单片机经过优化，专门应用于消费、汽车和通信市场中的空间有限、低功耗、低成本的应用中。本章从应用的角度简要介绍了精密混合型、汽车电子应用型、传感器应用型、USB 应用、CAN 应用型、低成本型、低功耗型及触摸传感型等典型系列产品，并分别以 C8051F02x 和 C8051F34x 为例详细介绍了 C8051F 系列单片机片上资源、引脚功能、电器特性及极限参数。

本章以 C8051F020 为例介绍了 C8051F 系列单片机的端口配置、编程方法步骤及典型应用。

【知识拓展与思政元素】问题导向、项目驱动、职业规划、志存高远

序号	知 识 点	切 入 点	思政元素、目标	素材、方法和载体
1	新型片上系统	关键技术的应用	元素："工欲善其事，必先利其器。"根据项目情况和工程实际问题选择主控芯片 目标：项目驱动、问题导向、全局观念、抓本质、顾大局，合理选择解决问题的方法途径	1. 知识关联、经典名句、名人轶事、案例启发 2. 案例：防控疫情形势下测温系统的芯片选择
2	如何学好、用好单片机	职业生涯	元素："临渊羡鱼，不如退而结网。""路漫漫其修远兮，吾将上下而求索。"利用一技之长，为人生增辉。 目标：静以修身、俭以养德、职业规划、志存高远	1. 知识关联、经典名句、名人轶事、案例启发 2. 案例：成功人士的经验与忠告

扫描二维码下载【思政素材、延伸解析】

习　题　11

11-1　请简述 C8051F 系列单片机和 MCS-51 单片机的不同之处。

11-2　C8051F 系列单片机内部时钟振荡器是否可以用于产生波特率的时基？

11-3　C8051F 系列单片机的指令执行速度为多少？

11-4　使用 C8051F 单片机外部晶振时应注意哪些问题？

11-5　使用 C8051F 单片机外部晶振时，如何配置芯片的引脚？

11-6　为了使 ADC 或 DAC 具有更好的性能，是否应在 Vref 引脚接电容？

附录 A：部分 ASCII 码表

ASCII 码	键　盘	ASCII 码	键　盘	ASCII 码	键　盘	ASCII 码	键　盘
27	ESC	32	SPACE	33	!	34	"
35	#	36	$	37	%	38	&
39	'	40	(	41	)	42	*
43	+	44	'	45	-	46	.
47	/	48	0	49	1	50	2
51	3	52	4	53	5	54	6
55	7	56	8	57	9	58	:
59	;	60	<	61	=	62	>
63	?	64	@	65	A	66	B
67	C	68	D	69	E	70	F
71	G	72	H	73	I	74	J
75	K	76	L	77	M	78	N
79	O	80	P	81	Q	82	R
83	S	84	T	85	U	86	V
87	W	88	X	89	Y	90	Z
91	[	92	\	93	]	94	^
95	_	96	`	97	a	98	b
99	c	100	d	101	e	102	f
103	g	104	h	105	i	106	j
107	k	108	l	109	m	110	n
111	o	112	p	113	q	114	r
115	s	116	t	117	u	118	v
119	w	120	x	121	y	122	z
123	{	124			125	}	126	~

附录 B：MCS51 单片机指令速查表

十六进制代码	助 记 符	功 能	对标志位影响				字节数	周期数
			P	OV	AC	CY		
算术运算指令								
28～2F	ADD A，Rn	A←（A）+（Rn）	∨	∨	∨	∨	1	1
25	ADD A，direct	A←（A）+（direct）	∨	∨	∨	∨	2	1
26，27	ADD A，@Ri	A←（A）+（（Ri））	∨	∨	∨	∨	1	1
24	ADD A，#data	A←（A）+data	∨	∨	∨	∨	2	1
38～3F	ADDC A，Rn	A←（A）+（Rn）+（CY）	∨	∨	∨	∨	1	1
35	ADDC A，direct	A←（A）+（direct）+（CY）	∨	∨	∨	∨	2	1
36，37	ADDC A，@Ri	A←（A）+（（Ri））-（CY）	∨	∨	∨	∨	1	1
34	ADDC A，#data	A←（A）+data+（CY）	∨	∨	∨	∨	2	1
98～9F	SUBB A，Rn	A←（A）-（Rn）-（CY）	∨	∨	∨	∨	1	1
95	SUBB A，direct	A←（A）-（direct）-（CY）	∨	∨	∨	∨	2	1
96，97	SUBB A，@Ri	A←（A）-（（Ri））-（CY）	∨	∨	∨	∨	1	1
94	SUBB A，#data	A←（A）-data-（CY）	∨	∨	∨	∨	2	1
04	INC A	A←（A）+1	∨	×	×	×	1	1
08～0F	INC Rn	Rn←（Rn）+1	×	×	×	×	1	1
05	INC direct	direct←（direct）+1	×	×	×	×	2	1
06，07	INC @Ri	(Ri)←（（Ri））+1	×	×	×	×	1	1
A3	INC DPTR	DPTR←（DPTR）+1	×	×	×	×	1	1
14	DEC A	A←（A）-1	∨	×	×	×	1	1
18～1F	DEC Rn	Rn←（Rn）-1	×	×	×	×	1	1
15	DEC direct	direct←（direct）-1	×	×	×	×	2	1
18，17	DEC @Ri	(Ri)←（（Ri））-1	×	×	×	×	1	1
A4	MUL AB	AB←（A）·（B）	∨	∨	×	∨	1	4
84	DIV AB	AB←（A）/（B）	∨	∨	×	∨	1	4
D4	DA A	对 A 进行十进制调整	∨	∨	∨	∨	1	1

注 1：28-2F 分别表示 Rn 选择 R0～R7 时的机器码。如 ADDA，R0，则机器码为 28H。

注 2：表中"∨"表示对标志位有影响；"×"表示对标志位有影响。

十六进制代码	助 记 符	功 能	对标志位影响				字节数	周期数
			P	OV	AC	CY		
逻辑运算指令								
58～5F	ANL A, Rn	A←（A）∧（Rn）	∨	×	×	×	1	1
55	ANL A, direct	A←（A）∧（direct）	∨	×	×	×	2	1
56，57	ANL A, @Ri	A←（A）∧（（Ri））	∨	×	×	×	1	1
54	ANL A, #data	A←（A）∧data	∨	×	×	×	2	1
52	ANL direct, A	direct←（direct）∧（A）	×	×	×	×	2	1
53	ANL direct, #data	direct←（direct）∧data	×	×	×	×	3	2
48～4F	ORL A, Rn	A←（A）∨（Rn）	∨	×	×	×	1	1
45	ORL A, direct	A←（A）∨（direct）	∨	×	×	×	2	1
46，47	ORL A, @Ri	A←（A）∨（（Ri））	∨	×	×	×	1	1
44	ORL A, #data	A←（A）∨data	∨	×	×	×	2	1
42	ORL direct, A	direct←（direct）∨（A）	×	×	×	×	2	1
43	ORL direct, #data	direct←（direct）∨data	×	×	×	×	3	2
68～6F	XRL A, Rn	A←（A）⊕（Rn）	∨	×	×	×	1	1
65	XRL A, direct	A←（A）⊕（direct）	∨	×	×	×	2	1
66，67	XRL A, @Ri	A←（A）⊕（（Ri））	∨	×	×	×	1	1
64	XRL A, #data	A←（A）⊕data	∨	×	×	×	2	1
62	XRL direct, A	direct←（direct）⊕（A）	×	×	×	×	2	1
63	XRL direct, #data	direct←（direct）⊕data	×	×	×	×	3	2
E4	CLR A	A←0	∨	×	×	×	1	1
F4	CPL A	A←（$\overline{A}$）	×	×	×	×	1	1
23	RL A	A 循环左移一位	×	×	×	×	1	1
33	RLC A	A 带进位循环左移一位	∨	×	×	∨	1	1
03	RR A	A 循环右移一位	×	×	×	×	1	1
13	RRC A	A 带进位循环右移一位	∨	×	×	∨	1	1

十六进制代码	助 记 符	功 能	对标志位影响				字节数	周期数
			P	OV	AC	CY		
数据传送指令								
E8~EF	MOV A, Rn	A←（Rn）	√	×	×	×	1	1
E5	MOV A, direct	A←（direct）	√	×	×	×	2	1
E6，E7	MOV A, @Ri	A←（（Ri））	√	×	×	×	1	1
74	MOV A, #data	A←data	√	×	×	×	2	1
F8~FF	MOV Rn, A	Rn←（A）	×	×	×	×	1	1
A8~AF	MOV Rn, direct	Rn←（direct）	×	×	×	×	2	2
78~7F	MOV Rn, #data	Rn←data	×	×	×	×	2	1
F5	MOV direct, A	direct←（A）	×	×	×	×	2	1
88~8F	MOV direct, Rn	direct←（Rn）	×	×	×	×	2	2
85	MOV direct1, direct2	direct1←（direct2）	×	×	×	×	3	2
86，87	MOV direct, @Ri	direct←（（Ri））	×	×	×	×	2	2
75	MOV direct, #data	direct←data	×	×	×	×	3	2
F6, F7	MOV @Ri, A	（Ri）←（A）	×	×	×	×	1	1
A6, A7	MOV @Ri, direct	（Ri）←（direct）	×	×	×	×	2	2
76, 77	MOV @Ri, #data	（Ri）←data	×	×	×	×	2	1
90	MOV DPTR, #dada16	DPTR←data16	×	×	×	×	3	2
93	MOVC A, @A+DPTR	A←（（A）+（DPTR））	√	×	×	×	1	2
83	MOVC A, @A+PC	A←（（A）+（PC））	√	×	×	×	1	2
E2, E3	MOVX A, @Ri	A←（（Ri））	√	×	×	×	1	2
E0	MOVX A, @DPTR	A←（（DPTR））	√	×	×	×	1	2
F2, F3	MOVX @Ri, A	（Ri）←（A）	×	×	×	×	1	2
F0	MOVX @DPTR, A	（DPTR）←（A）	×	×	×	×	1	2
C0	PUSH direct	SP←（SP）+1，（SP）←（direct）	×	×	×	×	2	2
D0	POP direct	direct←（SP），SP←（SP）−1	×	×	×	×	2	2
C8~CF	XCH A, Rn	（A）↔（Rn）	√	×	×	×	1	1
C5	XCH A, direct	（A）↔（direct）	√	×	×	×	2	1
C6, C7	XCH A, @Ri	（A）↔（（Ri））	√	×	×	×	1	1
D6, D7	XCHD A, @Ri	（A）0-3↔（Ri）−3	√	×	×	×	1	1
C4	SWAP A	A 半字节交换	×	×	×	×	1	1

十六进制代码	助 记 符	功 能	对标志位影响				字节数	周期数
			P	OV	AC	CY		
控制转移指令								
(a10a9a81) 1	ACALL addr$_{11}$	PC←(PC)+2, SP←(SP)+1 (SP)←(PC)$_L$, SP←(SP+1) (SP)←(PC)H, PC10~0=addrll	×	×	×	×	2	2
12	LCALL addr$_{16}$	PC←(PC)+3, SP←(SP)+1(SP)←(PC)$_L$, SP←(SP)+1, (SP)←(PC)$_H$, PC←addr$_{16}$	×	×	×	×	3	2
22	RET	PC$_H$←((SP)), SP←(SP)-1 PC$_L$←((SP)), SP←(SP)-1	×	×	×	×	1	2
32	RETI	PC$_H$←((SP)), SP←(SP)-1PC$_L$←((SP)), SP←(SP)-1 从中断返回	×	×	×	×	1	2
(a10a9a80) 1	AJMP addr$_{11}$	PC←(PC)+2, PC10-0←addr11	×	×	×	×	2	2
02	LJMP addr$_{16}$	PC←(PC)+3, PC←addr$_{16}$	×	×	×	×	3	2
80	SJMP rel	PC←(PC)+2, PC←(PC)+rel	×	×	×	×	2	2
73	JM P@A+DPTR	PC←(A)+(DPTR)	×	×	×	×	1	2
60	JZ rel	PC←(PC)+2, 若(A)=0, PC←(PC)+rel	×	×	×	×	2	2
70	JNZ rel	PC←(PC)+2, 若(A)不等于0, 则PC←(PC)+rel	×	×	×	×	2	2
40	JC rel	PC←(PC)+2, 若CY=1, 则PC←(PC)+rel	×	×	×	×	2	2
50	JNC rel	PC←(PC)+2, 若CY=0, 则PC←(PC)+rel	×	×	×	×	2	2
20	JB bit, rel	PC←(PC)+3, 若(bit)=1, 则PC←(PC)+rel	×	×	×	×	3	2
30	JBC bit, rel	PC←(PC)+3, 若(bit)=1, 则bit←0, PC←(PC)+rel	×	×	×	×	3	2
10	JBC bit, rel	PC←(PC)+3, 若(bit)=1, 则bit←0, PC←(PC)+rel	×	×	×	×	3	2
B5	CJNE A, direct, rel	PC←(PC)+3 若(A)不等于(direct), 则PC←(PC)+rel; 若(A)<(direct), 则CY←1	×	×	×	×	3	2
B4	CJNE A, #data, rel	PC←(PC)+3, 若(A)不等于data, 则PC←(PC)+rel; 若(A)<data, 则CY←1	×	×	×	×	3	2
B8~BF	CJNE @Rn, #data, rel	PC←(PC)+3, 若((Rn))不等于DATA, 则PC←(PC)+rel; 若((Rn))<data, 则CY←1	×	×	×	×	3	2
B6, B7	CJNE Ri, #data, rel	PC←(PC)+3, 若((Rn))不等于DATA, 则PC←(PC)+rel; 若((Rn))<data, 则CY←1	×	×	x	x	3	2
D8~DF	DJNZ Rn, rel	PC←(PC)+2, Rn←(Rn)-1 若(Rn)不等于0, 则PC←(PC)+rel	×	×	×	×	2	2
D5	DJNZ direct, rel	PC←(PC)+3 direct←(direct)-1 若(direct)不等于0, 则PC←(PC)+rel	×	×	×	×	3	2
00	NOP	空操作, PC←PC+1	x	x	x	x	1	1

十六进制代码	助 记 符	功 能	对标志位影响				字节数	周期数
			P	OV	AC	CY		
位操作指令								
C3	CLR C	CY←0	×	×	×	√	1	1
C2	CLR bit	bit←0	×	×	×		2	1
D3	SETB C	CY←1	×	×	×	√	1	1
D2	SETB bit	bit←1	×	×	×		2	1
B3	CPL C	CY←（$\overline{CY}$）	×	×	×	√	1	1
B2	CPL bit	bit←（$\overline{bit}$）	×	×	×		2	1
82	ANL C，bit	CY←（CY）∧（bit）	×	×	×	√	2	2
B0	ANL C，/bit	CY←（CY）∧（bit）	×	×	×	√	2	2
72	ORL C，bit	CY←（CY）∨（bit）	×	×	×	√	2	2
A0	ORL C，/bit	CY←（CY）∨（bit）	×	×	×	√	2	2
A2	MOV C，bit	CY←（bit）	×	×	×	√	2	1
92	MOV bit，C	bit←（CY）	×	×	×	×	2	2

- 注 1：（a10a9a81）1 处的取值范围为：11H、31H、51H、71H、91H、B1H、D1H、F1H，其中，a10a9a8 为 ACALL 目标地址 addr11 的高 3 位地址。

- 注 2：（a10a9a80）1 处的取值范围为：01H、21H、41H、61H、81H、A1H、C1H、E1H，其中，a10a9a8 为 AJMP 目标地址 addr11 的高 3 位地址。

附录 C：C8051 系列单片机 SFR 表

寄 存 器	地 址	说 明	寄 存 器	地 址	说 明
ACC	E0	累加器	PCA0CPH0	FC	PCA 捕捉模块 0 高字节
ADC0CF	BC	ADC0 配置寄存器	PCA0CPH1	EA	PCA 捕捉模块 1 高字节
ADC0CN	E8	ADC0 控制寄存器	PCA0CPH2	EC	PCA 捕捉模块 2 高字节
ADC0GTH	C4	ADC0 下限（大于）比较字高字节	PCA0CPL0	FB	PCA 捕捉模块 0 低字节
ADC0GTL	C3	ADC0 下限（大于）比较字低字节	PCA0CPL1	E9	PCA 捕捉模块 1 低字节
ADC0H	BE	ADC0 数据字高字节	PCA0CPL2	EB	PCA 捕捉模块 2 低字节
ADC0L	BD	ADC0 数据字低字节	PCA0CPM0	DA	PCA 模块 0 方式寄存器
ADC0LTH	C6	ADC0 上限（小于）比较字	PCA0CPM1	DB	PCA 模块 1 方式寄存器
ADC0LTL	C5	ADC0 上限（小于）比较字	PCA0CPM2	DC	PCA 模块 2 方式寄存器
AMX0N	BA	AMUX0 负通道选择	PCA0H	FA	PCA 计数器高字节
AMX0P	BB	AMUX0 正通道选择	PCA0L	F9	PCA 计数器低字节
B	F0	B 寄存器	PCA0MD	D9	PCA 方式寄存器
CKCON	8E	时钟控制寄存器	PCON	87	电源控制寄存器
CLKSEL	A9	时钟选择寄存器	PSCTL	8F	程序存储读/写控制寄存器
CPT0CN	9B	比较器 0 控制寄存器	PSW	D0	程序状态字
CPT0MD	9D	比较器 0 方式选择寄存器	REF0CN	D1	电压基准控制寄存器
CPT0MX	9F	比较器 0 MUX 选择寄存器	RSTSRC	EF	复位源寄存器
DPH	83	数据指针高字节	SBUF0	99	UART0 数据缓冲器
DPL	82	数据指针低字节	SCON0	98	UART0 控制寄存器
EIE1	E6	扩展中断允许寄存器 1	SMB0CF	C1	SMBus 配置寄存器
EIP1	F6	扩展中断优先级寄存器 1	SMB0CN	C0	SMBus 控制寄存器
EMI0CN	AA	外部存储器接口控制寄存器	SMB0DAT	C2	SMBus 数据寄存器
FLKEY	B7	Flash 锁定和关键码寄存器	SP	81	堆栈指针
FLSCL	B6	Flash 存储器时序预分频器	SPI0CFG	A1	SPI 配置寄存器
IDA0CN	B9	电流模式 DAC0 控制寄存器	SPI0CKR	A2	SPI 时钟频率控制寄存器
IDA0H	97	电流模式 DAC0 数据字高字节	SPI0CN	F8	SPI 控制寄存器
IDA0L	96	电流模式 DAC0 数据字低字节	SPI0DAT	A3	SPI 数据寄存器
IE	A8	中断允许寄存器	TCON	88	定时/计数器控制寄存器
IP	B8	中断优先级寄存器	TH0	8C	定时/计数器 0 高字节
IT01CF	E4	$\overline{INT0}$ / $\overline{INT1}$ 配置寄存器	TH1	8D	定时/计数器 1 高字节
OSCICL	B3	内部振荡器校准寄存器	TL0	8A	定时/计数器 0 低字节
OSCICN	B2	内部振荡控制寄存器	TL1	8B	定时/计数器 1 低字节
OSCLCN	E3	低频振荡器控制寄存器	TMOD	89	定时/计数器方式寄存器
OSCXCN	B1	外部振荡器控制寄存器	TMR2CN	C8	定时/计数器 2 控制寄存器

寄 存 器	地 址	说 明	寄 存 器	地 址	说 明
P0	80	端口 0 锁存器	TMR2H	CD	定时/计数器 2 高字节
P0MDIN	F1	端口 0 输入方式配置寄存器	TMR2L	CC	定时/计数器 2 低字节
P0MDOUT	A4	端口 0 输出方式配置寄存器	TMR2RLH	CB	定时/计数器 2 重载高字节
P0SKIP	D4	端口 0 跳过寄存器	TMR2RLL	CA	定时/计数器 2 重载低字节
P1	90	端口 1 锁存器	TMR3CN	91	定时/计数器 3 控制寄存器
P1MDIN	F2	端口 1 输入方式配置寄存器	TMR3H	95	定时/计数器 3 高字节
P1MDOUT	A5	端口 1 输出方式配置寄存器	TMR3L	94	定时/计数器 3 低字节
P1SKIP	D5	端口 1 跳过寄存器	TMR3RLH	93	定时/计数器 3 重载高字节
P2	A0	端口 2 锁存器	TMR3RLL	92	定时/计数器 3 重载低字节
P2MDOUT	A6	端口 2 输出方式配置寄存器	VDM0CN	FF	VDD 监视器控制寄存器
PCA0CN	D8	PCA 控制寄存器	XBR0	E1	端口 I/O 交叉开关控制 0
			XBR1	E2	端口 I/O 交叉开关控制 1

参考文献

[1]   何立民. 单片机高级教程[M]. 北京航空航天大学出版社，2007.
[2]   桑胜举，王太雷，等. 单片机原理及接口技术[M]. 电子工业出版社，2017.
[3]   张毅刚. 基于 Proteus 的单片机课程的基础实验与课程设计[M]. 人民邮电出版社，2012.
[4]   胡汉才. 单片机原理及其接口技术[M]. 清华大学出版社，2004.
[5]   陈海宴. 51 单片机原理及应用[M]. 北京航空航天大学出版社，2010.
[6]   罗小青. 单片机原理及应用教程[M]. 人民邮电出版社，2014.
[7]   张迎新. 单片机原理及应用[M]. 电子工业出版社，2008.
[8]   石从刚. 基于 proteus 的单片机应用技术[M]. 电子工业出版社，2013.
[9]   张兰红. 单片机课程设计仿真与实践指导[M]. 机械工业出版社出版，2020.
[10]   张毅刚. 单片机原理及接口技术[M]. 人民邮电出版社，2011.
[11]   沈放，何尚平，万彬. MCS-51 单片机应用实验教程[M]. 重庆大学出版社，2019.
[12]   王李冬，安康，徐玮. 单片机与物联网技术应用实战教程[M]. 机械工业出版社，2018.
[13]   付丽辉，杨玉东，徐大华，等. 单片机原理及应用实训教程[M]. 南京大学出版社，2017.
[14]   李传娣. 单片机原理、应用及 Proteus 仿真[M]. 清华大学出版社，2017.
[15]   桑胜举. 单片机原理及应用[M]. 中国铁道出版社，2010.
[16]   吴静进. 单片机实验及实践教程[M]. 人民邮电出版社，2014.
[17]   夏路易. 单片机原理与应用[M]. 电子工业出版社. 2010.
[18]   张秀国. 单片机 C 语言程序设计教程与实训[M]. 北京大学出版社. 2008.
[19]   焦玉全，俞伟俊，顾诚甦. MCS-51 单片机原理及应用[M]. 东南大学出版社. 2010.
[20]   丁明亮，唐前辉. 51 单片机应用设计与仿真[M]. 北京航空航天大学出版社. 2009.
[21]   汤嘉立，李林，胡羽，等. 单片机应用技术实例教程[M]. 人民邮电出版社，2014.
[22]   鲍宏亚，李月华. MCS-51 系列单片机应用系统设计及实用技术[M]. 中国宇航出版社. 2005.
[23]   何立民. 现代计算机产业革命——嵌入式系统[J]. 世界电子元器件，2007(11):21+24.
[24]   桑胜举. CRC 检错码在 CDT 远动规约中的研究及实现[J]. 科技信息（科学教研），2007(29):5-6.
[25]   葛浩，周海军. 面向工程应用型人才培养的单片机课程教学改革与实践[J]. 滁州学院学报，2017,19(05):121-124.
[26]   桑胜举，李芳，吴月英. 基于 C8051F 系列单片机应用选型的教学改革研究[J]. 泰山学院学报，2018,40(06):137-144.
[27]   张焕梅，郭芸俊，叶瑶，等. 面向应用型人才培养的单片机教学改革与实践[J]. 中国教育技术装备，2018(24):96-98.
[28]   宣传忠，曲辉，张永，等. 基于复合应用型人才培养的单片机课程实践教学改革与创新[J]. 内蒙古农业大学学报（社会科学版），2018,20(06):39-43.DOI:10.16853/j.issn.1009-4458.2018.06.008.
[29]   林木泉，许俊杰，郑洪庆. 面向应用型人才培养的单片机原理与应用课程教学改革研究[J]. 装备制造技术，2018(11):205-207.

[30] 莫桂江，李和明，黄韵洁. 高职院校专业课课程思政改革的研究与实践——以单片机技术应用课程为例[J]. 教育观察，2019,8(40):11-12+32.DOI:10.16070/j.cnki.cn45-1388/g4s.2019.40.005.

[31] 赵志宏. "单片机技术应用"课程思政元素的探讨[J]. 智库时代，2019(23):77-78.

[32] 桑胜举，王军，沈丁. 单片机原理与应用课程教学改革探讨[J]. 科技信息（科学教研），2007(30):163+133.

[33] 桑胜举，王军. 电力调度自动化系统中的单片机抗干扰技术[J]. 科技资讯，2007(32):77-78.DOI:10.16661/j.cnki.1672-3791.2007.32.065.

[34] 桑胜举，朱莉莉，沈丁. 基于查表法的CRC检错码在CDT远动规约中的研究及实现[J]. 泰山学院学报，2007(06):73-78.

[35] 楼然苗，王世来. 单片机实践教学改革与应用型人才培养[J]. 中国大学教学，2009(03):80-81.

[36] 何立民. 大数据时代与嵌入式系统[J]. 单片机与嵌入式系统应用，2014,14(01):1-3.

[37] 任艳. 面向技术应用型人才培养的"单片机原理及应用"课程教学改革初探[J]. 电子世界，2016(13):36-37.DOI:10.19353/j.cnki.dzsj.2016.13.026.

[38] 王春媚，李扬. 课程思政融入高职工科专业课程的实现路径探析——以"单片机控制技术"课程为例[J]. 南方农机，2020,51(01):196-197.

[39] 张琦，孟俊焕，吴延霞，等. 《单片机原理及应用》融入课程思政的实践与探索[J]. 汽车实用技术，2020,45(22):192-193.DOI:10.16638/j.cnki.1671-7988.2020.22.067.

[40] 肖海宁，王福元，袁健，等. 面向应用型人才培养的单片机教学改革思考与探索[J]. 科技风，2020(31):58-59.DOI:10.19392/j.cnki.1671-7341.202031029.

[41] 皮大能.面向应用型人才培养的单片机实践教学改革研究[J]. 电脑知识与技术，2020,16(27):134-135+171.DOI:10.14004/j.cnki.ckt.2020.2904.

[42] 桑胜举，逯颖，赵继超，等. 基于CDT远动规约的CRC检错码的分析及实现[J]. 曲阜师范大学学报(自然科学版)，2008(04):71-75.

[43] 桑胜举，张华，沈丁，等. 基于RS-422总线的单片机多机通讯接口的设计与实现[J]. 泰山学院学报，2008(06):5-10.

[44] 崔冉，胡明，吴静然. 基于课程思政教育理念的单片机原理及其接口技术课程教学改革[J]. 中国教育技术装备，2020(21):89-90+95.

[45] 何立民. 人工智能时代是什么时代？[J]. 单片机与嵌入式系统应用，2020,20(04):87-89.

[46] 姜忠爱，蔡卫国，牛春亮. 单片机原理与应用教学模式与课程思政改革研究[J]. 高教学刊，2020(09):129-131.

[47] 贡益明，徐信，陈聪. "课程思政"在单片机原理及应用课程教学中的建设与实践[J]. 现代职业教育，2021(13):34-35.

[48] 何立民. 浅谈华为的双循环战略与鸿蒙生态体系建设[J]. 单片机与嵌入式系统应用，2021,21(08):4-5.

[49] 李祺玥. 双语教学模式下的课程思政探索——以"单片机原理及应用"教学为例[J]. 现代职业教育，2021(42):230-231.

[50] 李秀滢，段晓毅，李莉. 基于实践教学的单片机课程思政的探索[J]. 北京电子科技学院学报，2021,29(02):74-79.

[51] 刘志君，姚颖，冯暖. 课程思政在"单片机原理与应用"课程中的探索与实践[J]. 辽宁科技学院学报，2021,23(03):50-52.

[52] 尚任. "单片机原理及应用"课程思政的实践探索——以"单片机的存储器结构"知识点讲解为例[J]. 吉林化工学院学报，2021,38(10):32-36.DOI:10.16039/j.cnki.cn22-1249.2021.10.008.

[53] 孙宝法. "单片机原理及应用"课程思政的思考与实践[J]. 合肥学院学报（综合版），2021,38(05):134-139.

[54] 仝军令,司卓印,梁斌. 单片机课程思政教学设计与实践——以 LED 点阵显示器为例[J]. 科技视界，2021(11):6-7.DOI:10.19694/j.cnki.issn2095-2457.2021.11.03.

[55] 王洋. "单片机原理及接口技术"课程思政教学与实践[J]. 电子元器件与信息技术，2021,5(11):223-224.DOI:10.19772/j.cnki.2096-4455.2021.11.091.

[56] 张兵. 课程思政在高职"单片机应用技术"中的实践[J]. 现代职业教育，2021(30):154-155.

[57] 张翼,徐陶祎,汪琴,等. 课程思政在独立院校"单片机原理及应用"课程中的应用[J]. 经济师，2021(12):206-208.

[58] 赵佰亭,祝龙记,贾晓芬. TRIZ 矛盾理论下的课程思政体系构建——以"单片机及接口技术"课程教学为例[J]. 安徽理工大学学报（社会科学版），2021,23(05):90-95.

[59] 许莉娟,熊新,张美琪,等. 课程思政背景下本科院校单片机课程的教学改革——以汽车服务工程专业为例[J]. 时代汽车，2022(06):81-82.

[60] 陈宇燕,吴慧芳. 课程思政在高职"单片机应用技术"中的实践探索[J]. 轻工科技，2020,36(11):179-180.